普通高等教育"十四五"规划教材
普通高等学校动物医学类专业系列教材

动物生理学

第 2 版

Animal Physiology

动物医学、动物科学、生物科学专业用

周 杰 主编

U0219497

中国农业大学出版社
·北京·

内容简介

本书以家畜、家禽为主要对象，紧扣整合生理学和转化生理学这两个生理科学的核心理念，采用大量图和表，直观、系统地阐述细胞、血液、循环、呼吸、消化、排泄、能量代谢、神经、肌肉、内分泌、生殖和泌乳生理的基本概念和基本原理。教材有机融入了课程思政内容，突出思想性；延伸介绍学科当前的研究进展，具有先进性；内容结合畜牧生产实际和兽医临床实践，体现适用性；每章开头明确了学习目的、要求和重点内容，每章末尾提供复习思考题，具有指导性。

本书主要面向高等农林院校动物医学、动物科学、生物科学等专业的本科学生，也可供动植物检疫、生物技术等专业的本科学生使用，还可作为畜牧兽医行业相关从业人员的参考用书。

图书在版编目(CIP)数据

动物生理学/周杰主编.--2版.--北京:中国农业大学出版社,2022.8(2024.5重印)
ISBN 978-7-5655-2760-9

Ⅰ.①动…　Ⅱ.①周…　Ⅲ.①动物学-生理学-高等学校-教材　Ⅳ.①Q4

中国版本图书馆CIP数据核字(2022)第053910号

书　名	动物生理学　第2版
	Dongwu Shenglixue
作　者	周　杰　主编

策划编辑	张　程	**责任编辑**	张　程
封面设计	郑　川　李尘工作室		
出版发行	中国农业大学出版社		
社　址	北京市海淀区圆明园西路2号	**邮政编码**	100193
电　话	发行部 010-62733489,1190	**读者服务部**	010-62732336
	编辑部 010-62732617,2618	**出 版 部**	010-62733440
网　址	http://www.caupress.cn	**E-mail**	cbsszs@cau.edu.cn
经　销	新华书店		
印　刷	河北朗祥印刷有限公司		
版　次	2022年8月第2版　2024年5月第3次印刷		
规　格	185 mm×260 mm　16开本　25.25印张　630千字		
定　价	69.00元		

图书如有质量问题本社发行部负责调换

第2版编写人员

主　编　周　杰

副主编　郭慧君　东彦新　赵红琼

编　者　（以姓氏笔画为序）

于建华（内蒙古民族大学）

王金泉（新疆农业大学）

王菊花（安徽农业大学）

东彦新（内蒙古民族大学）

史慧君（新疆农业大学）

杨建成（沈阳农业大学）

宋予震（河南牧业经济学院）

林树梅（沈阳农业大学）

周　杰（安徽农业大学）

赵红琼（新疆农业大学）

侯秋玲（山东农业大学）

郭慧君（山东农业大学）

彭梦玲（安徽农业大学）

韩立强（河南农业大学）

第1版编审人员

主　编　周　杰

副主编　姚　刚　郭慧君　东彦新

编　者　（以姓氏笔画为序）
　　　　王金泉（新疆农业大学）
　　　　王菊花（安徽农业大学）
　　　　东彦新（内蒙古民族大学）
　　　　杨建成（沈阳农业大学）
　　　　宋予震（河南牧业经济学院）
　　　　林树梅（沈阳农业大学）
　　　　周　杰（安徽农业大学）
　　　　赵红琼（新疆农业大学）
　　　　侯秋玲（山东农业大学）
　　　　姚　刚（新疆农业大学）
　　　　郭慧君（山东农业大学）
　　　　韩立强（河南农业大学）
　　　　魏艳辉（内蒙古民族大学）

主　审　陈　杰（南京农业大学）

第 2 版前言

《动物生理学》第 1 版为高等农林教育"十三五"规划教材,是中国农业大学出版社"十三五"期间重点立项教材,在同类教材中率先将数字资源融入纸质教材。本教材自 2018 年出版以来,受到读者的广泛好评,它是主编作为课程负责人的"动物生理学"国家级一流本科课程(线下一流课程)的配套教材。

本次教材修订工作是根据教育部 2020 年颁发的《普通高等学校教材管理办法》(教材〔2019〕3 号)"建立高校教材周期修订制度,原则上按学制周期修订"的要求进行的,在编写上沿用了第 1 版的章节安排和各章内容的组织体系,以及纸质+数字资源的出版形式,着重在以下几方面进行了修订和补充。

1. 突出教材的思想性。党的二十大报告指出,教育要"全面贯彻党的教育方针,落实立德树人的根本任务"。教材是教学内容的重要载体。本次修订过程中有机融入中华优秀传统文化,推进文化自信自强,在学科进展案例中融入科学家的事迹,体现科学精神,发挥专业教材的思政功能。

2. 突出教材的先进性。在相应章节中插入了反映中国特色社会主义实践的行业最新成果,以近年来诺贝尔生理学或医学奖成果为代表的学科最新进展,更新了部分概念,删除了部分相对陈旧的内容。

3. 突出教材的启发性。对教材内容进行了精简,较第 1 版压缩了近 5 万字。删除了一些晦涩难懂的纯理论性描述,精简了一些有关机体结构的描述,更加聚焦在机体功能及其调节的内容上,强化了教材的可读性,便于学生自主学习;同时,丰富和完善了数字化内容,提高了案例的启发性,提高学生的学习热情,体现"以学生为中心"的理念。

参加《动物生理学》教材修订工作的教师基本为第 1 版的编写人员,此外也增加了一些新编者。安徽农业大学周杰、王菊花、彭梦玲修订绪论、内分泌生理和生殖生理;河南牧业经济学院宋予震修订血液生理和泌尿生理;河南农业大学韩立强修订能量代谢和体温调节和泌乳生理;内蒙古民族大学东彦新、于建华修订家禽生理和神经生理;山东农业大学郭慧君、侯秋玲修订呼吸生理和细胞生理;沈阳农业大学杨建成、林树梅修订肌肉生理和循环生理;新疆农业大学赵红琼、王金泉、史慧君修订消化生理。

在本次教材修订过程中,各参编单位的编写教师明确新时代教材建设的新要求,对第 1 版存在的问题进行了认真的讨论并进行正确处理。参阅了国内外各种同类教材的最新版本,对删减和新增的内容都进行了反复的论证。但由于编者的水平所限,书中难免存在一些遗漏、不足,敬请广大读者和同行批评指正。

周 杰

2024 年 4 月于合肥

第1版序

动物生理学研究动物机体的功能及其调节,是生命科学的重要组成部分。本书以家畜、家禽为主要研究对象,作为动物生理学的重要学科分支,也可称为"家畜生理学"(physiology of domestic animals),它是畜牧兽医科学的基础学科。美国科学院院士 D. E. Bauman(2014)认为它是现代畜牧兽医科学中最富挑战的研究领域。

在我国,这一学科的研究起步比较晚,历经了 60 年的发展,学科从无到有,从弱到强,逐步形成了具有我国特色的研究体系和团队,至今其基本理论已被广泛吸纳,促进了相关学科的发展。随着科学的进步,与时俱进,编写本书,以进一步深化并普及生理学知识是十分必要的。

整合生理学和转化生理学是生理科学的基本理念。本书以此为核心,在阐述基本理论的同时,密切联系畜牧兽医生产实际,富有先进性。作为教科书,本书结构严谨,文字流畅,图文并茂,可读性强。

以周杰教授为首的编写组成员,年轻有为,大部分具有博士学位,经历了严格的基础训练,而且长期工作在第一线,积累了丰富的实践经验。本书的编写充分体现了新一代动物生理工作者和团队的茁壮成长。在此,衷心祝愿年轻一代以此为契机,砥砺奋进,为我国动物生理科学的发展做出更大贡献。

陈 杰

2017 年 11 月于南京

第1版前言

生理学是研究生物有机体功能的科学,是生命科学的重要组成部分。动物生理学是生理学的分支,是动物医学、动物科学、动植物检疫和水产养殖等专业的重要基础学科。

本次编写的《动物生理学》是中国农业大学出版社"十三五"重点立项教材。在教材编写中,紧扣整合生理学(integrative physiology)和转化生理学(translational physiology)这2个当前生理科学的核心理念,即在研究动物机体各器官、系统功能的同时,注重它们之间的联系,以及生理功能与环境变化的关系及其调节机理;在研究动物机体基本机理的同时,注重将生理学的基本理论与动物生产和动物健康进行有效转化。在教材内容上,首先确保基本概念和基本原理准确无误,并融入学科当前的研究进展,突出科学性和先进性。在此基础上,力求以畜牧生产实际和兽医临床实践为导向,加强本课程与畜牧、兽医学科其他课程的联系,做到承前启后,使本教材与实践应用之间的联系更加紧密。

在教材编排上,每章开头明确学习目的和要求,以及应该重点掌握的内容;每章末尾附有复习思考题,注重指导性。在各章节中插入一些相关科学史话,如新知识的发现、实验方法的建立、诺贝尔生理学及医学奖的获奖背景等,加强启发性。在一些知识点中适当融入学科最新的研究进展,突出先进性。在描述生理现象时,适当延伸介绍临床上常见的病理现象;在描述调节机制时,适当介绍生产上常用的相关调控手段,加强理论与实际的结合。在一些章节中插入经典案例,如兽医临床病例、畜牧生产实例等,提高教材的实用性。在教材编写上,尽可能使语言通俗、内容活泼,并插入大量图表,使教材有较强的可读性。此外,为了不占用纸质教材的篇幅,体现现代媒体技术在教学中的应用,本教材将部分内容、复习思考题、相关科学史话、经典案例等做成二维码的形式。

参加《动物生理学》教材编写工作的教师都是长期工作在教学第一线的教授和副教授,大部分编者具有博士学位,有较高的理论水平和丰富的教学经验。编写组的教师均主持过教学研究项目,获得过教学研究奖项,有较强的教学研究和教学改革能力,并将教学改革的成果有机融合在教材的编写过程中。本教材共13章,其中安徽农业大学周杰、王菊花编写内分泌生理和生殖生理;河南牧业经济学院宋予震编写血液生理和泌尿生理;河南农业大学韩立强编写能量代谢与体温调节和泌乳生理;内蒙古民族大学东彦新、魏艳辉编写家禽生理和神经生理;山东农业大学郭慧君、侯秋玲编写呼吸生理和细胞生理;沈阳农业大学杨建成、林树梅编写肌肉生理和血液循环;新疆农业大学赵红琼、姚刚、王金泉编写消化生理。此外,周杰还负责绪论的编写和全书的统稿工作。

本教材在编写过程中始终得到我的老师,中国畜牧兽医学会——动物生理生化分会名誉理事长陈杰教授的指导和鼓励,陈杰教授还亲自承担了本教材的主审工作。在此深表感谢!

我们在编写过程中参阅了大量相关资料,并借鉴国内外动物生理学和医学生理学等相关教材,精心整合相关内容,力争做到科学性、先进性和实用性。尽管每位编者都做了最大的努力,但由于水平所限,书中难免有不当之处,敬请广大读者和同行批评指正。

周　杰

2017 年 11 月于合肥

目　　录

绪　　论

生理学是研究生命活动过程中器官、系统的功能及其相互关系的科学,是生命科学中最有吸引力的学科之一。动物生理学以畜、禽等动物为主要对象,除研究其生命活动的正常规律外,还研究其与疾病、生产和经济性状紧密联系的生理特点。因此,动物生理学是动物医学、动物科学和生物科学等专业的重要基础课程。

通过本章学习,应主要了解、熟悉和掌握以下几方面知识。

- 了解什么是动物生理学,学习动物生理学的目的。
- 熟悉动物生理学的研究内容和研究方法。
- 熟悉动物生命活动的基本特征。
- 掌握内环境稳态的概念及其生理意义。
- 掌握机体功能调节的基本方式及其在生理调节中的作用。
- 了解反馈控制系统和前馈控制系统的生理意义。

第一节　概　　述

一、动物生理学及其历史使命

(一)生理学的概念及其历史使命

1.生理学的概念

在人类对自然的认识中,生命是最富有魅力的现象。生理学(physiology)作为生命科学的一个分支,是研究有机体正常生命活动及其规律、机体各组成部分功能的科学。早在1901年诺贝尔奖设立之初,生理学或医学奖即作为五大奖项之一,可以毫不夸张地说,生理学是生命科学中最有吸引力的学科之一,是生命科学的核心。

2.生理学的发展

生理学的使命就是研究具有生命的机体的功能,而功能是生命最具体的表现。人类对生命现象的认识有其古老的渊源,对生理功能的认识也经历了漫长的过程。早在2 000多年前(公元前400—公元前300年),我国医学的经典著作《黄帝内经》就运用当时的哲学思想,对自然现象进行观察和总结。其中不少关于人体功能的描述,至今看来依然是正确的,如"心主血脉""肺主气""肝主藏血""肾主水"等,这是最古老的生理学。《黄帝内经》提出的"整体观念",强调人体本身与自然界是一个整体,同时人体结构和各个部分都是彼此联系的,这与现在提出的整合生理学(integrative physiology)概念非常相似。《黄帝内经》充分体现了中国古代劳动人民的聪明智慧和中华传统文化的博大精深(二维码0-1)。

现代生理学创立于17世纪。英国著名医生威廉·哈维(William Harvey,1578—1657)于1628年发表了著名的《心血运动论》(*De Motu Cordis*),他通过对80余种动物的实验和观察,证明了人和高等动物的血液是从左心室输出,通过体循环的动脉而流向全身组织,然后汇集于静脉而回到右心房,再经过肺循环而入左心房,周而复始。其流动的动力源泉是心脏有节律的持续搏动。但由于当时实验技术的限制,动脉与静脉之间是怎样连接的哈维还只能依靠主观臆测。1661年,意大利解剖学家马尔比基(Marcello Malpighi,1628—1694)用显微镜观察到了毛细血管,并发现它的作用,

二维码0-1 《黄帝内经》哲学思想对生理学的影响——生理学蕴含的民族自豪感

从而确定了完整的血液循环通路,完全证实了哈维理论的正确性。1673年,荷兰微生物学家列文·虎克(Antony van Leeuwenhoek,1632—1723)观察了各种动物的毛细血管和微循环,再次证明哈维理论的正确性。哈维的发现彻底推翻了统治西方思想达1000余年的权威学说,奠定了以实验为基础的近代生理科学的发展,标志着新的生命科学的开始。因此,哈维成为与哥白尼、伽利略、牛顿等齐名的科学革命的巨匠。他的《心血运动论》也像《天体运行论》《关于托勒密和哥白尼两大体系的对话》《自然哲学之数学原理》等著作一样,成为科学革命时期以及整个科学史上极为重要的文献。同一时期,法国哲学家笛卡儿(René Descartes,1596—1650)提出了反射(reflex)的概念,认为动物的活动都是对外界刺激的反应,刺激与反应之间有固定的神经联系。反射概念的提出为神经调节的研究奠定了基础。

在18世纪,由于自然科学的进步,也带动了生理学的进展。随着物理学的发展及其在生理学研究中的应用,意大利生理学家伽伐尼(Luigi Galvani,1737—1798)发现了动物组织中带有"动物电"(animal electricity),揭示了生物电(bioelectricity)活动是机体的基本生命现象。随着关于化学氧化的研究及其在生命科学研究中的应用,法国化学家拉瓦锡(Antoine-Laurent de Lavoisier,1743—1794)首先发现生物体内氧化燃烧原理,指出呼吸过程类似燃烧,都消耗氧气并产生二氧化碳,从而为机体新陈代谢的研究奠定了基础。

进入19世纪,实验生理学有了很大的发展。1811年英国解剖学家贝尔(Charles Bell,1774—1842),1822年法国神经生理学家马让迪(Francois Magendie,1783—1855)分别独立通过对脊髓功能的实验研究,发现脊神经后根传导感觉,前根传导运动冲动(贝尔-马让迪二氏定律),为反射弧提供了结构基础,为神经调节提供了依据。1847年,德国生理学家路德维希(Carl Friedrich Wilhelm Ludwig,1816—1895)发明了记纹鼓(kymograph)。利用这套装置,配合当时已经创造的水银检压计以及电计时信号器,便可把血压波动、肌肉收缩等曲线完整地记录下来。在随后的一个多世纪里,记纹鼓作为生理学实验室必备的仪器,对生命科学的发展起了重要的推动作用。19世纪末,俄国生理学家巴甫洛夫(Иван Петрович Павлов,1849—1936)建立了大量慢性实验方法,为实验生理学研究开辟了新的方向。1852年,法国实验生理学家克劳德·伯尔纳(Claude Bernard,1813—1878)通过广泛的实验研究,率先提出内环境(internal environment)的概念,并指出机体内环境恒定是维持生命的基本状态。如今,内环境已成为生理学的一个指导性理论。

20世纪以后,生理学研究开始进入全盛时期。巴甫洛夫通过对消化液分泌调节的长期观察,研究高级神经活动对机体的调节,提出著名的条件反射的概念。1902年,英国两位生理学

家贝利斯(W. M. Bayliss,1860—1924)和斯他林(E. H. Starling,1866—1927)发现促胰液素,这是人类历史上第一个被发现的激素,由此产生了"激素调节"的新概念,开创了"内分泌学"新领域。1929年,美国生理学家坎农(Walter Bradford Cannon,1871—1945)在内环境概念的基础上创造了一个新名词——稳态(homeostasis),精辟地阐明了机体主要通过自我调节机制,维持了一个适合机体细胞生存和活动的相对稳定的内环境,从而执行生理功能。20世纪中叶,美国数学家维纳(Nobert Weiner,1894—1964)提出"控制论"的概念,认识到机体从细胞到器官、系统的活动依靠自身负反馈调节机制保持相对稳定状态。从此,生理学进入高速发展时期。

进入21世纪,随着人类基因组测序工作的完成,使生命科学的研究进入后基因组时代(post genome era),生理学研究也进入功能基因组学、蛋白质组学和代谢组学时代。在一个个基因和蛋白质的功能被阐明后,这些基因、蛋白质在整体中的作用及其互作备受关注,因而出现了整合生理学的概念,强调将不同水平的研究结果加以联系和结合。2001年,美国生理学会提出转化生理学(translational physiology)的概念,其核心是将生理学的基本理论与公共健康进行有效转化。目前,生理学与临床应用之间的联系比以往任何时期都更加紧密。

(二)动物生理学的概念

动物生理学(animal physiology)是生理学的重要分支,是研究正常(健康)动物机能活动及其规律性的科学。动物生理学的任务就是研究动物机体各细胞、组织、器官和系统的正常活动过程和规律,揭示它们功能表现的内部机制,探索它们之间的相互联系和相互作用,并阐明动物机体如何协调各组成部分的功能,并作为一个整体适应复杂多变的生存环境,从而维持个体生存和种族延续。

动物生理学根据其研究的动物种类不同可以分为哺乳动物生理学、鸟类生理学、鱼类生理学、昆虫生理学、比较生理学等。本课程作为农业院校动物医学、动物科学等专业的核心课程,以家畜生理学(domestic animal physiology)和禽类生理学(avian physiology)的基本知识为教材的主要内容,除了阐述动物生理学的基础知识外,同时还探讨畜、禽生理功能的特殊性及其规律性。

二、学习和研究动物生理学的目的和意义

在兽医临床实践中,动物生理学不仅是动物病理学、兽医药理学等的基础,而且对疾病诊断,疾患治疗及护理都具有十分重要的意义。在畜牧生产实践中,动物生理学的基本理论对畜禽饲养、畜禽繁殖有重要的指导作用。此外,动物生理学也是比较生理学的重要组成部分,一些家畜已被作为人类医学研究的模型动物,对它们的深入研究也将促进人类医学的发展(二维码0-2)。

二维码0-2　学习和研究动物生理学的目的和意义

三、动物生理学学习和研究的内容

动物是由不同器官、系统组成的,但其机体功能并不等于各器官、系统功能的简单总和,而是各种生理功能之间相互联系和相互影响的过程。所以,要全面地理解某一生理功能的机制,需要从不同的角度,用不同的方法,在不同的水平进行研究,并将不同水平的研究结果加以整

合。动物生理学的研究一般涉及细胞和分子、器官和系统,以及整体和群体三个水平。

(一)器官、系统水平的研究

人们直接接触到的机体功能是器官和系统功能,所以,生理学的研究首先是在器官和系统水平进行的。这一领域的研究着重于阐明器官和系统的活动规律,它们在整体中的作用,及其活动的影响因素。例如,通过对胃肠运动的直接观察研究神经、体液因素对消化功能的调节;通过离体心脏灌流实验研究各种理化因素对血液循环的影响。在器官和系统水平的研究及其获得的知识通常称为器官生理学(organ physiology)。但这一水平的研究不能深入了解器官和系统活动的机制。

(二)细胞、分子水平的研究

生物有机体最基本的结构和功能单位是细胞,各种生理活动都是细胞内进行的理化过程的综合表现。例如,心脏射血时压力的增高是心肌细胞收缩的结果,神经系统的调节是神经细胞生物电活动的表现等。而细胞的生理特性又取决于构成细胞的各种物质,特别是生物大分子的理化性质。例如,肌细胞的收缩是肌球蛋白和肌动蛋白的相对位置发生改变而导致的肌丝滑行的结果。在细胞和分子水平的研究及其获得的知识通常称为细胞和分子生理学(cellular and molecular physiology)。随着生命科学的研究进入后基因组时代,研究基因在机体中的功能成为生理学研究的新领域,在基因水平的研究及其获得的知识通常称为功能基因组学(functional genomics),也可以称为生理基因组学(physiological genomics)。细胞和分子生理学和生理基因组学将生理学研究深入到微观水平,着重对生命现象的机理进行探讨。但为了防止用孤立、静止、片面的观点去看待事物,细胞、分子水平研究必须与整体研究相结合。

(三)整体、群体水平的研究

动物整个机体的生理活动是各器官、系统生理功能之间相互联系和相互制约的整合过程。例如,动物在运动状态下,随着骨骼肌收缩强度的变化,机体循环、呼吸等各系统的活动,以及物质和能量代谢等也随之发生改变。在畜牧生产中,大部分家畜、家禽属于群居动物,在规模化养殖中大多也采用群养的模式,畜禽的生理活动随着个体生活环境的改变而不断变化,动物个体与群体、动物与环境之间也存在相互联系和相互影响。例如,在不良环境中,畜禽的新陈代谢会发生一系列的变化,称为应激反应(stress reaction)。对于任何一种重要生命现象的理解,都是不同水平研究的综合结果,只有将细胞、分子水平的微观观察与器官、系统及整体的宏观观察结合起来进行综合分析,才能得到较为全面的、客观的结论。

四、学习和研究动物生理学的方法

生理学是一门实验科学,其所有知识均来自实践观察和实验研究。生理学研究的基本方法是实验,生理学实验是在人工环境中,对分子、细胞、器官、系统等的生命活动进行客观观察,并将获得的实验结果进行综合分析,以获得知识的手段。在此基础上,把在不同水平上表现出的生理活动整合起来进行研究,充分认识生命现象的本质,并将获得的知识与动物生产和动物健康之间进行有效的转化。

(一)动物生理学基本实验方法

动物生理学常见的实验方法有以下两类。

1.急性实验

以完整动物或动物材料为实验对象,在人工控制的实验环境条件下,在短时间内对动物某些生理活动进行观察和记录的实验方法称为急性实验(acute experiment)。急性实验又分为在体实验和离体实验两种。

(1)在体实验(experiment *in vivo*)　是动物在麻醉条件下,手术暴露需要研究的部位,观察该部位的某些生理功能及在人工干预条件下的变化。例如,动物血压直接测定实验,用动脉插管记录血压,可以直接观察动脉血压的变化和神经、体液对血压的调节。处于在体实验下的动物,其被观察的部位与机体及其他器官仍处于自然联系状态。

(2)离体实验(experiment *in vitro*)　指手术取出需要研究的动物器官、组织或细胞,并置于适宜的人工环境中,观察它们的某些生理功能及在人工干预条件下的变化。例如,将蛙离体坐骨神经-腓肠肌标本置任氏液中,可以观察各种刺激对肌肉收缩的影响。在离体实验中,被观察的部位与机体及体内其他器官已没有联系。

急性实验方法的优点在于实验条件比较简单,容易控制。在体实验可以直接观察,离体实验可以尽量消除与研究无关的因子,便于分析单个影响因子的作用。但急性动物实验的结果可能与生理条件下完整机体的功能活动有所不同,尤其是离体实验的结果,此时被研究的对象已经脱离整体,它们所处的环境与其在体内所处的环境有一定的区别,实验结果与完整机体中的真实情况可能会有一定的差异。

2.慢性实验

以健康、清醒的动物为对象,在正常环境中尽可能接近自然的条件下,在较长时间内反复多次对动物进行观察和记录的实验方法称为慢性实验(chronic experiment)。这类实验需要对动物进行预处理,待动物康复后,再进行长期的实验。例如,巴甫洛夫建立了在消化道安置慢性瘘管的方法,能够比较方便地收集到消化液,以便直接观察某些消化器官的生理活动规律(二维码0-3)。慢性实验技术的优点是能反映动物组织、器官在接近正常条件时的生理活动及在整体中的作用,但不足之处是影响因素较多,实验条件不易控制。

二维码0-3　实验方法:消化道分泌调节慢性实验

(二)现代实验技术(无创伤性实验研究方法)

随着科学技术的进步,生物电子学、遥控、遥测技术和计算机技术已广泛用于生理学研究,一些无创伤的检测手段得到应用。例如,荷兰人威廉·埃因托芬(Willem Einthoven)1903年发明了心电图(electrocardiogram,ECG)的测量装置——心电图机,可以直接从人或动物的体表记录和观察心脏每个心动周期中电活动的变化。为此,他荣获了1924年诺贝尔生理学或医学奖。美国人埃伦·科马克(Allan MacLeod Cormack)和英国人格德弗瑞·亨斯菲尔德(Godfrey Newbold Houns-field)开发了计算机断层处理术(computer tomography,CT),可以在无损伤的条件下检测人或动物体内缺陷或组织的二维和三维截面图像。为此,他们共同荣获1979年诺贝尔生理学或医学奖。美国人保罗·劳特布尔(Paul C. Lauterbur)和英国人彼得·曼斯菲尔德(Peter Mansfield)贡献了核磁共振成像技术(nuclear magnetic resonance imaging,NMRI),即通过外加梯度磁场检测所发射出的电磁波绘制成机体内部的结构图像。为此,他们共同荣获2003年诺贝尔生理学或医学奖。上述这些检测技术都已广泛应用于医学临床,但是实际上它们首先都是作为一种实验技术在科学研究中使用,然后再推广到临床的。现代实验技术极大地推进了生理科学研究的发展,同时也符合动物福利(animal welfare)的要求,展示了生理学研究的美好前景。

(三)整合生理学和转化生理学

2008年国际生理科学联合会给予生理学新的定义:生理学是从分子到整体的各个水平研究机体功能及生命整合过程的科学,涉及所有生命体功能与进化、环境、生态以及行为的关系,旨在综合利用现代跨学科研究方法,并转化应用相关知识裨益人类、动物健康及生态系统。新的生理学定义把整合生理学和转化生理学作为其核心的理念。

1.整合生理学与生理组

整合生理学(integrative physiology)是基于机体整体、动态、联系的观点,综合利用现代跨学科研究方法,从分子到整体等不同水平分析阐明机体功能活动的发生规律、调控及机制,揭示其与整体活动及环境行为等因素的关系或在疾病发生、发展中的作用。整合生理学强调自上而下、由宏观至微观的整体观,重视在机体内环境中分子、细胞、器官同层次间和不同层次之间的相互影响及其与机体功能的关系,以揭示复杂的生命现象。

长期以来,生命科学领域的研究大多是用"还原论"的思维方法,即从宏观到微观,把一个生物体还原到各个系统、器官、组织、细胞,乃至分子、基因。但是对于生物体这一复杂系统的认识,单纯依靠还原论的研究存在很大的局限性,并不能客观、准确地了解生命现象的本质。20世纪末,随着分子生物学等大量新技术和方法的出现,尤其是人类基因组计划的实施,转基因技术及各种模式动物的应用,生命科学的研究更聚焦于基因、分子水平的微观研究。人们寄希望于这些新兴领域能给生命科学带来一场根本性的革命,能为维护人类和动物健康等问题带来曙光。但令人遗憾的是,至今除极个别基因治疗成功案例外,大部分类似尝试都以失败告终。即便是单基因突变所致疾病,似乎也难以用单纯基因疗法治愈。研究显示,一方面,大多数的常见病都是多基因复杂性疾病,相关的易感基因基本都是微效基因,难以用于疾病的预测与诊断;另一方面,作为开放的复杂系统,生命活动并非完全由基因本身决定,如表观遗传修饰调控就可使相同基因产生不同的表型和功能。科学家们通过反思意识到,仅从细胞、分子、基因水平进行微观、离体、孤立的研究脱离了机体内部的生理大环境以及心理、外环境等的影响因素,忽视了机体的整合机能,看似探究到了生命本质,但仍离其在实践中的运用相距甚远。因此,必须将微观的研究与宏观的研究相结合,离体的研究与整体的研究相结合,并促进在各个不同研究水平之间的相互联系,把在不同水平上对生命现象的认识整合起来进行研究,才能对生物体的功能得到完整的、整体的认识。

1993年,国际生理科学联合会提出"生理组(physiome)"项目。生理组与基因组不同,基因组将机体分解为最小的部分,通过对DNA的理解,以还原论建立对机体的理解。生理组正相反,将DNA重新组合起来,以解释机体中每个组成部分如何作为整体的一部分工作。整合生理学与生理组概念的提出使生理学扩展到与细胞生物学、基因组学、蛋白质组学、代谢组学等多学科交叉融合认识生命现象,理解生命活动的网络调节机制,还使经典生理学通过功能研究在各种组学和医学之间搭起一座桥梁,是后基因组时代生理学的拓展与延伸。

2.转化生理学

1992首次出现转化研究(translational research)一词,提出从实验台到病床旁(bench to

bedside)的概念。Geraghty 在 1999 年首次提出转化医学的概念,这是医学研究领域的一个新分支,是连接基础医学与临床医学的桥梁,不仅是从实验台到病床旁,还是从病床旁到实验台(bedside to bench),是从基础学科到临床应用的双向过程,其核心内容强调的是理论与实践的结合。目前,转化医学/转化研究的理念得到了广泛的传播,对临床医学的发展起到了重要的推动作用,给基础研究的发展也带来了许多有益的启示。

生理学是现代医学的主要支柱,与病理生理学、药理学、临床医学等很多学科存在交叉和渗透。生理功能障碍是一切临床疾病的共同原因,临床疾病的发病机制、临床表现、诊断治疗无不以生理学原理为基础。为此,美国生理学会提出转化生理学(translational physiology)的概念,认为生理学的研究应以公共健康为导向,以系统理论为依托,将理论与实践有机结合起来:不仅要了解生命活动的基本过程和机理,更要了解这些基本原理在临床上能解决什么问题。其核心是将生理学的基本理论与公共健康之间进行有效转化。它不同于传统意义上的整合生理学和临床生理学,是从基础研究到公共健康的广泛范围分析生理功能的科学,为从分子、细胞生理学到公共健康水平的研究提供平台,使医学以疾病为主的研究向以人类和动物健康为主要研究方向转变,推动医学研究从以治疗为主向预测医学、预防医学和个性化医学转变。

从动物生理学的角度出发,转化生理学不仅要注重兽医临床中遇到的问题,更要注重畜禽养殖环节中遇到的问题,将它们转化为动物生理学的研究方向,使基础研究与畜牧生产、临床兽医、预防兽医应用领域之间的相互转化过程更加系统化、科学化,促进研究成果向实践应用的有效转化,从而提高畜禽生产性能和增强畜禽身心健康,促进养殖业更好、更快地发展。

第二节　生命活动的基本特征

在自然界中,生物种类繁多,形态各异,各自的生理功能也不尽相同,但任何生命现象都包括四种基本特征,即新陈代谢、兴奋性、适应性和生殖。

一、新陈代谢

在生命活动中,机体不断进行着物质的合成和分解,这两个过程相互依存,相互协调,以确保机体在与周围环境进行物质交换和能量转换的基础上自行更新,这一现象称为新陈代谢(metabolism)。新陈代谢有物质代谢和能量代谢两个方面,包括同化作用和异化作用两个过程。同化作用(anabolism)是机体不断从周围环境摄取营养物质和氧气,合成机体自身的组成物质,并贮存能量的过程。异化作用(catabolism)是机体不断分解自身原有物质,释放能量以供给各种生命活动的需要,并将分解终产物排出体外的过程。

新陈代谢是最基本的生命活动过程,也是机体与外界环境最基本的联系,一旦新陈代谢停止,生命也就终止了。

二、兴奋性

生物机体、器官、组织或细胞在内、外环境发生变化时,其功能活动发生相应改变的特性称为兴奋性(excitability)。

能被机体、组织、细胞所感受的各种内、外环境因素称为刺激(stimulus),如电、温度、压力、化学刺激等。刺激引起的机体功能的相应改变称为反应(reaction)。机体接受刺激后出现的反应有两种形式:一种是由相对静止或活动较弱的状态,转变为活动的状态或活动增强,称为兴奋(excitation);另一种是由活动状态转变为静止或活动减弱,称为抑制(inhibition)。兴奋和抑制是机体生命活动的一对矛盾,它们相互联系,相互制约,以保证机体功能的正常进行。兴奋性的表现形式多种多样,如腺细胞的分泌、肌细胞的收缩、神经细胞产生神经冲动等。

三、适应性

机体、器官、组织和细胞根据内、外环境的变化而调整自身的生理功能,使其与环境协调的能力称为适应性(adaptability)。对身体内部的器官、组织和细胞而言,主要指对其直接接触的内环境(详见本章第三节)的适应性。而对动物整体而言,主要指对其生存的外环境的适应性。外环境中的大气、水、光线、温度和湿度等处在不断变化的过程中,动物可通过生理性适应和行为性适应两种形式以适应环境的变化。

生理性适应是指身体内部的协调性反应。例如,长期生活在高原地区的动物,其血液中红细胞数和血红蛋白含量比生活在平原地区的动物要高,以适应高原缺氧的生存需要。行为性适应通常指躯体活动的改变。例如,动物饥饿时的觅食行为,在寒冷环境中的取暖行为,受到伤害性刺激的躲避行为等。

四、生殖

生殖(reproduction)是生物体生长发育到一定阶段时,能够产生与自己相似的子代个体的过程。对细胞而言,这个过程就是细胞增殖。而畜禽等高等动物,在进化过程中已经分化为雄性与雌性两种个体,它们分别产生雄性和雌性生殖细胞,由两性生殖细胞的结合才能产生子代个体。生殖是生命延续的方式。如果生殖功能丧失,种系则不能延续,物种将被淘汰,所以生殖也是生命活动的特征之一。

第三节　机体内环境与稳态

一、机体内环境

(一)体液

动物机体内含有大量的水分,这些水和溶解在水里的各种物质统称为体液(body fluid),约占体重的60%。体液有2/3(约占体重的40%)存在于细胞内,称为细胞内液(intracellular fluid,ICF),另外1/3分布于细胞外,称为细胞外液(extracellular fluid,ECF)。细胞外液的3/4(占体重的15%)分布于组织间隙中,称为组织间液(interstitial fluid),还有1/4(约占体重的5%)是血液中的血浆(plasma)。此外,还有少量的淋巴液和脑脊液等。

(二)内环境

1852年伯尔纳首次提出内环境(internal environment)的概念,以区别整个机体所处的外环境。他指出,在生物体内,绝大部分组织细胞不与外界环境相接触,而是浸浴在机体内部的细胞外液中。因此,细胞直接接触和赖以生存的环境,即细胞外液,称为机体的内环境。伯尔纳发现当机体的外环境发生较大变化时,内环境中的理化性质却能保持相对的稳定,并指出机体内环境的恒定是维持生命活动的必要条件,所有的生命机制只有一个目标,就是保持内环境中生活条件的稳定。

二、稳态

(一)稳态

1929年坎农创造了稳态(homeostasis)概念,指在生理状态下,机体内环境的各种成分和理化性质只在很小的范围内发生变动。稳态精辟地说明了机体主要通过自我调节机制维持了一个适合机体细胞生存和活动的相对稳定的内环境,从而执行生理功能。

稳态是内环境恒定概念的引申和发展,主要指内环境是可变的又是相对稳定的状态。稳态是在不断运动中所达到的一种动态平衡,即是在遭受着许多外界干扰因素的条件下,经过体内复杂的调节机制使各器官、系统协调活动的结果,这种稳定是相对的,而不是绝对的,表现为内环境的理化性质只在很小的范围发生变动,例如,畜禽血浆pH一般维持在7.30~7.50,血浆渗透压约为771 kPa(详见第二章);畜、禽的体温一般分别维持在38 ℃和41 ℃左右。

内环境稳态有重要的生理意义。机体的新陈代谢是由细胞内很多复杂的酶促反应组成的,而酶促反应的进行需要温和的外界条件,如温度、渗透压、pH等都必须保持在适宜的范围内,酶促反应才能正常进行。所以,内环境稳态是细胞维持正常生理功能的必要条件,也是机体维持正常生命活动的必要条件,内环境稳态一旦失衡,机体便进入病理状态。

(二)稳态概念的拓展

随着控制论和其他生命科学的发展,稳态已不仅指内环境的稳定状态,在空间上可以扩展到机体从分子到整体,乃至群体各个水平的稳定状态。例如,DNA分子双螺旋空间结构的相对稳定性;细胞内各成分和理化性质的相对稳定;心脏活动(心率、心收缩力)的相对稳定与循环系统(血压等)的相对稳定;机体内各系统生理活动的相对稳定和协调状态等。稳态也不仅指机体内环境某一时刻的稳定状态,在时间上可以扩展到长期的相对稳定。例如,在一昼夜内体温有一定变化,但只在很小的范围内波动;机体在生长发育、衰老等过程中,其内环境的成分和理化性质也在不断变化,维持新的相对稳定以适应机体的变化。目前,稳态不仅是生理学的核心概念,而且是生命科学的一个基本概念,它对从控制论的基本理论到临床或生产的实践活动等,都有重要的指导意义。

此外,1980年,Sterling和Eyer提出"适稳态(allostasis)",即机体一方面致力维持稳态,另一方面还有一定的适应性。当内、外环境持续改变时,机体可通过生理和行为的一系列调节逐渐适应新环境,在新的水平上形成稳态,这种通过自身改变和适应形成的新稳态及其过程称为适稳态。适稳态概念将稳态、应激、适应、健康与疾病统一在一个整体框架下,体现了生理与病理、机体稳定性与灵活性的联系和统一,是对稳态概念的补充和完善。

第四节　机体生理功能的调节

一、机体生理功能的调节

机体的稳态是在自我调节系统的相互作用下实现的。其中神经系统通过反射方式进行调节,内分泌系统主要通过激素进行体液调节,局部的组织、细胞本身也能进行适应性调节。此外,一些内源性代谢产物具有信号分子的作用,参与机体功能的调节,对维持生理活动和机体健康起重要作用。

(一)神经调节

神经调节(neuro-regulation)的基本方式是反射(reflex),即在中枢神经系统参与下,机体对内、外环境变化产生的适应性反应。反射是机体最重要的调节形式,其活动的结构基础是反射弧(reflex arc),由感受器、传入神经、神经中枢、传出神经和效应器五个环节组成(图 0-1)。其中感受器(receptor)是感受机体内外环境变化的结构和装置;传入神经(afferent nerve)是将感受器感受到的信号传送到中枢的神经通路;神经中枢(nerve center)是位于脑和脊髓灰质中调节特定功能的神经元群,对传入的信号进行整合分析,并发出指令;传出神经(efferent nerve)是将神经中枢的指令传送到效应器的神经通路;效应器(effector)是产生生理效应的组织或器官。例如,刺激脊蛙趾尖引起的屈腿效应就是一种反射调节。当脚趾接触稀硫酸时,皮肤感受器感知到伤害性刺激,并将刺激的化学信号转化为电信号,由传入神经传入脊髓,脊髓作为神经中枢,对传入信号分析处理,再由传出神经传至腿部肌肉效应器,引起肌肉收缩,从而完成反射。

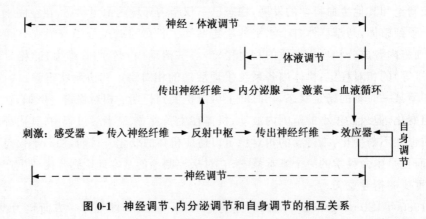

图 0-1　神经调节、内分泌调节和自身调节的相互关系

反射弧是一个有机的整体,看起来似乎是一个开放回路,但由于效应器内也存在各种感受器,它们能及时地将效应器的信息反馈传至中枢,适时地调节中枢功能,使效应器的反应更加准确。因此,反射弧实质上是一个闭合回路,神经调节是通过闭合回路来完成的。

相对于其他调节方式,神经调节由中枢与效应器通过反射弧直接联系,其作用的主要特点是迅速而精确,有高度的规律性和自动化,但作用范围比较局限,持续时间短暂。神经调节主要参与肌肉运动、腺体分泌等机体对内、外环境的快速反应。

(二)体液调节

体液调节(humoral regulation)是机体内传递信息的化学物质,经过体液的运输对机体各处生理功能进行的调节。体内具有信息传递功能的物质主要有激素、细胞分泌物和组织代谢产物。激素主要借助于血液循环运输至各组织、器官发挥作用,属于全身性体液调节(图0-1)。例如,生长激素从垂体分泌后由血液运输到全身各处,直接促进生长,或通过胰岛素样生长因子介导,促进生长,以及调节糖、脂肪和蛋白质等物质的代谢(详见第十章)。某些细胞分泌物和组织代谢产物,则主要借助于细胞外液扩散至邻近细胞以影响其功能,称为局部性体液调节或旁分泌调节。例如,当机体组织代谢产生的 CO_2 在微循环区累积到一定量时,能引起该局部后微动脉和毛细血管前括约肌舒张(详见第三章)。近年来的研究表明,内源性代谢产物还可作为信号分子在机体生理功能中发挥重要调节作用(二维码0-4)。

二维码0-4　科学研究进展:代谢分子调节系统

相对于神经调节,体液调节由于激素是通过体液接触机体的组织细胞,没有特定的解剖通路,其作用的主要特点是调节范围较广,持续时间较长,但其激素的分泌以及产生的效应都比较缓慢。体液调节主要参与机体生长、发育、代谢、生殖等缓慢发生的、需要持续调节的过程。

参与体液调节的内分泌激素都直接或间地受控于中枢神经系统(图0-1)。例如,在神经内分泌调节中,大脑接受外界信号调节下丘脑功能属于神经调节,下丘脑是反射弧中的效应器;下丘脑分泌激素经垂体门脉系统到腺垂体,调节后者功能则属于体液调节。体液调节是神经调节反射弧传出过程中的一个环节,故称为神经-体液调节(neuro-humoral regulatio)。

(三)自身调节

自身调节(auto regulation)是内环境发生变化时,局部的组织、细胞本身自动发生的适应性反应(图0-1)。例如,当动脉血压在生理范围波动时,肾动脉可经自身调节相应改变血管阻力,使肾血流量保持相对稳定(详见第七章)。又如,在炎症发生时,白细胞具有向某些化学物质趋向运动的特性,即趋化性(chemotaxis),也是一种自身调节。相对于其他调节形式,自身调节具有准确、稳定且调节幅度小的特点。自身调节是全身性神经和体液调节的中介和补充,虽然调节形式比较简单,但对于机体活动及稳态的维持却十分重要。

二、机体的控制系统

1948年,维纳出版了《控制论》,认为动物有机体与机器的运作相似,其活动依靠自身控制系统保持相对稳定状态。机体在细胞、器官、系统或全身等各个水平中均具有各种生理控制系统,控制各部分的活动和相互联系。根据控制机制的不同,控制系统分为非自动控制系统、反馈控制系统和前馈控制系统三大类。

(一)非自动控制系统

非自动控制系统(non-automatic control system)是一个单向的、无法自动控制的开环系统,受控部分的活动不会反过来影响控制部分的活动。在动物机体功能调节中比较少见,仅在机体的反馈机制受到抑制时才体现。例如,在应激情况下,肾上腺皮质轴的活动增强,血液中的促肾上腺皮质激素和肾上腺皮质激素都明显高于正常水平,以提高机体对损害性刺激的耐受能力。此时垂体几乎全部受控于下丘脑释放的肾上腺激素释放激素,而完全不受肾上腺皮质激素负反馈调节的影响。

(二)反馈控制系统

反馈控制系统(feedback control system)是一个闭环系统,控制部分发出指令控制受控部分的活动,而控制部分自身的活动又接受来自受控部分返回信息的影响。这一活动不断进行,从而对受控部分的活动实现自动控制(图0-2)。

反馈机制是机体最基本的功能之一,涉及各种调节形式,是稳态调节的基础。反馈又可分为负反馈和正反馈两大类。

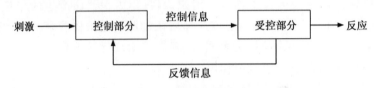

图 0-2　反馈控制系统示意图

1. 负反馈

反馈信息与控制信息相反,制约、抑制或减弱控制部分的活动的现象称为负反馈(negative feedback)。机体大部分调节都属于此种类型,血压、血糖、呼吸、体温、激素分泌等的相对稳定都是通过负反馈调节实现的,其生理意义在于维持机体生理功能的平衡和内环境稳态。例如,体温调节有一个调定点(set point),当体温高于调定点时,机体抑制产热、促进散热;相反,当体温低于调定点时,机体促进产热、抑制散热。通过反馈控制,使体温恢复到正常水平。负反馈只有在受控部分输出的活动出现偏差时,才起纠正偏差的作用,因此,总是表现一定的滞后性,使得受控部分的活动出现较大的波动(表0-1)。

表 0-1　前馈与负反馈的比较

项　目	前　馈	负反馈
活动预见性	有预见性;能提前做出适应性反应,防止干扰	无预见性;仅能在受到干扰后回复到原来的稳定水平(滞后性)
波动性	无波动性,但会出现预见失误	有波动性,即在回复过程中不能立即达到原先水平,而是左右摇摆,逐渐稳定
发挥作用快慢	较快	较慢
出现偏差	由于可能出现预见失灵,从而出现偏差	必然出现偏差,出现偏差后引起纠正,减少偏差
作用效果	维持机体功能的平衡及内环境稳态	维持机体功能的平衡及内环境稳态

2. 正反馈

反馈信息促进和加强控制部分活动的现象称为正反馈(positive feedback),其作用是不可逆的,是不断增强的调控过程,一旦启动就逐步加强,直至反应过程完成。正反馈调节的效应不是维持稳态,没有纠正偏差的作用,其生理意义在于促使某一生理活动过程很快达到最高水平,并发挥最大效应。例如,血液凝固是一系列凝血因子相继酶解激活的过程,后一个凝血因子的激活又反过来促进前一个凝血因子的活化,整个凝血过程呈现级联放大(cascade amplification)的现象,使血液凝固可以在短时间内完成。机体正反馈控制系统较少,除血液凝固外,排尿、排便、射精、排卵、分娩等活动也属于正反馈调节。

(三)前馈控制系统

控制部分在受控部分的反馈信息尚未到达前已受到纠正信息(前馈信息)的影响,及时纠正其指令可能出现的偏差,因此活动可以更加准确。这种自动控制系统称为前馈控制系统(feed forward control system)(表 0-1)。

前馈控制在正常反馈调节的刺激信号到达前就已经发生。例如,奶牛进入挤奶台时,虽然乳房感受器尚未受到刺激,但环境中的其他刺激信号已经通过视、听等各种感觉传导通路进入奶牛的神经中枢,奶牛通过条件反射已经调节泌乳活动。这种条件反射就是一种前馈控制,能够快速、有预见性地进行适应性调节,可以避免负反馈的滞后和波动。前馈控制虽然有预见性,但也可能出现偏差或失误。例如,在动物饲养过程中常采用定时定量的饲喂方式,当到了饲喂时间,动物往往在饲料进入消化道之前已经开始分泌消化液,这是前馈控制。但如果由于某种原因,动物并没有及时获得饲料,这时消化液的分泌就是一种预见失误。

(周 杰)

复习思考题

1. 为什么生理学的研究要在不同水平上进行?
2. 试述实验在生理学研究和学习中的重要性。
3. 为什么说"稳态"是生理学的核心概念?
4. 机体的 3 种生理功能调节方式之间是如何相互配合、密切联系的?

第一章 细胞生理

细胞是生物体的基本结构和功能单位。在细胞及分子生理学水平,动物机体生命活动的基本原理具有高度的一致性和规律性。要阐明动物体内各种生命活动现象的产生及调控机理,离不开对细胞基本功能的认识。本章主要介绍细胞的跨膜物质转运、细胞间通讯和信号转导、细胞兴奋性和生物电现象等具有普遍性的功能。

通过本章的学习,主要应了解和掌握以下几方面的知识。
- 熟悉内环境中各种化学因子传递信息的主要路径;组织细胞的兴奋性与动作电位及离子通道状态间的关系。
- 掌握细胞膜几种物质转运方式的基本概念、特征及相关过程的异同点;跨膜信号转导的基本概念;离子通道介导的跨膜信号转导和由 G 蛋白耦联受体介导的跨膜信号转导的基本过程;静息电位、动作电位、局部电位产生的离子基础;动作电位在同一个细胞上传导的局部电流学说。
- 了解物质的入胞与出胞过程;可充当第二信使的物质种类;酪氨酸激酶受体介导和由鸟苷酸环化酶受体介导的跨膜信号转导的基本过程;引起细胞(组织)兴奋的刺激的必备条件和各条件间的相互关系。

二维码 1-1 细胞膜的基本结构

机体由大量细胞及其产生的基质组成。体内所有生理功能或生物化学反应,都是在细胞基础上进行的。细胞膜是包裹细胞的一层薄膜,它不仅与环境进行有选择性的物质交换,维持细胞的生命活动,还能接收和传递内、外环境变化的信息,调整细胞的活动状态(二维码 1-1)。

第一节 细胞膜的物质转运功能

细胞在新陈代谢过程中,不断有各种各样的物质进出细胞。除极少数脂溶性物质,大多数水溶性物质的跨膜转运都需要借助于膜蛋白的帮助才能完成。跨膜物质转运包括被动转运(passive transport)和主动转运(active transport)。膜泡运输包括入胞和出胞两种形式,二者均需要能量和多种蛋白质参与,属于主动转运过程。

一、被动转运

当同种物质、不同浓度的两种溶液相邻地放在一起时,溶质的分子会顺着浓度差(浓度梯度,concentration gradient)或电位差(电位梯度,potential gradient,与浓度梯度合称电化学梯度)产生净流动,称为被动转运。被动转运的动力是电化学势能,不需要细胞膜或细胞另外提供其他形式的能量。被动转运可分为以下两种形式。

(一)单纯扩散

单纯扩散(simple diffusion),又称为简单扩散,指物质由细胞膜的高浓度侧向低浓度侧进行的跨膜扩散(图1-1)。单纯扩散具有以下几个特点:①简单的物理扩散,不需要直接耗能,物质扩散的动力来源于浓度差形成的势能;②顺电化学梯度转运;③不需要专一蛋白质的协助。单纯扩散的前提条件是细胞膜对该物质有较高的通透性,由于细胞膜是以液态的脂质双分子层为基架,因而仅有脂溶性(非极性)物质或少数不带电荷的极性小分子(如 O_2、CO_2、NO、甘油、尿素、水等)经单纯扩散跨膜转运。扩散的方向和速度既取决于膜两侧该物质的电化学梯度,也取决于细胞膜对该物质通过的阻力或难易程度,即膜对该物质的通透性(permeability)。高脂溶性物质(如 O_2、CO_2 和 NO 等)通透性高,容易通过脂质双分子层,扩散速度很快;浓度梯度越大,扩散速度越快。

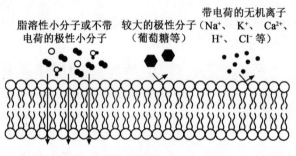

图 1-1　单纯扩散示意图(引自朱大年等,2013)

(二)易化扩散

一些不溶于脂质的,或溶解度很小的物质(如糖、氨基酸、核苷酸和无机离子等),借助膜转运蛋白质顺电化学梯度跨膜转运称为易化扩散(facilitated diffusion)。易化扩散具有以下几个特点:①不直接消耗能量,物质转运的动力来自高浓度的势能;②顺电化学梯度转运;③需要膜蛋白的参与。根据参与物质转运的膜蛋白不同,易化扩散可分为载体介导的易化扩散(carrier mediated diffusion)和通道介导的易化扩散(channel mediated diffusion)。

1. 载体介导的易化扩散

载体(carrier),又称转运体(transporter),是指细胞膜上的一类特殊蛋白质,介导水溶性小分子或离子跨膜转运。它能在溶质高浓度一侧与溶质发生特异性结合,然后构象发生改变,把溶质转运到低浓度一侧,并将之释放出来。载体蛋白恢复到原来的构象,又开始新一轮的转运(图1-2)。体内许多重要的物质如葡萄糖、氨基酸等的跨膜转运,就属于这种类型的易化扩散,如葡萄糖转运体(glucose transporter,GLUT)可将胞外的葡萄糖顺浓度梯度转运到细胞内。

载体介导的易化扩散具有以下特点:①结构特异性,各种载体仅能识别和结合具有特定化学结构的底物。以葡萄糖为例,在同样浓度差的情况下,右旋葡萄糖的转运量大大超过左旋葡萄糖;木糖则几乎不能被转运。②饱和现象,由于细胞膜中载体的数量和转运速率有限,当被转运的底物浓度增加到一定程度时,再增加底物浓度并不能使转运速度增加,这种现象称为载

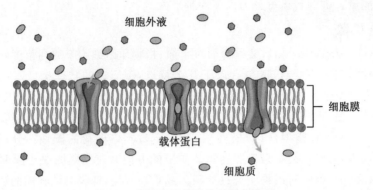

图 1-2 载体介导的易化扩散示意图

体转运的饱和现象(saturation)。③竞争性抑制,即如果某一载体对结构类似的 A、B 两种物质都有转运能力,那么加入 B 物质将会减弱它对 A 物质的转运能力,这是因为有一定数量的载体或其结合位点竞争性地被 B 所占据的结果。

2.通道介导的易化扩散

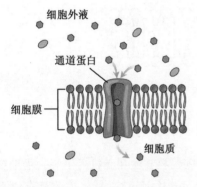

图 1-3 通道介导的易化扩散示意图

通道是指一类贯穿脂质双分子层、中央带有亲水性通道、能介导离子跨膜转运的一类膜蛋白质,因经通道介导的溶质几乎全是离子,所以又称离子通道(ion channel)。离子通道蛋白的壁外侧面是疏水的,壁内侧是亲水的(称为水相孔道),能允许水及溶于水中的离子通过。各种带电离子(如 K^+、Na^+、Ca^{2+} 等)在离子通道的介导下,顺浓度梯度和(或)电位梯度跨膜转运,称为通道介导的易化扩散。离子通道均无分解 ATP 的能力,它们所介导的跨膜转运都是被动的(图 1-3)。

通道介导的易化扩散具有以下特点:①扩散速度快,离子通过时无须与通道蛋白结合,因此扩散速度极快,据测定,通道开放时离子转运速率可达每秒 $10^6 \sim 10^8$ 个。②离子选择性(ion selectivity),每种通道只对一种或几种离子有较高的通透性,对其他离子的通透性很小或无通透性。例如,钾离子通道对 K^+ 的通透性要比 Na^+ 大 1 000 倍,乙酰胆碱(ACh)受体阳离子通道对分子量小的阳离子如 Na^+、K^+ 高度通透,而对 Cl^- 完全不通透。根据通道对离子的选择性,可将通道分为钠离子通道、钾离子通道、钙离子通道、氯离子通道和非选择性离子通道等。③通道的开放与关闭受精密调控——门控特性。大部分通道蛋白内部有一些可移动的结构或化学基团,在通道内起"闸门"作用。在一定条件下"闸门"被打开,才允许离子通过,这一过程称为门控(gating)过程。根据门控的机制不同,分为化学门控通道(chemical-gated channel)、电压门控通道(voltage-gated channel)和机械门控通道(mechanical-gated channel)。化学门控通道只有在膜两侧(主要是外侧)出现某种化学信号(通常是递质、激素等)时才开放或关闭,又称为配体门控通道(ligand-gated channel)。电压门控通道分子内具有对跨膜电位敏感的结构或亚单位,其开放或关闭受膜电位调控。机械门控通道的开放或关闭则由所在膜受的压力不同而决定。

离子通道的结构或功能异常,影响细胞容积、细胞膜电位水平、细胞骨架形成和细胞间反应等,导致机体整体生理功能紊乱,形成某些先天性或后天获得性疾病,即离子通道病(channelopathy)(二维码1-2)。

二维码1-2 知识拓展:离子通道与动物疾病

二、主动转运

某些物质在膜蛋白的帮助下,由细胞代谢供能而进行的逆着电化学梯度跨膜转运,称为主动转运。主动转运的特点是必须借助于载体、逆浓度差或电位差转运并需要能量。根据是否直接消耗能量,主动转运可分为原发性主动转运和继发性主动转运。

(一)原发性主动转运

原发性主动转运(primary active transport)是指细胞直接利用代谢产生的能量(ATP)逆着电化学梯度转运物质的过程。转运的物质通常为带电离子,因此介导这一过程的膜蛋白或载体称为离子泵(ion pump)。离子泵的化学本质是ATP酶,可将细胞内的ATP分解为ADP,自身被磷酸化而发生构象改变,从而完成离子逆浓度梯度和(或)电位梯度的跨膜转运。离子泵种类很多,常以它们转运的离子种类命名,如同时转运Na^+和K^+的钠-钾泵(sodium-potassium pump)、转运Ca^{2+}的钙泵、转运H^+的质子泵等。

钠-钾泵是丹麦科学家Jens C. Skou在前人研究基础上发现的(二维码1-3),在各种细胞的细胞膜上普遍存在的离子泵,简称钠泵。钠泵是镶嵌在膜脂质双分子层中由α(催化)亚单位和β(调节)亚单位组成的二聚体蛋白质,需在膜内的Na^+和膜外的K^+共同参与下,才具有ATP酶的活性,因此钠泵也称Na^+-K^+依赖式ATP酶。在一般生理情况下,钠泵每分解一个ATP分子,可以使3个Na^+移出膜外,2个K^+移入膜内,其直接效应是保持了膜内高K^+和膜外高Na^+的不均衡离子分布,同时产生1个正电荷的净外移,故钠泵具有生电效应(图1-4)。

二维码1-3 科学史话:Na^+-K^+-ATP酶与1997年诺贝尔化学奖

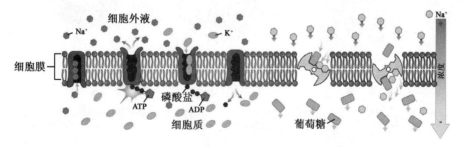

图1-4 主动转运示意图

在哺乳动物,钠泵活动消耗的能量通常占细胞代谢产能的20%~30%,有的细胞甚至可达70%,提示钠泵活动对维持细胞的正常功能十分重要。一般认为,钠泵活动的意义主要有:①钠泵活动造成的细胞内高K^+是许多代谢反应进行的必需条件。②维持胞内渗透压和细胞容积。如果细胞允许大量细胞外Na^+进入膜内,由于渗透压的关系,必然会导致过多水分进入膜内,这将引起细胞肿胀,进而破坏细胞结构。③建立一种势能贮备,即Na^+、K^+在细胞膜内外的浓度势能,是继发性主动转运的能量来源。④钠泵活动造成的 Na^+、K^+ 等离子在膜两侧的不均衡分布,是神经和肌肉等组织具有兴奋性的基础。

(二)继发性主动转运

间接利用 ATP 供能的主动转运,即某种物质能够逆浓度差进行跨膜运输,但是其能量不是来自 ATP 分解,而是由主动转运其他物质时造成的高势能提供,这种转运方式称为继发性主动转运(secondary active transport)。例如,小肠肠腔内的葡萄糖逆着浓度梯度进入小肠上皮细胞,就是因为钠泵的持续活动,形成膜外 Na^+ 的高势能(图 1-4)。当 Na^+ 顺浓度差进入膜内时,所释放出的能量用于葡萄糖分子的逆浓度差转运。由于葡萄糖主动转运所需的能量是间接来自钠泵活动时消耗的 ATP,所以这种类型的转运方式也称为联合(或协同)转运(co-transport)。每一种联合转运也都与膜中存在的载体有关。载体必须与 Na^+ 和待转运物质的分子同时结合,才能顺着 Na^+ 浓度梯度的方向将它们的分子逆着浓度梯度由肠(小管)腔转运到细胞内。联合转运中,如被转运的分子与 Na^+ 扩散方向相同,称为同向转运;如果二者方向相反,则称为逆向转运。

三、膜泡运输

大分子和颗粒物质被运输时并不直接穿过细胞膜,都是由膜包围形成囊泡,通过膜包裹、膜融合和膜断离一系列过程来完成转运,故称为膜泡运输(vesicular transport)。膜泡运输时可同时转运大量物质,故也称批量运输(bulk transport)。膜泡运输是一个主动过程,需要消耗能量,也需要更多蛋白质的参与,同时伴有细胞膜面积的改变。膜泡运输包括入胞(endocytosis,或胞吞)和出胞(exocytosis,或胞吐)2 种形式(图 1-5)。

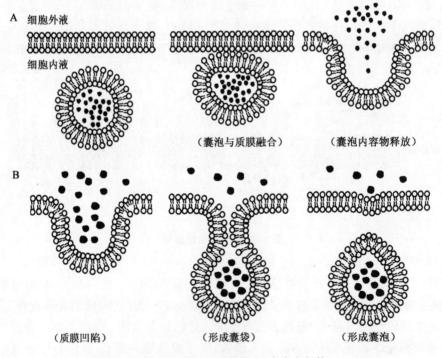

图 1-5　出胞(A)、入胞(B)示意图(引自朱大年等,2013)

（一）入胞

入胞是指大分子物质或物质团块如细菌、病毒、异物、细胞碎片或大分子营养物质（蛋白、脂肪等）等被细胞膜包裹后以囊泡形式进入细胞的过程，又称内吞。如果进入细胞的物质为固体物，称为吞噬（phagocytosis），形成的小泡叫吞噬体；如果进入细胞的物质为液态可溶性分子，则称为胞饮（pinocytosis），形成的小泡叫吞饮泡。吞噬的主要作用是消灭异物，典型的吞噬细胞有巨噬细胞、单核细胞等，它们存在于组织和血液中，共同防御微生物的入侵，消除衰老和死亡的细胞等。吞饮作用与能形成伪足的细胞及具有高度可活动膜的细胞有关，主要有小肠上皮细胞、黏液细胞、毛细血管内皮细胞、肾小管上皮细胞和巨噬细胞等。

胞饮又可分为液相入胞（fluid-mediated endocytosis）和受体介导入胞（receptor-mediated endocytosis）2 种形式。液相入胞指细胞外液及其所含的溶质以吞饮泡的形式连续不断地进入胞内，是细胞本身固有的活动。入胞时由于一部分细胞膜形成吞饮泡，会使细胞膜表面积有所减小。液相入胞没有特异性，转运溶质的量与胞外溶质的浓度成正比。受体介导入胞指被摄取的大分子物质与细胞膜表面的受体特异性结合后，选择性进入细胞的一种入胞方式。这种入胞方式非常有效，在溶质选择性进入细胞的同时，细胞外液可以很少进入；而且即使胞外溶质浓度很低，也不影响有效的入胞过程。许多大分子物质，如运铁蛋白、低密度脂蛋白、维生素 B_{12} 转运蛋白、多种生长因子、胰岛素等蛋白类激素和糖蛋白等，都是通过受体介导入胞方式进入细胞。

（二）出胞

出胞是指细胞内的大分子物质以分泌囊泡的形式排出细胞的过程，也称为胞吐。如各种细胞的分泌活动，其分泌物大都在内质网形成，经高尔基复合体加工，形成分泌颗粒或分泌囊泡，储存在细胞质中。当细胞分泌时，囊泡被运送到细胞膜内侧，与细胞膜融合并出现裂孔，将内容物一次性全部排空。而囊泡的膜融入细胞膜，使细胞膜得以补充。出胞主要见于细胞的分泌活动，如内分泌腺把激素分泌到细胞外液中，外分泌腺把酶原颗粒和黏液等分泌到腺管的管腔中，以及神经细胞的轴突末梢把神经递质分泌到突触间隙中。

第二节 细胞间通讯与信号转导

单细胞生物通过反馈调节适应环境的变化，多细胞生物则是由各种细胞组成的细胞社会，除了反馈调节外，更有赖于细胞间的通讯与信号转导，以协调不同细胞的行为。

一、细胞间通讯

一个细胞发出的信息通过介质（配体，大多情况下为化学信使）传递到另一个细胞（靶细胞），并与靶细胞上的特殊结构（通常为受体）发生作用，然后引起靶细胞内（通过细胞信号转导）产生一系列生理生化过程的变化，最终实现对（靶）细胞功能活动的调节过程，称为细胞间通讯（cell communication）。

（一）细胞间通讯的方式

细胞间通讯主要有直接通讯和间接通讯 2 种方式（图 1-6）。

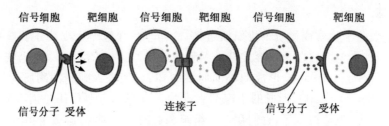

图 1-6　细胞间通讯的方式示意图

1. 直接通讯

直接通讯可分为接触依赖性通讯(cell-cell recognition communication)和缝隙连接通讯(gap junction communication)2 种方式。

(1)接触依赖性通讯　细胞间直接接触而无信号分子的释放,通过与质膜上的信号分子与靶细胞膜上受体分子选择性地相互作用,最终产生细胞应答的过程,即细胞识别(cell recognition)。

(2)缝隙连接通讯　两个相邻的细胞以连接子(connexon)相联系。连接子中央为直径 1.5 nm 的亲水性孔道。允许小分子物质如 Ca^{2+}、cAMP 通过,有助于相邻同型细胞对外界信号的协同反应,如可兴奋细胞的电耦联现象。

2. 间接通讯

间接通讯又称化学通讯,指细胞分泌一些化学物质(如激素)至细胞外,作为信号分子作用于靶细胞,调节其功能。根据化学信号分子可以作用的距离范围,可分为以下 4 类。

(1)内分泌(endocrine)　内分泌细胞分泌的激素随血液循环输至全身,作用于靶细胞。其特点是:①低浓度,仅为 $10^{-12} \sim 10^{-8}$ mol/L;②全身性,随血液流经全身,但只能与特定的受体结合而发挥作用;③长时效,激素产生后经过漫长的运送过程才起作用,而且血流中微量的激素就足以维持长久的作用。

(2)旁分泌(paracrine)　细胞分泌的信号分子通过扩散作用于邻近的细胞。包括:①各类细胞因子;②气体信号分子(如 NO)。

(3)突触信号发放神经递质　神经递质(如乙酰胆碱)由突触前膜释放,经突触间隙扩散到突触后膜,作用于特定的靶细胞。

(4)自分泌(autocrine)　与上述 3 类不同的是,信号发放细胞和靶细胞为同类或同一细胞,常见于癌变细胞。

间接通讯的一般步骤为:①信号分子的合成;②信号分子的释放;③信号分子向靶细胞转运;④靶细胞对信号分子的识别和检测;⑤靶细胞对信号进行转换并启动胞内信使系统;⑥胞内信使作用于效应分子,引起细胞变化;⑦解除信号,终止细胞应答。

(二) 细胞间通讯的化学信使与受体

1. 化学信使

细胞接受来自外界环境或体内其他细胞的各种刺激信号,这些信号是信息载体,种类繁多,既可以是声、光、电和温度变化等物理信号,也可以是激素、局部介质和神经递质等化学信号,包括短肽、蛋白质、气体分子(NO、CO)以及氨基酸、核苷酸、脂类和胆固醇衍生物等。

根据溶解性不同,化学信号可分为脂溶性和水溶性两类。脂溶性信号分子,可直接穿过膜而进入靶细胞起作用。水溶性信号分子,不能穿过靶细胞膜,只能与膜受体结合,经信号转换机制,引起细胞的应答反应,所以这类信号分子又称为第一信使(primary messenger)。

2.受体

受体(receptor)是一种能够识别和选择性结合某种配体(信号分子)的大分子物质,多为糖蛋白,一般至少包括2个功能区域,与配体结合的区域和产生效应的区域。当受体与配体结合后,构象改变而产生活性,启动一系列过程,最终表现为生物学效应。每一种细胞都有其独特的受体和信号转导系统,细胞对信号的反应不仅取决于其受体的特异性,而且与细胞的固有特征有关。有时相同的信号可产生不同的效应,如乙酰胆碱可引起骨骼肌收缩、降低心肌收缩频率,引起唾腺细胞分泌。有时不同信号产生相同的效应,如肾上腺素、胰高血糖素,都能促进肝糖原降解而升高血糖。

二、细胞的信号转导机制

信号分子这把钥匙一旦打开了细胞表面的受体锁,细胞就要做出应答。细胞自身就是一个社会,有各种不同的结构和功能体系,外来信号应由何种功能体系应答?这就是所谓的信号转导通路。

由于不同化学信使的理化特性不同,与其对应受体的分布及其信号转导的方式也不相同。细胞信号转导的方式主要分为两种,即膜结合受体介导的信号转导和胞内受体介导的信号转导。

(一)膜结合受体介导的信号转导

水溶性信使分子不能穿过细胞膜进入细胞内,这类信使分子需要与细胞膜表面的特异性受体结合,再通过细胞内一系列蛋白构象和功能发生变化为基础的级联反应,进而产生生物学效应,这一过程被称为跨膜信号转导(transmembrane signal transduction)或跨膜信号传递(transmembrane signaling)。此外,光、电和机械等物理信号也可作用在膜受体或膜上具有感受功能的离子通道,再经信号转导引起生物学效应。

根据膜上感受信号物质的蛋白质分子的结构和功能不同,跨膜信号转导的方式主要分为三种:离子通道受体介导的信号转导,G蛋白耦联受体介导的信号转导和酶耦联受体介导的信号转导。

1.离子通道受体介导的信号转导

本章第一节已述,按门控特性,离子通道分为电压门控的离子通道、机械门控的离子通道和化学/配体门控的离子通道。其中化学门控的离子通道是一类兼有通道和受体功能的膜蛋白,其开放和关闭受某种化学物质(配体)的调控。这种离子通道也称促离子型受体,受体蛋白本身就是离子通道,通道的开放既涉及离子本身的跨膜转运,又可实现化学信号的跨膜转导。例如,骨骼肌终板膜上 N_2 型乙酰胆碱能受体为化学门控通道,当与乙酰胆碱结合后,发生构相变化及通道的开放,引起 Na^+ 和 K^+ 经通道的跨膜流动,进而造成膜的去极化,并以终板电位的形式将信号传给周围肌膜,引发肌膜的兴奋和肌细胞的收缩,从而实现乙酰胆碱的信号跨膜转导。

尽管电压门控的离子通道和机械门控的离子通道不能称为受体,但它们也能将接受的物理信号转变为细胞膜电位改变,具有与化学门控通道类似的信号转导功能,故也可归入离子通道受体介导的信号转导中。事实上,它们是接受电信号和机械信号的"受体",并通过通道的开放与关闭调节跨膜流动,把信号转导到细胞内。例如,心肌细胞的 T 管膜上的 L 型 Ca^{2+} 通道就是一种电压门控通道,当心肌细胞产生动作电位并传至管膜时,引起 T 管膜去极化,并激活 L 型 Ca^{2+} 通道开放,Ca^{2+} 内流,肌质内 Ca^{2+} 浓度升高,实现由电信号(动作电位)触发的跨膜信号转导。内流的 Ca^{2+} 还可作为第二信使,进一步激活肌质网的雷诺丁受体(RyR),引起肌质内 Ca^{2+} 浓度进一步升高,从而引发心肌的收缩。由机械信号引发的跨膜信号转导机制与电压门控通道相似。如内耳毛细胞顶部的听毛在受到切应力的作用产生弯曲时,毛细胞会出现短暂的微音器电位,这也是一种跨膜信号转换,即外来机械性信号通过某种结构内的过程,引起细胞的跨膜电位变化。

2.G 蛋白耦联受体介导的信号转导

(1)G 蛋白耦联受体介导的信号转导 此过程中的主要物质由 G 蛋白耦联受体介导的信号转导,是一系列相当复杂的过程,包括受体识别信使并与之结合,激活与受体耦联的 G 蛋白,激活 G 蛋白效应器(离子通道或酶),产生第二信使,激活或抑制依赖于第二信使的蛋白激酶或离子通道。这一过程至少与下列几种物质有关:膜受体、G 蛋白、G 蛋白效应器、第二信使、蛋白激酶。

①G 蛋白耦联受体(G protein-coupled receptors,GPCR)是一种与三聚体 G 蛋白耦联的细胞表面受体,是迄今发现的最大的受体超家族,其成员有 1 000 多个。与配体结合后通过激活所耦联的 G 蛋白,启动不同的信号转导通路并导致各种生物效应。已知的与 G 蛋白耦联受体结合的配体包括信息素、激素、神经递质、趋化因子等。这些受体可以是小分子的糖类、脂质、多肽,也可以是蛋白质等生物大分子。一些特殊的 G 蛋白耦联受体也可以被非化学性的刺激原激活,如在感光细胞中的视紫红质可以被光所激活。

②G 蛋白(G protein)是鸟苷酸结合蛋白(guanine nucleotide-binding protein)的简称,是 G 蛋白耦联受体联系胞内信号通路的关键膜蛋白。G 蛋白最早由 Rodbell、Gilman 等分离纯化,并予命名,他们也因此获得了 1994 年的诺贝尔奖。迄今为止,已发现了 G 蛋白家族中的若干成员,它们的共同特征是:由 α、β、γ 3 个不同的亚基构成的异聚体;α 亚基具有结合 GTP 或 GDP 的能力,并具有 GTP 酶(GTPase)的活性;而 β 和 γ 亚基通常形成功能复合体发挥作用。根据组成 G 蛋白的 α 亚基的结构与活性,将 G 蛋白分为 3 类,即 G_s 家族、G_i 家族和 G_q 家族。不同种类的 G 蛋白,激活的下游信号通路亦不相同。

G 蛋白在信号转导过程中起着分子开关的作用,没信号时,G 蛋白以异三聚体的形式存在于细胞膜上,并与 GDP 相结合,与受体间呈分离状态,此时 G 蛋白处于非活化状态。当配体与相应受体结合时,触发了受体蛋白分子发生空间构象的改变,从而与 G 蛋白 α 亚基相接触,导致 α 亚基与鸟苷酸的亲和力发生改变,表现为与 GDP 的亲和力下降,与 GTP 的亲和力增加,故 α 亚基转而与 GTP 结合。α 亚基与 GTP 的结合诱发了其本身的构象改变,使 α 亚基与 β、γ 亚基分离,并促使与 GTP 结合的 α 亚基从受体上分离成为游离状态,此时 G 蛋白处于活化状态,可激活其下游的信号分子 G 蛋白效应器,实现细胞内外的信号传递。当配体与受体结合的信号解除时,完成了信号传递作用的 α 亚基同时具备了 GTP 酶的活性,能分解 GTP 释放磷酸根,生成 GDP,这诱导了 α 亚基的构象改变,使之与 GDP 的亲和力增强,并与效应蛋白分离。最后,α 亚基与 β、γ 亚基结合恢复到非活化状态下的 G 蛋白(图 1-7)。

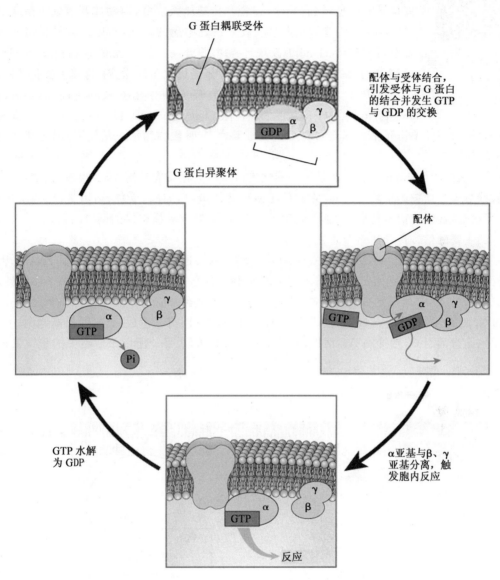

图 1-7　G 蛋白的激活和失活循环示意图

③G 蛋白效应器(G protein effector)是指 G 蛋白直接作用的靶标,包括效应器酶、膜离子通道以及膜转运蛋白等。主要的效应器酶有腺苷酸环化酶(adenylate cyclase,AC)、磷脂酶 C(phospholipase C,PLC),磷脂酶 A_2(phospholipase A_2,PLA$_2$)和磷酸二酯酶(phosphodiesteras,PDE)等。效应器酶的作用是催化生成(或分解)第二信使物质,例如 β-肾上腺素能受体通过 G_s 激活 AC,使胞浆中 cAMP 增加。G 蛋白还可直接控制离子通道的通透性,如心肌细胞膜上的 M_2 型乙酰胆碱能受体通过激活态 G 蛋白的 α 亚基和 β、γ 亚基复合物都能开启乙酰

胆碱门控的 K^+ 离子通道。

④第二信使（second messenger）是指激素、神经递质、细胞因子等胞外信号分子（第一信使）与其膜受体结合后，在胞内产生的信号分子，其作用是将获得的信息增强、分化、整合并传递给效应器，启动或调节胞内稍晚出现的反应。它们能够激活级联放大系统中酶的活性，对胞外信号起转换和放大作用。Sutherland 因发现环-磷酸腺苷（cyclic adenosine monophosphate，cAMP）的第二信使作用获得 1971 年诺贝尔生理学或医学奖（二维码 1-4）。除 cAMP 外，已知的第二信使还有环-磷酸鸟苷（cyclic guanosine monophosphate，cGMP），1,2-二酰甘油（diacylglycerol，DAG）、1,4,5-三磷酸肌醇（inositol 1,4,5-triphosphate，IP_3）和 Ca^{2+} 等。Ca^{2+} 有时被称为第三信使，是因为其释放有赖于第二信使。

⑤蛋白激酶（protein kinases）是一类催化蛋白质磷酸化反应的酶，种类很多，在细胞质、细胞核、线粒体和微粒体中均有分布，它们催化多种功能蛋白，如酶、受体、运输蛋白、调节蛋白、核内蛋白等，在细胞信号传导、细胞周期调控等系统中，形成纵横交错的调控网络。

（2）主要的信号转导通路

①受体-G 蛋白-AC-cAMP-PKA 通路（图 1-8）。这一通路的关键信号分子是 cAMP，因而该通路也称 cAMP 信号通路。在这个通路中，细胞外信号与相应受体结合，调节 AC 活性，通过第二信使 cAMP 水平的变化，将细胞外信号转变为细胞内信号。参与该通路的 G 蛋白有 G_s 和 G_i 两类，其中激活态 G_s 能激活 AC，AC 催化胞内的 ATP 生成 cAMP，提高胞内 cAMP 的水平；而激活态 G_i 则抑制 AC 活性，降低胞内 cAMP 的水平。所以该通路中的受体依据其

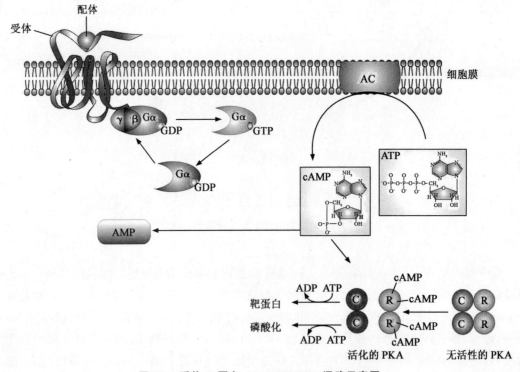

图 1-8　受体-G 蛋白-AC-cAMP-PKA 通路示意图

所耦联的 G 蛋白类型不同,可发挥相互拮抗的作用。如 β-肾上腺素能受体通过 G_s 激活 AC,加速 cAMP 的产生;而 α_2 肾上腺素能受体激活 G_i,抑制 AC 的活化,使细胞内 cAMP 水平降低。另外,环腺苷酸磷酸二酯酶(cAMP phosphodiesterase),与 AC 的作用相反,可降解 cAMP 生成 5′-AMP,进而减弱或终止 cAMP 的信号分子作用。

cAMP 作为第二信使,其绝大多数信号转导功能都是通过激活蛋白激酶 A(protein kinase A,PKA)而完成的。PKA 由 2 个催化亚基和 2 个调节亚基组成。cAMP 与调节亚基结合,改变调节亚基构象,使调节亚基和催化亚基解离,释放出催化亚基。活化的 PKA 催化亚基可使细胞内某些蛋白的丝氨酸或苏氨酸残基磷酸化,改变这些蛋白的活性,进一步影响到相关基因的表达。

②受体-G 蛋白-PLC-IP$_3$-Ca^{2+} 和 DG-PKC 通路(图 1-9)。这一通路的关键信号分子是 IP$_3$、DAG 和 Ca^{2+},因此该通路也称 IP$_3$、DAG 和 Ca^{2+} 信号通路。当膜受体(如 5-HT$_2$ 受体、α_1 肾上腺素能受体等)与其相应的第一信使分子结合后,激活膜上的 G$_q$ 蛋白,然后由 G$_q$ 蛋白激活 PLC,将膜上的 4,5-二磷酸磷脂酰肌醇(phosphatidylinositol biphosphate,PIP$_2$)分解为两个细胞内的第二信使:DAG 和 IP$_3$。IP$_3$ 动员细胞内钙库——内质网释放 Ca^{2+} 到细胞质中,Ca^{2+} 作为第二信使与钙调蛋白结合,激活蛋白激酶,使底物蛋白磷酸化,产生反应;胞内 Ca^{2+} 浓度的升高,触发递质或激素的释放以及肌肉收缩。而 DAG 在 Ca^{2+} 的协同作用下激活蛋白激酶 C(protein kinase C,PKC),PKC 催化底物蛋白磷酸化,引起级联反应,产生细胞应答。

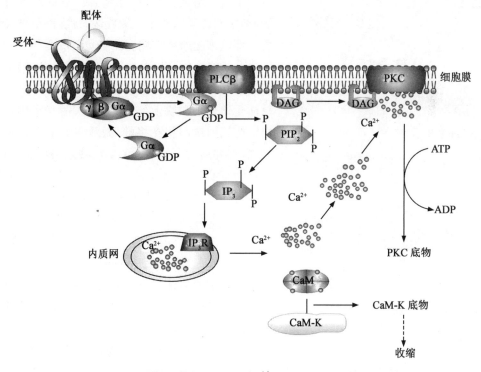

图 1-9　受体-G 蛋白-PLC-IP$_3$-Ca^{2+} 和 DG-PKC 通路示意图

IP$_3$ 信号的终止是通过去磷酸化形成 IP$_2$，或被磷酸化形成 IP$_4$。Ca^{2+} 由细胞膜上的 Ca^{2+} 泵和 Na$^+$-Ca^{2+} 泵运出细胞，或由内质网膜上的 Ca^{2+} 泵运入内质网。DAG 通过两种途径终止其信使作用：一是被 DAG-激酶磷酸化成为磷脂酸，进入磷脂酰肌醇循环；二是被 DAG 酯酶水解成单酯酰甘油。由于 DAG 代谢周期很短，不可能长期维持 PKC 活性，而细胞增殖或分化需要 PKC 长期处于激活状态，这一状态的维持是由磷脂酶催化细胞膜上的磷脂酰胆碱断裂产生的 DAG 来完成。

3. 酶耦联受体介导的信号转导

酶耦联受体（enzyme-linked receptor）是指自身就具有酶的活性或能与酶结合的膜受体。这类受体的共同点是每个受体分子只有一个跨膜区段，其胞外的结构域含有可结合配体的部位，而胞内的结构域有酶的活性或含能与酶结合的位点。这类受体的主要类型有酪氨酸激酶受体（tyrosine kinase receptor）、酪氨酸激酶结合型受体（tyrosine kinase associated receptor）、鸟苷酸环化酶受体（guanylyl cyclase receptor）和丝氨酸/苏氨酸蛋白激酶受体（serine/threonine kinase receptor）等。

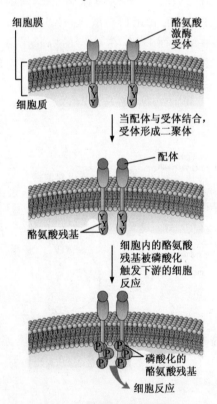

图 1-10 酪氨酸激酶耦联受体介导的信号通路示意图

（1）酪氨酸激酶受体和酪氨酸激酶结合型受体（图 1-10） 酪氨酸激酶受体是最大的一类酶耦联受体，它既是受体，又是酶，能够与配体结合，并将靶蛋白的酪氨酸残基磷酸化。所有的酪氨酸激酶受体都由 3 个部分组成：含有配体结合位点的细胞外的结构域、单次跨膜的疏水 α 螺旋区、含有酪氨酸蛋白激酶活性的细胞内结构域。酪氨酸激酶受体在没有同信号分子结合时是以单体存在的，并且没有活性；一旦有信号分子与受体的细胞外的结构域结合，两个单体受体分子在膜上形成二聚体，两个受体的细胞内结构域的尾部相互接触，激活它们的蛋白激酶的功能，彼此使对方的某些酪氨酸残基磷酸化，这一过程称为自身磷酸化（autophosphorylation）。磷酸化导致受体细胞内结构域的尾部装配成一个信号复合物。信号复合物通过几种不同的信号转导途径，扩大信息，激活细胞内一系列的生化反应；或者将不同的信息综合起来引起细胞的综合性应答。

酪氨酸激酶结合型受体则有所不同，其本身没有酶的活性，但当它被配体激活时立即与胞质中的酪氨酸激酶（如 JAK 家族、Tec 家族等）结合，并使之激活，通过对自身和底物蛋白的磷酸化作用，把信号传入细胞内。通常激活该类受体的配体是各种细胞因子（cytokine）和肽类激素。JAK（Janus kinase）是一类非受体酪氨酸激酶家族，其底物为信号转导子和转录激活子（signal transducer and activator of transcription，STAT）。STAT 被 JAK 磷酸化后发生二聚化，然后穿过核膜进入核内调节相关基因的表达,这条信号通路称为JAK-STAT途径。其作用过程可概括如下:①配体与受体结合导致受体二聚化;②二聚化受体激活JAK;③JAK将STAT磷酸化;④STAT形成二聚体,暴露出入核信号;⑤STAT进入核内,调节基因表达。Tec家族是近几年国外研究比较活跃的胞浆内酪氨酸蛋白激酶分子,也是非受体酪氨酸激酶家族,它们主要在淋巴细胞和髓样细胞中表达。它们所介导的信号转导主要在免疫细胞的分化、发育、增殖和凋亡过程中起着重要的作用。

(2)鸟苷酸环化酶受体 它是单次跨膜蛋白受体,胞外为配体结合域,胞内为鸟苷酸环化酶催化结构域。激活该受体的配体主要是心房钠尿肽(atrial natriuretic peptide,ANP)和脑钠尿肽(brain natriuretic peptide,BNP)。当配体与受体结合后,直接激活胞内部分鸟苷酸环化酶的活性,催化细胞内GTP生成cGMP,cGMP作为第二信使,结合并激活依赖cGMP的蛋白激酶G(protein kinase G,PKG),PKG作为丝氨酸/苏氨酸蛋白激酶,促使底物蛋白质磷酸化,产生效应。除了与质膜结合的鸟苷酸环化酶外,在细胞质基质中还存在可溶性的鸟苷酸环化酶,它们是NO作用的靶酶,催化产生cGMP。

(3)丝氨酸/苏氨酸蛋白激酶受体 与酪氨酸激酶受体不同的是,丝氨酸/苏氨酸蛋白激酶受体的胞内结构域有丝氨酸/苏氨酸蛋白激酶活性。激活这类受体的主要配体是转化生长因子-β(transforming growth factor-β,TGF-β)家族成员,包括$TGF-\beta_1$—$TGF-\beta_5$。TGF-β与靶细胞膜上受体结合,激活胞内丝氨酸/苏氨酸激酶,使信号分子Smad蛋白的丝氨酸/苏氨酸残基磷酸化而激活,生成复合物转移到细胞核内,诱导靶基因的表达。

(二)核受体介导的信号转导

与水溶性配体不同,脂溶性配体可直接进入细胞与胞质受体或核受体结合而发挥作用。由于胞质受体在与配体结合后,一般也要转入核内发挥作用,因而常把细胞内的受体统称为核受体(nuclear receptor)。核受体识别和结合的是能够穿过细胞膜的脂溶性的信号分子,如各种类固醇激素、甲状腺素、维生素D以及视黄酸。核受体通常有两个不同的结构域,一个是与DNA结合的中间结构域,另一个是激活基因转录的N端的结构域。此外还有两个结合位点,一个是与脂溶性配体结合的位点,位于C末端,另一个是与抑制蛋白结合的位点。核受体的基本结构都很相似,有极大的同源性。

核受体属于反式作用因子,有锌指结构作为其DNA结合区,通常为400~1 000个氨基酸残基组成的单体蛋白,包括4个区域:高度可变区、DNA结合区、激素结合区和铰链区。当激素与受体结合时,受体构象发生变化,暴露出受体核内转移部位及DNA结合部位,激素-受体复合物向核内转移,并结合于DNA上特异基因邻近的激素反应元件(hormone response element,HRE)上,进而改变细胞的基因表达谱,并发生细胞功能改变(图1-11)。不同的激素-受体复合物结合于不同的激素反应元件。结合于激素反应元件的激素-受体复合物再与位于启动子区域的基本转录因子及其他的转录调节分子作用,从而开放或关闭其下游基因。

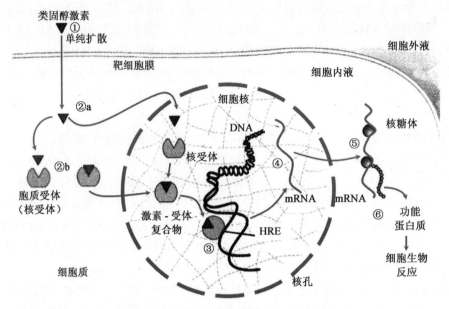

图 1-11　核受体介导的信号通路示意图(引自朱大年等,2013)
①～⑥为配体自进入细胞至产生生物学效应的全过程
HRE:激素反应元件　DNA:脱氧核糖核酸　mRNA:信使核糖核酸

(三)信号转导的共性

信号转导途径和网络的共同规律和特点为:①对于外源信息的反应,信号的发生和终止十分迅速;②信号转导过程是多级酶反应,具有级联放大效应;③细胞信号转导系统具有一定的通用性;④各信号途径间存在着复杂的网络联系和交互对话机制。不同信号转导通路之间存在广泛的信息交流,一种信息可分别作用于几条信息传递途径。一条信息途径成员可参与激活或抑制另一条信息途径,两种不同的信息途径可共同作用于同一种效应蛋白或同一基因调控区而协同发挥作用。

二维码 1-5　知识拓展:信号转导障碍与动物疾病

在信号转导过程中,从受体接收信号到最终细胞产生相应的生物学效应,任何一个环节发生异常,都可以导致动物疾病发生(二维码 1-5)。

第三节　细胞的电活动

二维码 1-6　科学史话:冯德培先生

细胞或组织在进行生命活动时都伴随有电现象,称为生物电(bioelectricity),它是由意大利解剖学家 Galvani 意外发现的,我国老一辈生理学家也在生物电研究领域做出了重要贡献(二维码 1-6)。生物电是一种普遍存在又十分重要的生命现象,与许多重要的生命活动紧密相关,已广泛应用于临床诊断,如心电图、脑电图、肌电图、胃肠电图等,都是利用体表电极将组织细胞的电活动引导、放大并记录得到的。

一、细胞的生物电现象

细胞生物电是由一些带电离子(如 Na^+、K^+、Cl^-、Ca^{2+} 等)跨细胞膜流动而产生的,表现为一定的跨膜电位(transmembrane potential),简称膜电位(membrane potential)。主要有 2 种表现形式:在静息时具有的静息电位(resting potential,RP)和受到刺激时所产生的电位变化,包括局部电位(local potential)和可以扩布的动作电位(action potential,AP)。

(一)静息电位及其产生机制

1.静息电位的测定及概念

静息电位是指细胞未受刺激、处于静息状态时,存在于细胞膜内、外两侧的外正内负的电位差。由于这一电位差存在于安静细胞膜的两侧,故亦称为跨膜静息电位(transmembrane resting potential),简称静息电位。它是一切生物电产生和变化的基础。如图 1-12 所示,插入膜内的是尖端直径<1 μm 的玻璃管微电极,膜外为参考电极,两电极连接到测量仪(如示波器或电压表)测定两电极之间的电位差。当两个电极都处于膜外时,电极间没有电位差。在测量微电极尖端刺入膜内的一瞬间,测量仪上会显示出突然的电位改变,这表明两个电极间存在电位差,即细胞膜两侧存在电位差。若规定膜外电位为 0,则膜内电位大都在$-10\sim-100$ mV,如哺乳动物神经细胞的静息电位约-70 mV,骨骼肌细胞约-90 mV,平滑肌细胞约-55 mV,红细胞约-10 mV。大多数细胞的静息电位(除具有自律性的心肌、平滑肌细胞等外)都是稳定的直流电位,只要细胞保持正常的新陈代谢,没有受到任何刺激,该电位始终维持在某一稳定水平。

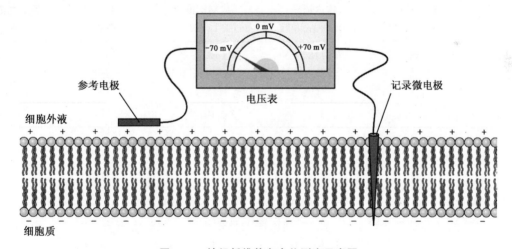

图 1-12 神经纤维静息电位测定示意图

生理学中把细胞在静息状态下的膜外为正电位、膜内为负电位的状态称为极化(polarization)。静息电位(负值)增大(如细胞内电位由-70 mV 变为-90 mV)表示膜的极化状态增强,这种静息电位增大的过程或状态称为超极化(hyperpolarization);静息电位(负值)减小(如细胞内电位由-70 mV 变为-50 mV)表示膜的极化状态减弱,这种静息电位减小的过程或状态称为去极化(depolarization);去极化至零电位后膜电位进一步变为正值,使膜两侧电位的极性与原来的极化状态相反,称为反极化(reverse polarization);膜电位高于零电位的部分称为超射(overshoot);细胞膜去极化后再向静息电位方向恢复的过程称为复极化(repolarization)。

2.静息电位产生的机制

细胞静息时为什么膜两侧存在外正内负的电位差呢？有关静息电位的产生机制,Bernstein(1902)首先提出了膜学说进行解释,即静息电位的产生是由于细胞内、外 K^+ 分布不均衡,并且细胞处于静息状态时主要对 K^+ 有通透性所导致。后来 Hodgkin 和 Huxley(1939)通过细胞内记录、细胞内外离子成分测定,对该学说进行了验证和修正,目前普遍认为:膜电位的产生是由于膜内、外各种离子的分布不均衡,以及膜在不同情况下,对各种离子的通透性不同所造成的。

细胞膜两侧离子的浓度差是离子跨膜扩散的直接动力。该浓度差是由细胞中的离子泵,主要是钠泵的活动所形成和维持的。表 1-1 显示哺乳动物骨骼肌膜两侧的主要离子浓度,其中细胞外液中 Na^+ 浓度为其细胞内液浓度的 12.1 倍;而细胞内液中 K^+ 浓度为其细胞外液浓度的 34.4 倍;细胞外液中 Cl^- 浓度为其细胞内液浓度的 27.6 倍。如果细胞膜对这些离子都通透的话, K^+ 有顺着浓度梯度向膜外扩散的趋势,而 Na^+ 和 Cl^- 有向膜内扩散的趋势。但是在静息状态下,细胞膜对 K^+ 通透性大,对 Na^+ 通透性很小,仅为 K^+ 通透性的 1/100～1/50,而对 Cl^- 则几乎没有通透性。因此,细胞静息期主要的离子流为 K^+ 外流,推动 K^+ 流的基本动力是膜内、外 K^+ 浓度差。

表 1-1　哺乳动物骨骼肌细胞外和细胞内主要离子的浓度梯度和平衡电位(温度:37 ℃)

离子 (X)	胞外浓度 $[X]_o$/mmol/L	胞内浓度 $[X]_i$/mmol/L	浓度比值 $[X]_o/[X]_i$	平衡电位 /mV	静息电位 /mV
Na^+	145	12	12.1	+67	
K^+	4.5	155	0.029	−95	−80
Cl^-	116	4.2	27.6	−89	
Ca^{2+}	1.0	10^{-4}	10^4	+123	

注:表中 Ca^{2+} 浓度为游离 Ca^{2+} 浓度。

(引自朱大年等,2013)

随着 K^+ 顺浓度差外流,细胞内、外 K^+ 的化学浓度差会越来越小,而细胞外形成的正电位排斥 K^+ 外流的力越来越大。当浓度差形成的推动 K^+ 外流的力与阻止 K^+ 外流的电场力达到平衡时, K^+ 的净移动就会等于 0。此时,细胞膜两侧的电位差就稳定下来,达到 K^+ 电化学平衡(electrochemical equilibrium)状态。使 K^+ 处于电化学平衡状态时的膜电位称为 K^+ 平衡电位(K^+ equilibrium potential, E_K)。E_K 主要是由细胞膜两侧 K^+ 浓度差决定的,因此其精确值可以用物理化学中的 Nernst 方程式来计算,即

$$E_K = \frac{RT}{ZF}\left/\ln\frac{[K^+]_o}{[K^+]_i}\right.$$

式中, E_K 为 K^+ 平衡电位, R 为气体常数, T 为绝对温度, F 为法拉第常数, Z 为离子价数, $[K^+]_o$ 和 $[K^+]_i$ 分别表示膜外和膜内 K^+ 浓度。

综合起来,可以认为决定静息电位的因素主要有 3 点:①细胞膜内外的 K^+ 浓度差。②膜对 K^+ 和 Na^+ 的相对通透性,如果膜对 K^+ 的通透性增大,静息电位也就增大,更趋于 E_K;反之,膜对 Na^+ 的通透性增大,静息电位减小,更趋于 Na^+ 平衡电位(Na^+ eqalibrium potential, E_{Na})。③钠泵功能的正常运转是维持静息电位的关键因素。当细胞缺血、缺氧或酸中毒(H^+ 增多)时,可导致细胞代谢障碍、能量供应不足,钠泵的活动受到抑制甚至停止,K^+ 不能顺利被泵回细胞内,使细胞内外 K^+ 的浓度差减小。细胞死亡后,静息电位则消失为 0。

(二)动作电位及其产生机制

1. 动作电位的概念

当神经或肌肉等可兴奋细胞受到一次有效刺激后,细胞膜在静息电位的基础上产生的一次迅速而短暂的、可向周围扩布的电位波动,称为动作电位。

2. 动作电位的变化过程

动作电位是一个连续的膜电位变化过程。以神经细胞为例,当受到适当刺激后,其膜电位从 -70 mV 逐渐去极化达到阈电位水平,然后迅速去极化到 0 mV 后进一步升高至 $+30$ mV,形成动作电位的上升支(去极化和反极化);随后又迅速下降至静息电位水平,形成动作电位的下降支(复极化),全过程一般历时为 $1\sim2$ ms。快速上升和快速下降所形成的尖峰状的电位变化,称为锋电位(spike potential)。锋电位是动作电位的主要部分,被视为动作电位的标志。

在锋电位之后,细胞的膜电位还会出现一个较长的、微弱的电位变化,称为后电位(after potential)。后电位包括两个部分,即缓慢的复极化过程和低幅的超极化过程,分别称为后去极化(after depolarization)和后超极化(after hyperpolarization)。如果沿用电生理学发展早期细胞外记录的方法对后电位命名,后去极化又称为负后电位(negative after-potential),后超极化又称为正后电位(positive after-potential)。后电位的持续时间较长,哺乳动物 A 类神经纤维的后电位可持续将近 100 ms。后电位结束后,膜电位才恢复到稳定的静息电位水平(图 1-13)。

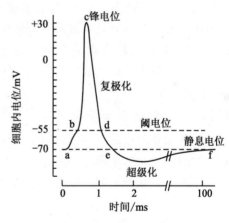

图 1-13　神经细胞动作电位示意图

3. 动作电位产生的机制

细胞受到刺激产生动作电位时,膜电位的波动其实是离子跨膜移动的结果。在生理学中,将正离子由膜外向膜内流动(如 Na^+ 和 Ca^{2+} 内流)或负离子由膜内向膜外流动(如 Cl^- 外流)称为内向电流(inward current),内向电流能促使细胞膜去极化;将正离子由膜内向膜外流动(如 K^+ 外流)或负离子由膜外向膜内流动(如 Cl^- 内流)称为外向电流(outward current),外向电流导致细胞膜超极化或复极化。因此,动作电位的上升支(去极化相)是由内向电流形成的,而下降支(复极化相)则是由外向电流形成的。离子跨膜转运需要两个必不可少的因素:一是离子的电化学驱动力(电化学势能),它决定着离子跨膜流动的方向和速度;二是细胞膜对离子的通透性。动作电位的产生正是在静息电位的基础上两者发生改变的结果。

为了能直接测定动作电位期间膜对离子通透性的动态变化,20世纪40年代后期,Hodgkin和Huxley设计并成功地在枪乌贼巨轴突上进行了著名的膜片钳实验。他们通过测定跨膜离子电流观察了膜通透性的改变,证实了细胞膜对Na^+和K^+通透性的相继改变是动作电位形成的离子基础。由于这一贡献,Hodgkin和Huxley共同获得了1963年的诺贝尔生理学或医学奖。

在静息时,细胞膜上所有电压门控Na^+通道和大部分电压依赖的K^+通道均处于关闭状态,钠泵将K^+泵入,Na^+泵出,将膜电位维持在静息电位水平。此时,细胞外Na^+的浓度高出细胞内12倍多,无论从化学浓度差还是电位差角度Na^+都受到很强的向内扩散的动力。当膜受到刺激时,部分Na^+通道开放,对Na^+的通透性增加,Na^+内流,而K^+通道仍处于关闭状态。当膜电位到达阈电位水平,电压门控的Na^+通道全部开放,引起再生性Na^+内流,直至内流的Na^+在膜内所形成的正电位足以阻止Na^+的净内流为止,这时膜电位达到最大值,即为Na^+平衡电位,形成动作电位的上升支。当动作电位在锋电位时,Na^+通道失活,Na^+内流停止。此时,电压门控的K^+通道开放,K^+顺着电化学势能外流,膜电位迅速下降,构成动作电位的下降支。随后因K^+外流而在膜外大量堆积,引起电化学势能减小,K^+外流减慢,形成负后电位。因上述离子转运过程导致细胞内Na^+浓度增高,细胞外K^+浓度增多,激活钠泵,把细胞内多余的Na^+泵出细胞外,细胞外K^+泵入细胞内,迅速恢复并维持兴奋前细胞膜内高K^+、膜外高Na^+的状态,为下一次兴奋做准备。由于钠泵每消耗一个ATP,可以泵出3个Na^+,泵入2个K^+,因此这一过程是生电性的,引起细胞电位向超极化方向出现微小的波动,形成了正后电位。由此可见,动作电位的上升支主要是由于Na^+大量、快速内流并达到Na^+平衡电位;而下降支主要是K^+外流的结果;负后电位主要是K^+外流减慢,而正后电位主要是钠泵的活动引起的。

4. 动作电位的引起和传导

(1)动作电位的引起　一般对于可兴奋细胞来说,刺激打开膜上的离子通道是产生动作电位的前提条件。但是,不同的刺激打开的离子通道类型不一样。如果刺激打开的是细胞膜上的Na^+通道,Na^+内流使静息电位减小(去极化),当减小到某一临界值时,就会触发细胞膜上的电压门控的Na^+通道开放,Na^+通透性增大,引起大量的Na^+内流;Na^+内流又会使得细胞进一步去极化进而触发更多的电压门控Na^+通道开放,于是细胞便以正反馈的方式引起动作电位的迅速爆发。这个能触发产生动作电位的临界膜电位值,称为阈电位(threshold potential)。能够使膜电位去极化达到阈电位,是产生动作电位的必要条件。刺激的作用是使膜电位从静息电位去极化到阈电位水平,只是起一个触发作用。动作电位的爆发是膜电位到达阈电位后其本身进一步去极化的结果,与细胞所受的刺激强度无关。

阈电位的绝对值通常比正常静息电位低$10\sim20$ mV,如神经细胞的静息电位约为-70 mV,其阈电位约为-55 mV。一般来说,细胞兴奋性的高低与膜电位和阈电位之间的差值呈反比关系,即差值越大其兴奋性越低,差值越小其兴奋性越高。

(2)动作电位的传导　动作电位一旦在细胞膜的某一部位产生,就可沿着细胞膜以脉冲的方式不衰减地传导至整个细胞,这是动作电位的重要特征。动作电位传导的原理可用局部电流学说(local current theory)解释。

①传导机制——局部电流学说。以动作电位在无髓神经纤维上的传导为例加以说明。如图 1-14A 所示，静息时神经纤维膜两侧处于内负外正的极化状态。当神经纤维的某一点受到足够强的外来刺激，产生动作电位时，在兴奋部位细胞膜由静息时的内负外正变为内正外负，而与之相邻的未兴奋部位仍处于静息状态。因兴奋膜与静息膜之间无论在膜内还是膜外均存在有电位差，同时细胞膜两侧的溶液都是导电的，所以兴奋膜与静息膜之间可发生电荷移动，这种电荷移动就是局部电流(local current)。在膜外侧，电流从静息膜流向兴奋膜；在膜内侧，电流由兴奋膜流向静息膜。结果使静息膜的膜内侧电位升高，而膜外侧电位降低，即发生了去极化。当去极化使静息膜的膜电位达到阈电位水平时，大量电压依赖的 Na^+ 通道被激活，引起动作电位。此时，原来的静息膜转变为兴奋膜，继续向周围的静息膜传导。这样的过程在膜上连续进行下去，就表现为动作电位在整个细胞膜上的传导。由于兴奋膜和静息膜之间的电位差可达 100 mV(即动作电位的幅值)，约是阈电位所需幅值(10～20 mV)的数倍，故局部电流的刺激强度远大于细胞兴奋所需的阈值，因而动作电位在生理情况下的传导是十分"安全"且无"阻滞"的，即动作电位一旦在细胞膜的某一部位产生，就可沿着细胞膜不衰减地传导至整个细胞。

②跳跃式传导。在无髓神经纤维或肌纤维，兴奋传递过程中局部电流在细胞膜上是顺序发生的，即整个细胞膜都依次发生 Na^+ 内流和 K^+ 外流介导的动作电位。而脊椎动物的许多神经纤维是有髓鞘的。髓鞘是一种神经胶质细胞，反复包裹在神经轴突的外面，沿轴突间断排列，每隔一段(约 1 mm)有一个无髓鞘的轴突裸露区($1～2~\mu m$)，称为郎飞结(Ranvier's node)。由于髓鞘具有高电阻低电容的特征，产生的动作电位只能在相邻的郎飞结区形成局部电流。此外，有髓鞘包裹的区域，轴突膜中几乎没有 Na^+ 通道，跨膜电流非常小，达不到阈电位。而在郎飞结区，轴突是裸露的，并且轴突膜 Na^+ 通道非常密集(可达 $10^4～10^5$ 个)，因此形成的跨膜电位较大，膜电位的波动容易达到阈电位，形成动作电位。所以，在有髓神经纤维上只有在郎飞结处能发生动作电位，局部电流也仅在兴奋区的郎飞结与相邻静息区的郎飞结之间发生。当一个郎飞结的兴奋通过局部电流影响到相邻郎飞结并使之去极化达到阈电位时，即可触发新的动作电位。这种动作电位从一个郎飞结跳到另一个郎飞结的传导方式称为跳跃式传导(saltatory conduction)(图 1-14B)。

5. 动作电位的特性

虽然不同类型细胞的动作电位具有不同的形态，但都表现出共同的特性。

(1)"全或无"特性　指同一细胞动作电位的形态和大小不随刺激强度改变而改变。刺激强度弱(即阈下刺激)，使膜去极化达不到阈电位水平，不能形成去极化与 Na^+ 内流的正反馈，就不能产生动作电位(无)。只要达到阈强度的刺激(阈刺激或阈上刺激)，均能引起 Na^+ 内流与去极化的正反馈关系，膜去极化都会接近或达到 E_{Na} (动作电位幅度达到最大值)，动作电位的幅度只与 E_{Na} 和静息电位之差有关，而与原来的刺激强度无关，与刺激的性质也无关。在同一个细胞，任何刺激只要可以引发动作电位，产生的动作电位的形态和大小均完全一致。这就是 AP 的"全"或"无"(all or none)特性。

(2)动作电位的传导具有不衰减性　指动作电位在传导过程中其形状和幅度不会因距离而衰减，而始终保持不变的特性。这是因为动作电位幅度是由膜电位大小、Na^+ 通道开放速率和概率、Na^+ 电流间的正反馈过程决定的，外界刺激只是相当于"点燃"作用。因此，当细胞膜的某一部位受到刺激产生了动作电位，该电位变化并不局限于受刺激的局部，而是相继引起相

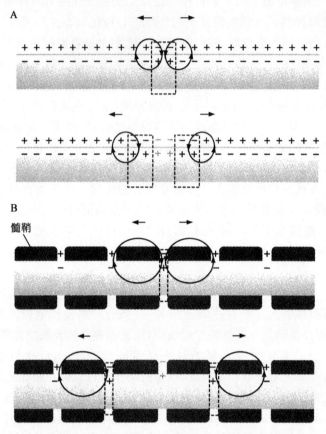

图 1-14　动作电位在神经纤维上的双向传导示意图(引自朱大年等,2013)
A.动作电位在无髓纤维上的传导　B.动作电位在有髓纤维上的传导

邻(两侧)细胞膜产生再生性去极化,引发一个形状相同、幅度大小相等的动作电位。这也是动作电位"全"和"无"特性的一种表现。

(3)不可叠加性　指对神经元进行连续、有效的刺激可以产生一系列的动作电位,而且动作电位之间总是存在一定时间间隔,不会出现相邻动作电位叠加现象。这是因为在产生动作电位期间,神经元的兴奋性会发生改变,特别是存在不应期(绝对不应期和相对不应期),在绝对不应期内,离子通道(尤其是 Na^+ 通道)进入了失活状态,无论给予多强的刺激,均不能再次产生动作电位,也就不能出现总和或叠加现象。这更体现了动作电位的"全"和"无"特性,即同一细胞的动作电位不受时间因素的影响。

(三)局部电位

当细胞受到一个阈下刺激时,只能引起少量 Na^+ 通道开放,少量 Na^+ 内流,使受刺激部位出现一个较小的局部去极化称为局部反应(localized response)或局部兴奋(localized excitation),这种去极化电位称为局部电位。由于该去极化程度较小,可被(维持当时 K^+ 平衡电位的) K^+ 外流所抵消,不能达到阈电位形成再生性去极化,因此不能产生动作电位。从广义上讲,各种原因引起的膜电位偏离静息电位而未达到阈电位水平的变化,均属于局部电位(如电刺激引起的局部电位、感受器电位、突触电位、效应器电位、自发膜电位震荡等)。与动作电位相比,局部电位有以下特点。

(1)等级性(graded) 也称作刺激强度依赖性(stimulus intensity-dependent),是指局部电位的幅度大小和时程长短随着刺激强度的改变而改变,呈现分级的特点(图1-15)。这是局部电位最基本的特性。

(2)电紧张性扩布(electrotonic propagation) 也称作局限性(localized),是指局部电位只能向电紧张电位一样进行被动扩布,即电位变化随着扩布距离的延长,迅速衰减,其扩布距离非常有限(一般不超过数十乃至数百微米),不能进行长距离传导。

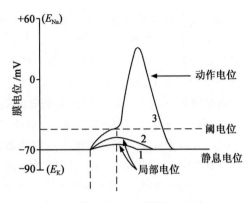

图1-15 局部电位等级性示意图

(3)总和性(summation) 即局部电位具有可相加性(相加或相减)。当两个或多个局部电位是同一方向的变化时,即为相加;若有不同方向的变化时,则为相减。如果在相邻两个或多个部位,同时给予阈下刺激,它们引起的去极化可以叠加在一起,以致有可能达到阈电位水平而引发一次动作电位,这称为空间性总和(spatial summation);如果某一部位相继接受数个较高频率阈下刺激,后一次刺激产生的局部兴奋可以在前一次反应尚未消失的基础上发生,即后一局部电位叠加在前一局部电位之上,这称为时间性总和(temporal summation)。因此,动作电位可以由一次阈刺激或者阈上刺激引起,也可以由连续或来自不同空间的多个阈下刺激通过总和而引起。

局部电位的总和性具有重要的信息整合意义:其一,若干个未达到阈电位水平的局部电位,可以通过总和的作用达到阈电位水平,引发动作电位;其二,若干个时间、方向、幅度不同的局部电位,可以通过总和作用,最后决定是否引发动作电位;其三,除了作为模拟信号的整合外,多个局部电位的产生模式(如发生节律)通过总和,也可以进行相应的信号模式整合。

二、细胞的兴奋性及其变化

(一)细胞兴奋性和刺激引起兴奋的条件

1.兴奋与兴奋性

兴奋性(excitability)是指机体的组织或细胞接受刺激后发生反应的能力或特性,它是生命活动的基本特征之一。虽然几乎所有活组织或细胞都具有某种程度的对外界刺激发生反应的能力,但神经细胞、肌肉细胞、腺体细胞的兴奋性较高,因此被称为可兴奋细胞或可兴奋组织。当机体、器官、组织或细胞受刺激,功能活动由弱变强或由静止转变为比较活跃的反应过程或反应形式,称为兴奋(excitation)。

各种可兴奋细胞处于兴奋状态时,虽然可能有不同的外部表现,如肌肉细胞的收缩反应、腺细胞的分泌活动,但它们都有一个共同的、最先出现的反应,即受刺激处的细胞膜上产生动作电位。因此,在近代生理学中,兴奋性被理解为细胞在受刺激时产生动作电位的能力,兴奋则指产生动作电位的过程或动作电位的同义语。而那些在受刺激时能出现动作电位的组织称为可兴奋组织;组织产生了动作电位就是产生了兴奋。

2. 刺激引起兴奋的条件

刺激要引起组织细胞发生兴奋,必须在强度、持续时间以及强度对时间变化率 3 个参数达到某一临界值,这称为刺激三要素。这 3 个参数对于引起某一组织和细胞的兴奋并不是一个固定值,它们存在着相互影响的关系。在神经和肌组织进行的实验表明,在强度-时间变化率保持不变的情况下,在一定的范围内,引起组织兴奋所需的最小刺激强度,与这一刺激所持续的时间呈反比的关系。以不同强度的电流刺激组织,去引起阈反应所必需的最短时间,将对应的强度和时间标记在直角坐标纸上,并将各点连成曲线即为强度-时间曲线(intensity-time curve)。当刺激持续时间固定于某一适当数值时,引起组织细胞产生兴奋的最小刺激强度,称为阈强度(threshold intensity),该刺激为阈刺激。强度低于它的刺激称为阈下刺激,高于它的刺激称为阈上刺激。当刺激强度固定于某一适当数值时,引起组织产生兴奋的最短刺激作用时间,称为时间阈值。强度阈值和时间阈值可作为衡量组织兴奋性高低的指标,阈值越低兴奋性越高,阈值越高兴奋性越低。

(二)细胞兴奋后兴奋性的变化

可兴奋细胞接受一次刺激而兴奋时和以后的一小段时间内,其兴奋性要经历一系列有次序的变化,然后才恢复正常(图 1-16)。这一特性说明,在细胞或组织接受连续刺激时,后一个刺激引起的反应可受前一个刺激作用的影响。这是一个有重要功能意义的生理现象。

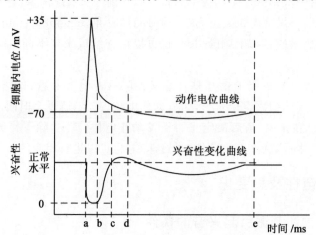

图 1-16 兴奋性变化与动作电位的时间关系示意图

ab.绝对不应期　bc.相对不应期　cd.超常期　de.低常期

通过实验可以发现,在细胞接受一次有效刺激而兴奋之后的一个短暂时期内,无论多么强大的刺激,都不能使它再产生兴奋,即在这一时期内组织兴奋性下降至零,这段时期称为绝对不应期(absolute refractory period)。在绝对不应期之后,兴奋性逐渐恢复,但仍低于正常值,此时需使用超过阈强度的刺激强度,才能引起细胞的兴奋,这个时期称为相对不应期(relative refractory period)。然后兴奋性继续上升,超过正常水平,原来的阈下刺激也能引起反应,这个时期称为超常期(supernormal period)。继超常期之后,细胞兴奋性又下降到低于正常水平,需要阈上刺激才能引起细胞再次兴奋,此时期称为低常期(subnormal period)。以上各期的长短,在不同细胞可以有很大差异;一般绝对不应期较短,相当于或略短于前一刺激在该细胞引起的动作电位主要部分的持续时间,如它在神经纤维或骨骼肌只有 0.5～2.0 ms,在心肌细胞可达 200～400 ms;其他各期的长短变化较大,易受代谢和温度等因素的影响。在神经纤维,相对不应期约持续数毫秒,超常期和低常期可达 30～50 ms。

兴奋的本质就是动作电位,将动作电位的进程与细胞兴奋后兴奋性的变化相对照可以看到,锋电位的时间相当于细胞的绝对不应期,此时电压门控 Na^+ 通道已进入激活或失活状态,不可能再次接受刺激而激活,细胞的兴奋性为零;负后电位的前半段与相对不应期相对应,在此时间内,失活的电压门控 Na^+ 通道已开始复活,但复活的通道数量较少(仅有部分恢复到备用状态),因此细胞兴奋性较低;负后电位的后半段与超常期相对应,此时电压门控 Na^+ 通道已基本复活,完全处于备用状态,而膜电位尚未恢复到静息电位,距离阈电位水平较近,细胞兴奋性高于正常水平;而后超极化(正后电位)期则相当于低常期,电压门控 Na^+ 通道完全恢复到备用状态,但由于电压门控 K^+ 通道延续开放,K^+ 外流仍在进行,可以对抗去极化,且膜电位处于轻度超极化状态,与阈电位差值较大,细胞兴奋性较低。

(侯秋玲)

复习思考题

1. 细胞膜物质转运有哪几种形式? 各有何特点?

2. 动作电位在同一细胞上是如何传导的?

3. 可兴奋细胞接受一次刺激发生兴奋后,其兴奋性发生何种变化? 变化的原因是什么?

4. 在静息电位、动作电位产生和恢复过程中,K^+ 通道和 Na^+ 通道有何改变? 起何作用?

5. 目前已发现的细胞跨膜信号转导系统有哪些? 其主要过程是怎样的?

6. 什么是阈刺激、阈电位、阈下刺激和局部兴奋? 它们和细胞动作电位的产生有何关系?

第二章 血液生理

血液由血浆和血细胞组成,具有维持内环境稳态、传递信息和机体保护等重要生理功能。血浆晶体渗透压和胶体渗透压分别维持着细胞内、外和血管内、外水的平衡。红细胞具有可塑变形性、悬浮稳定性和渗透脆性,通过血红蛋白运输 O_2 和 CO_2。红细胞的生成除蛋白质外,还需要铁、叶酸和维生素 B_{12},并主要受促红细胞生成素的调节。白细胞的主要功能是抵抗微生物入侵和执行免疫功能。生理性止血包括局部血管收缩、血小板栓形成和血液凝固 3 个连续发生并相互重叠的过程,其中血液凝固是在多种凝血因子作用下,通过内、外源性途径引发的过程。机体还通过抗凝系统和纤维蛋白溶解,使凝血系统和纤溶系统处于动态平衡。根据红细胞膜上凝集原的种类,可将血液分为不同的血型系统。

通过本章学习,应主要了解和掌握以下几方面的知识。
- 熟悉血液的理化特性及生理意义。
- 掌握血细胞的生理功能。
- 掌握血液凝固的主要过程及机体内的抗凝与纤溶系统。
- 了解血型分类的原理,动物血型在畜牧兽医实践中的应用。

血液是一种流体组织,在心血管系统中循环流动,发挥重要的生理作用。体内任何器官的血液供应不足都可能引起严重的组织损伤,甚至危及生命。

第一节 概　述

血液(blood)由血浆(plasma)和血细胞(blood cells)组成,对于维持机体各部分生理功能具有重要作用。

一、血液的组成

将新鲜采集的血液经抗凝处理,注入分血管(又称比容管)中离心,压紧后分成两部分,上层为血浆,下层为血细胞。采出的血液若未经抗凝处理,将会凝固,并析出淡黄色的清亮液体,称为血清(serum)。血清和血浆相似,但其中纤维蛋白原和其他凝血因子已被去除。

(一)血浆

血浆中除大量的水分外,在8%～10%的溶质中主要是5%～8%的血浆蛋白质(plasma proteins),其余是2%～3%的晶体物质(图 2-1)。

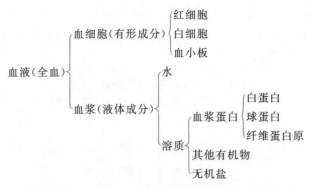

图 2-1 血液的基本组成

1.血浆蛋白质

血浆蛋白质是血浆中多种蛋白质的总称。用盐析法可区分为白蛋白、球蛋白和纤维蛋白原 3 类。

(1)白蛋白 白蛋白(albumin)在血浆中数量很多,其功能主要是调节和维持血液的胶体渗透压,以及作为许多物质的重要载体,包括游离脂肪酸、胆汁酸、胆红素、阳离子、微量元素,以及许多药物。其与碳酸氢盐和磷酸盐还可组成细胞外液的主要缓冲体系。

(2)球蛋白 球蛋白(globulin)可分为 α_1、α_2、β、γ 4 种。γ-球蛋白几乎都是免疫球蛋白(immunoglobulin,Ig),包括 IgM、IgG、IgA、IgD、IgE 5 种。球蛋白主要参与机体免疫反应,也参与血液中脂类物质的运输。

(3)纤维蛋白原 纤维蛋白原(fibrinogen)主要在血液凝固中起作用。

2.晶体物质

晶体物质包括电解质和小分子有机物。

(1)电解质 血浆中主要的阳离子有 Na^+、K^+、Ca^{2+}、Mg^{2+};主要的阴离子有 Cl^-、HCO_3^-、HPO_4^{2-}、SO_4^{2-} 等。这些无机离子对维持血浆晶体渗透压、酸碱平衡及神经肌肉的正常兴奋性等起着重要的作用。

(2)血浆中的其他有机物 血浆中除蛋白质以外的含氮化合物统称为非蛋白含氮物(NPN),是蛋白质或核酸的代谢产物,包括尿素、尿酸、肌酐、氨基酸、多肽、胆红素和氨等。这些物质主要通过肾脏排出体外,因此测定血浆中 NPN 或尿素氮,有助于了解体内蛋白质代谢水平和肾脏的排泄功能。不含氮的化合物有糖类、脂类等,它们与糖代谢和脂类代谢有关。血浆中还有一些微量活性物质,主要包括酶类、激素和维生素等,这些都是参与代谢的重要物质。血浆中的酶来源于组织或血细胞,测定酶的活性可以反映相应组织器官的机能状态。

(二)血细胞

血细胞可分为红细胞(erythrocytes,或 red blood cells,RBC)、白细胞(leukocytes,或 white blood cells,WBC)和血小板(platelets,或 thrombocytes)3 类。压紧的血细胞在全血中所占的容积百分比,称为血细胞比容(hematocrit,HCT)。各种常见动物的血细胞比容见表 2-1。白细胞和血小板在血细胞中所占的容积约为 1%,常被忽略不计,因而通常也将血细胞比容称为红细胞比容或红细胞压积(packed cell volume,PCV)。当血浆量或红细胞数发生改变时,均可使红细胞压积发生改变。脱水、窒息或兴奋能促使集中在脾脏中的红细胞释放,出现血浓缩的现象,使 PCV 高于正常水平。兴奋时,肾上腺素使脾脏收缩,迫使储存的红细胞进入血液循环,并导致 PCV 升高。

表 2-1　各种常见动物血细胞的比容　　　　　　　%

动物种类	血细胞	动物种类	血细胞
牛	35(24～46)	马	35(24～44)
猪	42(32～50)	犬	45(37～55)
绵羊	38(24～50)	猫	37(24～45)
山羊	28(19～38)		

二、血液的功能

血液在血管系统内循环流动时,实现其维持稳态、传递信息以及保护机体等生理功能。

(一)维持稳态

稳态的维持除了有赖于各器官系统的功能活动外,血液也起重要的调节作用。血液通过运输、缓冲等方式维持机体内环境的稳定。

1.运输作用

血液运送 O_2 和各种营养物质等到全身各部分的组织细胞,并及时将组织细胞活动产生的代谢产物如 CO_2、尿素等运送至肾、肺等排泄器官排出体外。血液还运送各种内分泌腺分泌的激素,以实现其对机体活动的调节作用。运输是血液的基本功能,其他功能都与此有关。

2.缓冲作用

血液中的缓冲对是机体酸碱平衡调节系统的重要组成部分,血液与各组织器官和外环境广泛联系,维持了内环境中渗透压和各离子浓度的动态平衡和相对稳定。

(二)传递信息

内环境中理化性质的微小变化可以通过血液流动传递给中枢或外周的感受器,为神经系统的调节功能传递反馈信息。激素和其他生物活性物质都需要通过血液传递,以完成对机体生命活动的调节。

(三)保护机体

血液中含有多种免疫物质,能抵抗或消灭外来的病毒和细菌;白细胞对细菌、异物及体内坏死组织等,具有吞噬、分解作用;血浆中的凝血因子、抗凝因子和血小板在机体凝血、抗凝和纤维蛋白溶解中具有重要作用。

三、血液的理化特性

(一)颜色和气味

红细胞内含有橙红色的血红蛋白,使血液呈红色。红色的深浅与血红蛋白含氧量的多少有关。动物血中血红蛋白含氧量多,呈鲜红色;静脉血中血红蛋白含氧量少,呈暗红色。血液中由于存在挥发性脂肪酸而有腥味,又因其中含有氯化钠而稍带咸味。

(二)比重

动物全血的比重一般为 $1.040 \sim 1.075$,红细胞越多,全血比重越大。红细胞的比重为 $1.070 \sim 1.090$,与红细胞内血红蛋白的含量成正比。血浆的比重为 $1.024 \sim 1.031$,它的大小主要取决于血浆蛋白的浓度。

(三)黏滞性

液体流动时,由于内部分子间摩擦而产生阻力,以致流动缓慢并表现出黏着的特性,称为黏滞性(或黏度)(viscosity)。全血的黏度比水大 $4.5 \sim 6.0$ 倍,其大小主要取决于红细胞的数量及血浆蛋白的含量。血浆的黏度比水大 $1.5 \sim 2.5$ 倍,其大小取决于血浆蛋白的浓度。血液黏滞性过高可使外周循环阻力增加,血压升高,还可影响血流速度,从而影响器官的血液供应。

(四)血浆渗透压

促使纯水或低浓度溶液中的水分子透过半透膜向高浓度溶液中渗透的力量,称为渗透压(osmotic pressure)。血浆渗透压由血浆晶体渗透压(crystal osmotic pressure)和血浆胶体渗透压(colloid osmotic pressure)两部分组成,其值约为 771.0 kPa(约 7.6 atm)。血浆晶体渗透压是由血浆中的无机离子、尿素和葡萄糖等晶体物质构成的渗透压,有 80% 来自 Na^+ 和 Cl^-。血浆晶体渗透压约占血浆总渗透压的 99.5%,约为 767.5 kPa。血浆中的晶体物质分子比较小,容易透过毛细血管壁,因此血浆与组织液两者之间的晶体渗透压基本相同。但由于血细胞内外所含离子浓度不同,而细胞膜对离子通透又具有选择性,如 Na^+、Ca^{2+} 等离子一般难以通过细胞膜。因此,血浆晶体渗透压对维持细胞内外水平衡、保持血细胞的正常形态和功能起重要作用。血浆胶体渗透压是由血浆中的蛋白质等胶体物质(主要是白蛋白)形成的渗透压,约占血浆总渗透压的 0.5%,为 $2.7 \sim 4.0$ kPa。血浆中的胶体物质分子大,不易透过毛细血管壁,导致血管内外的胶体渗透压有较大差异,这种差异是组织液中水分子进入毛细血管的主要因素。因此,虽然胶体渗透压较低,但对维持血管内外水平衡、保持血容量起重要作用。血液的持水能力取决于血浆蛋白质的浓度,血液中总蛋白质异常减少,称为低蛋白质血症(hypoproteinemia),严重时会导致水肿。

在临床或生理实验中,将渗透压与血浆渗透压相等的溶液称为等渗溶液,如 0.9% 的氯化钠溶液和 5% 的葡萄糖溶液,通常把 0.9% 的 NaCl 溶液称为生理盐水。渗透压高于血浆渗透压的溶液称为高渗溶液,低于血浆渗透压的溶液称为低渗溶液。

(五)血浆的酸碱度

动物的血液呈弱碱性,pH 通常稳定在 $7.35 \sim 7.45$。静脉血中含 CO_2 多,pH 比动脉血稍低,但变化幅度一般不超过平均 $pH \pm 0.05$,如果超过这个限度动物就会出现酸中毒或碱中毒症状。

生命能够耐受的 pH 极限为 $6.90 \sim 7.80$,超此限度将直接影响组织细胞的正常兴奋性,并损害代谢活动所需的酶类。血液 pH 保持相对恒定,除肺和肾脏的正常功能外,主要有赖于血液中的缓冲物质。缓冲物质是以缓冲对的形式存在的,在血浆中有 3 个缓冲对,分别为:

$NaHCO_3/H_2CO_3$、蛋白质钠盐/蛋白质、Na_2HPO_4/NaH_2PO_4；在红细胞内有 4 个缓冲对，分别为：$KHCO_3/H_2CO_3$、血红蛋白钾盐/血红蛋白、氧合血红蛋白钾盐/氧合血红蛋白、K_2HPO_4/KH_2PO_4。在以上缓冲对中，以 $NaHCO_3/H_2CO_3$ 最为重要。由于 $NaHCO_3$ 在血液中的含量较多，并且容易测定，所以通常把血液中 $NaHCO_3$ 的含量称为碱储（alkali reserve）。

四、血量

动物体内的血液总量称为血量（blood volume）。占体重的 5%～9%，血量可因动物的种类、性别、年龄、体重、营养、妊娠、泌乳、健康状况以及所处的外界环境等因素，而发生变动。几种成年动物的血量范围见表 2-2。

表 2-2　几种成年动物的血量范围　　　　　　　　　每千克体重/mL

动物	血量	动物	血量
猫	65～75	绵羊	60～65
犬	85～90	山羊	70～72
牛	52～60	猪	35～45
马（赛马）	100～110	马（役用）	60～70

动物在安静状态下，绝大部分血液（占总血量的 80%）在心血管系统内循环流动，称为循环血量；少部分血液滞留于肝、脾、肺和皮下的血窦、毛细血管网和静脉内，流动很慢，称为储备血量。循环血与储备血之间保持着频繁的交换，当机体剧烈运动和大量失血等情况下，储备血量可释放出来，以补充循环血量的不足，以适应机体的需要。

血量的相对稳定是维持正常血压、保证机体组织得到充分血液供应的必要条件。动物一次性失血不超过血量的 10%，一般不会影响健康，所失血液中的水分和无机盐可在 12 h 内由组织液中得到补充；血浆蛋白质可由肝脏加速合成，在 1～2 d 内得到恢复；血细胞由造血器官生成，在 1 个月内得到补充而恢复正常水平。若一次急性失血达到血量的 20% 时，则明显影响机体正常活动，恢复也较缓慢。一次急性失血超过血量的 30% 时，则会危及生命。

第二节　血细胞生理

一、血细胞生成的部位和一般过程

动物的血细胞都由造血干细胞分化发育而成。造血干细胞经过自我定居、存活、增殖、分化和成熟，成为具有特殊功能的终末细胞并被有规律地释放进入循环血液（二维码 2-1）。

二维码 2-1　血细胞生成的部位和一般过程

二、红细胞

(一)红细胞的形态和数量

哺乳动物成熟的红细胞无细胞核和细胞器,呈双面内凹圆盘形(骆驼和鹿为椭圆形)。在血液涂片标本上,中央染色较浅,周围染色较深。这种形态可使红细胞表面积与体积的比值增大,并具有很强的变形性和可塑性,较易通过比其直径还小的毛细血管和血窦空隙。此外,这种形态使细胞膜到细胞内的距离缩短,对于 O_2 和 CO_2 的扩散、营养物质和代谢产物的运输都非常有利(图 2-2)。

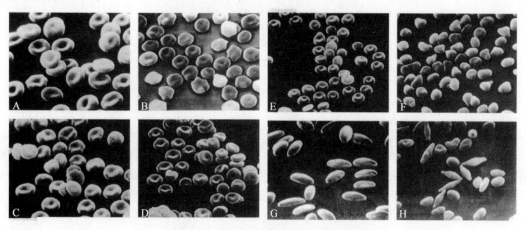

图 2-2 红细胞的扫描电子显微照片

(引自 Reece W O,DUKES 家畜生理学,12 版)

A.犬(×2 300) B.猫(×2 040) C.马(×2 100) D.奶牛(×1 800) E.绵羊(×1 620)

F.山羊(×2 100) G.骆驼(×1 440) H.山羊的纺锤形和梭形红细胞(×1 890)

红细胞是各种血细胞中数量最多的一种,常以每升血液中含有多少 10^{12}(10^{12}/L)表示。不同种类动物的红细胞数量不同,见表 2-3。同种动物红细胞数量也因品种、年龄、性别、生理状态和生活环境等因素而改变。

表 2-3 几种成年动物的红细胞数目 $\times 10^{12}$/L

动物	红细胞数目	动物	红细胞数目
马	7.0~11.0	猪	5.0~8.0
牛	5.0~10.0	犬	5.5~8.5
绵羊	9.0~15.0	猫	5.0~10.0
山羊	8.0~18.0	小鼠	7.5~12.5

(二)红细胞的生理特性

1.可塑变形性

正常红细胞在外力作用下具有变形的能力,这种特性称为可塑变形性(plastic deformation）。红细胞在全身血管中循环运行，利用可塑变形性可挤过口径比它小的毛细血管和血窦间隙（图 2-3）。红细胞表面积与体积的比值越大，变形能力越大，故双凹圆碟形红细胞的变形能力远大于异常情况下可能出现的球形红细胞。

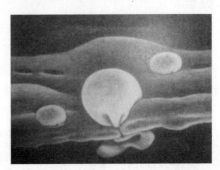

图 2-3　红细胞挤过脾窦的内皮细胞裂隙（大鼠）

2.悬浮稳定性

红细胞能较稳定地悬浮于血浆中而不易下沉的特性，称为红细胞的悬浮稳定性（suspension stability）。常用红细胞沉降率（erythrocyte sedimentation rate，ESR）来表示，简称血沉。将抗凝血放入血沉管中垂直静置，红细胞因比重大于血浆而下沉。通常以红细胞在第 1 小时末下沉的距离表示红细胞的沉降速度。红细胞的悬浮稳定性是由于双凹圆碟形的红细胞表面积与体积的比值较大，以致与血浆之间摩擦力也较大，因此下沉缓慢。动物种别不同血沉不同，例如，牛的血沉很慢，1 h 红细胞仅沉降 0.5～0.8 mm；而马的血沉相对较快，1 h 可下降 60 mm 左右。红细胞沉降率越大，表示红细胞的悬浮稳定性越小。动物患某些疾病时，红细胞能较快地彼此以凹面相贴，形成红细胞叠连，使其表面积与容积的比值降低，与血浆的摩擦力减小，于是血沉加快。红细胞叠连形成的快慢主要取决于血浆成分的变化，而不在于红细胞本身。血浆球蛋白、纤维蛋白原和胆固醇增多时，可加速红细胞的叠连、沉降；血浆白蛋白和卵磷脂含量增多时，可抑制红细胞叠连、使沉降减慢。

3.渗透脆性

红细胞在低渗溶液中，水分会渗入细胞内，逐渐膨胀成球形，细胞膜最终破裂并释放出血红蛋白，这一现象称为溶血（hemolysis）。红细胞在低渗溶液中发生膨胀破裂的特性称为红细胞的渗透脆性（osmotic fragility）。红细胞容易破裂表示脆性大，不易破裂则表示脆性小。

红细胞对低渗溶液具有一定的抵抗力。在生理学上，能使部分红细胞开始溶解的 NaCl 溶液浓度，称为红细胞的最小抵抗；能使全部红细胞溶解的 NaCl 溶液浓度，称为红细胞的最大抵抗。红细胞对低渗溶液的抵抗力，与其脆性呈负相关。即红细胞对低渗溶液的抵抗力小，说明红细胞的渗透脆性大；对低渗溶液的抵抗力大，说明红细胞的渗透脆性小。几种动物红细胞的最小抵抗和最大抵抗见表 2-4。

表 2-4　几种动物红细胞的最小抵抗和最大抵抗　　　　　　　　　　NaCl，%

动物种类	牛	猪	绵羊	马	犬	山羊
最小抵抗	0.59	0.74	0.60	0.59	0.46	0.62
最大抵抗	0.42	0.42	0.45	0.39	0.33	0.48

(三)红细胞的功能

1. 气体运输

红细胞的主要功能是运输 O_2 和 CO_2，该功能的实现主要依赖于细胞内的血红蛋白 (hemoglobin, Hb)。如果红细胞破裂，血红蛋白释放出来，其功能也随之消失。血红蛋白是一种含铁的特殊蛋白质，由珠蛋白和亚铁血红素组成。占红细胞成分的 $30\%\sim35\%$。在氧分压高时，血红蛋白与氧结合形成氧合血红蛋白(HbO_2)；在氧分压低时，又与氧解离，释放出氧，成为还原血红蛋白(HHb)。血红蛋白还能以氨甲酸血红蛋白的形式在血液运输二氧化碳。血红蛋白在某些药物(如磺胺、乙酰苯胺等)或亚硝酸盐的作用下，其亚铁离子可被氧化成三价的高铁血红蛋白，失去运输氧的能力。如蔬菜类叶、茎中硝酸盐含量较大，如果沤制加工或储放不当，可被硝酸菌作用而使其中硝酸盐转化为亚硝酸盐，如被动物采食，则可发生食物中毒。此外，血红蛋白与 CO 的亲和力比氧大 250 倍，空气中 CO 的浓度只要达到 0.05%，血液中就有 $30\%\sim40\%$ 的血红蛋白与之结合，生成一氧化碳血红蛋白(HbCO)，使血红蛋白运输氧的能力大大降低，严重时可危及生命。

血红蛋白的含量，可因动物的年龄、性别、季节和饲养条件等不同而有改变。单位容积内红细胞数量与血红蛋白的含量同时减少，或其中之一明显减少，都可被视为贫血。各种动物血液中血红蛋白的正常含量见表 2-5。

表 2-5　成年动物血红蛋白含量　　　　　　　　　　　　　　　g/L

动物种类	血红蛋白含量	动物种类	血红蛋白含量
马	115(80～140)	猪	130(100～160)
牛	110(80～150)	犬	150(120～180)
绵羊	120(80～160)	猫	120(80～150)
山羊	110(80～140)	小鼠	150(100～190)
骆驼	150(100～200)	兔	120(80～150)

2. 酸碱缓冲功能

还原血红蛋白和氧合血红蛋白在 pH 为 7.4 的环境下，两种形式的血红蛋白均为弱酸性物质。它们一部分以酸性分子形式存在，一部分与红细胞内的 K^+ 构成血红蛋白钾盐，因而组成 KHb/HHb 和 $KHbO_2/HHbO_2$ 两个缓冲对，共同参与血液酸碱平衡的调节作用。

3. 免疫功能

红细胞表面有 I 型补体的受体(CR1)，可与抗原-抗体-补体免疫复合物结合，促进巨噬细胞对抗原-抗体-补体免疫复合物的吞噬，防止其沉积于组织内引起免疫性疾病。

(四)红细胞的生成和破坏

1. 红细胞生成

红细胞生成是一个连续的过程，在此过程中需要很多的营养物质。维生素 B_{12} 每个分子都含一个钴原子，对红细胞的成熟起重要作用，与叶酸一样，它是机体内包括红细胞在内的所有细胞合成 DNA 所必需的。叶酸还是红血细胞中 RNA 合成的必需因子。这两种维生素作为辅酶参与合成核苷酸或其组分,即嘌呤和嘧啶碱基。人缺乏维生素 B_{12} 会引起巨红细胞高色素性贫血,家畜缺乏维生素 B_{12} 也会导致贫血,但红细胞的大小没有人红细胞那么大的变化。

协助红细胞生成的其他维生素有吡多醛、核黄素、烟酸、泛酸、硫胺素、生物素和抗坏血酸。这些维生素缺乏时,红细胞的生长和发育受损。缺乏吡哆醛的猪会产生小红细胞低色素性贫血。

除维生素外,矿物质和氨基酸等营养物质,以及水和能量,都是合成血液蛋白质所需要的。通常情况下铁、铜和钴是最需要的矿物质。铁是构成血红蛋白分子的成分,铜是合成血红蛋白的辅酶或催化剂的必需因子。由于游离铁能催化氧分子产生自由基,细胞内的铁与各种蛋白质结合以减少其毒性。铁以高铁(Fe^{3+})氧化状态的结合形式在蛋白质中转运和储存。为了跨膜转运,铁元素必须是亚铁(Fe^{2+})氧化状态。大多数铜在血浆中与一种糖蛋白——血浆铜蓝蛋白结合,血浆铜蓝蛋白有亚铁氧化酶活性,是铁释放至循环中(即铁的跨膜转运)所必需的。缺铜的猪,由于缺乏血浆铜蓝蛋白,表现出功能性铁缺乏症。胃的壁细胞产生盐酸,增加了对食物中铁的吸收,并把高价的铁还原成亚铁离子形式,有利于吸收。当胃酸显著缺乏时,铁吸收减少。高剂量的抗酸剂也能削弱铁的吸收,并影响红细胞的发育。

寄生虫感染也会引起贫血,例如:疟疾感染过程中裂殖子侵犯红细胞,在红细胞内无性周期性繁殖,受染红细胞破裂,致明显贫血,加剧疾病对身体的伤害。诺贝尔奖得主屠呦呦在祖国传统医学的经验基础上,研制出了新型抗疟药——青蒿素。屠呦呦为青蒿素治疗人类疟疾奠定了最重要的基础,得到国家和世界卫生组织的大力推广,挽救了全球范围特别是广大发展中国家数以百万计疟疾患者的生命,为人类治疗和控制这一重大寄生虫类传染病做出了革命性的贡献,也成为用科学方法促进中医药传承创新并走向世界最辉煌的范例(二维码 2-2)。

二维码 2-2 屠呦呦:
青蒿济世 科研报国

2.红细胞生成调节

红细胞的生成主要受促红细胞生成素(erythropoietin,EPO)的调节,雄激素也起一定作用。促红细胞生成素是一种糖蛋白,主要由肾脏合成,肝脏也可少量合成。在机体贫血、组织中氧分压降低时,缺氧诱导因子(hypoxia-inducible factor 1,HIF-1)(二维码 2-3)不能被清除,它们与低氧应答元件结合,促进肾脏合成和分泌促红细胞生成素,刺激骨髓的红系祖细胞增殖和分化,红细胞生成增加,提高血液的运氧能力,满足组织对氧的需要;当红细胞增多时,促红细胞生成素的分泌减少,使红细胞生成减少,这种反馈调节使红细胞数量维持相对恒定。

二维码 2-3 知识
拓展:缺氧诱导因子与促红细胞生成素的相关研究

雄激素可通过促进肾和肾外组织合成促红细胞生成素,使骨髓造血功能增强,也可直接刺激骨髓造血,使红细胞数量增多。这些作用可能是雄性动物红细胞数量多于雌性动物的原因之一。此外,甲状腺激素和生长激素也可促进红细胞生成。

3.红细胞的破坏

红细胞主要因自身的衰老而被破坏。红细胞寿命有种间差异。犬红细胞的寿命是 $100\sim130$ d,猫的为 $70\sim80$ d,马的为 $140\sim150$ d。成年反刍动物(牛、绵羊和山羊)红细胞的寿命为 $125\sim150$ d。羔羊和犊牛红细胞的寿命较短,为 $50\sim100$ d。鸡红细胞的寿命为 $20\sim30$ d,鸭的为 30～40 d。鸟类红细胞寿命很短可能与其较高的体温及快速的新陈代谢有关。

衰老的红细胞变形能力减退,脆性增大,容易在血流的冲击下破裂。但是,大部分衰老的红细胞是因为难以通过比它直径小的毛细血管和微小的孔隙,因此容易停滞在脾和骨髓中而被巨噬细胞所吞噬。红细胞在巨噬细胞内被破坏,释放出的血红蛋白被分解成珠蛋白、胆绿素和铁。铁和珠蛋白大部分可被重新代谢利用,胆绿素被还原成胆红素,由肝脏排入胆汁,最后排出体外。

三、白细胞

(一)白细胞的分类和数量

白细胞是一类有核的血细胞。根据细胞质中有无颗粒和染色特点,可分成两大类:一类是有粒白细胞,包括中性粒细胞(neutrophil)、嗜酸性粒细胞(eosinophil)和嗜碱性粒细胞(basophil);另一类是无粒细胞,包括淋巴细胞(lymphocyte)和单核细胞(monocyte)。图 2-4 显示血涂片中存在于红细胞间的各类白细胞和血小板,每一种细胞都有其自身的特点。

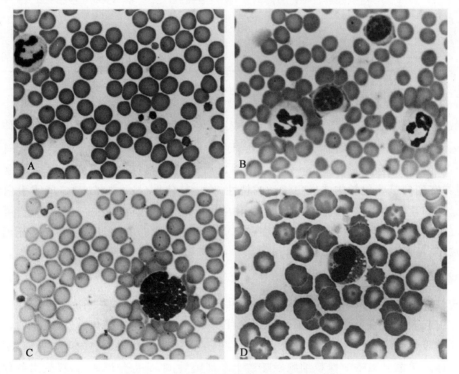

图 2-4　血涂片显示红细胞、白细胞和血小板

(引自 Reece W O,DUKES 家畜生理学,12 版)

A.犬的 5 个血小板和 1 个杆状核细胞(未成熟中性粒细胞)　B.犬的 2 个大的淋巴细胞和
2 个中性粒细胞　C.马的 1 个嗜酸性粒细胞和 5 个血小板　D.犬的 1 个嗜碱性粒细胞

白细胞数量随动物生理状况而变化,如下午高于早晨,初生幼畜高于成年,剧烈运动高于安静时,但是各类白细胞所占的百分比却是相对恒定的。在机体失血、剧痛、炎症、组织损伤等情况下,白细胞总数及其中各类白细胞的百分比都可发生明显的变化,对于疾病的诊断有一定的参考价值。动物患细菌性急性炎症的初期,白细胞总数和嗜中性粒细胞显著增加。几种动物白细胞数量及各类白细胞所占的百分比见表2-6。

表2-6 几种动物白细胞数量及各类白细胞的百分比

种类	白细胞总数目（范围）/(×10⁹/L)	各类白细胞的百分比/%				
		中性粒细胞	淋巴细胞	单核细胞	嗜酸性粒细胞	嗜碱性粒细胞
猪:第1天～	10～12	70	20	5～6	2～5	<1
第1周	10～12	50	40	5～6	2～5	<1
第2周	10～12	40	50	5～6	2～5	<1
第6周及以上	15～22	30～35	55～60	5～6	2～5	<1
马	5～12	50～60	30～40	5～6	2～5	<1
奶牛	4～12	25～30	60～65	5	2～5	<1
绵羊	7～10	25～30	60～65	5	2～5	<1
山羊	5～14	35～40	50～55	5	2～5	<1
犬	6～17	65～70	20～25	5	2～5	<1
猫	5～17	55～60	30～35	5	2～5	<1
鸡	20～30	25～30	55～60	10	3～8	1～4

(二)白细胞的功能

多数白细胞仅在血液中稍作停留,随后进入组织中发挥作用。因此,白细胞都能伸出伪足做变形运动,凭借这种运动,白细胞可以从毛细血管内皮细胞的间隙挤出,进入血管周围组织内,这一过程称为白细胞渗出(diapedesis)。渗出后的白细胞也可借助变形运动在组织内游走,并且具有朝向某些化学物质发生运动的特性,称为趋化性(chemotaxis)。能吸引白细胞发生定向运动的化学物质称为趋化因子。一些白细胞还具有吞噬(phagocytosis)功能,可吞入并杀伤或降解病原体及组织碎片。某些白细胞还可分泌白细胞介素、干扰素、肿瘤坏死因子等多种细胞因子,参与对炎症和免疫反应的调控。

1.嗜中性粒细胞

嗜中性粒细胞是血液中主要的吞噬细胞,其变形能力、趋化性和吞噬能力都很强。当细菌侵入机体引起局部发生炎症时,嗜中性粒细胞可在炎症区域产生的趋化物质作用下,自毛细血管渗出而被吸引到病变部位,吞噬细菌。使入侵的细菌被嗜中性粒细胞包围在局部,防止病原微生物在体内扩散。当嗜中性粒细胞吞噬数十个细菌后,本身也分解死亡,释放出各种溶酶体酶,能溶解周围组织形成脓液。此外,它还参与吞噬、清除衰老、坏死的红细胞和组织碎片及抗原-抗体复合物等。在临床实践上白细胞增多和嗜中性粒细胞百分率升高,往往表示机体可能有化脓性细菌感染。

2.嗜酸性粒细胞

嗜酸性粒细胞内含有溶酶体,但缺乏溶菌酶。虽有微弱的吞噬能力,却没有杀菌能力。嗜酸性粒细胞在体内的主要作用是:①限制嗜碱性粒细胞在速发性过敏反应中的作用。嗜酸性粒细胞可产生前列腺素E,抑制嗜碱性粒细胞合成和释放生物活性物质;吞噬嗜碱性粒细胞所释放的颗粒,使其所含的生物活性物质失活;还能释放组胺酶等酶类,破坏嗜碱性粒细胞所释放的组胺等活性物质。②参与对蠕虫的免疫反应。嗜酸性粒细胞能黏着蠕虫,释放颗粒内所含有的碱性蛋白和过氧化物酶等物质损伤蠕虫虫体。因此,对血吸虫、蛔虫、钩虫等寄生虫有一定的杀伤作用。当机体发生过敏性反应及寄生虫感染时,常伴有嗜酸性粒细胞数目的增多。

3.嗜碱性粒细胞

嗜碱性粒细胞缺乏吞噬能力,主要参与过敏反应。细胞颗粒内含有组胺、肝素和嗜酸性粒细胞趋化因子等生物活性物质。组胺对局部炎症区域的小血管有舒张作用,增加毛细血管的通透性,有利于其他白细胞的游走和吞噬活动;肝素具有抗凝血作用,还可作为酯酶的辅基,加快脂肪分解为游离脂肪酸的过程;嗜碱性粒细胞被激活时释放的嗜酸性粒细胞趋化因子,可吸引嗜酸性粒细胞,使之聚集于局部,以限制嗜碱性粒细胞在过敏反应中的作用。

4.单核细胞

单核细胞其功能与嗜中性粒细胞相似,但吞噬能力很弱。它在血液中停留2～3 d后穿过毛细血管迁移入组织中,继续发育成巨噬细胞。细胞的体积增大,含有较多的溶酶体和线粒体,吞噬能力大大增强。因此,常将单核细胞和组织中的巨噬细胞合称为单核-巨噬细胞系统。巨噬细胞能吞噬和消灭细菌、病毒、疟原虫等致病物;识别和杀伤肿瘤细胞;清除衰老、受损的细胞及细胞碎片;吞噬逸出的血红蛋白,并参与铁和胆色素的代谢。

5.淋巴细胞

淋巴细胞在机体免疫过程中起重要作用。淋巴细胞根据其生长发育过程、细胞表面标志和功能的不同,可分为 T 淋巴细胞和 B 淋巴细胞,以及自然杀伤细胞(natural killer cell,NK 细胞)等。

(1)T 细胞主要执行细胞免疫(cellular immunity)功能 即通过具有特异性免疫功能的细胞与某种特异性抗原之间的直接相互作用,以实现免疫功能。在抗原信息刺激下,T 细胞转化增殖为具有免疫活性的活化 T 细胞。有些活化 T 细胞能释放细胞毒性物质,特异地破坏和杀伤入侵的细胞,如肿瘤细胞、移植的异体细胞等;有的能释放淋巴因子,促使附近的巨噬细胞和嗜中性粒细胞向抗原聚集,消灭抗原;还有的能产生白细胞介素-2(IL-2)等活性物质,刺激 T 细胞的增殖,增强 T 细胞和其他细胞毒性物质的活性,促进 B 细胞活化并产生免疫球蛋白。

(2)B 细胞主要执行体液免疫(humoral immunity)功能 即依靠免疫细胞生成和分泌特异性抗体,以对抗某一种相应的抗原而实现的免疫功能。在抗原的直接或间接刺激下,B 细胞大量繁殖,分化成浆细胞。浆细胞产生和分泌多种特异性抗体,释放入血液能阻止细胞外液中相应抗原、异物的伤害。

此外,血液中还有一类淋巴细胞,其细胞表面标志显示,它们既不归属于 B 细胞,也不归属于 T 细胞,因此称之为裸细胞(null cell),占血液中淋巴细胞总数的 5%～10%。目前受关注的裸细胞有杀伤细胞(killer cell,K 细胞)和自然杀伤细胞,K 细胞的杀伤作用是抗原依赖性的,但其抗原是非特异的。而 NK 细胞的杀伤作用不依赖于抗原和抗体的存在,其对杀伤肿瘤细胞有重要作用。干扰素能活化 NK 细胞,而白细胞介素-2 能刺激 NK 细胞的增殖,因而增强 NK 细胞的杀伤作用。

(三)白细胞的生成和破坏

1.白细胞的生成

白细胞和红细胞一样都是由骨髓造血干细胞分化而形成的,造血干细胞分化为髓系干细胞,再逐步分化发育为成熟的单核和粒细胞,淋巴细胞则由淋巴干细胞分化发育而来。白细胞在生成过程中,除需要蛋白质外,还需要叶酸、维生素 B_{12}、维生素 B_6 等。白细胞生成的数量和速度,可受致热原性微生物急性感染的影响。放射线物质照射过多(如 X 线),长期服用某些药物,由于造血机能受到损害,也可造成白细胞特别是嗜中性粒细胞明显减少。

2.白细胞生成的调节

白细胞的分化和增殖受到造血生长因子的调节。这些因子由淋巴细胞、单核-巨噬细胞、成纤维细胞和内皮细胞生成和分泌。有些造血生长因子在体外可刺激造血细胞生成集落,又称为集落刺激因子(colony stimulating factor,CSF)。此外,还有一类抑制因子,如乳铁蛋白和转化生长因子-β 等可抑制白细胞的生成,与促进白细胞生成的因子共同维持白细胞的生长发育过程。

3.白细胞的破坏

各类白细胞的寿命相差较大,较难准确判断。粒细胞和单核细胞主要在组织中发挥作用,一般来说,嗜中性粒细胞在血液中停留 6～7 h 即进入组织,4～5 d 后即衰老死亡。单核细胞在血液中停留 2～3 h,然后进入组织,继续分化发育为巨噬细胞,在组织中可生存约 3 个月。淋巴细胞往返于血液、组织液和淋巴之间,而且可以增殖分化,B 淋巴细胞仅生存 1～2 d;T 淋巴细胞寿命可长达 100 d,甚至几年。衰老的白细胞大部分被网状内皮系统所吞噬;一小部分在执行防御功能时,被毒素或细菌破坏;还有一部分可经黏膜上皮细胞渗出,由消化、呼吸、泌尿道排出体外。

四、血小板

(一)血小板的形态和数量

血小板是由骨髓内成熟的巨核细胞的胞浆裂解脱落下来的活细胞。表面有完整的细胞膜,无细胞核,体积比红细胞小,呈椭圆形、杆形或不规则形。几种动物血液中血小板的数量见表 2-7。

表 2-7　几种动物血液中血小板的数量　　　　　　　　　　　　　$\times 10^9$/L

动物种类	血小板数量	动物种类	血小板数量
牛	260～710	马	200～900
猪	130～450	犬	199～577
绵羊	170～980	猫	100～760
山羊	310～1 020	兔	125～250

(二)血小板的功能

血小板具有重要的保护机能,主要包括止血、凝血功能,纤维蛋白溶解作用和维持血管壁的完整性等。血小板生理功能的实现,与其具有黏附、聚集、释放、吸附和收缩等生理特性密切相关。

1. 止血功能

小血管损伤后,引起血小板在受损部位发生黏附、聚集和释放反应。血小板黏附、聚集成团,堵塞血管破口,并释放缩血管物质(如 5-羟色胺、儿茶酚胺等),促进受伤血管收缩,减少出血。与此同时,血浆中凝血系统激活,发生凝血反应,形成血凝块。随后由于血小板收缩蛋白的收缩,使血凝块变得坚实,可进一步促进止血。

2. 凝血功能

血小板含有与凝血有关的血小板因子,其中以血小板磷脂或称血小板第 3 因子(PF_3)最为重要,当黏附和聚集的血小板露出单位膜上的磷脂,即可参与血液的凝固。此外,血小板还能吸附纤维蛋白原、凝血酶原等多种凝血因子,所以血小板是凝血过程的重要参与者。

3. 参与纤维蛋白的溶解

血小板对纤维蛋白的溶解具有促进和抑制两种作用。在出血早期,血小板释放一种抗纤溶酶的活性物质,又称血小板第 6 因子(PF_6),它能抑制纤溶酶的作用,使纤维蛋白不发生溶解,有利于血栓的形成。在血栓形成以后,随着血小板解体和释放反应增加,一方面释放纤溶酶原及其激活物,促使纤溶酶原转变为纤溶酶,直接参与纤维蛋白溶解;另一方面释放 5-羟色胺、组胺、儿茶酚胺等物质,刺激血管壁释放纤溶酶原激活物,间接地促进纤维蛋白溶解,使血凝块重新溶解,血管重新畅通。

4. 维持血管内皮细胞的完整性

血小板可黏附在血管壁上、填补于内皮细胞间隙或脱落处,并可融入内皮细胞,起到修补和加固作用,从而维持血管内皮细胞的完整和降低血管壁的脆性。当血小板减少时,毛细血管壁的脆性增加,产生出血倾向,皮肤与黏膜可出现紫癜,甚至发生自发性出血。

(三)血小板的生成和破坏

1. 血小板的生成

血小板也是由骨髓造血干细胞分化而来的,由在骨髓中形成的成熟巨核细胞(megakaryocyte)的细胞质脱落而成。促血小板生成素(thrombopoietin,TPO)是造血干细胞的调节因子,它能刺激造血干细胞向巨核系祖细胞分化,特异性地促进巨核系祖细胞增殖、分化为成熟的巨核细胞,进而释放出血小板。进入血液的血小板,1/2 以上在外周血液中循环,其余的储存于脾脏。

2. 血小板的破坏

血小板进入血液后,平均寿命为 7~14 d,但只在最初的 2 d 具有生理功能。衰老的血小板可在脾、肝和肺组织中被吞噬。血小板也会在发挥生理功能时被消耗。

第三节　生理性止血

生理性止血(hemostasis)指的是在正常情况下,小血管损伤后的出血会在数分钟内自行停止的现象。这是机体重要的保护性机制之一。

一、生理性止血的基本过程

生理止血过程包括三部分功能活动(图 2-5)。首先是小血管于受伤后立即收缩,若破损不大即可使血管封闭;主要是由损伤刺激引起的局部缩血管反应,但持续时间很短。其次,更重要的是血管内膜损伤,内膜下组织暴露,可以激活血小板和血浆中的凝血系统;由于血管收缩使血流暂停或减缓,有利于激活的血小板黏附于内膜下组织并聚集成团,成为一个松软的止血栓以填塞伤口。接着,在局部又迅速出现血凝块,即血浆中可溶的纤维蛋白原转变成不溶的纤维蛋白分子多聚体,并形成了由纤维蛋白与血小板一道构成的牢固的止血栓,有效地制止了出血。与此同时,血浆中也出现了生理的抗凝血活动与纤维蛋白溶解活性,以防止血凝块不断增大和凝血过程漫延到这一局部以外。显然,生理止血主要由血小板和某些血浆成分共同完成。

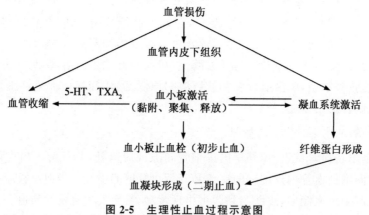

图 2-5　生理性止血过程示意图
5-HT:5-羟色胺　　TXA$_2$:血栓烷 A$_2$

二、血液凝固

血液由流动的液体状态转变为不能流动的凝胶状态的过程,称为血液凝固(blood coagulation)或血凝。这是由于血浆中的可溶性纤维蛋白原转变为不溶性的纤维蛋白,并网罗各种血细胞而形成血凝块的结果。

(一)凝血因子

血浆与组织中直接参与凝血的物质,统称为凝血因子(blood clotting factor)。国际上依照发现顺序用罗马数字命名的因子有 12 种(表 2-8)。即凝血因子 Ⅰ～ⅩⅢ(简称 FⅠ～FⅩⅢ,其中 FⅥ 是血清中活化的因子 FⅤa,已不再视为一个独立的凝血因子)。此外,还有前激肽释放酶、高分子激肽原以及血小板磷脂等都直接参与凝血过程。在这些因子中,除 FⅣ(Ca^{2+})与血小板磷脂外,其余的凝血因子均为蛋白质。而且 FⅡ、FⅦ、FⅨ、FⅩ、FⅪ、FⅫ、FⅩⅢ 以及前激肽释放酶都是丝氨酸蛋白酶(内切酶),每一种酶只能对特定的肽链进行有限的水解。这些酶都以无活性的酶原形式存在,必须通过其他酶的有限水解,在其肽链上暴露或形成活性中心后,才具有酶的活性,这一过程称为凝血因子的激活。习惯上在被激活了的凝血因子代号的右下角加一个"a"表示其"活化型",如 FⅡ 被激活为 FⅡa。有少数几种因子不具有酶的作用,但在凝血过程中是必需的辅助因子。

表 2-8　凝血因子

因子	同义名	合成部位	合成时是否需要维生素 K	凝血过程中的作用
Ⅰ	纤维蛋白原	肝	否	形成纤维蛋白单体
Ⅱ	凝血酶原	肝	需要	形成有活性的凝血酶
Ⅲ	组织因子	各种组织	否	启动外源性凝血
Ⅳ	Ca^{2+}	—	—	参与凝血的多个过程
Ⅴ	前加速素	血管内皮和血小板	否	调节蛋白
Ⅶ	前转变素	肝	需要	参与外源性凝血
Ⅷ	抗血友病因子	肝	否	调节蛋白
Ⅸ	血浆凝血激酶	肝	需要	形成有活性的Ⅸa
Ⅹ	Stuart-Prower 因子	肝	需要	形成有活性的Ⅹa
Ⅺ	血浆凝血激酶前质	肝	否	形成有活性的Ⅺa
Ⅻ	接触因子	肝	否	启动内源性凝血
ⅩⅢ	纤维蛋白稳定因子	肝和血小板	否	形成不溶性纤维蛋白多聚体

(二)凝血过程

血液凝固是由凝血因子按一定顺序相继被激活而生成的凝血酶最终使纤维蛋白原变为纤维蛋白的过程。凝血过程大致可分为凝血酶原激活物的形成、凝血酶的形成和纤维蛋白的生成三个基本阶段(图 2-6)。

1. 凝血酶原激活物的形成

凝血酶原激活物是由多种凝血因子通过一系列化学反应形成的复合物,根据凝血酶原激活物形成的启动方式和参与的凝血因子不同,分为内源性和外源性两条凝血途径。

(1)内源性凝血途径(intrinsic pathway of blood coagulation)　其是指参与凝血的因子全部来自血液,由 FⅫ 被激活启动。首先,FⅫ 与破损血管内壁的胶原纤维一经接触,即被激活成 FⅫa。形成的 FⅫa 可使前激肽释放酶(PK)生成激肽释放酶(K),K 又能激活 FⅫ,以正反馈的效应形成大量的 FⅫa。在高分子激肽原(HK)的参与下,FⅫa 可激活 FⅪ 成 FⅪa。FⅪa 在 Ca^{2+} 的参与下,激活 FⅨ 成 FⅨa。此外,FⅨ 还能被 FⅦa 和组织因子复合物激活。FⅨa 在 Ca^{2+} 的作用下与 FⅧa 在 PF_3 表面形成复合物(FⅩ 酶复合物),使 FⅩ 激活成 FⅩa。随即 FⅩa 和 Ⅴa 被 Ca^{2+} 联结在 PF_3 表面,形成凝血酶原激活物。

(2)外源性凝血途径(extrinsic pathway of blood coagulation)　其是指由来自血液之外的组织因子(FⅢ)进入血液而启动的凝血过程。FⅢ 是由磷脂和蛋白质组成的一种磷脂蛋白,当组织损伤时释放 FⅢ,在 Ca^{2+} 的存在下,FⅢ 与 FⅦ 形成复合物,能使 FⅩ 激活为 FⅩa,以后的反应与内源性凝血途径完全相同。FⅦ 和 FⅢ 形成的复合物还能激活 FⅨ 成为 FⅨa。使内源

53

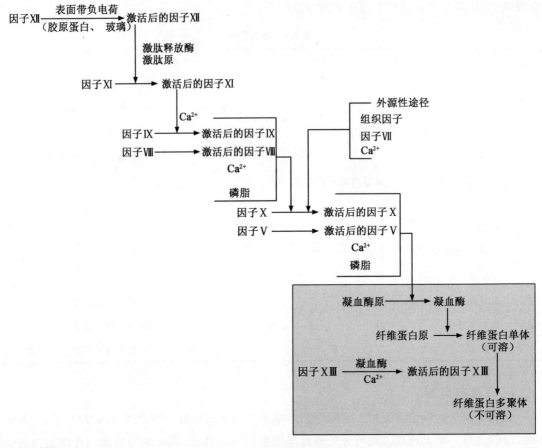

图 2-6　血液凝固过程

性凝血途径和外源性凝血途径相互联系、相互促进,共同完成凝血过程。

上述两种凝血机制,内源性凝血途径进行较慢,外源性凝血途径较快。实际上两条途径是并存的,由单一途径形成凝血酶原激活物的情况并不多见。

2.凝血酶的形成

凝血酶原在凝血酶原激活物的作用下被激活成为凝血酶。凝血酶的主要作用是分解纤维蛋白原成为纤维蛋白单体;还能激活 FV、FⅧ、FⅪ,成为凝血过程的正反馈机制;同时可激活血小板提供有效的磷脂表面,从而可加速凝血过程。

3.纤维蛋白的形成

凝血酶形成后,催化纤维蛋白原成为纤维蛋白单体。在 FⅩⅢa 和 Ca^{2+} 作用下,纤维蛋白单体相互聚合,形成不溶于水的纤维蛋白多聚体(纤维蛋白丝),这种纤维蛋白交织成网,网罗血细胞形成血凝块。

从血液流出血管到出现丝状的纤维蛋白所需要的时间,称为凝血时间(clotting time)。不同种类动物的凝血时间差异较大,家禽的凝血时间明显短于家畜。家畜患某些疾病时,可因某些凝血因子缺乏或含量不足,使凝血时间延长。

三、抗凝系统和纤维蛋白溶解

血液在心血管系统内循环流动,之所以不会发生凝固,除了血管内壁光滑、凝血因子不易被激活而发生凝血反应、血小板也不会发生黏附和聚集外,更重要的是由于体内存在着抗凝和纤维蛋白溶解机制。

(一)抗凝系统

血浆中有多种抗凝物质,统称为抗凝系统(anticoagulative system),下列物质在抗凝机制中起着重要作用。

1. 抗凝血酶Ⅲ

抗凝血酶Ⅲ(antithrombin Ⅲ)是由肝细胞和血管内皮细胞分泌的一种丝氨酸蛋白酶抑制物,能与FⅦa、FⅨa、FⅩa、FⅪa和FⅫa及凝血酶分子中活性中心的丝氨酸残基结合,使它们失去活性,从而起到抗凝作用。正常情况下,抗凝血酶Ⅲ的抗凝作用非常慢而弱,但它与肝素结合后,抗凝作用可增加上千倍。

2. 肝素

肝素(heparin)是一种酸性黏多糖,主要由肥大细胞和嗜碱性粒细胞产生。几乎存在于所有组织中,尤以肺、心、肝、肌肉等组织中含量最多。肝素能增强抗凝血酶Ⅲ与凝血酶的亲和力,加速凝血酶的失活;抑制血小板黏附、聚集和释放反应;还能增强蛋白质C的活性,刺激血管内皮细胞释放凝血抑制物和纤溶酶原激活物。由于肝素可作用于凝血过程的多个环节,因此它具有强大的抗凝血作用。

3. 蛋白质C

蛋白质C(protein C,PC)是由肝脏合成的维生素K依赖性蛋白,它以酶原的形式存在于血浆中,当凝血酶与血管内皮细胞上的凝血酶调节蛋白结合后被激活。激活的蛋白质C能灭活FⅤa和FⅧa,阻碍FⅩa与血小板上的磷脂结合,削弱FⅩa对凝血酶原的激活作用。此外,蛋白质C还可刺激纤溶酶原激活物的释放,增强纤溶酶活性,促进纤维蛋白降解。

此外,外源性凝血过程中来自小血管内皮细胞的糖蛋白组织因子抑制物,能抑制凝血的发生,也是体内重要的抗凝物质。

(二)纤维蛋白溶解

纤维蛋白溶解(fibrinolysis)简称纤溶,是指血液凝固过程中形成的纤维蛋白被分解、液化的过程。参与纤溶的物质有纤维蛋白溶解酶原(plasminogen)(简称纤溶酶原)、纤维蛋白溶解酶(plasmin)(简称纤溶酶)、纤溶酶原激活物与抑制物等,统称为纤维蛋白溶解(纤溶)系统。纤溶的基本过程可分为两个阶段:即纤溶酶原的激活与纤维蛋白和纤维蛋白原的降解。

1. 纤溶酶原的激活

纤溶酶原主要在肝、肾、骨髓和嗜酸性粒细胞等处合成,在纤溶酶原激活物的作用下,纤溶酶原脱下一段肽链成为纤溶酶。根据来源不同,可将纤溶酶原激活物分为三类。一类为血管激活物,在小血管的内皮细胞中合成后释放入血。当血管内出现血凝块时,可使血管内皮细胞释放大量激活物,并被吸附于血凝块上。另一类是组织激活物,广泛存在于很多组织中,主要是在组织修复及伤口愈合等情况下,在血管外促进纤溶。肾脏产生的尿激酶就属于此类激活物,纤溶活性很强。还有一类为血浆激活物,又称为依赖于 FⅫ 的激活物。如前激肽释放酶被 FⅫa 激活成激肽释放酶,即可激活纤溶酶原转变成纤溶酶。这类激活物可使凝血与纤溶互相配合并保持平衡。

2.纤维蛋白与纤维蛋白原的降解

纤溶酶是血浆中活性最强的蛋白水解酶,但其特异性较差。它可以水解纤维蛋白和纤维蛋白原分子中肽链上各部位的赖氨酸-精氨酸键,从而将纤维蛋白与纤维蛋白原分解为许多可溶性的小肽,称为纤维蛋白降解产物。纤维蛋白降解产物一般不再发生凝固,其中一部分还有抗凝血作用。纤溶酶除能水解纤维蛋白和纤维蛋白原外,还能水解 FⅡ、FⅤ、FⅧ、FⅩ、FⅫ 等凝血因子,促进血小板的聚集和释放 5-羟色胺、ADP 等,还能激活血浆中的补体系统。

3.纤溶抑制物

机体内存在许多能够抑制纤溶系统活性的物质,如纤溶酶原激活物抑制物-1(plasminogen activator inhibitor-1,PAI-1),通过与组织型纤溶酶原激活物和尿激酶结合而使之灭活;补体 C_1 抑制物可灭活激肽释放酶和 FⅫa,阻止尿激酶原的活化;α_2-抗纤溶酶能与纤溶酶结合成为复合物使其失去活性。α_2-巨球蛋白既可通过抑制纤溶酶的作用抑制纤溶,又能通过抑制凝血酶、激肽释放酶的作用抑制凝血,对于凝血和纤溶只发生于创伤局部起着重要的作用。

正常生理情况下,血液在体内循环流动,机体既无出血现象,又无血栓形成,正是由于凝血、抗凝血、纤溶处于动态平衡的结果(图 2-7)。

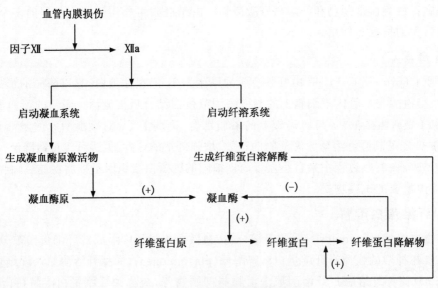

图 2-7　凝血系统与纤溶系统的关系

四、抗凝和促凝措施

在实际工作中,经常需要加速、延缓或防止血液凝固。依据血液凝固的机制,采取一定的措施,可有效地促进和防止血液凝固。

（一）抗凝或延缓凝血的常用方法

1.抑制凝血因子的活化

①应用肝素。肝素对凝血过程各阶段都有抑制作用，无论在体内或体外都是一种很强的抗凝剂。②血液与光滑面接触。在盛血容器内壁预先涂一层液体石蜡，避免血液与粗糙面接触，可因F XⅡ的活化延迟等原因而延缓血凝。③应用双香豆素。双香豆素能阻碍F Ⅱ、F Ⅶ、F Ⅸ、FX等凝血因子在肝内的合成，使血液凝固减慢。如牛或羊食入过多发霉的苜蓿干草，常可引起皮下和肌肉内广泛血肿，以及胸、腹腔内的出血，即是由饲草中的香豆素腐败后转成的双香豆素所致。

2.延缓酶促反应速度

凝血过程是一系列酶促反应，酶的活性明显受温度影响，低温可降低酶的活性。将盛血容器置入低温环境中，可以延缓凝血过程。

3.除去纤维蛋白

将采集于容器内的血液用小棒不断搅拌或放入玻璃球摇晃，以加速血小板破坏，促进纤维蛋白的形成，并使纤维蛋白丝缠绕于小棒或玻璃球上，这种脱纤维蛋白血不会凝固，但此方法不能保全血细胞。

4.除钙法

凝血过程的3个主要阶段中均需要有Ca^{2+}参与，除去血浆中的Ca^{2+}就能阻止血凝。柠檬酸钠可与血浆中的Ca^{2+}结合成不易解离的可溶性络合物柠檬酸钠钙，使血浆Ca^{2+}减少，血液即不再凝固。少量柠檬酸盐进入血液对机体亦无毒害作用，故常用作采血或输血时的抗凝剂。草酸钾和草酸铵也可与Ca^{2+}结合成不溶性草酸钙。但草酸钙有毒性，不易输入体内。此外，也可以用乙二胺四乙酸（EDTA）来螯合钙。这些都可作为血液化验时的抗凝剂。

（二）促凝的常用方法

1.促进凝血因子的活化

使血液与粗糙面接触，可促进F XⅡ的活化，也可促进血小板聚集、解体并释放PF_3，从而加速血凝。手术中用纱布压迫术部止血，纱布的粗糙面及其带有负电荷也是促凝的因素。

2.加快酶促反应速度

适当升高温度可增强酶的活性，加速酶促反应，可使血液凝固过程加快。如手术中用温热生理盐水浸泡的纱布压迫术部止血，可起到良好的凝血效果。

3.使用凝血因子维生素K

在肝脏内参与F Ⅱ、F Ⅶ、F Ⅸ、FX等凝血因子的合成过程，缺乏维生素K可导致凝血障碍，补充维生素K能促进凝血。

第四节　血型与输血

一、血型与红细胞凝集

血型（blood group）通常指红细胞膜上特异性抗原的类型。Landsteiner 揭示了血型的奥秘，奠定了临床输血术的基础（二维码 2-4）。狭义的血型定义是指能用抗体加以分类的血细胞抗原型，如牛的 A、B、C 系，猪的 A、B、C 系等血型。这一类血型的许多抗原都是镶嵌于细胞膜上的糖蛋白和糖脂，糖链的组成及其联结顺序决定着血型抗原的特异性。广义的血型定义是指血细胞、血清、脏器以及分泌液等，凡是能用一定方法加以分类的型。如采用凝胶电泳法，可

二维码 2-4　科学史话：血型的发现

按血清或血浆中所含蛋白质划分为 Pr 型（前蛋白型）、Alb 型（蛋白型）、Tf型（铁传递蛋白型）和 Cp 型（血浆铜蓝蛋白型）等血型。又如可按所含各种酶的同工酶电泳图谱进行血型分类。

动物之间进行输血时，当同种某个动物的红细胞进入另一动物的血管时，有时输入的红细胞会凝集成簇，以致堵塞受血者的小血管，甚至危及生命，这种现象称为红细胞凝集（agglutination）。红细胞凝集的本质是抗原-抗体反应。红细胞膜上具有的特异性蛋白质、糖蛋白或糖脂，在凝集反应中起着抗原的作用，称为凝集原（agglutinogen），即血型抗原。血清中能与红细胞膜上的凝集原起反应的特异抗体，称为凝集素（agglutinin），即血型抗体。例如，红细胞含有A 凝集原，遇到血清中抗 A 凝集素时，就发生红细胞凝集现象。

二、家畜红细胞的血型

家畜血清中抗体（凝集素）比较少，而且免疫效价很低，很少发生像人类 ABO 血型系统的红细胞凝集反应，所以家畜首次输血往往没有严重后果。如第一次输血带入抗原（凝集原），受血者产生了抗体（凝集素），再次输血时（如又碰到同样的凝集原）就会产生凝集反应。所以再次输血时，必须做交叉配血实验。

家畜的血型主要是根据血清中所含免疫同种抗体（凝集素）判断的，血型种类见表 2-9。

表 2-9　家畜红细胞的血型

畜别	血型
牛	A、B、C、F-V、J、L、M、N、O、S、R′-S′、T′
猪	A、B、C、D、E、F、G、H、I、J、K、L、M、N、O
绵羊	A、B、C、D、M、R-O、X-Z
马	A（A1、A2、B、C）、D（D、M、X）、F、G 等
犬	A1、A2、B、C、D、F、Tr、He
猫	A、B、AB

三、输血的原则

输血(transfusion)是治疗和抢救某些病畜的重要手段,为了保证输血的安全性,必须遵守输血的原则。在输血之前,首先必须鉴定血型,只允许输同型血。在情况紧急下,初次输血时可允许输给家畜少量血型未明的同种血液。实际工作中,常用交叉配血试验(cross-match test)确定能否输血(图 2-8)。把供血者的红细胞与受血者的血清进行配合试验,称为交叉配血主侧;再将受血者的红细胞与供血者的血清做配合试验,称为交叉配血次侧。如果交叉配血试验的两侧都没有发生凝集反应,则为配血相合,可以进行输血;如果主侧发生凝集反应,则为配血不和,不能输血;如果主侧不发生凝集反应,而次侧发生凝集反应,则只能在应急情况下进行缓慢、少量输血,并密切观察,如果发生输血反应,应立即停止输血。如果两侧反应均为阳性反应时,绝对不能输血。

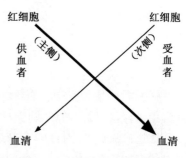

图 2-8　交叉配血试验示意图

四、血型的应用

血型除用于预防输血反应外,在畜牧和兽医实践中均有广泛的应用价值。血型是动物出生后即能客观检查的遗传性状,在育种登记工作中鉴定血型,可以建立准确的系谱资料,保证育种工作的可靠性。通过血型鉴定可以大致肯定或完全否定亲子关系,减少繁殖选配工作中的误差。根据血型可推断异性双胎的母犊长大后是否具有生育能力,用以诊断异性孪生不育,降低经济损失。应用血型鉴定原理,进行初乳与仔畜红细胞的凝集反应试验,可以预防新生仔畜溶血病。白细胞,特别是淋巴细胞血型所表现的相容性,能在一定程度上反映组织移植的相容性。血型与经济性状有关,因此可从查清血型与生产力、抗病力之间的关系,作为优良个体选育和品种改良的依据。

(宋予震)

复习思考题

1.简述血浆渗透压的构成。研究血浆渗透压有何生理意义?

2.试述血浆蛋白,各种血细胞的生理功能。

3.试述血液凝固的步骤,实际工作中有哪些抗凝和促凝措施?

4.何谓纤维蛋白溶解?纤溶的基本过程如何?

5.试述血型理论在畜牧和兽医实践中的应用。

第三章　循环生理

血液循环是血液在心脏和血管组成的循环系统中按照一定的方向进行周而复始的循环流动过程,包括体循环、肺循环及淋巴回流。血液循环是机体生存最重要的生理机能之一。通过血液循环,血液的全部生理机能得以实现,并在神经、体液等调节机制下及时分配血量,适应各个组织、器官的需要,从而保证了机体内环境的稳态及新陈代谢的正常进行。

通过本章学习,应主要了解和掌握以下几方面知识。

- 了解心音、心电图,熟悉心脏的泵血机制、心肌细胞的生物电现象。
- 掌握心肌细胞的生理特性。
- 掌握动脉血压的概念及影响因素、压力/化学感受性反射。
- 掌握微循环的概念、通路,淋巴回流的意义,影响静脉回流的因素。

二维码 3-1　科学史话:哈维的血液循环理论

血液循环系统是血液在体内流动的通道,由心脏和血管两部分组成。哈维早在 17 世纪已提出了血液循环理论的雏形(二维码 3-1),心脏是动力器官,血管是运输血液的管道。通过心脏有节律性收缩与舒张,推动血液在血管中按照一定的方向不停地循环流动,称为血液循环(blood circulation)。血液循环的主要作用是物质运输,既可以将胃肠道吸收的营养物质及肺摄入的氧气运送到机体的组织细胞,供组织细胞摄取利用,同时,将组织细胞代谢产生的废物运送至排泄器官继而排出体外。在血液循环流动的过程中还可发挥其内环境稳态的调节作用及血液的防卫功能。

第一节　心脏的泵血机制

血液循环系统主要包括四个组成部分:动力泵(心脏)、容量器(血管)、传送体(血液)以及调控系统(包括神经、内分泌、局部体液因素等)。其中心脏是整个血液循环的动力所在,心脏可以将回心的低压血液泵入高压的动脉,并进一步推动血液沿着动脉—毛细血管—静脉的方向流动。即心脏的主要功能是收缩做功,为泵血提供动力。

哺乳动物心脏中的血液由左心室泵出,经动脉至毛细血管,在此与组织细胞进行物质交换,送去养分、O_2,并带走代谢产物,然后经静脉回流入右心房。这个过程称为体循环(systemic circulation),因其循环线路长,又称为大循环。血液经右心房流至右心室,再由右心室射出,经肺动脉及肺毛细血管,并在此与肺泡内气体进行气体交换,即放出 CO_2,吸取 O_2。然后,含 O_2 丰富的血液经肺静脉回流至左心房,进入左心室。这个流动过程,叫作肺循环(pulmonary circulation),因其循环线路短,也称为小循环(图 3-1)。

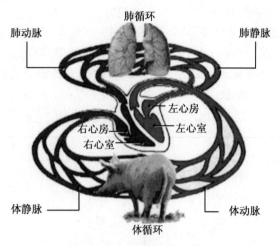

图 3-1 血液循环示意图

一、心动周期和心率

(一)心动周期

心脏每收缩、舒张一次称为一个心动周期(cardiac cycle)。其时程的长短与心率有关。

一个心动周期中,心房首先收缩,继而心房舒张;心房开始舒张时,心室几乎同时收缩,随后进入舒张期,这时心房也处于舒张期,这一时期称为间歇期,或全心舒张期。左、右两侧心房或两侧心室的活动几乎是同步的。以猪为例,成年猪在安静状态下平均心率为 75 次/min 时,则每个心动周期持续 0.8 s。其中心房收缩期约 0.1 s,心房舒张期约 0.7 s,心室收缩期约 0.3 s,心室舒张期约 0.5 s,心房和心室共同舒张的时间(间歇期)约 0.4 s,占心动周期时间的 1/2(图 3-2)。而且在每一心动周期中,心房和心室的舒张时间都大于收缩时间。所以,心肌在每次收缩后有足够的时间

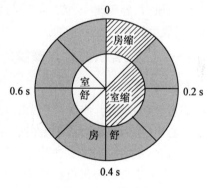

图 3-2 心动周期

补充养分和排除代谢产物,用以保证心脏充盈血液和休息,这是心肌能够不断活动而不疲劳的根本原因。由于在心动周期中心室收缩时间长,收缩力也大,它的收缩和舒张是推动血液循环的主要因素,故常以心室的舒缩活动作为心脏活动的标志,把心室的收缩,称为心缩期,心室的舒张期称为心舒期。

(二)心率

每分钟内心脏搏动的次数称为心率(heart rate),或单位时间的心动周期数。心率的快慢直接影响到每个心动周期持续的时间;当心率加快时,心动周期缩短,收缩和舒张期均相应缩短,但舒张期缩短的比例大。例如,当心率为 200 次/min 时,心缩期和心舒期分别减少至

0.16 s 和 0.14 s,这样就不利于心脏的休息。调教有素的动物平时心率较慢,强烈运动时心率增加的幅度也低于缺乏训练的动物。

动物种类、品种、性别和年龄不同其心率也不同。一般小型动物的心率比大型动物的快(表 3-1),例如,大象心率为 28 次/min,而家鼠心率可达 600 次/min。年幼动物的心率比成年动物的快;同一个体在安静或睡眠时的心率比活动或清醒时的慢。总的来说,代谢越旺盛,心率则越快;代谢越低,心率则越慢。

表 3-1　各种动物的心率　　　　　　　　　　　　　　　　　　　　次/min

动物	心率	动物	心率
马	26～50	猪	60～80
驴	60～80	骆驼	30～50
乳牛	60～80	绵羊	70～110
牦牛	35～70	山羊	60～80
黄牛	40～70	兔	120～140

二、心脏泵血过程及机理——心动周期中心脏的机械变化

每一心动周期中心脏射血一次。在射血过程中,心脏通过其自动节律性舒缩活动,使心瓣膜产生相应的规律性开启和关闭,从而推动血液在心房—心室—动脉中沿单一方向流动。根据心室内压力、容积改变、瓣膜开闭与血流的情况,通常将一个心动周期过程划分为心房收缩期,心室收缩期和心室舒张期。

(一)压力、容积变化与瓣膜的活动

1.心房收缩期

心房开始收缩前,心脏处于全心舒张期(间歇期),此时房、室内压均较低。由于静脉血不断流入心房、房内压相对高于室内压,故房室瓣处于开启状态,血液可由心房进入心室,使心室充盈。此时,室内压远比主动脉压低,故半月瓣是关闭的。当心房开始收缩,心房容积缩小,内压升高,进一步挤压心房血使其快速进入心室。心房收缩持续约 0.1 s 后即转入舒张期。心房收缩首先在与外周静脉的交界处进行,阻断与外周静脉的通道,使心房收缩时心房内血液不致逆流回到静脉中。

2.心室收缩期

心室收缩期包括等容收缩期、快速射血期和减慢射血期。

(1)等容收缩期　心房进入舒张期后,心室开始收缩。当室内压超过房内压时,心室内血液出现由心室向心房返流的倾向,正好推动房室瓣关闭,阻止血液倒流入心房。这时室内压尚低于主动脉压,半月瓣仍然处于闭合状态,心室成为一个封闭腔,心室肌的强烈收缩导致室内压急剧升高,而血液容积并不改变。从房室瓣关闭到半月瓣开启前的这段时期,称为等容收缩期(约 0.05 s)。其特点是室内压大幅度升高,且升高速率很快。

(2)快速射血期　室内压升高超过主动脉压时,半月瓣被打开,进入射血。射血期的最

初 1/3 左右时间内,心室肌仍在强烈收缩,由心室射入主动脉的血液量约占总射血量的 2/3,血液流速很快,称为快速射血期(约 0.10 s)。

(3)减慢射血期　由于大量血液在快速射血期进入主动脉,主动脉压相应增高。随后,由于心室内血液减少以及心室肌收缩强度减弱,射血的速度逐渐减弱,这段时期称为减慢射血期(约 0.15 s)。之后,心室容积进一步缩小到射血期的最低程度。

3.心室舒张期

心室舒张期包括等容舒张期、快速充盈期和减慢充盈期。

(1)等容舒张期　心室肌开始舒张后,室内压下降。主动脉内血液向心室方向返流,推动半月瓣关闭。这时室内压仍明显高于房内压,房室瓣处于关闭状态,心室又成为封闭腔。此时心室肌舒张导致室内压以极快的速度大幅度下降,但血液容积并不改变。从半月瓣关闭到房室瓣开启前为止,称为等容舒张期(0.06～0.08 s)。

(2)快速充盈期　当室内压下降到低于房内压时,血液由心房向心室方向流动,冲开房室瓣并快速进入心室,心室容积增大,称快速充盈期(约 0.11 s)。其间进入心室的血液约为总充盈量的 2/3。

(3)减慢充盈期　继快速充盈期后,血液以较慢的速度继续流入心室,心室容积进一步增大,称减慢充盈相。此后,进入下一个心动周期,心房开始收缩并向心室射血,心室充盈又快速增加。亦有人将这一时期称为心室的主动快速充盈相(约 0.22 s)。

在左心室泵血过程中,心室肌收缩和舒张造成的室内压力变化,是导致心房和心室之间以及心室和主动脉之间产生压力梯度的根本原因。而压力梯度是推动血液在相应腔室之间流动的主要动力,血液的单方向流动则是在瓣膜活动的配合下实现的(表 3-2)。瓣膜对于室内压力的变化起着重要作用。

表 3-2　心动周期中压力、容积、瓣膜及血流方向的变化

时相		压力变化	瓣膜活动		血流方向	心室容积变化	历时/s
			房室瓣	动脉瓣			
	心房收缩期	房>室<动脉	开	关	房→室	↑	0.10
心室收缩期	等容收缩期	房<室<动脉	关	关	不变	不变	0.05
	快速射血期	房<室>动脉	关	开	室→动脉	↓↓	0.10
	减慢射血期	房<室<动脉	关	开	室→动脉(惯性)	↓	0.15
心室舒张期	等容舒张期	房<室<动脉	关	关	不变	不变	0.06～0.08
	快速充盈期	房>室<动脉	开	关	静脉→房→室	↑↑	0.11
	减慢充盈期	房>室<动脉	开	关	静脉→房→室	↑	0.22

(二)心脏泵血功能的评价

1.每搏输出量与每分输出量

(1)每搏输出量　是评价循环系统效率高低的重要指标。一个心动周期中一侧心室射出的血量称为每搏输出量(stroke volume)。

每搏输出量＝心室舒张末期容量－心室收缩末期容量

在静息状态下,每搏输出量占心室舒张末期容积的 $40\%\sim50\%$。通常把每搏输出量占心舒期的容积百分比称为射血分数(ejection fraction),它是衡量心脏射血能力的重要指标。经过锻炼调教动物的心脏,其射血分数相应较大,反映心肌射血的能力强。反之,则反映心脏射血的能力弱。

(2)每分输出量　每分钟由一侧心室输出的血量称为每分输出量(minute volume),平时所指的心输出量(cardiac output),都是指每分输出量。

$$每分输出量＝心率×每搏输出量$$

心输出量与机体的代谢水平相适应,并随性别、年龄和各种生理情况不同而有差异。

在通常情况下,从左、右心室射入主动脉或肺动脉的血量相等,这是体循环与肺循环保持协调的必要条件。因此,心输出量可用任一心室射入动脉的血量来表示,不过,通常是指左心室射入主动脉的血量。心输出量是以个体为单位计量的,但个体大小对心输出量影响很大,所以在个体大小不同的动物之间,用心输出量的绝对值比较心脏的功能是不全面的。在安静状态下心输出量与动物体表面积成正比,因此将每平方米体表面积每分钟的心输出量定义为心指数(cardiacindex),用心指数在不同大小个体之间评价心脏功能比较合理。

2. 心力储备

心输出量与动物代谢水平相适应,机体各器官活动加强时,心输出量就增多。心脏泵血功能的储备称为心力储备(cardiac reserve),是指心输出量随着机体代谢的需要而增加的能力。心力储备有心率储备和搏出量储备 2 种形式。心率储备指心搏频率加快使心输出量增加。搏出量储备是心室舒张末容积和收缩末容积差。心力贮备的大小反映心脏泵血功能对代谢需要的适应能力。

动物强烈活动时,可通过动用心力储备增加每搏输出量。但心脏的储备力不是无限的,一旦心脏长期负担过重,心脏收缩力不但不能增强,反而可能减弱,心输出量也相应变小。临床上,把这种情况称为心力衰竭。锻炼和调教能促进心肌发达和改善神经系统对心脏功能的调节能力,有效提高心力储备。心力储备强大的心脏,最大心输出量几乎可以比静息时的心输出量提高 10 倍。而心力储备很小的心脏,在进行中等强度活动时,就会出现心力衰竭症状。

三、影响心输出量的因素

心脏的泵血功能随生理状态的不同而改变,这种变化是在神经、体液及心脏自身调节下实现的。心输出量取决于心率及每搏输出量,因此,心率的改变以及能影响每搏输出量的因素都可以引起心输出量的改变。

1. 每搏输出量

当心率不变时,每搏输出量增加,可使每分输出量增加;反之,每搏输出量减少,将使每分输出量相应减少。

(1)前负荷　心肌在收缩前所遇到的负荷,称为心肌的前负荷(preload),可用心室舒张期末血液的充盈程度(容积)来表示。它反映了心室肌在收缩前的初长度(initial length)。当心率不变时,静脉回流量大,心室充盈量大,心肌初长度大,收缩力量也愈大,每搏输出量也大。心肌纤维初长度增加导致的心肌收缩强度增加称为异长自身调节(heteromortric autoregulation,也叫 Starling"心的定律"),它可以防止心室舒张末期容积和压力发生过久和过度的改变,保持回心血量和射血量的动态平衡,实现心脏泵血机能的自身调节。

静脉回心血量受两个因素的影响:一是心室舒张末期充盈持续时间。在心率增加时,心舒期缩短,心室充盈不完全,心搏出量将随之减少;二是静脉回心血流速度,它取决于外周静脉压与房、室内压之差。压差越大,回流速度越快,心室的充盈量越大,搏出量也越多。

(2)后负荷　心肌在收缩时遇到的负荷称为心肌的后负荷(afterload)。心室肌后负荷是指动脉血压,又称压力负荷。左心室的压力负荷就是主动脉血压。当主动脉血压升高时,可使射血阻力增大,心室等容收缩期延长,射血时程缩短,最终导致搏出量减少;反之亦然。

(3)心肌收缩能力(myocardial contractility)　其是指通过心肌自身收缩活动的强度和速度的改变来影响每搏输出量的能力,又称为等长自身调节(homeometric autoregulation)。这种调节与心肌初长无关,与机体运动的剧烈和持久有关。

2.心率

如果每搏输出量不变,则每分输出量随着心率增加而增多。但心率增加只能在一定范围内使心输出量增多,如果心率过快,就会使心动周期,特别是舒张期的时间缩短,造成心室在没有完全充盈的情况下收缩,以致每搏输出量减少。若心率过慢,由于回心血量大都是在快速充盈期进入心室的,在减慢充盈期又使心室进一步充盈,所以心率减慢时并不能提高心室的充盈量,结果反而会因射血次数减少而使心输出量下降。心率受到神经因素影响,如交感神经活动增强时心率加快,迷走神经活动增强时心率减慢。一些体液因素如肾上腺素、去甲肾上腺素和甲状腺激素均可使心率加快。此外,心率还受体温影响,体温升高 1 ℃,心率将增加 12～18 次。

四、心音

心动周期中,心肌收缩,瓣膜开闭,血液加速和减速对心血管壁的升压和降压作用以及形成的湍流等因素引起的机械振动,可通过周围组织传递到胸壁,称为心音(heart sound)。正常心音一般分为第一心音和第二心音。第一心音发生于心室射血期,音调低,持续时间长,由房室瓣突然关闭引起心室内血液和心室壁的振动,以及心室射血引起的大血管壁和血液湍流引起的振动产生。第二心音发生在心舒期,音调较高,持续时间短,由动脉瓣关闭,血流冲击大动脉根部引起血液、管壁及心室壁的振动而引起。当心瓣膜发生病变时会出现一些异常的声音,临床上称为心脏杂音(cardiac murmur)。临床上通过心音听诊对诊断心脏舒缩功能和瓣膜病变等方面有重要意义。

第二节　心肌细胞的生物电现象及生理特性

心脏主要由心肌构成,其生理功能是以心肌的生理特性为基础,并依靠心肌的活动而实现的。根据组织学特点、电生理特性以及功能上的区别,心肌细胞可分为两大类型:一类是普通心肌细胞,包括心房肌和心室肌细胞,它们富含肌原纤维,有稳定的静息电位,主要的功能是收缩做功,为心脏泵血提供动力,故又称为工作细胞;另一类是一些特殊分化的心肌细胞,包括 P

细胞和浦肯野细胞,这类心肌细胞含肌原纤维非常少或完全缺乏,故收缩功能已基本丧失。它们组成心脏的特殊传导系统,大多没有稳定的静息电位,并可自动产生节律性兴奋,故而称为自律细胞。

一、心肌细胞的跨膜电位及其形成机制

心肌细胞的跨膜电位包括未兴奋状态下的静息电位和兴奋状态下的动作电位,其跨膜电位及其所发生的规律性变化,称作心肌细胞的生物电现象,它与心肌细胞的生理功能关系极为密切。与神经细胞和骨骼肌细胞相比,心肌细胞的跨膜电位在波形和形成机制上要复杂得多。不仅如此,不同类型心肌细胞跨膜电位的波形、幅度、持续时间和形成的离子基础也有一定差异(图3-3)。而且,不同动物的同类心肌细胞,动作电位的波形及形成的离子基础也存在明显的种属差异。

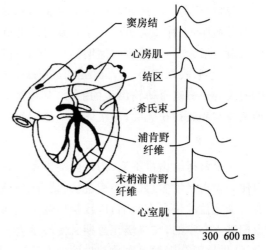

图 3-3 心脏各部分心肌细胞的跨膜电位

(一)心肌工作细胞的跨膜电位及其产生原理

1. 静息电位

用微电极可检测到心肌工作细胞的静息电位为 $-90 \sim -80$ mV,其形成原理与神经细胞和骨骼肌细胞相似,也是由于 K^+ 向细胞膜外流动所产生,大致等于 K^+ 的跨膜平衡电位。

2. 动作电位

动作电位是指心肌工作细胞受到刺激而发生兴奋时,其静息电位经历去极化与复极化的转变过程(图3-4)。

心室肌去极化(包括反极化)和复极化时程长达 $300 \sim 400$ ms,而骨骼肌仅数毫秒,二者的波形也有明显区别。心室肌动作电位的降支有一段较长的平台期,长达150 ms左右。通常将心肌工作细胞的动作电位分为0、1、2、3、4 五个时期(图3-5A)。与神经细胞和骨骼肌细胞相比,心室肌动作电位涉及的离子更多,这些离子既有各自特定的离子通道和动力学规律,又有离子之间的相互影响。

(1)去极化过程(0期) 为动作电位的上升支,膜内电位由静息状态下的 -90 mV 迅速上升到 $+30$ mV 左右。0期持续的时间仅 12 ms,最大变化速度可达 $800 \sim 1\ 000$ V/s。此期剧烈变化的膜电位,起一种"引发"肌细胞收缩的作用。

0期去极化主要由于 Na^+ 内向电流(I_{Na})而引起。心室肌细胞膜上的 Na^+ 通道在静息状态下关闭,当心室肌细胞受到刺激时,Na^+ 通道即开始部分开放,少量 Na^+ 内流,造成心室肌细胞膜部分去极化,使膜电位绝对值下降。I_{Na} 通道激活后可引起 Na^+ 内流的再生性循环,即当膜去极化达到阈电位(-70 mV)时,引起更多的 I_{Na} 通道开放,产生更大的 Na^+ 内流,使膜在约 1 ms 的时间内迅速去极化达到 Na^+ 平衡电位水平,这就是普通心肌细胞0期去极化速

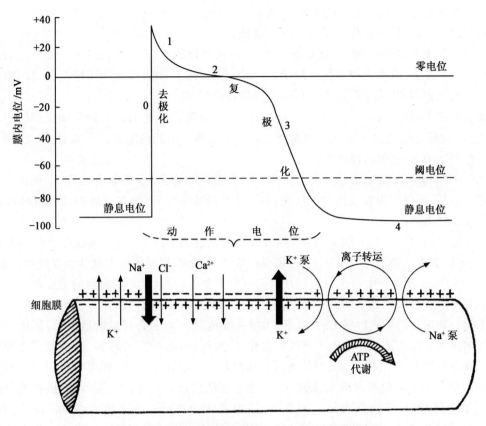

图 3-4　心室肌细胞的跨膜电位和主要离子活动示意图

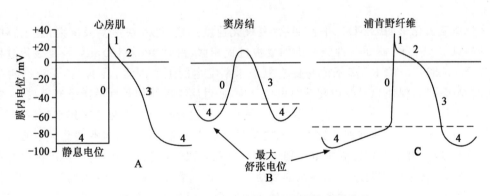

图 3-5　心房肌、窦房结和浦肯野纤维的跨膜电位

度快,动作电位上升支陡峭的原因。I_{Na} 通道是一种快通道,它不但激活快,而且失活也快,当膜去极化达到一定程度(0 mV 左右)时,I_{Na} 通道就开始失活而关闭,使 Na^+ 内流终止。Na^+ 通道可被河豚毒(TTX)所阻断,但由于其通道蛋白与神经和骨骼肌细胞 I_{Na} 通道蛋白分属不同的亚型,因此心肌细胞的 Na^+ 通道对河豚毒的敏感性仅为神经细胞和骨骼肌细胞的 $1/100\sim1/1\,000$。当 I_{Na} 通道活性降低,表现为 0 期去极化的速度下降,升支幅度降低,结果导致兴奋传导速度减慢。严重抑制时,I_{Na} 通道完全阻断,快反应电位转变为慢反应电位,临床上

所用的Ⅰ类抗心律失常药主要是抑制 I_{Na} 通道。

（2）复极过程　这一过程包括如下四个时期。

①快速复极化初期（1期）。在复极初期，仅出现部分复极，膜内电位由 +30 mV 左右迅速下降到 0 mV 左右，故称为快速复极初期，占时约 10 ms。0 期去极化和 1 期复极这两个时期的膜电位变化都很快，记录图形上表现为尖峰状，故称为锋电位。

瞬时外向电流（transient outward current，I_{to}）是引起心室肌细胞 1 期快速复极的主要跨膜电流，I_{to} 在膜去极化达 -30 mV 时被激活，K^+ 是该外向电流的主要离子成分。I_{to} 可被 K^+ 通道阻断剂 4-氨基-吡啶选择性阻断。

氯电流（chloride current，I_{Cl}）是另一个在 1 期活动的离子流。在正常情况下，该离子流的强度较小，对 1 期仅有短暂及微弱的作用，但在儿茶酚胺作用下（如在交感神经兴奋时），I_{Cl} 的作用则不能被忽略。

②平台期（2期）。当 1 期复极结束后，膜内电位达到 0 mV 左右，复极过程变得非常缓慢，膜内电位基本上停滞于 0 mV 左右，记录图形比较平坦，故复极 2 期又称为坪或平台期，持续 100～150 ms，这是整个动作电位持续时间长的主要原因，也是心肌细胞的动作电位区别于骨骼肌和神经纤维的主要特征。平台期是由 Ca^{2+}（以及 Na^+）的内向离子流形成的。心肌细胞膜上有一种电压门控式的慢 Ca^{2+} 通道，当膜去极化到 -40 mV 时被激活，Ca^{2+} 顺浓度梯度由膜外向膜内缓慢扩散从而倾向于使膜去极化；与此同时，尚有微弱的 K^+ 外流倾向于使膜复极化。在平台期 Ca^{2+} 内流和 K^+ 的外流所负载的跨膜正电荷量相等，膜电位稳定于 1 期复极所达到的电位水平。随着时间的推移，Ca^{2+} 通道逐渐失活，K^+ 外流逐渐增强，出膜的净正电荷量逐渐增加，形成平台期晚期。此后，Ca^{2+} 通道完全失活，平台期延续为复极 3 期。即 Ca^{2+} 缓慢及持久内流是形成平台期的主要原因，钙通道活性的改变可明显影响动作电位的波形。钙通道阻断剂（如维拉帕米）主要影响动作电位的平台期，从而改变动作电位的时程和心肌收缩力。

③快速复极化末期（3期）。平台期后，复极化速度加快，进入快速复极末期，直至膜电位恢复到静息电位水平，此期与神经纤维的复极过程相似，占时 100～150 ms，是复极化过程的主要部分。3 期外向的 K^+ 离子流是促进复极末期发生的主要因素，且 K^+ 离子流是再生性的，随时间而递增，促使膜内电位转向负电位。K^+ 通道属于电压依赖性的离子通道，在一定范围内膜内电压负值越大，K^+ 离子流就越大，这种正反馈过程导致复极化速度越来越快，直至恢复到静息电位水平。以抑制钾外流为目的的Ⅲ类抗心律失常药物可使动作电位明显延长。

④静息期（4期）。3 期之后膜电位稳定在 -90 mV 水平。此时的膜电位虽已恢复并稳定于静息水平，但离子分布尚未复原。在形成动作电位的过程中，Na^+ 和 Ca^{2+} 内流，K^+ 外流，造成细胞内 Na^+ 和 Ca^{2+} 较正常时多，而 K^+ 较正常时少。只有将进入细胞内的 Na^+ 和 Ca^{2+} 排出去，把外流的 K^+ 摄取回来，才能恢复细胞内外正常的离子浓度，保持心肌细胞的正常兴奋能力。心肌细胞膜上存在有 Na^+-K^+ 泵，将 Na^+ 的外运与 K^+ 的内运相耦联，形成 Na^+-K^+ 交换，实现 Na^+、K^+ 的主动转运。关于 Ca^{2+} 的逆浓度梯度外运，有人认为与 Na^+ 顺浓度梯度的内流相耦联，由 Na^+-Ca^{2+} 交换体来完成。心房肌细胞的跨膜电位及其形成机理与心室肌细胞几乎完全相同，只是心房肌动作电位持续时间较短，仅 0.15 s 左右。

（二）浦肯野细胞动作电位

浦肯野细胞兴奋时产生快反应动作电位，其形状与心肌工作细胞相似，也分为 0、1、2、3、4

五个时期(图 3-5C),0~3 期产生机制也与心肌工作细胞相似,不同的是浦肯野细胞动作电位 0 期去极化速率较心室肌细胞快,可达 200~800 V/s,1 期较心室肌更加明显,在 1 期和 2 期之间形成一个明显的切迹,3 期复极化末期达到的最大复极电位较心室肌细胞静息电位负值更大,这是膜上 K^+ 通道密度较大,膜对 K^+ 的通透性较大所致。4 期的膜电位不稳定,这是与心室肌细胞动作电位最明显的不同之处,此外,浦肯野细胞动作电位的时程在所有心肌细胞中最长。

浦肯野细胞 4 期自动去极化的离子基础是随时间递增的内向电流(Na^+)和递减的外向电流(K^+)。这里的 Na^+ 通道不同于 Na^+ 快通道,标志符号为 I_f,是一种被膜的超极化激活的非特异性内向离子流。当膜电位达 -100 mV 时,I_f 通道被充分激活。在动作电位复极化至 -50 mV 左右,K^+ 通道开始关闭,K^+ 电流开始减弱。同时,I_f 通道开始激活开放,允许 Na^+ 通过,由此构成起搏内向电流。由于 I_f 在浦肯野细胞密度低,激活开放的速度较慢,因此浦肯野细胞 4 期自动去极化的速度较慢(0.02 V/s),也正基于此原因,在正常窦性节律下,浦肯野细胞的自律性并不会表现出来。I_f 可被铯(Cs)所阻断,但不能被河豚毒所阻断。

(三)窦房结细胞跨膜电位的特点

窦房结细胞与浦肯野细胞一样同属自律细胞(autorhythmic cell),即在没有外来刺激的情况下,也会自动去极化。窦房结细胞是整个心脏的起搏点,因此,其跨膜电位的变化,尤其是动作电位的产生过程有别于其他心肌细胞。窦房结细胞的动作电位只表现为 0、3、4 三个时期(图 3-5B)。0 期去极化过程占时较长,约 7 ms,其超射部分较小,10~15 mV。3 期为复极化过程,复极完毕后所达到的最大膜电位值,叫作最大舒张(期)电位(maximal diastolic potential),约为 -70 mV。它小于心室肌细胞的静息电位,相当于后者的阈电位水平,这是窦房结细胞能自动去极化的条件之一。窦房结细胞动作电位的显著特点是 4 期电位不稳定,能自动缓慢地去极化,称为 4 期自动去极化。当自动去极化达到阈电位(约 -45 mV)时,即暴发较快速的去极化过程,构成动作电位 0 期。如此周而复始地进行,使窦房结细胞在没有外来刺激的条件下,能自动地发生兴奋。有人将 4 期自动缓慢去极化所产生的电位叫作起步电位。

利用电压钳技术可以观察到窦房结细胞 0 期去极化受细胞外 Ca^{2+} 浓度的影响明显,并可被抑制钙通道的药物和离子所阻断。因此,窦房结细胞动作电位的形成过程是:当膜电位由最大复极电位自动去极化达阈电位水平时,激活膜上钙通道,引起 Ca^{2+} 内流,导致 0 期去极化,随后,钙通道逐渐失活,Ca^{2+} 内流相应减少。另外,在复极初期,K^+ 通道被激活,出现 K^+ 外向电流。Ca^{2+} 内流的逐渐减少和 K^+ 外流的逐渐增加,膜便逐渐复极。由 Ca^{2+} 内流所引起的缓慢 0 期去极化是窦房结细胞动作电位的主要特征,因此,相应称为慢反应细胞和慢反应电位,以区别于心室肌等快反应细胞和快反应电位。

二、心肌细胞的生理特性

心肌组织具有兴奋性、自律性、传导性和收缩性 4 种生理特性。心肌的收缩性是指心肌能够在肌膜动作电位的触发下产生收缩反应的特性,它是以收缩蛋白质之间的生物化学和生物物理反应为基础的,是心肌的一种机械特性。兴奋性、自律性和传导性,则是以肌膜的生物电活动为基础的,故又称为电生理特性。

(一)兴奋性

所有心肌细胞都具有兴奋性,即具有在受到刺激时产生兴奋的能力。其兴奋性的高低可用阈值(刺激阈)来衡量。刺激阈=静息电位-阈电位,且刺激阈与心肌细胞的兴奋性呈反比,刺激阈值大表示兴奋性低,刺激阈值小表示兴奋性高。

1.心肌细胞兴奋性变化时期

心肌细胞每产生一次兴奋,其膜电位将发生一系列有规律的变化,兴奋性也随之发生相应的周期性改变。心肌细胞兴奋性的周期性变化有其自身的特点,影响心肌细胞对重复刺激的反应能力,对心肌的收缩反应和兴奋的产生及传导过程具有重要作用。心室肌细胞一次兴奋过程中,其兴奋性的变化可分以下几个时期(图3-6)。

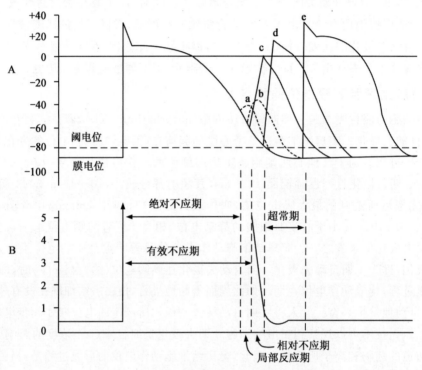

图3-6 心肌细胞的动作电位和兴奋性变化
A.动作电位与不同的复极时期给予刺激所引起的变化
B.用阈值变化曲线(B中的实线)说明兴奋后兴奋性的变化

(1)有效不应期 心肌细胞发生一次兴奋后,由动作电位的去极相开始到复极3期膜内电位达到约-55 mV这一段时期内,如果再受到第二个刺激,则不论刺激强度多大,都不发生反应,称为绝对不应期(absolute refractory period, ARP);膜内电位由-55 mV恢复到约-60 mV这一段时间内,如果给予的刺激有足够的强度,肌膜可发生局部去极化,但并不能引起可扩布的兴奋(动作电位),称为局部反应期(local response period)。心肌细胞一次兴奋过程中,由0期开始到3期膜内电位恢复到-60 mV,这一阶段不能再产生动作电位,称为有效不应期(effective refractory period, ERP)。其原因是这段时间内膜电位绝对值太低,Na^+通道完全失活,或刚刚开始复活,但还远没有恢复到可以被激活的备用状态的缘故。

(2)相对不应期　膜电位由$-60\ mV$继续复极化至$-80\ mV$期间,若给予阈上刺激则可产生可传播的动作电位,此期称为相对不应期(relative refractory period,RRP)。原因是此期已有相当数量的Na^+通道复活到静息状态,但在阈刺激作用下复活的钠通道数量仍不足以产生使膜去极化达阈电位的内向电流,故需比阈刺激更强的阈上刺激方能引起一次新的兴奋。而且表现为0期幅度和速度均较正常为小,传导速度也较慢。

(3)超常期　膜电位由$-80\ mV$继续恢复至$-90\ mV$的极短时间内,Na^+通道已恢复到可以再激活的状态,即兴奋性已基本恢复,此时的膜电位比正常电位更接近阈电位,因此以稍低于阈刺激的阈下刺激就足以使心肌兴奋,表明此期的兴奋性超过正常,故称为超常期(supranormal period,SNP)。

随着膜通道经历上述变化直至恢复静息时的备用状态,心肌的兴奋性也恢复正常,从而为后续的动作电位做好准备。

2. 影响心肌细胞兴奋性的因素

心肌细胞兴奋性的产生包括细胞膜的去极化达到阈电位水平及0期去极化离子通道的激活两个环节,任何能够影响这两个环节的因素都将影响心肌细胞的兴奋性。

(1)静息电位水平或最大复极电位水平　若阈电位水平不变,静息电位或最大复极电位绝对值增大时,距离阈电位的差距就加大,故细胞的兴奋性降低。例如,在乙酰胆碱作用下,膜对K^+的通透性增加,K^+外流增多,引起膜的超极化,兴奋性降低;反之,静息电位绝对值减小时,距阈电位的差距缩小,所需的刺激阈值减小,兴奋性增高。但当静息电位绝对值显著减小时,则可由于部分Na^+通道失活而使阈电位水平上移,结果兴奋性反而降低。例如,血中K^+轻度增高时,心肌细胞内外K^+浓度梯度减小,静息电位绝对值减小,距阈电位接近,兴奋性增高;当血中K^+显著增高时,静息电位绝对值过度减小导致部分Na^+通道失活,阈电位水平上移,心肌细胞兴奋性降低。

(2)阈电位水平　阈电位实际上是电压依赖性的钠离子通道激活的膜电位水平。若静息电位或最大复极电位水平不变而阈电位水平上移,则与静息电位或最大复极电位之间的差距增大,引起兴奋所需的刺激阈值增大,兴奋性降低。反之阈电位水平下移,则兴奋性升高。如因Ca^{2+}对心肌细胞Na^+内流具有竞争抑制作用,当低血钙时,对Na^+内流的抑制作用减弱,使阈电位下移,可使心肌细胞兴奋性升高,而奎尼丁因抑制Na^+内流而使阈电位水平上移,心肌细胞的兴奋性下降。

(3)Na^+通道的状态　Na^+通道并不是始终处于这种可被激活的状态,可表现为静息、激活和失活3种功能状态。Na^+通道处于其中哪一种状态,取决于当时的膜电位以及有关的时间进程,即Na^+通道具有电压依从性和时间依从性。当膜电位处于正常静息电位水平($-90\ mV$)时,Na^+通道处于静息状态,此时Na^+通道是关闭的。但当膜电位由静息水平去极化到阈电位水平(膜内$-70\ mV$)时,就可以被激活而迅速开放,引起Na^+快速内流,随后迅速失活而关闭。处于失活状态的Na^+通道不能马上激活而开放,待复极化达到$-60\ mV$或更低时才能复活,且复活需要一定的时间,待电位恢复至静息电位水平时,才可恢复至静息状态。这也是在有效不应期刺激不能产生兴奋的原因。对于慢反应细胞,兴奋性取决于L型Ca^{2+}通道的功能状态,但Ca^{2+}通道的激活、失活及复活均较慢,其有效不应期也较长,可持续到完全复极化后。Ca^{2+}通道或Na^+通道是否处于静息状态是心肌细胞是否具有兴奋性的前提。通道的激活或失活还受药物影响,这也是一些抗心律失常药物发挥作用的基础。

(二)自动节律性

组织细胞在没有外来刺激的条件下,能自动地发生节律性兴奋的特性,称为自动节律性(autorhythmicity),简称自律性。具有自动节律性的组织或细胞,叫自律组织或自律细胞。例如,离体的动物心脏,在适宜的条件下即使未受到任何刺激,也能自动地、有节律地进行收缩。高等动物心脏的自律性组织存在于心内膜下的心肌特殊传导组织中,包括窦房结(蛙类为静脉窦)、房室交界(除结区)、房室束及浦肯野纤维等。这些组织的节律性高低不一,以猪为例,窦房结最高,每分钟兴奋 70~80 次;房室交界次之,每分钟 40~60 次;浦肯野纤维最低,每分钟不足 20 次。

1.心脏的起搏点

窦房结的自律细胞依组织学的特点定名为苍白细胞(pale cell),简称 P 细胞。4 期自动去极化是自律性的基础,心脏始终是依照当时情况下自律性最高的部位所发出的兴奋进行活动。正常情况下,窦房结 P 细胞的自律性最高,它自动产生兴奋向外扩布,依次激动心房肌、房室交界、房室束、心室内传导组织和心室肌,引起整个心脏兴奋和收缩。可见,窦房结是主导整个心脏兴奋和跳动的部位,故称之为正常起搏点(normal pacemaker)。其他部位的自律组织并不表现出它们自身的自动节律性,只是起着兴奋传导的作用,故称之为潜在起搏点(latent pacemaker)。在某种异常情况下,窦房结以外的自律组织(例如,它们的自律性增高,或者窦房结的兴奋因传导阻滞而不能控制这些自律组织时)也可以自动产生兴奋,而心房或心室则依从当时情况下节律性最高部位的兴奋而跳动,这些异常的起搏部位称为异位起搏点。

窦房结对于潜在起搏点的控制,通过如下两种方式实现:①抢先占领。窦房结的自律性高于其他潜在起搏点,所以,在潜在起搏点 4 期自动去极化尚未达到阈电位水平之前,它们已经受到窦房结的激动作用而产生了动作电位,其自身的自动兴奋就不可能出现。②超速压抑或超速驱动压抑(overdrive suppression)。窦房结对于潜在起搏点,还可产生一种直接的抑制作用。例如,当窦房结对心室潜在起搏点的控制突然中断后,首先会出现一段时间的心室停搏,然后心室才能按其自身潜在起搏点的节律发生兴奋和搏动。出现这个现象的原因是:在自律性很高的窦房结的兴奋驱动下,潜在起搏点"被动"兴奋的频率远远超过它们本身的自动兴奋频率。潜在起搏点长时间的"超速"兴奋的结果,出现了抑制效应;一旦窦房结的驱动中断,潜在起搏点需要一定时间才能从被压抑状态中恢复过来,出现它本身的自动兴奋。另外还可以看到,超速压抑的程度与两个起搏点自动兴奋频率的差别呈平行关系,频率差别愈大,抑制效应愈强,驱动中断后,停搏的时间也愈长。因此,当窦房结兴奋停止或传导受阻后,首先由房室交界代替窦房结作为起搏点。正常心搏节律是由自律性最高处窦房结发出冲动引起,故称窦性节律(sinus rhythm)。机体通过神经、体液调节心率,主要也是通过影响窦房结的自律性而实现的。而由窦房结以外的自律细胞取代窦房结主宰的心搏节律,称为异位节律(ectopic rhythm)。

2.决定和影响自律性的因素

自律细胞的自动兴奋,是 4 期膜自动去极化使膜电位从最大复极电位达到阈电位水平而引起的。因此,自律性的高低,既受最大复极电位与阈电位的差距的影响,也取决于4期膜自动去极化的速度(图3-7)。

(1)4期自动去极化速度 去极化速度快,到达阈电位的时间就缩短,单位时间内爆发兴奋的次数增加,自律性就增高;反之亦然。4期自动去极化速度取决于Ca^{2+}缓慢内流与K^+外流的速度对比所产生的净内向电流的速度,所以,凡是能促进Ca^{2+}内流或阻止K^+外流的因素均可使自律性升高;反之,自律性下降。例如,交感神经兴奋可使窦房结P细胞Ca^{2+}慢通道大量开放,促进Ca^{2+}内流,使心率加快。

(2)最大舒张电位水平 最大舒张电位(或最大复极电位)的绝对值变小,与阈电位的差距减小,到达阈电位的时间就缩短,自律性增高;反之亦然。心迷走神经兴奋时,其递质可增加细胞膜对K^+的通透性,使最大舒张电位负值增加,是导致心率减慢的原因之一。

(3)阈电位水平 阈电位降低,由最大舒张电位到达阈电位的距离缩小,自律性增高;反之,阈电位升高,则自律性降低。

(三)心肌细胞的传导性

心肌细胞兴奋产生的动作电位能够沿着细胞膜传播的特性叫传导性(conductivity),通常将动作电位沿细胞膜传播的速度作为衡量心肌传导性的指标。心肌兴奋的传导原理与神经、骨骼肌纤维相类似,其实质是动作电位的传播,但又有其自身的特点,即心肌细胞的兴奋可以通过心肌细胞间特有的低电阻的缝隙连接——闰盘,从一个细胞扩布到其相邻的细胞,使心肌组织成为一个功能合胞体而表现为左、右心房或心室的同步兴奋和收缩。

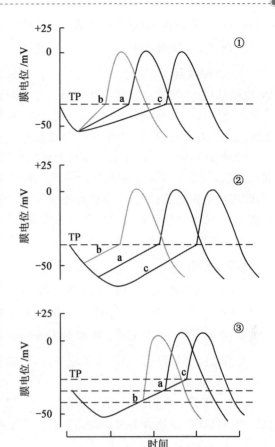

图3-7 决定和影响自律性的因素
①4期自动去极化:a.对照;b.4期去极化速度↑;c.4期去极化速度↓ ②最大复极电位:a.对照;b.最大复极电位↓;c.最大复极电位↑ ③阈电位(TP):a.对照;b.↓;c.↑

1. 兴奋在心脏内的传导过程和特点

窦房结产生的兴奋,经过渡细胞传至心房,通过优势传导通路传导到房室交界(房结区、结区、结希区),再经房室束、房室束支、浦肯野纤维网至心室肌。房室交界是兴奋由心房进入心室的唯一通道。交界处缓慢传导使兴奋在经过房室交界时有一段延搁,称为房室延搁(atrioventricular delay)。房室延搁使心室的兴奋总是落后于心房,使心房收缩结束后才开始心室收缩,这样保证了心室收缩之前可充盈更多的血液,以利于泵血。浦肯野纤维和心室肌传导速度快,再加上心肌细胞的闰盘结构使兴奋进入心室后以最快速度传遍整个心室。

所以,兴奋在心脏不同部位的传导速度不同,具有快-慢-快的特点。整个心内传导时间约为 0.22 s,其中心房、心室内传导约需 0.06 s,房室交界区需 0.1 s。

2.决定和影响心肌传导性的因素

(1)结构因素　①心肌细胞的直径。心肌细胞的直径与电阻呈负相关,心肌细胞直径越小,电阻就越大,传导速度就越慢。浦肯野细胞直径最大,兴奋传导速度最快;房室交界,尤其是房室结区细胞的直径最小,传导速度最慢,因此有房—室延搁现象。②闰盘数量。在窦房结或房室交界处,闰盘数量少,所以传导速度慢。

(2)生理因素　①动作电位 0 期去极化的速度和幅度。0 期去极化速度越快,动作电流形成就越快,兴奋传导速度就越快。去极化幅度越大,与邻近未兴奋部位之间的膜电位差就越大,形成的动作电流就大,兴奋传导速度就快。②邻近未兴奋部位的兴奋性。邻近未兴奋部位兴奋性高,传导速度就快;反之,传导速度就慢。如果邻近部位正好处在有效不应期内,那么兴奋就不能传导;如果处于相对不应期内,则兴奋传导速度减慢。

(四)收缩性

心肌细胞和骨骼肌细胞一样,在受刺激时,先在膜上产生电兴奋,然后经兴奋-收缩耦联,再使心肌纤维缩短,称为心肌的收缩性(contractility)。心肌的收缩性有其自己的特点。

1.对细胞外液中 Ca^{2+} 浓度的依赖性

心肌细胞肌质网、终末池容积较小,Ca^{2+} 储量比骨骼肌的少。因此,心肌收缩所需的 Ca^{2+} 除从终末池释放外,尚需细胞外液中的 Ca^{2+} 通过肌膜和横管内流(心室肌动作电位 2 期的 Ca^{2+} 内流)获得。兴奋之后,肌浆中的 Ca^{2+} 一部分返回终末池储存,另一部分转运出细胞。心肌细胞的横管系统比骨骼肌的发达,为 Ca^{2+} 的内流提供了更大的面积。

2.同步收缩(全或无收缩)

心房和心室内特殊传导组织的传导速度快,而心肌细胞之间的闰盘又为低电阻区,因此,兴奋在心房和心室内传导速度快,兴奋几乎同时到达所有的心房肌细胞或心室肌细胞,从而引起整个心房或心室同步收缩。同步收缩的力量大,有利于射血。由于同步收缩,所以心房或心室要么不收缩,要么整个心房或整个心室一起收缩,这种收缩现象称为"全或无收缩"。

3.不发生强直收缩

心肌兴奋性周期变化的特点是有效不应期特别长,相当于整个收缩期和舒张早期。在此期间,任何强度刺激都不能引起心肌收缩。所以每次收缩后必有舒张,始终保持着收缩与舒张交替的节律活动。

4.期前收缩与代偿性间歇

正常的心脏按照窦房结的节律进行活动时,窦房结发出的兴奋总是在心肌前一次兴奋的不应期终止之后,才传导到心房和心室。因此,心房和心室都能按照窦房结的节律,交替进行收缩和舒张的活动。但在有效不应期之后,若给予一次实验条件下的人工刺激,或在病理情况下有来自潜在起搏点的刺激,则可引起心室肌收缩(图3-8)。由于这种收缩发生在窦房结兴奋所引起的正常收缩之前,

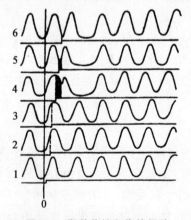

图 3-8　期前收缩和代偿间歇

曲线 1～3 刺激落在有效不应期内,不引起反应　曲线 4～6 刺激落在相对不应期内,引起期前收缩和代偿间歇

故称为期前收缩(premature systole)或额外收缩,也称早搏(premature pacemaker)。由于期前收缩的出现,使紧接而来的窦房结兴奋往往落在期前收缩的有效不应期内,以致心室不能表现收缩反应,必须等到下一次窦房结的兴奋传来时,心室才发生收缩。这样,在一次期前收缩之后,常有一段较长的心脏舒张期,称为代偿性间歇(compensatory pause)。

三、体表心电图

动物机体的细胞内液及细胞外液均为电解质溶液,可以看作是具有长、宽、高三维空间的容积导体,动物在心脏活动过程中出现的各种电变化可以沿着心脏周围的导电组织及体液传导到体表,通过在体表一定部位安放引导电极便可记录心脏活动过程中的电变化,这种电变化经过一定的处理后,记录于记录纸上,称为心电图(electrocardiogram,ECG)。心电图反映心脏兴奋的产生、传导和恢复过程中的生物电变化,而与心脏的机械收缩活动无直接关系。心电图是一种无创纪录方法,在临床上已被广泛应用于有关心脏疾病的诊断。

(一)心电图的基本形成原理

心电图的形成原理可以用膜极化(或电偶学说)和容积导体原理加以解释。心脏活动时,当一部分心肌细胞去极化后激发动作电位发生时,与临近的心肌细胞相比,它的极性会发生反转,即膜外负、膜内正。这种由两个距离较近的正、负电荷所组成的体系称为电偶。其中带正电荷的一极为电源,带负电荷的另一极为电穴。电流会从电源流向电穴。兴奋(动作电位)在心内传导的过程可认为是电偶沿兴奋传导路径移动的过程。当一部分心肌细胞受到刺激去极化时,与邻近处于静息状态的心肌细胞间形成电偶,产生电流使临近细胞膜兴奋去极化爆发动作电位,于是动作电位向临近部位传播,直至传遍整个心脏。

(二)导联方式

心脏在兴奋过程中产生的电变化,可沿机体这个容积导体传播到体表面的各个部位。所以,用两条导线连接引导电极,放在体表的任何两个部位,与心电图机相接,都可记录出心脏周期性变化的电位图形。描记心电图时,引导电极安放的位置及其连接方式称为导联。根据容积导体的规律,在机体任何两点间都可以记录出心电图,因此就有无数个导联。但在临床工作中,为了便于对不同的动物或同一个动物不同时期的心电图进行比较和诊断,对电极的安放部位和连接方法都做了严格的规定。目前常用的导联有标准导联、加压单极肢体导联和胸导联。

1.标准导联

这是一种双极肢体导联,它们具体的连接方法如表 3-3 所示。

表 3-3　标准导联方法

导联名称	正电极位置	负电极位置
Ⅰ导联	左前肢肘关节内侧	右前肢肘关节内侧
Ⅱ导联	左后肢膝关节内侧	右前肢肘关节内侧
Ⅲ导联	左后肢膝关节内侧	左前肢肘关节内侧

上述导联的两个电极都是有效电极,所记录到的是这两个连接点之间的电位差。这种导联也称为双极肢体导联。

2.加压单极肢体导联

把测量电极置于左前肢、右前肢肘关节内侧或左、右膝关节内侧中任何一个肢体上,其余两个肢体的引导电极连接在一起作为零电极,这样测得的心电图只反映测量电极所在部位的电位变化情况。由于其测得的心电图振幅可比标准导联测得的提高 1.5 倍,故称为加压单极肢体导联,通常用加压单极右前肢导联(aVR)、加压单极左前肢导联(aVL)和加压单极左后肢导联(aVF)代表(图 3-9)。

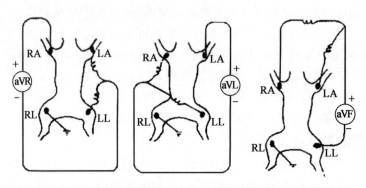

图 3-9   小动物加压单极肢体导联

3.单极胸导联

把左前肢、右前肢和左后肢的电极连接在一起作为零电极,测量电极置于胸壁的不同部位,分别构成各种单极胸导联。各种动物心脏的位置不尽相同,电极安放的位置也各有区别。

4.大家畜用的鞍形导联

大家畜用的鞍形导联是根据牛、马等大家畜体型设计的鞍形导联,可以很方便地将有关电极安放在适当部位,并且可任意选择上述 3 种导联方法。

(三)心电图的波形及其生理意义

心电图为体表检测到的经放大的心脏活动实时的电变化曲线图,是时间-电压变化关系曲线。它由一组波形构成,哺乳动物典型的心电图通常由一个 P 波、一个 QRS 波群和一个 T 波组成,有时在 T 波后,还会出现一个小的 U 波。导联方法不同,描记得到的心电图波形也各不相同。各种动物因其心脏去极化和复极化过程等的不同,心电图波形也各不相同。分析心电图时,主要是看各波波幅高低,历时长短以及波的形状变化和方向等(图 3-10)。

1.各波的意义

(1)P 波   反映左、右心房去极化过程,其波形一般小而圆钝。P 波的上升部分表示右心房开始兴奋,其下降部分表示兴奋从右心房传播到左心房。P 波的持续时间相当于兴奋在两个心房传导的时间。

(2)QRS 波群   典型的 QRS 波群往往包括了 3 个相连的波:第一个是向下的 Q 波;第二个是高而尖峭的向上的 R 波;第三个是向下的 S 波,它所反映的是左、右心室兴奋传播过程的电位变化,其中 Q 波表示室间隔去极化,R 波表示左右心室壁去极化,S 波终点表示心室全部去极化完毕。QRS 复合波所占的时间代表在心室传播所需的时间。

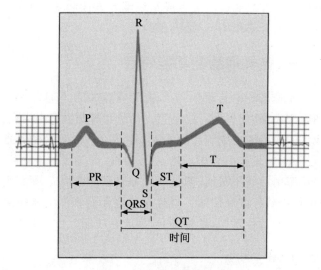

图 3-10 正常哺乳动物心电图

（3）T 波 是继 QRS 波群之后的一个波幅较低而持续时间较长的波,它反映心室兴奋后的复极化过程。复极化过程较去极化过程缓慢,故占用时间长。T 波的方向与 QRS 波群的主方向相同,如果出现 T 波低平、双向或倒置,则称为 T 波改变,主要反映心肌缺血。

（4）U 波 在 T 波之后有时出现的一个低而宽的波,方向与 T 波一致。其产生原因还不太清楚。有人认为是心肌舒张时各部分先后产生的负后电位形成的;有人认为是浦肯野纤维复极化时形成的。

2.各期、段的意义

（1）P-R(或 P-Q)间期 指 P 波起点到 QRS 波群起点,代表心房开始兴奋到心室开始兴奋的间隔时间,即兴奋通过心房、房室交界和房室束的时间。若 P-Q 间期显著延长,表明房室结或房室束传导阻滞,这在临床上有重要的参考价值。

（2）Q-T 间期 指 QRS 波群起点到 T 波终点。代表心室开始去极化到全部心室完成复极化所需的时间。其长短与心率有密切关系,心率越快,此间期越短。

（3）S-T 段 指 QRS 波群终点到 T 波起点,代表心室的缓慢复极期,向量较小,正常时 ST 段应与基线平齐,常描记为一段直线（等电位线）,代表心室各部分均处于去极化状态,相当于平台期,各部分电位差很小,ST 段异常压低或抬高表示心肌缺血或损伤。

心电图可用于检测心脏节律和传导的异常、心肌缺血和梗死、电解质紊乱等非常重要的病理变化,也能反应心脏的解剖位置、房室大小、正常或异常的动作电位的传递过程,因此心电图是临床诊断上极为有用的诊断手段之一,但心电图不能反映心脏的收缩功能。

第三节　血管生理

遍布于动物机体各个组织器官的血管是一个连续且相对密闭的管道系统。血管系统将心室泵出血液,依次经动脉、毛细血管和静脉,再输送回心房,如此循环往复。血管在调节血压、

二维码 3-2　血管的内分泌功能

分配各器官血流量以及生成组织液等方面起重要的作用。此外,血管还有一定的内分泌作用(二维码 3-2)。

一、各类血管的功能特点

血管系统中的动脉、毛细血管、静脉依次串联。毛细血管仅有单层内皮细胞构成,外面包绕一层基膜。动脉和静脉血管由内层、中层及外层 3 层构成。内层由内皮细胞和内皮下层组成,内皮细胞提供的光滑表面可以减少血流的阻力;同时内皮细胞还具有内分泌功能,可以合成、分泌多种生物活性物质;而且还是血管内外的通透屏障。中膜由血管平滑肌、弹性纤维和胶原纤维构成,平滑肌的舒缩可以改变血管的口径,弹性纤维可使动脉扩张和回缩。外膜是包绕在血管外的疏松结缔组织。各类血管因在整个血管系统中所处的部位不同,结构各异,因此在功能上也具有不同的特点(图 3-11)。

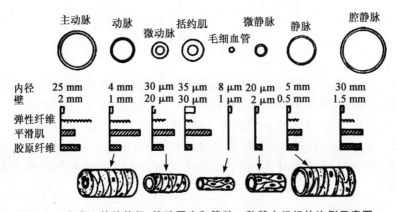

图 3-11　各类血管的管径、管壁厚度和管壁 4 种基本组织的比例示意图

1. 弹性贮器血管

弹性贮器血管指主动脉、肺动脉主干及其发出的最大的分支。这些血管的管壁坚厚,富含弹性纤维,有明显的可扩张性和弹性。左心室射血时,主动脉压升高,一方面推动动脉内的血液向前流动;另一方面使主动脉扩张,容积增大,贮存射血期进入大动脉的血液。主动脉瓣关闭后,被扩张的大动脉管壁发生弹性回缩,将在射血期多容纳的那部分血液继续向外周推送。大动脉这种将心脏的间歇性泵血转化为血管中成连续血流的功能称为弹性贮器作用。

2. 分配血管

弹性贮器血管以后到分支为小动脉前的动脉管道,其功能是将血液输送至各组织器官,故称为分配血管。

3. 毛细血管前阻力血管

小动脉和微动脉的管径小,对血流的阻力大,称为毛细血管前阻力血管。微动脉的管壁富含平滑肌,其舒缩活动可使血管口径发生明显变化,从而改变对血流的阻力和所在器官、组织的血流量。

4.毛细血管前括约肌

在真毛细血管的起始部常有平滑肌环绕,称为毛细血管前括约肌(precapillary sphincter)。它的收缩或舒张可控制毛细血管的关闭或开放,因此可决定某一时间内毛细血管开放的数量。

5.交换血管

交换血管(exchange vessels)指真毛细血管,其管壁仅由单层内皮细胞构成,外面有一薄层基膜,故通透性很高,是血管内、外进行物质交换的场所。

6.毛细血管后阻力血管

毛细血管后阻力血管指的是微静脉,微静脉因管径小,对血流也产生一定的阻力。它们的舒缩可影响毛细血管前阻力和毛细血管后阻力的比值,从而改变毛细血管血压和体液在血管及组织间隙内的分配。

7.容量血管

静脉和相应的动脉比较,数量较多,口径较粗,管壁较薄,故其容量较大,而且可扩张性较大,即较小的压力变化就可使其容积发生较大的变化。在安静状态下,60%～70%的循环血量容纳在静脉中。静脉的口径发生较小变化时,静脉内容纳的血量就可发生很大的变化,而压力的变化较小。因此,静脉在血管系统中起着血液贮存库的作用,故生理学中常将静脉称为容量血管(capacitance vessels)。

8.短路血管

短路血管指一些血管床中小动脉和小静脉之间的直接联系。它们可使小动脉内的血液不经过毛细血管而直接流入小静脉。动物机体的脚趾、耳郭等处的皮肤中有许多短路血管存在,它们在功能上与体温调节有关。

综上所述,不同结构的血管有不同的功能。此外,它们中的血流量、血流阻力和血压也有差异(二维码 3-3),它们相互联系,在体内起着输送、分配、贮存血液、调节血流的功能,参与实现机体与环境之间的物质交换过程。

二维码 3-3　血流动力学

二、动脉血压和动脉脉搏

(一)血压

血压(blood pressure)是指血管内血流对单位面积血管壁的侧压力,即压强。按照国际标准计量单位规定,压强的单位为帕(Pa),血压的单位为千帕(kPa),习惯上常用 mmHg 来表示,1 mmHg＝0.133 kPa。动物机体各部分血管的血压并不相同,由左心室射出的血液进入血管外周时,由于要不断克服血管对血流的阻力,因此血压不断下降。

血压在各段血管中的下降比例与该段血管对血流的阻力成正比。主动脉和大动脉血压下降的幅度较小,如主动脉的血压为 13.3 kPa,当流经血管孔径为 3 mm 的小动脉时血压下降为 12.6 kPa;到微动脉起始端时,血压下降为 11.3 kPa;而到毛细血管起始端血压下降为 4.0 kPa。当血液流经毛细血管进入微静脉时血压下降为 2.0～2.7 kPa,而当血液经静脉回流至腔静脉汇入右心房时,血压下降为接近 0 kPa。

(二)动脉血压

1. 动脉血压的表示

动脉血压是动物机体基本的生命体征,也是临床评估疾病危重程度的主要指标之一。通常所说的血压指的就是动脉血压。动脉血压可用收缩压、舒张压、脉搏压和平均动脉压的数值来表示。收缩压(systolic pressure,SP)是指心室收缩时动脉血压上升,至心室收缩中期动脉血压可达到的最高值,又称最高压。舒张压(diastolic pressure,DP)是指心室开始舒张时血压迅速下降,在心舒末期血压降至最低值,也称最低压。脉搏压(或脉压)指的是收缩压与舒张压之差。心脏在整个心动周期中所给予动脉内血液的平均推动力,叫作平均动脉压,简称平均压,等于舒张压加1/3脉搏压,或等于1/3收缩压+2/3舒张压。

2. 血压的测定方法

血压的测量方法有直接和间接两种。生理急性实验多用直接测量法,即将导管的一端插入到动脉,另一端连一个装有水银的U形管,其两端水银面的高度差即为检测部位的血压。由于水银柱的惯性较大,不能很好反映动脉血压的动态变化,故目前大多采用压力换能器连接导管。具体做法为:将导管的一端插入动脉、静脉或心腔,将导管的另一端连至一充满抗凝剂的压力传感器,由压力传感器将压力信号输送至信号采集系统,再由信号采集系统将其转化为电脑可识别的电信号,最后经由电脑显示器显示实时的血压波动曲线,此方法可以精确地测出心动周期中各瞬间的血压数值。而在临床上,常用在体表测定血压的间接测量方法。在人医临床上,常间接测定肱动脉的收缩压和舒张压;兽医临床常间接测定颈动脉、股动脉、尾动脉等部位的血压,或采用压力传感器将压力转换为可直接读取的数值。

动脉血压存在种属、个体、年龄、性别等差异(表3-4)。当血压升高时,血管外周阻力升高,心室压力负荷(后负荷)加重。血压升高还可引起心、脑、肾、血管等器官的继发性病变,例如,长期高血压将导致心肌肥厚和动脉硬化,最终可发展为心力衰竭;而脑动脉硬化则容易引发脑血管意外,如脑血管栓塞和脑出血。

表 3-4   各种成年动物颈动脉或股动脉的血压   kPa

动物	收缩压	舒缩压	脉搏压	平均动脉血压	动物	收缩压	舒缩压	脉搏压	平均动脉血压
马	17.3	12.6	4.7	14.3	兔	16.0	10.6	5.3	12.4
牛	18.7	12.6	6.0	14.7	猫	18.7	12.0	6.7	14.3
猪	18.7	10.6	8.0	13.3	犬	16.9	9.3	5.3	11.6
绵羊	18.7	12.0	6.7	14.3	大鼠	13.3	9.3	4.0	11.1
鸡	23.3	19.3	4.0	20.7	小鼠	13.3	8.0	5.3	9.7

3. 动脉血压的形成

动脉血压的形成条件包括以下4个方面。

(1)血管内血液充盈是形成血压的基础   循环系统中血液充盈的程度取决于血量和血管系统容量之间的相对关系。当心脏停止射血时,循环中各处压力都是相同的,这一压力值为体循环系统平均充盈压(mean circulatory filling pressure)。如果血量增多或血管容量缩小,则血液充盈的程度就增高;反之,如果血量减少或血管容量增大,则血液充盈的程度就降低。在动物实验中,用电刺激造成心室颤动使心脏暂时停止射血时,血流也就暂停,循环系统中各处的压力很快就取得平衡,此时在循环系统中各处所测得的压力即为循环系统平均充盈压。如用巴比妥麻醉的犬,在心跳暂停、血液不流动的条件下,循环系统平均充盈压约为0.93 kPa(7 mmHg)。

(2)心脏射血是形成血压的动力 心室肌收缩时所释放的能量可分为两部分,一部分用于推动血液流动,是血液的动能;另一部分形成对血管壁的侧压力,并使血管壁扩张,这部分是势能。在心脏舒张时,大动脉管壁开始弹性回缩,将贮存的势能转化为动能,使血液得以继续向前流动,这样动脉系统无论在心脏的收缩期还是舒张期都能保持一定的血压来推动血液循环。

(3)外周阻力是形成血压的重要因素 外周阻力是指存在于骨骼肌、腹腔器官的阻力血管(小动脉、微动脉)口径的改变、血液的黏滞性等综合因素形成的对血液流动的阻力。外周阻力加之主动脉和大动脉管壁的弹性回缩使心室每次射出的血液仅有1/3流向外周,2/3囤积在主动脉和大动脉,以势能的形式贮存在弹性贮器血管之中。血液经动脉、毛细血管向前流动,血压也就随之下降。因此,机体内各部位血管的压力是不同的,血管系统产生的这种压力梯度具有极为重要的生理意义。正是由于这种压力差的存在,血液才得以从动脉—毛细血管—静脉再回流至心脏。若血管各部位所受的压力相等,血液就丧失了推动力,无法正常流动。由此可见,外周阻力是形成血压的重要因素。

(4)主动脉和大动脉的弹性贮器作用 主动脉和大动脉的弹性贮器作用对于减小动脉血压在心动周期中的波动幅度具有重要作用。心脏射血时,主动脉和大动脉管壁扩张,可使大动脉容纳一部分的血液,使得射血期动脉压不至于升得过高。当进入舒张期后,扩张的主动脉和大动脉依其弹性作用回弹,推动射血期存留于动脉当中的血液进入外周,一方面将心室的间歇泵血转化为连续的血流;另一方面又可维持舒张期的血压不至于降得过低。

4.影响动脉压的因素

动脉血压最直接的决定因素是动脉中留存的血量,所以凡是影响心动周期中动脉中留存血量的因素都将影响动脉血压。动脉中留存血量主要取决于两个方面,一方面取决于心脏射入动脉中的血量,另一方面取决于经小动脉微动脉流入毛细血管的血量。所以影响心输出量和外周阻力的因素是影响动脉血压的最主要因素。

(1)每搏输出量 如果每搏输出量增大,收缩期射入主动脉的血量增多,主动脉和大动脉内增加的血量变多,管壁所受的张力也更大,故收缩期动脉血压的升高更加明显。由于动脉血压升高,而血流速度、外周阻力和心率的变化不大,则大动脉内增多的血量仍可在舒张期流至外周,到舒张期末,大动脉内存留的血量和每搏输出量增加之前相比,增加并不多。因此,当每搏输出量增加而外周阻力和心率变化不大时,动脉血压的升高主要表现为收缩压升高,舒张压可能升高不多,故脉压增大。反之,当每搏输出量减少时,则主要使收缩压降低,脉压减小。可见,收缩压的高低通常主要反映心脏每搏输出量的多少。

(2)心率 在每搏输出量和外周阻力都不变的情况下,心率加快时,由于舒张期缩短,在舒张期内流至外周的血液就减少,故舒张期末主动脉内存留的血量增多,舒张期血压就升高。由于动脉血压升高可使血流速度加快,因此在收缩期内可有较多的血流至外周,收缩压的升高不如舒张压的升高显著,脉压比心率增加前减小。相反,心率减慢时,舒张压降低的幅度比收缩压降低的幅度大,故脉压增大。

(3)外周阻力　如果小动脉管径变小,血液黏滞度增高,外周阻力就增大;反之亦然。心输出量不变而外周阻力加大时,则在舒张期中血液向外周流动的速度减慢,舒张期末存留在主动脉中的血量增多,故舒张压升高;而在收缩期,由于动脉血压升高使血流速度加快,因此收缩压的升高不如舒张压的升高明显,脉压也相应减小。反之,当外周阻力减小时,舒张压的降低比收缩压的降低明显,故脉压加大。可见,在一般情况下,舒张压的高低主要反映外周阻力的大小。

(4)主动脉和大动脉的弹性贮器　主动脉管壁的弹性扩张主要是起缓冲血压的作用,使收缩压降低,舒张压升高,脉搏压减少。老年动物的动脉管壁硬化,大动脉的弹性作用减弱,使收缩压升高而舒张压降低,故脉压增大。

(5)循环血量和血管系统容量的比例　循环血量和血管系统容量相适应,才能使血管系统足够地充盈,产生一定的体循环平均充盈压。正常情况下,循环血量和血管容量是相适应的,血管系统充盈程度的变化不大。失血后,循环血量减少,如果血管系统的容量改变不大,则体循环的平均充盈压降低,使动脉血压降低。在另一些情况下,如果循环血量不变而血管系统容量增大,也会造成动脉血压下降。

上述影响动脉血压的各种因素中,每搏输出量和外周阻力是影响血压变化的最经常和最主要的因素。动物有机体通过神经和体液途径,调节心脏收缩力和血管的舒缩反应,使血压的变化适应有机体不同状况下的需要。

(三)动脉脉搏

脉搏(pulse)指每个心动周期中,随着心室收缩和舒张而引起血管壁的起伏波动。在每个心动周期中,动脉内的压力和容积发生周期性的波动。随着心脏节律性泵血活动,使主动脉管壁发生的扩张—回缩的振动并以弹性波的形式沿血管壁传向外周,就形成了动脉脉搏(arterial pulse)。通常所说的脉搏就是指动脉脉搏。

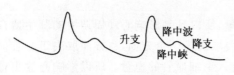

图 3-12　动脉脉搏图

应用脉搏描记器记录下来的脉搏波形称为脉搏图(图 3-12)。动脉脉搏的波形可因描记方法和部位的不同而有差别,但一般都由升支和降支组成。升支较陡峭,代表心室收缩时射血,使主动脉内压急剧上升,管壁突然扩张。其斜率和幅度受射血速度、心输出量、外周阻力的影响。射血的速度慢、心输出量小及外周阻力小,则斜率和速度均小,反之则大。降支较为平缓,分前、后两段。心室射血后期,射血的速度减慢,进入主动脉的血量少于流向外周的血量,这时被扩张的大动脉开始回缩,动脉血压逐渐降低,构成脉搏曲线降支的前段。随后,心脏停止射血,心室舒张、动脉瓣关闭、大动脉继续回缩、动脉血压继续下降,形成脉搏曲线降支的后段。其中在心室舒张、主动脉瓣关闭的瞬间,主动脉的血液向心室方向返流,返流的血液受阻于动脉瓣而使主动脉的根部的容积增大,由此形成一个折返波,使下降支中段出现一个小波,称为降中波。降中波出现的凹陷的切迹,称为降中峡。降支的形状可以反映外周阻力的大小。外周阻力大,则降支的下降速率慢,降中峡的位置较高。反之,外周阻力小,则降支的下降速率快,降中峡的位置较低,降中波以后的降支坡度小,较为平坦。

手术时暴露动脉,可以直接看到动脉随每次心搏而发生的搏动。用手指也可摸到身体浅表部位的动脉搏动。检查各种动物脉搏的部位:牛在尾动脉、颌外动脉、腋动脉或隐动脉;马在颌外动脉、尾中动脉或面横动脉;猪在桡动脉,猫和犬在股动脉或胫前动脉。

在某些病理情况下,动脉脉搏将出现异常。如主动脉狭窄时,射血阻力加大,升支的幅度和斜率均较小;主动脉瓣关闭不全时,由于心舒期主动脉的血液返流回心室,会造成主动脉压急剧下降,降支陡峭。通过检查脉搏的速度、幅度、硬度和频率等特性,不但能够直接反映心率和心动周期的节律,而且在一定程度上能够反映整个循环系统的功能状态,所以检查动脉脉搏具有十分重要的临床意义。

三、静脉血压和静脉回心血量

静脉是血液回流心脏的通道,静脉管壁的扩张、回缩可以有效调节回心血量与心输出量。适应机体不同生理条件下的需要。

(一)静脉血压

静脉血压(venous pressure)是静脉内血液对单位血管壁产生的侧压力。当循环血液流过动脉、毛细血管之后,其能量的大部分因用于克服外周阻力而被消耗,在微静脉处的血压仅有15～20 mmHg,已无收缩压和舒张压之分,且几乎不受心脏的影响。随着静脉管径增大,血压进一步降低,至右心房时,血压已接近0。通常把右心房或胸腔内大静脉的血压称为中心静脉压(central venous pressure);把各器官静脉的血压称为外周静脉压(peripheral venous pressure)。中心静脉压的高低取决于心脏射血的能力和静脉回心血量之间的关系。如心脏机能良好,能及时将回心血液射入动脉,则中心静脉压较低;反之,心脏射血机能减弱时,回流的血液淤积于腔静脉中,致使中心静脉压升高。另外,如静脉回心血量增多或回流速度过快(如输血、输液过多或速度过快),中心静脉压也会升高。在血量增加,全身静脉血管收缩或微动脉舒张造成外周静脉压升高情况下,都有可能造成中心静脉压升高。因此,中心静脉压可以作为临床上判断心血管功能的重要指标,也可作为补液量和补液速度是否恰当的监测指标。

(二)静脉回心血量及其影响因素

静脉对血流的阻力很小,因此血液从微静脉回流回右心房,压力仅降低15 mmHg,这与保证静脉回心血量是相适应的。单位时间内由静脉回流心脏的血量等于心输出量。

1.体循环平均充盈压

体循环平均充盈压升高,静脉回心血量也增加。所以,当全身血量增加或容量血管收缩时,体循环平均充盈压升高,静脉回心血量也就增多。反之,循环血量减少,如失血、脱水或静脉血管扩张,静脉回心血量减少。

2.心脏收缩力量

心脏泵血过程中,如果心肌收缩力量强,收缩末期容量少,舒张期心室内压就较低,对心房和大静脉内血液的抽吸力量也就较大,回心血量就多。右心衰竭时,射血的力量显著减弱,在收缩末期右心房和大静脉内血液淤积增多,回心血量大大减少,临床上病畜可出现颈外静脉怒张,肝充血肿大,下肢浮肿等体征。左心衰竭时,左心房压和肺静脉压升高,引起肺淤血和肺水肿。

3.体位改变

体位的改变主要影响静脉的跨壁压,进而改变回心血量。跨壁压(transmural pressure)是指血管内血液对管壁的压力和血管外组织对管壁的压力之差。一定的跨壁压是保持血管充盈膨胀的必要条件。与动脉相比,处于同一水平的静脉,因其管壁较薄,管壁中的弹性纤维和平滑肌较少,其跨壁压值较低。即血管外组织对血管的压力大于静脉压而易使静脉发生塌陷,静脉的容积减小。

动物处于站立时,因受重力影响血液将积滞在心脏水平以下的腹腔和四肢末梢静脉中,身体低垂部分静脉的跨壁压增大,静脉血管扩张,可容纳更多的血液,静脉回心血量减少。

4.骨骼肌的挤压作用

骨骼肌收缩时能挤压肌肉内或肌间深部静脉,使静脉内压力上升,推动血液向心脏方向流动。由于静脉中的瓣膜只能朝着心脏的方向开放,因此骨骼肌舒张时,静脉内的血液不会倒流。这样,骨骼肌的收缩和舒张运动就会像水泵一样,推动静脉内的血液向右心房方向流动,也称为肌肉泵或静脉泵。

5.胸腔负压的抽吸作用

胸膜腔内压通常低于大气压,称为负压。故胸腔内大静脉的跨壁压较大,常处于充盈状态。吸气时,胸腔容积加大,胸膜腔负压值更大,使胸腔内大静脉和右心房扩张程度更大,从而使其与胸腔以外的静脉压差更大,有利于静脉血液回流至心脏。呼气时,胸膜腔负压减小,静脉回流血量减少。因此,胸腔负压对于静脉回流起到抽吸或呼吸泵的作用。

(三)静脉脉搏

静脉脉搏是与心房相连的大静脉受到右心房血压波动的逆行传播,使之压力和容积发生的周期性搏动,即随着心房舒缩活动而引起大静脉管壁规律性的膨胀和塌陷。静脉脉搏波由a、c、v 3个波构成,a波是由心房收缩引起的;c波是由心室收缩,压力通过房室瓣传到心房和静脉引起的;v波是由于静脉回流,心房逐渐胀大,使心房压升高。

马、牛等大家畜颈静脉的近心端,可以触摸到静脉脉搏,其传播方向与动脉脉搏相反。静脉脉搏可反映右心房在心动周期中的内压变化,以前常将它作为诊断心脏疾病的依据,但在心电图技术普遍应用的今天,临床检查中已很少使用。

四、微循环

微循环(microcirculation)是指微动脉(arteriole)和微静脉(venule)之间的血液循环。作为机体组织细胞与环境交换的场所,微循环对维持细胞的新陈代谢和内环境稳态具有重要作用。

中国女科学家修瑞娟提出了微循环对器官组织海涛式灌注的新论点,否定了当时世界上流行的田园式灌注的推论,被世界誉为"修氏理论",这是世界医学史上第一个以中国人姓氏命名的医学理论(二维码3-4)。

二维码3-4　修瑞娟和她的修氏理论——科学的批判精神

(一)微循环的组成与机能

微循环的结构在不同的组织器官中会有一定的差异,典型的微循环一般由微动脉、后微动脉、毛细血管前括约肌、真毛细血管、通血毛细血管、动—静脉吻合支和微静脉7部分组成。

微循环的起点为微动脉,其管壁有完整的平滑肌层,当管壁外层的环形肌收缩或舒张时可使管腔内径显著扩大或缩小,起着控制微循环血量"总闸门"的作用。之后微动脉分支为更细的后微动脉,其管壁只有一层平滑肌细胞。每根后微动脉负责供血给一根至数根毛细血管。

在真毛细血管起始部通常有 1～2 个平滑肌细胞,形成环状的毛细血管前括约肌,其收缩状态决定进入真毛细血管的血流量,在微循环中起着血量"分闸门"的作用。

真毛细血管的管壁没有平滑肌,由单层内皮细胞构成,外面包被一薄层基膜,总厚度仅为 $0.5~\mu m$。内皮细胞间的相互连接处有微细裂隙,成为沟通毛细血管内外的孔道。毛细血管的数量多,与组织进行物质交换的面积大。毛细血管中的血液经微静脉进入静脉,最细的微静脉口径不超过 $20～30~\mu m$,管壁没有平滑肌,属于交换血管。较大的微静脉有平滑肌,属于毛细血管后阻力血管,起"后闸门"的作用,其活动还受神经、体液因素的影响。微静脉通过其舒缩活动可影响毛细血管的血压,从而影响体液交换和静脉回心血量。

(二)微循环的通路

血液从微动脉流向微静脉可通过 3 条途径,即直捷通路、迂回通路、动—静脉短路(图 3-13)。3 条通路的特点见表 3-5。

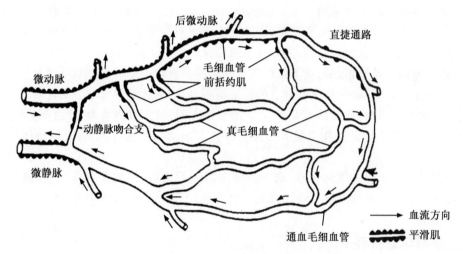

图 3-13 微循环模式图

表 3-5 微循环 3 条通路比较

项目	直捷通路	迂回通路	动—静脉短路
途径	微动脉→后微动脉→通血毛细血管→微静脉	微动脉→后微动脉→毛细血管前括约肌→真毛细血管网→微静脉	微动脉→动静脉吻合支→微静脉
分布部位	骨骼肌	肠系膜、肝、肾等	皮肤
生理特点	短直、阻力小、流速较快、流域小	长且迂回曲折、阻力大、血流缓慢、容量大、流域大	最短最直、阻力最小、流速最快、流域最小
开放情况	经常开放	部分(20%)、轮流交替开放	体温升高等开放
生理意义	保持循环血量恒定	物质交换的场所	调节体温

1.直捷通路

血液从微动脉经后微动脉、通血毛细血管而后回到微静脉的通路称为直捷通路(thoroughfare channel）。此通路经常处于开放状态，血流阻力小，流速较快。直捷通路在骨骼肌的微循环中较多见，其主要作用是使一部分血液快速通过微循环，以保证回心血量，同时，血液在此通路中可以进行少量的物质交换。

2.迂回通路

血液从微动脉经后微动脉、毛细血管前括约肌进入毛细血管网，最后汇入微静脉的通路称为迂回通路（circuitous channel）。此通路迂回曲折，穿插于细胞间隙，血流缓慢，又因为毛细血管管壁薄，通透性大，是血液和组织细胞进行物质交换的主要部位，故该通路又称为营养通路。同一器官、组织中不同部位的真毛细血管是轮流开放的，而同一毛细血管也是开放和关闭交替进行的，在安静状态下，同一时间约有 20% 的毛细血管开放，与器官、组织当时的代谢相适应，由毛细血管前括约肌的收缩和舒张控制。

3.动—静脉短路

血液从微动脉经动—静脉吻合支（arteriovenous anastomoses）直接回流到微静脉的通路称为动—静脉短路。此通路的血管壁厚，有较发达的纵行平滑肌层和丰富的血管运动神经末梢，血流速度快，没有物质交换功能，因此这条通路又叫"非营养通路"。其功能是参与体温调节。动—静脉短路多见于指、趾、鼻等处的皮肤及某些器官内。动—静脉短路经常处于关闭状态。当环境温度升高时，动—静脉吻合支的开放增多，血液通过动静脉吻合支流向大量的皮下静脉丛，皮肤血流量增加，使皮肤温度升高，有利于散热；环境温度降低时，吻合支关闭，皮肤血流量减少，有利于保存热量。黄牛颈部的肉垂中有大量动—静脉吻合支，对调节体温有重要作用。

在某些情况下，如感染性休克时，动—静脉短路大量开放，以缩短循环路径，降低外周阻力，使血液迅速回流。但因血液不经过真毛细血管网，不能与组织细胞进行物质交换，可导致组织缺血、缺氧。

（三）微循环血量调节

因微循环组成大部分不直接受神经的支配（仅微动脉分布有少量的神经），尤其是决定营养通路血流量的后微动脉和毛细血管前括约肌的舒缩活动只受体液中血管活性物质和局部代谢产物的调节，所以其调节作用主要是通过体液性的局部自身调节来实现的。

在安静状态下，同一时间内骨骼肌组织中只有 20%～30% 的真毛细血管处于开放状态，当收缩导致毛细血管灌注不良时，局部代谢产物堆积，从而产生舒血管物质（如组胺、缓激肽、乳酸等），引起血管平滑肌松弛，微循环恢复灌注，将代谢产物移去。这样，在体液中的舒血管物质调控下，毛细血管进行舒缩交替活动，及时地分配血量，以适应组织代谢的需要。

五、组织液的生成

组织液（tissue fluid）是由血浆经毛细血管壁滤过到组织间隙形成，是细胞赖以生存的内环境。组织液绝大部分呈胶冻状，不能自由流动，因此不会因重力作用而流至身体的低垂部分。组织液凝胶中的水及溶解于水的各种溶质分子的弥散性运动并不受凝胶阻碍，仍可与血液及细胞内液进行物质交换。临近毛细血管的组织液呈溶胶状态，可自由流动。由于毛细血管壁具有选择性通透性，致使组织液的各种离子与血浆相同，但组织液与血浆的蛋白浓度具有很大的差异。

(一)组织液的生成与回流

组织液是血浆滤过毛细血管壁而形成的。在正常情况下,流经毛细血管的血浆有0.5%～2%进入组织间隙成为组织液,其中约90%在静脉端被重吸收回血液,其余约10%(包括滤过的白蛋白分子)经毛细淋巴管回归血液循环。因此,组织液的总量可以保持动态平衡。

组织液的动态平衡取决于毛细血管血压、血浆胶体渗透压、组织液静水压和组织液胶体渗透压4个因素的综合作用(图3-14)。其中,毛细血管血压和组织液胶体渗透压是促使液体由毛细血管内向血管外滤过的力量,而血浆胶体渗透压和组织液静水压是将液体从血管外向毛细血管内重吸收的力量。滤过的力量和重吸收的力量之差,称为有效滤过压。

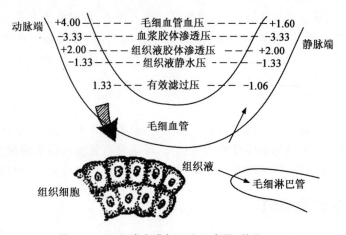

图3-14　组织液生成与回流示意图(单位:kPa)

有效过滤压可以用下式来表示:

$$有效滤过压＝(毛细血管血压＋组织液胶体渗透压)-(组织液静水压＋\\血浆胶体渗透压)$$

如果有效滤过压大于0,则表示有组织液生成,如果有效滤过压小于0,则有部分组织液回流入血液。单位时间内由毛细血管滤过的液体量等于有效滤过压和滤过系数的乘积,滤过系数取决于毛细血管的通透性和有效滤过面积。不同组织的滤过系数有很大差异,如脑和肌肉的滤过系数很小,而肝和肾小球的滤过系数很大。

(二)影响组织液生成的因素

在正常情况下,组织液不断生成,又不断被重吸收,保持动态平衡,故血量和组织液量能维持相对稳定。如果这种动态平衡遭到破坏,发生组织液生成过多或重吸收减少,组织间隙中就有过多的潴留,形成组织水肿。上述决定有效滤过压的各种因素的改变和毛细血管通透性的变化,将直接影响组织液的生成。

1.毛细血管有效流体静压

毛细血管的有效流体静压即指毛细血管血压和组织静水压的差值,是促进组织液生成的主要因素。全身或局部的静脉压升高是有效流体静压升高的主要原因。例如,右心衰竭时会引起体循环静脉压升高,静脉回流受阻,使全身毛细血管后阻力增大,导致毛细血管有效流体静压增高,引起全身性水肿;而左心衰竭则可因肺静脉压升高而引起肺水肿。局部静脉压增高可见于血栓阻塞静脉腔、肿瘤或瘢痕压迫静脉壁等。

2. 有效胶体渗透压

有效胶体渗透压是指血浆胶体渗透压和组织胶体渗透压的压差。它是限制组织液生成的主要力量,血浆胶体渗透压主要取决于血浆蛋白尤其是白蛋白的浓度,当血浆蛋白生成减少(慢性消耗性疾病、肝病等)或患某些肾病大量血浆蛋白质随尿排出,均可使血液中血浆蛋白含量减少,有效胶体渗透压降低,有效滤过压增大,导致组织液生成增多,引起组织水肿。

3. 淋巴回流

毛细血管动脉端滤出的液体,10%通过淋巴回流入血液,同时淋巴系统还能在组织液生成增多时,代偿性加强回流,以防过多的组织液滞留于组织间隙,造成组织水肿。但在某些病理情况下,若淋巴回流受阻(丝虫病、淋巴瘤压迫),则含蛋白质的淋巴组织液在组织积聚起来而形成淋巴性水肿。

4. 毛细血管通透性

在正常情况下毛细血管壁对蛋白质几乎不通透,从而能维持正常的有效胶体渗透压。但在烧伤、过敏反应中,由于局部组织释放大量组胺,使毛细血管壁的通透性加大,部分血浆蛋白渗出,血浆胶体渗透压降低,而组织胶体渗透压升高,组织液生成增多,出现局部水肿。

六、淋巴的生成及回流

(一)淋巴的生成

淋巴系统由淋巴管、淋巴结、脾和胸腺等组成。淋巴液来源于组织液,组织液中的10%进入毛细淋巴管,即成为淋巴液。毛细淋巴管的盲端起始于组织间隙,管壁由单层内皮细胞构成,没有基膜和周细胞,故通透性很大。在毛细淋巴管起始端,内皮细胞的边缘像瓦片般互相覆盖,形成向管腔内开启的单向活瓣(图 3-15)。当组织液积聚在组织间隙内时,组织中的胶原纤维和毛细淋巴管之间的胶原细丝可以将互相重叠的内皮细胞边缘拉开,使内皮细胞之间出现较大的缝隙。因此,组织液中的血浆蛋白质分子,甚至是红细胞都可以较易进入毛细淋巴管。

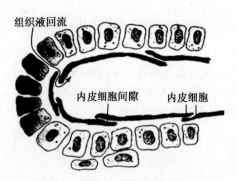

图 3-15　毛细淋巴管盲端示意图

毛细淋巴管逐级汇集成小淋巴管和大淋巴管,流入集合淋巴管,最后经淋巴导管(胸导管和右淋巴管)进入前腔静脉,加入血液循环。所以淋巴回流系统是组织液向血液循环回流的重要辅助系统。在大小淋巴管中都有向心脏方向开放的单向瓣膜,使淋巴液只能由外周向心脏方向流动。淋巴回流的主要动力是集合淋巴管壁的平滑肌的收缩活动。此外,骨骼肌的收缩活动、邻近动脉的搏动等,均可推动淋巴液回流。

(二)淋巴液回流的生理意义

(1)能将组织液中的蛋白质分子带回血液中,维持血浆蛋白的正常浓度。这是因为血浆蛋白经毛细血管内皮细胞的"胞吐"作用转运到组织液后,不能被毛细血管重吸收,但能较容易地进入淋巴系统,回流到血液。

(2)清除组织液中不能被毛细血管重吸收的较大的分子以及组织中的红细胞和细菌等。

(3)对营养物质特别是脂肪的吸收起到重要作用。由肠道吸收的脂肪80%~90%是经过淋巴回流被输送入血液的,因此来自小肠的淋巴液呈乳糜状。

(4)在组织液的生成和重吸收平衡中起到一定作用,从而调节体液平衡,一天中回流的淋巴液相当于全身血浆总量。

(5)参与机体的免疫反应。淋巴液在流入血液途径中要经过许多淋巴结,淋巴结内有大量巨噬细胞,能清除淋巴液中的细菌或其他异物,减少感染扩散的危险。淋巴结还可产生淋巴细胞和浆细胞,可参与机体的免疫反应。

(三)影响淋巴液生成的因素

组织液和毛细淋巴管中淋巴液的压力差是促进组织液进入淋巴管的动力,所以凡是能增加组织液压力的因素都将促进淋巴液的生成。如毛细血管血压升高,血浆胶体渗透压下降、组织液胶体渗透压增高以及毛细血管的通透性增加等。

淋巴管上的瓣膜和集合淋巴管壁平滑肌共同构成"淋巴管泵"能推动淋巴液流动,淋巴管周围组织的压迫(如肌肉收缩,动脉搏动,对体壁的压迫和按摩等)也能推动淋巴液的回流。而淋巴管和淋巴结急慢性炎症(如丹毒)、肉芽肿形成、丝虫虫体等均可引起淋巴系统阻塞,导致淋巴管和淋巴窦扩张,造成淋巴水肿。由于淋巴液中含有蛋白质,会刺激纤维组织增生,而增生的纤维组织又可加重淋巴液的滞留。

第四节　心血管功能的调节

心血管功能的调节包括神经调节、体液调节和自身调节,在多种机制共同作用下维持正常心率、调节心输出量、维持血压稳定及保证各个器官的供血量。而且能够在内外环境变化的情况下进行相应的调整,使心血管活动适应机体的代谢需要。

一、神经调节

心血管活动受自主神经系统紧张性活动控制,副交感神经主要调控心脏活动,而交感神经对心脏和血管活动都有重要的调节作用。神经系统对心血管活动的调节是通过各种心血管反射实现的。

(一)心血管的神经支配

1.心脏的神经支配

心脏受心交感神经和心迷走神经的双重支配。心交感神经兴奋增强心脏的活动,而心迷走神经兴奋则抑制心脏的活动。

(1)心交感神经　心交感神经的节前神经元胞体位于第1~5胸段脊髓的中间外侧柱内,其轴突末梢释放的递质为乙酰胆碱,它能激活节后神经元细胞膜上的 N_1 型胆碱能受体。心交感节后神经元支配心脏各个部分。两侧心交感神经对心脏的支配有差别,右侧心交感神经对窦房结的影响占优势;左侧心交感神经对房室交界和心室肌的作用占优势。心交感节后神经元末梢释放的递质为去甲肾上腺素,结合于心肌细胞膜上的 β 型肾上腺素能受体(以 β_1 受体为主),可导致心率加快,房室交界的传导加快,心房肌和心室肌的收缩能力加强。这些效应分别称为正性变时作用、正性变传导作用和正性变力作用。

(2)心迷走神经　支配心脏的副交感神经节前纤维行走于迷走神经干中。在胸腔内,心迷走神经纤维和心交感神经一起组成心脏神经丛,并和交感纤维伴行进入心脏,与心内神经节细胞发生突触联系。心迷走神经的节前和节后神经元都是胆碱能神经元。节后神经纤维支配心脏各个部分,但支配心室肌的迷走神经数量较少。两侧心迷走神经对心脏的支配也有差别,但不如两侧心交感神经支配的差别显著。右侧迷走神经对窦房结的影响占优势;左侧迷走神经对房室交界的作用占优势。

心迷走神经节后纤维末梢释放的乙酰胆碱作用于心肌细胞膜的 M 型胆碱能受体,可导致心率减慢,心房肌收缩能力减弱,房室传导速度减慢,即具有负性变时、变力和变传导作用。刺激迷走神经也能使心室肌收缩减弱,但其效应不如心房肌明显。

综上所述,心交感神经和心迷走神经对心脏活动的支配效应是相拮抗的。但是,在整体生命活动中,二者的效应既相拮抗又协调统一,具有高度的适应性。

(3)心脏肽能神经元　心脏中还存在许多种肽能神经元,它们释放的递质有神经肽 γ、血管活性肠肽、降钙素基因相关肽、阿片肽等,主要参与心肌、冠状动脉活动的调节。例如,血管活性肠肽对心肌有正性变力作用和舒张冠状血管的作用,降钙素基因相关肽有加快心率的作用等。

(4)心脏传入神经纤维　心交感神经和心迷走神经除了可以作为神经反射的传出神经外,还含有大量的传入神经纤维,其神经末梢主要感受来自心脏的牵张刺激和化学刺激,反射性地调节心血管活动。心迷走神经内的传入神经纤维活动引起交感神经活动抑制,而心交感神经内的传入纤维活动引起交感神经活动增强效应。

(5)心交感紧张和心迷走紧张　紧张(tonus)是指神经或肌肉组织保持一定程度的持续活动状态。心迷走神经和心交感神经都会发放低频神经冲动传到心脏,分别称为心迷走紧张(vagal tone)和心交感紧张(sympathetic tone),二者相互拮抗,共同调控心脏活动。二者的紧张性常可随着机体生理状态的不同而改变,如动物在相对安静状态下,心迷走紧张占优势,心脏活动减慢减弱;当躯体运动加强或情绪激动时,心交感紧张占主导地位,心脏活动加强加快。

2. 血管的神经支配

支配血管平滑肌的神经纤维称为血管运动神经(vasomotor nerve),根据不同的效应可分为缩血管神经(vasoconstrictor nerve)和舒血管神经(vasodilator nerve)两大类。大部分血管平滑肌仅受交感缩血管纤维支配,只有少部分血管平滑肌除接受交感缩血管纤维支配外,还受某些舒血管纤维的支配。

(1)交感缩血管神经纤维　缩血管神经纤维都是交感神经纤维,故一般称为交感缩血管神经纤维。其节后纤维末梢释放去甲肾上腺素,作用于血管平滑肌上的 α 受体和 β 受体。去甲肾上腺素与 α 受体结合,引起血管平滑肌收缩;与 β 受体结合导致血管平滑肌舒张。由于去甲肾上腺素与 α 受体结合能力比与 β 受体结合的能力强,故交感缩血管神经纤维兴奋时,引起收缩血管的效应。

在一般情况下,交感缩血管神经纤维经常发放 1～3 Hz 的低频率神经冲动,称为交感缩血管紧张(sympathetic vasoconstrictor tone)。其可使所支配的血管平滑肌纤维保持一定程度的收缩状态。

（2）交感舒血管神经纤维　有些动物,如犬、猫等,支配骨骼肌微动脉的交感神经中除有缩血管纤维外,还有舒血管纤维。交感舒血管纤维末梢释放的递质为乙酰胆碱,作用于血管平滑肌 M 受体,引起骨骼肌血管舒张,血流量增加,以适应骨骼肌在运动时对血流量增加的需要。其效应可被 M 受体阻断剂阿托品阻断。交感舒血管纤维在平时没有紧张性活动,只有在动物处于情绪激动状态和发生防御反应时才发放冲动,使骨骼肌血管舒张,血流量增多。

（3）副交感舒血管神经纤维　体内少数器官,如脑膜、唾液腺、胃肠外分泌腺和外生殖器等,其血管平滑肌除接受交感缩血管纤维支配外,还接受副交感舒血管纤维支配。副交感舒血管纤维末梢释放的递质为乙酰胆碱,后者与血管平滑肌的 M 受体结合,引起血管舒张。副交感舒血管纤维的活动只对器官组织局部血流起调节作用,对循环系统总的外周阻力的影响很小。

（4）肽类舒血管神经纤维。某些支配血管的神经纤维含有降钙素基因相关肽或血管活性肠肽,并与乙酰胆碱共存。释放的降钙素基因相关肽和血管活性肠肽可引起局部血管舒张。

（二）心血管中枢

中枢神经系统中与控制心血管活动有关的神经元集中的部位称为心血管调节中枢。控制心血管活动的神经元分布在从脊髓到大脑皮层的各个水平,其中延髓是最重要的心血管中枢部位,下丘脑也在心血管活动调节中起重要作用。各级心血管中枢间存在密切的纤维联系和相互作用,不仅接受来自躯体和内脏的各种传入信息,还接受其他中枢部位的调控信息,通过复杂的整合,调节心血管活动（图 3-16）。

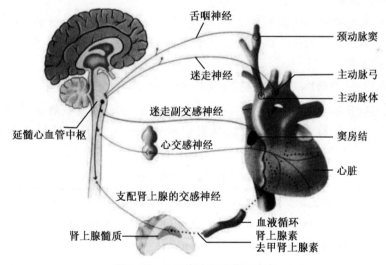

图 3-16　心血管功能调节示意图

1.延髓

延髓是心血管调节的基本中枢。早在 1870 年,Dittmar 和 Owsjanikow 在进行脑干横断记录血压的实验中得出调节心血管活动的基本中枢在延髓内。研究发现,在延髓以上水平横断脑干对血压无明显影响,而横断位置下移到延髓部时,血压立即下降到 $40\sim50$ mmHg,相当于脊动物的血压水平,表明心血管的紧张性源于延髓。

延髓头端腹外侧区是产生和维持心交感神经和交感缩血管神经紧张性活动的重要部位,接受延髓孤束核、延髓尾端腹外侧区和下丘脑室旁核等重要心血管核团和脑区的调控信息,也接受来自外周心血管活动的传入信息,对这些信息进行整合后,通过其下行纤维直达脊髓的交感节前神经元,可使交感神经活动加强和血压升高。延髓尾端腹外侧区神经元并不直接投射到脊髓,而是到达延髓头端腹外侧区,抑制延髓头端腹外侧区心血管神经元活动,可使交感神经活动减弱从而降低血压。

心迷走神经节前神经元的胞体主要位于延髓迷走神经背核和疑核,压力感受器的传入冲动,经延髓孤束核接替后到达迷走神经背核和疑核,可引起心迷走神经兴奋。

延髓孤束核是压力感受器、化学感受器和心肺感受器等传入纤维的接替站,并对多种心血管传入信号进行整合。延髓孤束核神经元兴奋时,可使交感神经活动减弱和迷走神经活动加强。

2.下丘脑

下丘脑的室旁核在心血管活动的整合中起重要作用,其下行纤维不仅直接到达脊髓控制交感节前神经元活动,还到达延髓头端腹外侧区,调节延髓的心血管神经元活动。下丘脑室旁核的小细胞性神经元投射到脊髓交感节前神经元,调控交感神经活动。如在下丘脑室旁核注射微量谷氨酸选择性兴奋下丘脑室旁核神经元,或电刺激下丘脑,可引起一系列心血管活动变化,如心率加快、心肌收缩力加强、心输出量增加,皮肤和内脏血管舒张,血压升高。

3.其他心血管中枢

在延髓以上其他脑干部分以及大脑和小脑中,均有调节心血管活动的神经元,参与心血管活动及其他功能之间的复杂整合。

(三)心血管反射

神经系统对心血管活动的调节是通过各种反射活动来实现的。机体的各种内、外感受器,尤其是存在于心血管本身的感受器,受到刺激后,都可以反射性地调节心血管的活动,使之产生各种适应性的变化。

1.颈动脉窦和主动脉弓压力感受性反射

动脉血压突然升高可反射性地引起心率减慢、心输出量减少、血管舒张、外周阻力下降,导致血压降低,这一反射称为压力感受性反射(baroreceptor reflex)或降压反射(depressor reflex)(表 3-6)。

表 3-6 压力感受性反射与化学感受性反射比较

项目	压力感受性反射	化学感受性反射
感受器	颈动脉窦、主动脉弓的压力感受器	颈动脉体、主动脉体化学感受器
适宜刺激	血压的搏动性变化	缺氧、$CO_2 \uparrow$、$H^+ \uparrow$
中枢变化	交感缩血管紧张性↓	交感缩血管紧张性↑
	心迷走紧张性↑	呼吸中枢紧张性↑
	心交感紧张性↓	
作用结果	血压↓	血压↑(是呼吸中枢兴奋的间接作用及局部因素参与)
生理意义	维持动脉血压的相对稳定	呼吸加深、加快;特殊情况对维持血压的稳定具有一定的辅助作用

(1)压力感受器 颈动脉窦和主动脉弓血管壁的外膜下,有丰富的感觉神经末梢(图3-17)。压力感受器并不直接感受血压变化,而是主要感受血压变化对血管壁产生的牵张刺激。当动脉血压突然升高时,动脉管壁受到牵张的程度加大,压力感受器的传入冲动便增多。在一定范围内,该感受器发放冲动的频率,随血压升高对血管壁的牵张刺激加强而增大。在同一血压水平,颈动脉窦压力感受器通常比主动脉弓压力感受器更敏感。

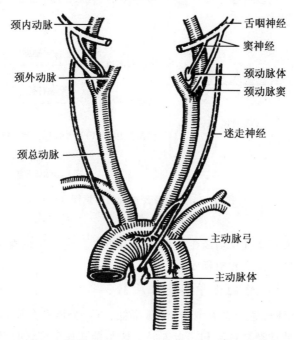

颈内动脉 舌咽神经 窦神经 颈外动脉 颈动脉体 颈动脉窦 迷走神经 颈总动脉 主动脉弓 主动脉体

图 3-17 颈动脉窦区和主动脉弓区压力感受器和化学感受器及其神经支配

(2)传入神经及其中枢联系 颈动脉窦压力感受器的传入神经纤维组成窦神经,随舌咽神经进入延髓。主动脉弓的传入神经纤维随迷走神经进入延髓。但家兔的主动脉弓传入神经在颈部自成一束,称为主动脉神经或降压神经,在颅底并入迷走神经干,所以动脉血压测定实验一般选择家兔作为实验动物。压力感受器的传入冲动到达延髓孤束核后,不仅与延髓尾端腹外侧发生联系,引起延髓头端腹外侧区心血管神经元抑制,使交感神经紧张性降低,还与迷走神经背核和疑核发生联系,使迷走神经紧张性增强。

(3)反射效应 当动脉血压升高时,血管壁扩张,刺激颈动脉窦和主动脉弓压力感受器,使其发放冲动的频率增加,经窦神经和主动脉神经进入延髓,在孤束核交换神经元。孤束核神经元兴奋,其轴突一方面投射到迷走疑核或背核,兴奋心迷走中枢;另一方面投射到延髓腹外侧部,抑制心交感中枢和交感缩血管中枢,使心输出量减少,外周阻力下降,动脉血压降低。当血压突然降低时,压力感受器发放冲动的频率减少,使心迷走中枢抑制,心交感中枢和交感缩血管中枢兴奋,心输出量增加,外周阻力增加,导致血压回升到原先的正常水平(图3-18)。实际上,在生理状态下,动物的动脉血压值就已高于压力感受器的感受阈值。所以,由颈动脉窦和主动脉弓压力感受器发放冲动引起血压降低的反射活动,不仅发生在血压升高时,而且经常存在。这也是心迷走神经经常有冲动(迷走紧张)的原因。据此,常把压力感受性反射称为降压反射。

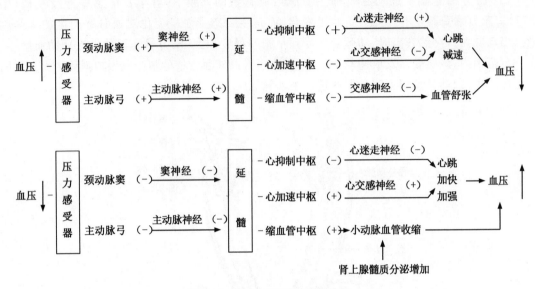

图 3-18　压力感受性反射示意图

(4)生理意义　压力感受性反射属于负反馈调节机制。它的生理意义在于短时间内快速调节动脉血压,使动脉血压保持相对稳定。

2.颈动脉体和主动脉体的化学感受性反射

颈动脉体和主动脉体可感受血液中 O_2 分压降低、CO_2 分压升高和 H^+ 浓度升高等化学成分变化的刺激,其传入冲动经窦神经和迷走神经上传至延髓孤束核,使延髓内呼吸运动神经元和心血管运动神经元的活动改变,称之为化学感受性反射(chemoreceptor reflex)(表 3-6)。整体上一般表现为呼吸加深加快、心率增加、心输出量增多、脑及心脏的血流量加大、腹腔内脏的血流量减少等综合效应。

化学感受性反射的主要效应是调节呼吸,反射性地引起呼吸加深加快,通过呼吸运动的改变,再反射性影响心血管活动。在正常情况下,该反射对心血管活动不起明显的调节作用。只是在严重缺氧、窒息、脑部供血不足和血压过低等危及生命时,可反射性地增加外周阻力,使内脏及静息肌肉中的血管收缩、血流量减少,增加心脏和脑部的血流量,以保证更重要器官的血液供应。

3.心肺感受器引起的心血管反射

心房、心室和肺循环的大血管壁中存在着许多感受器,总称为心肺感受器(cardiopulmonary receptor),主要感受机械牵张刺激和化学成分,如前列腺素、缓激肽、腺苷等。其传入神经行走于迷走神经或交感神经内。

大多数心肺感受器受刺激时引起的反射效应是心交感紧张降低,心迷走紧张加强,导致心率减慢,心输出量减少,外周血管阻力降低,故血压下降。心肺感受器引起的反射在血量、体液量和成分的调节中有重要的生理意义,心肺感受器兴奋对肾交感神经活动的抑制特别明显,使肾血流量增加,肾排水和排钠量增多。

4.躯体感受器和其他内脏感受器引起的心血管反射

刺激躯体传入神经可以引起各种心血管反射。反射的效应取决于感受器的性质、刺激的强度和频率等。用中、低等强度的低频电脉冲刺激骨骼肌传入神经,常可引起降血压效应;而用高强度、高频率电刺激皮肤传入神经,则常引起升血压效应。肌肉活动,皮肤冷、热刺激以及各种伤害性刺激都能引起心血管反射活动。扩张肺、胃、肠、膀胱等空腔器官常可引起心率减慢和外周血管舒张等效应。这些内脏感受器的传入神经纤维行走于迷走神经或交感神经内。

当脑血流量减少时,心血管中枢的神经元可对脑缺血发生反应,引起交感缩血管紧张显著加强,外周血管高度收缩,动脉血压升高,称为脑缺血反应。

二、体液调节

心血管活动的体液调节是指血液和组织液中的某些化学物质,对心血管活动所产生的调节作用。按化学物质的作用范围,可分为全身性体液调节和局部性体液调节两大类。

(一)全身性体液调节

体液中这类化学物质不易被破坏,可随血液循环到达机体各部,对心血管活动产生调节效应。

1.肾素-血管紧张素系统

肾素-血管紧张素系统(renin-angiotension system,RAS)是机体重要的体液调节系统,广泛存在于心肌、血管平滑肌、以及其他多个器官中,参与对靶器官功能的调节。RAS系统对心血管系统的正常发育、心血管系统功能稳定、电解质及体液平衡的维持及血压稳态的调节具有重要意义。

肾素是由肾的近球细胞合成和分泌的一种酸性蛋白酶,经肾静脉进入血液循环。在血浆中,肾素水解血管紧张素原,产生10肽的血管紧张素Ⅰ。在血浆和组织中,特别是在肺循环血管内皮表面,存在有血管紧张素转换酶,在后者的作用下,血管紧张素Ⅰ水解生成8肽的血管紧张素Ⅱ。血管紧张素Ⅱ在血浆和组织中的血管紧张素酶A的作用下,再失去一个氨基酸,成为7肽的血管紧张素Ⅲ。当各种原因引起肾血流量减少或血浆中Na^+浓度降低时,肾素分泌就会增多。交感神经兴奋时,肾素分泌也会增加。

对体内多数组织、细胞来说,血管紧张素中最重要的是血管紧张素Ⅱ,其可直接使全身微动脉收缩,血压升高;也可使静脉收缩,回心血量增多。血管紧张素Ⅱ可作用于交感缩血管纤维末梢上的接头前血管紧张素受体,起接头前调制的作用,使交感神经末梢释放递质增多。血管紧张素Ⅱ可作用于中枢神经系统内一些神经元的血管紧张素受体,使交感缩血管紧张加强。因此,血管紧张素Ⅱ可以通过中枢和外周机制,使外周血管阻力增大,血压升高。此外,血管紧张素Ⅱ可强烈刺激肾上腺皮质球状带细胞合成和释放醛固酮,后者可促进肾小管对Na^+的重吸收,并使细胞外液量增加。血管紧张素Ⅱ还可引起或增强渴觉,并导致饮水行为。血管紧张素Ⅲ的缩血管效应仅为血管紧张素Ⅱ的10%～20%,但刺激肾上腺皮质合成和释放醛固酮的作用较强。血管紧张素Ⅳ可作用于神经系统和肾脏的AT4受体,调节脑和肾皮质血流量,可产生与经典的血管紧张素Ⅱ所不同或相反的作用,如可抑制左心室的收缩功能,加速其舒张,收缩血管的同时可刺激血管壁产生前列腺素类物质或NO,调节血管收缩状态。

此外,近年来发现,除经典的 RAS 外,还存在局部肾素-血管紧张素系统(renin-angiotension system,RAS)(二维码 3-5)。

2.肾上腺素和去甲肾上腺素

血液中的肾上腺素和去甲肾上腺素,主要来自肾上腺髓质,肾上腺素能神经末梢释放的递质去甲肾上腺素也有一小部分进入血液循环。

肾上腺素和去甲肾上腺素对心脏和血管的作用有许多共同点,但因对不同受体的结合能力不同,两者的作用并不完全相同。肾上腺素可与 α 和 β 两类肾上腺素能受体结合。在心脏,肾上腺素与 β 受体结合,产生正性变时和变力作用,使心输出量增加。在血管,肾上腺素的作用取决于血管平滑肌上 α 和 β 受体分布的情况。在皮肤、肾、胃肠、血管平滑肌上 α 受体在数量上占优势,肾上腺素的作用是使这些器官的血管收缩;在骨骼肌和肝脏的血管内,β 受体占优势,小剂量的肾上腺素常以 β 受体的兴奋效应为主,引起血管舒张,大剂量时也使 α 受体兴奋,引起血管收缩。去甲肾上腺素主要与 α 受体结合,也可与心肌的 $β_1$ 受体结合,但和血管平滑肌的 β2 肾上腺素能受体结合的能力较弱。

3.血管升压素

血管升压素(vasopressin)是由下丘脑合成的激素,在生理情况下,它主要是促进远曲小管和集合管上皮细胞对水的重吸收,起抗利尿作用,故常称为抗利尿激素(antidiuresis hormone,ADH)。此激素只在机体严重失血时,才产生一定的缩血管作用,使血压上升。但这时血管升压素在血液中的浓度超过正常时 1 000 倍以上,故为药理作用。血管升压素在维持细胞外液量恒定及动脉血压的稳定中都起重要作用。在血浆渗透压升高、脱水、失血等细胞外液量减少的状况下,血管升压素释放量增加,促进肾脏对水的重吸收,并由此进一步调控血压。

(二)局部性体液调节

这类化学物质容易受到破坏或易被稀释而失效,只能在产生这些化学物质的局部对组织器官的血液循环发挥调节作用,一般为舒血管作用。

1.血管内皮细胞生成的血管活性物质

血管内皮细胞是衬于血管内表面的单层细胞组织,能合成和释放多种血管活性物质,调节局部血管的舒缩活动。

(1)血管内皮生成的舒血管活性物质　血管内皮细胞合成的舒血管活性物质包括一氧化氮(nitric oxide,NO)、前列环素(prostacyclin,PGI_2)和内皮超极化因子(endothelium-derived hyperpolarizing factor,EDHF)等。

离体实验研究发现,乙酰胆碱引起血管平滑肌舒张依赖于血管内皮细胞完整性。乙酰胆碱能够引起血管内皮细胞释放 NO 或其类似的复合物,具有降血压、抑制血小板黏着、聚集和血栓形成、抑制血管平滑肌细胞增殖,拮抗氧自由基和调节其他活性物质生成与释放等作用。内皮细胞结构和功能受损,使 NO 生成与释放缺失,是许多心血管疾病发病的诱因。

PGI_2 血管内皮细胞膜花生四烯酸的代谢产物,在前列环素合成酶的作用下生成,其作用是舒张血管和抑制血小板聚集,波动性血流对内皮产生的切应力可刺激内皮细胞释放 PGI_2。

EDHF 是由血管内皮细胞产生的能够使血管平滑肌细胞超极化从而使血管舒张的因子,可通过刺激 K^+ 通道开放,促进 K^+ 内流,引起血管平滑肌超极化,使血管平滑肌舒张。

(2)血管内皮生成的缩血管活性物质　血管内皮细胞还可合成多种缩血管活性物质。统称为内皮缩血管因子(endothelium-derived vasoconstrictor factor,EDCF)。目前了解较多的是内皮素(endothelin,ET)。ET 是日本学者 Yanagisawa 等从培养的猪主动脉内皮细胞中分离纯化出的一种由 21 个氨基酸残基组成的活性多肽,是迄今所知最强的缩血管物质之一,对体内各脏器血管几乎都有收缩作用,还可促进细胞增殖及肥大,并参与心血管细胞的凋亡、分化和表型转化等多种病理过程,是心血管活动重要的调节因子。

2. 激肽释放酶-激肽系统

激肽释放酶是体内的一类蛋白酶,可使某些蛋白质底物——激肽原分解为激肽。激肽具有舒血管活性,可参与对血压和局部组织血流的调节。激肽可使血管平滑肌舒张和毛细血管通透性增高,但对其他的平滑肌则引起收缩。实验证实,缓激肽和血管舒张素是已知的最强烈的舒血管物质。在一些腺体器官中生成的激肽,可以使器官局部的血管舒张,血流量增加。循环血液中的缓激肽和血管舒张素等激肽也参与对动脉血压的调节,使血管舒张,血压降低。

3. 组胺

许多组织,特别是皮肤、肺和肠黏膜组织的肥大细胞中,含有大量的组胺。当组织受到损伤或发生炎症以及过敏反应时,均可释放组胺。它的主要作用是使局部毛细血管和微静脉管壁的内皮细胞收缩,彼此分开,使内皮细胞间的裂隙扩大。血管壁的通透性明显增加,导致局部组织水肿。

4. 前列腺素

前列腺素是一组二十碳不饱和脂肪酸,全身各部的组织细胞几乎都能产生前列腺素。各种前列腺素对血管平滑肌的作用不同,如前列腺素 E_2 具有强烈的舒血管作用,前列腺素 F_2 则使静脉收缩。

5. 阿片肽

有多种内源性阿片肽。脑内许多部位含有吗啡样物质的神经元,如 β 内啡肽神经元在大脑基底部和脑干孤束核等均有分布,其轴突投射到其他脑区,所释放的 β 内啡肽和来自血浆的 β 内啡肽,作用于某些与心血管活动有关的神经核团,使交感神经活动受到抑制,心迷走神经活动加强,导致血压降低。此外,血浆中的阿片肽作用于血管壁上的阿片受体,使血管舒张。

6. 心房钠尿肽

心房钠尿肽(atrial natriuretic peptide)是由心房肌细胞合成和释放的一类多肽。当心房壁受到牵拉时,可引起心房钠尿肽的释放,后者可使血管舒张,外周阻力降低;也可使每搏输出量减少,心率减慢,故心输出量减少。在生理情况下,当血容量增多时,心房钠尿肽作用于肾的受体,可以使肾排水和排钠增多;还能抑制肾的近球细胞释放肾素,抑制肾上腺皮质球状带细胞释放醛固酮。因此,心房钠尿肽是体内调节水盐平衡的一种重要的体液因素。在脑内,心房钠尿肽可以抑制血管升压素的释放。这些作用都可导致体内细胞外液量减少。

三、自身调节——局部血流调节

实验证明,将调节血管活动的外部神经、体液因素都除去,在一定的血压变动范围内,器官、组织的血流量仍能通过局部的机制得到适当的调节。一般认为有两类器官组织血流量的局部调节学说。

(一)肌源性自身调节学说

肌源性自身调节学说认为,即使没有神经、体液因素,血管平滑肌仍旧保持一定程度的紧张性收缩性活动,称为肌源活动(myogenic activity)。当器官的血管灌注压突然升高时,血管平滑肌受到牵张刺激,肌源性活动加强,使器官血流阻力加大,这样不会因灌注压升高而增加血流量;反之,当灌注压突然降低时,肌源性活动减弱,血管平滑肌舒张,器官血流阻力减小,器官血流量不因灌流压下降而减少。从而使器官血流量能因此保持相对稳定。这种肌源性的自身调节现象,在肾血管表现特别明显,也可见于脑、心、肝、肠系膜和骨骼肌的血管。

(二)代谢性产物自身调节学说

组织细胞代谢需要消耗氧,并产生各种代谢产物,如 CO_2、H^+、ATP、腺苷、K^+ 等。代谢性产物自身调节学说认为,器官血流量的自身调节主要取决于局部代谢产物的浓度。当组织代谢活动增强时,代谢产物 CO_2、H^+、ATP、腺苷、K^+ 等在组织中的浓度升高,可使局部血管扩张、毛细血管前括约肌舒张,器官血流量增多,将代谢产物运走。于是局部代谢产物浓度下降,导致血管收缩,血流量恢复到原有水平,使血流量与代谢活动水平相适应。

四、动脉血压的长期调节

动物机体在短时间内可以通过神经调节机制将动脉血压变化控制在正常范围内。而当血压在较长时间内(数小时、数天、数月或更长)发生变化时,神经反射的效应常不足以将血压调节到正常水平。在动脉血压的长期调节中起重要作用的是肾脏。肾脏是通过对体内细胞外液量的调节而对动脉血压起调节作用,这一机制称为肾-体液控制系统(renal-body fluid mechanism)。此系统的活动过程如下:当体内细胞外液量增多时,血量增多,血量和循环系统容量之间的相对关系发生改变,使动脉血压升高;而当动脉血压升高时,能直接导致肾排水和排钠增加,将过多的体液排出体外,从而使血压恢复到正常水平。体内细胞外液量减少时,发生相反的过程,即肾排水和排钠减少,使体液量和动脉血压恢复。

肾-体液控制系统的活动也可受体内若干因素的影响,其中较重要的是血管升压素和肾素-血管紧张素-醛固酮系统。前已述,血管升压素在调节体内细胞外液量中起重要作用,使肾集合管增加对水的重吸收,导致细胞外液量增加。当血量增加时,血管升压素减少,使肾排水增加。血管紧张素Ⅱ除引起血管收缩,血压升高外,还能促使肾上腺皮质分泌醛固酮。醛固酮能使肾小管对 Na^+ 的重吸收增加,并分泌 K^+ 和 H^+,在重吸收 Na^+ 时也吸收水,故细胞外液量和体内的 Na^+ 量增加,血压升高。

第五节　器官循环

二维码 3-6　器官循环

机体各器官的血流量既取决于主动脉压和中心静脉压之间的压力差,又取决于该器官阻力血管的收缩和舒张状况。由于各器官的结构和功能不同,器官内部的血管分布又各有差异。所以各器官血液循环的调节除遵循一般规律外,还有各自的特点。在机体内比较重要的器官循环包括冠脉循环、肺循环和脑循环(二维码 3-6)。

(林树梅)

复习思考题

1. 与神经细胞和骨骼肌细胞相比,心肌细胞的生物电现象和生理性质有何特点?
2. 哪些因素能影响动脉血压? 动脉血压是如何调节的?
3. 动脉血压突然升高时,引起其回降的机理是什么?
4. 试述微循环各条通路的组成及其生理意义。
5. 组织液生成与回流,淋巴液回流有何生理意义?

第四章　呼吸生理

呼吸是动物进行新陈代谢的重要组成部分；通过呼吸，动物获得物质氧化分解过程中所需要的 O_2，同时排出体内过多的 CO_2。呼吸一旦停止，新陈代谢就将结束，生命也就终结。自然界中，无论是低等生物，还是高等生物，都可以通过不同的途径和方式完成呼吸。本章主要介绍有着发达呼吸器官的家畜是怎样实现呼吸作用的。

通过本章学习，应主要了解和掌握以下知识点。

● 熟悉呼吸系统中各器官的功能，外界气体进出体内的过程，在肺与组织内气体交换的原理和过程，影响 O_2 和 CO_2 在血液中运输的因素，呼吸节律的形成。

● 掌握胸腔膜内负压的形成及其生理意义，呼吸运动的类型，衡量肺功能大小的指标，气体在血液中的运输形式，呼吸功能的神经调节和体液调节。

● 理解氧合解离曲线的生理学意义，血液 $p\mathrm{O}_2/p\mathrm{CO}_2/[\mathrm{H}^+]$ 对呼吸运动的调节机制，动物为适应内外环境而进行的适应性呼吸调节。

● 了解改善呼吸环境，提高呼吸功能对畜禽生产的意义。

第一节　概　　述

一、呼吸的概念

机体与外界环境之间进行气体交换的过程称为呼吸（respiration）。呼吸是生命的基本特征，通过呼吸，机体从外界环境摄取新陈代谢所需要的 O_2 和排出所产生的 CO_2 及其他（易挥发的）代谢产物，使生命活动得以维持和延续，呼吸一旦停止，生命也将结束。

哺乳动物主要依靠肺来完成呼吸，通过呼吸道与外界相通，通过血液与组织细胞相连，形成相对完善的呼吸系统。此外，家禽还有气囊，能提高对气体的贮存功能。在集约化生产环境下，呼吸对畜禽生产非常关键，怎样预防和控制由呼吸功能障碍引起的疾病是畜牧兽医工作中的重要内容。

二、哺乳动物呼吸的过程

哺乳动物呼吸过程是由 3 个互相衔接并同时进行的环节组成，包括外呼吸、内呼吸和气体运输（图 4-1）。

1.外呼吸

外呼吸(external respiration)也称肺呼吸,是指肺与外界环境的气体交换和肺与其中毛细血管之间的气体交换过程,前者称为肺通气,后者称为肺换气。

2.气体运输

气体运输(transport of gas)是指由循环血液将O_2从肺运输到组织以及将CO_2从组织运输到肺的过程。

3.内呼吸

内呼吸(internal respiration),也称组织换气,

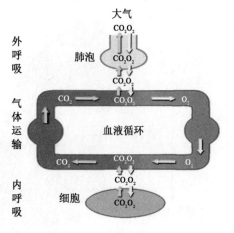

图 4-1　呼吸全过程示意图

是指机体细胞通过组织液与血液之间进行的气体交换过程。有时也将组织细胞内的氧化过程包括在内。

以上可以看出,呼吸过程不仅要靠呼吸系统来完成,还要靠血液循环系统的配合,这种协调配合以及与机体代谢水平的适应离不开神经和体液的调节。因此,呼吸功能的实现是机体多器官多系统紧密协调配合的结果,任何环节的紊乱都可能影响呼吸正常进行,故对本章的学习不仅有助于正确认识生命活动的复杂性和呼吸疾病的发生过程,也能在很大程度上体会生命体局部与整体间的统一性。

三、呼吸器官及其功能

实现肺通气的呼吸器官包括呼吸道、肺泡及胸廓。呼吸道是沟通肺泡与外界环境的通道;肺泡是肺泡气与血液进行气体交换的场所;而呼吸肌舒缩引起胸廓的节律性运动,则是产生通气的原动力。

(一)呼吸道

呼吸道是气体进出肺的通道。包括鼻腔、咽、喉、气管、支气管、细支气管和终末细支气管。临床上常将鼻腔、咽、喉等称为上呼吸道;支气管及其在肺内的分支称为下呼吸道,下呼吸道以下的呼吸性细支气管、肺泡管、肺泡囊和肺泡组成一个呼吸单位(图 4-2),是肺换气的部位。随着呼吸道的不断分支,其结构和功能均发生一系列的变化。气道数目越来越多,口径越来越小,总横断面积越来越大,管壁越来越薄,气流阻力逐渐递减。

1.呼吸道黏膜

哺乳动物呼吸道黏膜有丰富的毛细血管,并能够分泌黏液,对吸入的空气有加温、湿润作用。湿润的黏膜对吸入空气中的尘粒异物具有黏着作用,并通过黏膜上的纤毛摆动将异物移至咽喉部,被咳出或吞咽,保证了吸入空气的洁净。呼吸道黏膜上含有各种感受器,可以感受刺激性或有害气体、异物的刺激,并引起咳嗽、喷嚏等保护性反射。黏膜分泌物中还含有免疫球蛋白,防止感染和维持黏膜的完整性。

2.呼吸道平滑肌

呼吸道的气管及其分支直至细支气管,其管壁均含有平滑肌纤维,从气管至呼吸性细支气

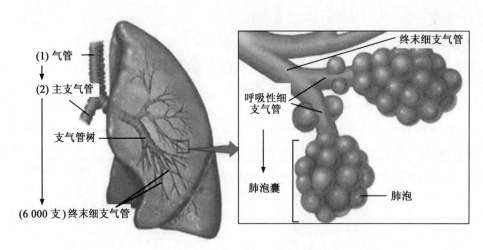

图 4-2　呼吸单位结构模式图

管之所以能主动收缩和舒张,就在于管壁平滑肌的作用。呼吸道平滑肌接受交感神经和副交感神经(迷走神经)的双重支配。迷走神经节后神经纤维释放的神经递质是乙酰胆碱,它与 M 型胆碱能受体结合,引起平滑肌收缩,增加呼吸道阻力。交感神经节后神经纤维释放的神经递质是去甲肾上腺素,它与 β_2 型肾上腺素能受体结合,引起平滑肌舒张,减少呼吸道阻力,但作用很小。异丙肾上腺素主要是 β_2 受体的激动剂,能使支气管的平滑肌明显舒张。

　　一些体液因子,如组胺、5-羟色胺(5-HT)和缓激肽等,可引起气道平滑肌的强烈收缩。此外,某些过敏原在支气管黏膜上发生抗原抗体反应,可产生过敏性慢反应物质(SRS-A),能引起平滑肌的强烈痉挛。支气管哮喘的发作与此有关。

(二)肺

　　肺是一对含有丰富弹性组织的气囊,由呼吸道和许多呼吸单位组成。呼吸性小支气管、肺泡管、肺泡囊和肺泡构成一个呼吸单位。呼吸单位中每个部分都能进行气体交换,其中以肺泡为主。

1.肺泡

　　肺泡是气体交换的主要场所,也是肺的功能单位。肺泡上皮中绝大部分是Ⅰ型细胞,又称扁平上皮细胞。尚有少量的Ⅱ型细胞(又称分泌上皮细胞)能合成和分泌磷脂类表面活性物质,覆盖在肺泡内液体表面。肺泡与肺泡之间的组织结构称为肺泡隔,隔内含有丰富的毛细血管网、弹力纤维和少量胶原纤维等,使肺有一定的弹性。

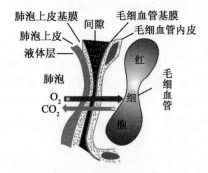

图 4-3　呼吸膜示意图

2.呼吸膜

　　肺泡与肺毛细血管之间的结构,称呼吸膜(respiratory membrane),由 6 层结构组成(图 4-3),即表面活性物质的液体层、肺泡上皮细胞层、肺泡上皮基膜、肺泡与毛细血管之间的间隙、毛细血管基膜层和毛细血管内皮细胞层。总厚度不到 1 μm,有的地方仅有 0.2 μm,呼吸膜不仅利于气体交换,而且对肺通气有重要的作用。

3.肺表面活性物质

由肺泡Ⅱ型细胞分泌的肺泡表面活性物质(pulmonary surfactant)主要成分是二棕榈酰卵磷脂(dipalmitoyl lecithin,DPL),形成单分子层分布在液-气界面上,并随肺泡的扩张和回缩而改变其分布密度。

肺泡表面活性物质具有重要的生理意义。首先,肺泡表面活性物质能够降低肺泡表面张力,维持肺泡容积相对稳定。在较小的肺泡中表面活性物质的密度大,其降低表面张力的作用强,使小肺泡内压力不致过高,防止小肺泡塌陷;大肺泡表面张力则因表面活性物质的稀疏而使表面张力有所增加,使肺泡不致过度膨胀,这样就保持了大小肺泡的稳定性,有利于吸入气在肺内较为均匀地分布。其次,肺表面活性物质能减弱表面张力对肺毛细血管中液体的吸引作用,防止组织液渗入肺泡,避免肺水肿发生。再次,表面活性物质能降低吸气阻力,保持肺的顺应性,减少吸气做功。

(三)呼吸肌

呼吸肌是指参与呼吸运动的肌肉组织,包括吸气肌和呼气肌。吸气肌主要有膈肌和肋间外肌,收缩时能够使胸廓扩大产生吸气动作。呼气肌主要有肋间内肌和腹肌,收缩时使胸廓缩小产生呼气动作。此外,还有一些肌肉如斜方肌、胸锁乳突肌和胸背部的肌肉等,在深呼吸时也参与呼吸运动。

第二节 肺 通 气

外界气体之所以能够进出肺,是因为肺的扩张和回缩引起肺内压呈周期性变化,造成肺内压与外界大气压之间的压力差。当肺扩张,肺内压低于大气压时,外界气体即经呼吸道进入肺,称为吸气(inspiration)。当肺回缩,肺泡内压高于大气压时,肺内气体经呼吸道排出体外,称呼气(expiration)。气体在流经呼吸道时,会遇到阻力,因此肺通气功能是由肺通气的动力克服肺通气阻力来实现的。

一、肺通气的动力

肺其本身不具有主动扩张的能力,它的扩张和回缩是由胸廓的扩大和缩小所引起的,而胸廓的扩大和缩小又是由呼吸肌的收缩和舒张所致。可见,大气与肺内之间的压力差是肺通气的直接动力,呼吸肌的舒缩活动所引起的呼吸运动,是肺通气的原动力。

(一)呼吸运动

呼吸肌的收缩与舒张引起胸廓节律性地扩大和缩小称为呼吸运动(respiratory movement),包括吸气运动(inspiratory movement)和呼气运动(expiratory movement)。

1.吸气运动

平静呼吸时吸气运动主要由膈肌和肋间外肌的相互配合收缩完成。吸气时膈肌收缩,膈向后移,膈肌的隆起中心向后退缩,使胸腔的前后径加大(图4-4A)。由于胸廓呈圆锥形,其横截面积后部明显加大,因此膈稍稍后移,就可使胸腔容积大大增加,所以膈肌的舒缩在肺通气中起重要作用。肋间外肌收缩时,肋骨向前向外移动,同时胸骨向下、向前方移动,使胸腔的左右和背腹径加大,结果随胸腔扩大肺也被动扩张,使肺内压低于大气压,空气经呼吸道进入肺内,引起吸气。随着空气的进入,肺内压又逐渐上升,当升至与大气压相等时,吸气停止。

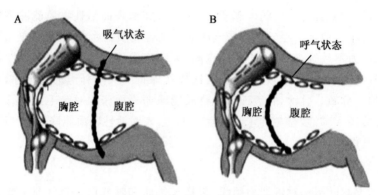

图 4-4　动物吸气(A)和呼气(B)过程中胸廓变化示意图

2. 呼气运动

平静呼吸时,呼气是被动的。当吸气运动停止后,肋间外肌和膈肌舒张,于是,膈被腹腔脏器压回原位,肋骨依靠软骨端和韧带的弹性恢复原位,引起呼气运动(图 4-4B)。结果胸腔前后、背腹及左右径等都缩小,肺也随之回缩,肺内压上升高于大气压,肺内气体被呼出体外。随着气体的排出,肺内压又逐渐下降,当降至与大气压相等时,呼气停止。当机体活动加剧,吸入气中 CO_2 的含量增高或 O_2 含量减少时,呼气肌(肋间内肌、腹肌,以及呼气上锯肌、腰肋肌和胸腰肌等辅助呼气肌)主动收缩,推动膈前移使胸廓进一步缩小,呼吸加深、加快,呈深呼吸或用力呼吸。这时呼气运动是主动的。在某些病理情况下,即使用力呼吸仍不能满足机体需要,出现鼻翼扇动等现象,称为呼吸困难(dyspnea)。

(二)呼吸类型、呼吸频率和呼吸音

1. 呼吸类型

根据引起呼吸运动的主要肌群的不同,可将呼吸分为胸式呼吸、腹式呼吸和胸腹式呼吸。呼吸运动中由肋间肌舒缩而引起胸部起伏明显的呼吸运动方式称为胸式呼吸(thoracic breathing);由膈肌舒缩而引起腹壁起伏明显的呼吸运动方式称为腹式呼吸(abdominal breathing);由膈肌和肋间肌共同舒缩而引起胸部和腹部均起伏明显的呼吸运动称为胸腹式呼吸(thoracic and abdominal breathing)。正常情况下,动物大多呈胸腹式呼吸,只有在胸部或腹部活动受限时才能出现某种单一的呼吸方式。如患胸膜炎或肋骨骨折疾病时,胸廓运动受限,常呈腹式呼吸;母畜妊娠或腹腔有巨大肿块、腹水时,因膈肌运动受阻,则以胸式呼吸为主。临床上常以呼吸类型的改变作为诊断动物疾病的特征。

2. 呼吸频率

动物每分钟呼吸的次数称为呼吸频率。呼吸频率的多少与动物种类、年龄、性别、外界温

度、海拔高度、代谢强度以及健康状况等有关。如幼小动物呼吸频率较成年动物高,患病动物如肺水肿、肺炎等高于健康动物。一些常见动物的呼吸频率见表4-1。

表 4-1　部分哺乳动物的正常平静呼吸频率　　　　　　　　　　　　　　　　次/min

动物	呼吸频率	动物	呼吸频率
马	10～14	犬	10～30
绵羊	10～20	骆驼	5～12
山羊	10～16	大鼠	66～114
兔	50～60	小鼠	84～230
猪	18～30	豚鼠	69～104
鹿	15～25	猫	10～25
牛	10～30	猕猴	42～49

3.呼吸音

呼吸运动时气体通过呼吸道出入肺泡时,因摩擦产生的声音叫作呼吸音,常于胸廓的表面或颈部气管附近听取。当这些部位有病变,呼吸音会发生相应变化。当空气通过含有分泌物的气管,或通过因痉挛或肿胀而狭窄的支气管时,在呼吸音的基础上,可听到附加的呼吸杂音,即啰音。如喉头出现水肿或异物时,声带附近阻塞,吸气时产生一种似蝉鸣样音响(蝉鸣音);气管或支气管内有较多的分泌物时出现粗大的鼾声音(呼噜音)。兽医临床工作中,常对喉音、气管音和肺泡音进行听诊检查。

(三)肺内压

肺内压(intrapulmonary pressure)指肺泡内的压力。在呼吸暂停、呼吸道畅通时,肺内压与大气压相等。吸气初,由于肺容积增大,使肺内压力暂时低于大气压,空气在压力差的推动下进入肺泡,至肺泡内压力和大气压相等时,气流停止,吸气也就停止。相反,在呼气初,肺容积减小,肺内压力暂时高于大气压,肺内气体流出肺,至呼气末,肺内压又降至和大气压相等。呼吸过程中肺内压的变化视呼吸缓急、深浅和呼吸道是否通畅而定。平静呼吸时,呼吸道畅通,肺内压变化较小,吸气时,肺内压较大气压低 0.13～0.26 kPa(1～2 mmHg),呼气时肺内压较大气压高 0.13～0.26 kPa。剧烈呼吸时,则肺内压变化增大。

(四)胸膜腔和胸膜腔内压

呼吸运动过程中,肺之所以随胸廓的运动而运动,是因为在肺和胸廓之间存在一密闭的潜在的胸膜腔(pleural cavity)。胸膜有 2 层,它的脏层紧贴于肺表面,壁层紧贴于胸廓内壁。胸膜腔并不是一个空腔,内有少量浆液。这一薄层浆液有两方面的作用,一是起润滑作用,在呼吸运动过程中,两层胸膜可以互相滑动,以减少摩擦。二是由于浆液分子的内聚力使两层胸膜贴附在一起不易分开,所以胸廓扩张时,肺就可以随胸廓的运动而运动。因此,胸膜腔的密闭性和两层胸膜间浆液部分的内聚力有重要的生理意义。如果胸膜破裂与大气相通,空气将立即进入胸膜腔,形成气胸(pneumothorax),两层胸膜彼此分开,肺将因其本身的回缩力而塌陷。这时,尽管呼吸运动仍在进行,肺已失去随胸廓运动而运动的能力,肺通气无法进行,必须紧急处理,否则危及生命。

胸膜腔内压(intrapleural pressure)指胸膜腔内的压力。胸膜腔内压可用两种方法进行测定:一种是直接法,将与检压计相连接的注射针头斜刺入胸膜腔内,检压计的液面即可直接指示胸膜腔内的压力值(图 4-5)。直接法的缺点是有刺破胸膜脏层和肺的危险。另一种是间接法,由测量呼吸过程中食管内压变化来间接指示胸膜腔内压的变化。由于胸膜腔内压通常低于大气压,因此习惯上称为胸膜腔负压,简称胸内负压。胸膜腔负压值不是小于 0 的绝对值,而是相对于大气压而言,即比正常大气压低的数值。

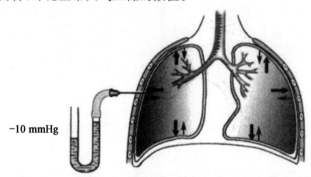

−10 mmHg

图 4-5　直接法检测胸膜腔内压

胸内负压是怎样形成的呢？胸膜壁层的表面由于受到坚固的胸腔和肌肉的保护,作用于胸壁上的大气压影响不到胸膜腔。而胸膜脏层却受外界两种相反力量的影响:一是肺内压,通常在吸气末或呼气末与大气压相等,使肺泡扩张,并通过肺泡壁的传递作用于胸膜脏层;二是肺的回缩力,肺为一弹性组织,且始终处于一定的扩张状态,具有弹性回缩力,它与表面张力共同构成肺的回缩力,使肺泡缩小。这种力量的作用方向与肺内压相反,抵消了一部分大气压。因此,作用于胸膜脏层的力即为:

胸膜腔内压＝肺内压(大气压)−肺回缩力

可见,无论吸气还是呼气,肺回缩力始终存在,胸膜腔内压就总是低于大气压。如果把大气压值视为生理"0"线,则:

胸膜腔内压＝−肺回缩力

所以,胸膜腔负压是由肺的回缩力形成的。在一定限度内,肺越是扩张,肺的回缩力就越大,胸膜腔负压的绝对值也越大。吸气时,肺扩张,肺的回缩力增大,胸膜腔负压增大;呼气时则相反,负压减小。如马在平静呼吸时,吸气末的胸内负压约为−2.13 kPa(−16mm Hg),呼气末的胸内负压约为−0.80 kPa(−6 mmHg);兔在平静吸气末的胸内负压约为−0.60 kPa(−4.5 mmHg),平静呼气末的胸内压约为−0.33 kPa(−2.5 mmHg)。

胸膜腔负压对动物具有重要生理学意义。首先,在胸膜腔负压的牵拉作用下,肺处于持续的扩张状态而不萎缩,并使肺能随胸廓的扩大而扩张。其次,胸膜腔负压还导致胸膜腔内血管内、外压力差加大,有利于静脉血液和淋巴液的回流。最后,胸膜腔负压也减弱食管内压力,利于呕吐反射的形成和反刍动物的反刍现象发生。胸膜腔的密闭性是胸膜腔负压形成的前提,如果密闭性受到破坏,如胸壁贯通伤、膈肌破损、肺损伤累及胸膜脏层,气体进入导致胸膜腔负压减小或消失,出现肺不张,导致呼吸困难,甚至死亡。

二、肺通气的阻力

肺通气的动力需要克服肺通气的阻力方能实现肺通气。肺通气的阻力有两种：弹性阻力（包括肺和胸部的弹性阻力，约占总阻力的70％）和非弹性阻力（包括气道阻力，惯性阻力和组织的黏滞阻力，约占总阻力的30％）。

（一）肺的弹性阻力和顺应性

弹性组织在外力作用下变形时，产生对抗变形和弹性回位的作用，称为弹性阻力（elastic resistance）。肺的弹性阻力来自肺组织本身的弹性回缩力和肺泡液-气界面的表面张力产生的回缩力，这两者成为肺扩张的弹性阻力。

从细支气管到肺泡，管壁固有膜上都有纵行排列的弹性纤维和胶原纤维，因此肺有弹性。正常时这些纤维始终处于被牵拉状态，从而使肺有进一步缩小的趋势，即使在深呼气末，肺容积很小时，回缩力仍然不会消失。当肺扩张时，由牵拉所产生的弹性回缩力，其方向总是与肺扩张方向相反，成为吸气的阻力。肺扩张越大，所引起的牵拉程度也越大，回缩力也越大，弹性阻力越大，反之则小。分布于肺泡内侧表面的液体层，由于液体分子间的相互吸引，在液-气界面产生表面张力，作用于肺泡壁，驱使肺泡回缩。两者均使肺有回缩倾向，故构成肺扩张的弹性阻力。

用同等大小的外力作用时，弹性阻力大者，变形程度小；弹性阻力小者，变形程度大。一般用顺应性（compliance）来衡量弹性阻力。顺应性是指在外力作用下，弹性组织的可扩张性。容易扩张者，顺应性大，弹性阻力小；不易扩张者，顺应性小，弹性阻力大。可见顺应性（C）与弹性阻力（R）成反比关系：$C=1/R$，顺应性的大小用单位压力变化（ΔP）所引起的容积变化（ΔV）来表示，单位是 $L/cm\ H_2O$，即：

$$顺应性(C) = \Delta V/\Delta P (L/cm\ H_2O\ 或\ mL/cm\ H_2O)$$

式中，ΔV 为容量变化；ΔP 为压力变化。

肺的弹性阻力用肺的顺应性表示，其中 ΔV 为肺容积的变化，ΔP 为跨肺压的变化，即是指肺内压与胸内压之差的变化。各种家畜在静态下的肺顺应性（$mL/cm\ H_2O$）为：犬14，猫4～10，猪57，山羊105～107，绵羊70～175。

肺表面张力是构成肺弹性阻力的重要组成部分，约占肺弹性阻力的2/3。根据 Laplace 定律，肺泡内压力与肺表面张力和肺泡半径的关系为：

$$P = 2T/R$$

式中，P 是肺泡内的压力，T 是肺泡表面张力，R 是肺泡半径。

如果大、小肺泡的表面张力相等，则肺泡内压力与肺泡半径成反比。小肺泡内的压力就会超过大肺泡，肺泡越小，肺泡中的压力越大；相反，大的肺泡内的压力小，如图4-6所示。如果这些肺泡彼此连通，结果小肺泡内的气体将流

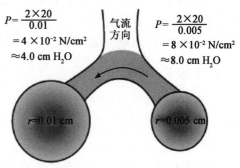

$$P = \frac{2 \times 20}{0.01} = 4 \times 10^{-2}\ N/cm^2 \approx 4.0\ cm\ H_2O$$

$$P = \frac{2 \times 20}{0.005} = 8 \times 10^{-2}\ N/cm^2 \approx 8.0\ cm\ H_2O$$

气流方向

r=0.01 cm　　r=0.005 cm

图 4-6　相连通的大小不同的液泡内压及气流方向示意图

入大肺泡,小肺泡越来越小,最后塌陷,大肺泡越来越大,肺泡将失去稳定性;此外,吸气时肺泡区域膨胀,呼气时趋于萎缩,但实际情况并非如此,这是因为肺泡表面存在着大量表面活性物质,可以降低肺的表面张力,而使大小肺泡内压力大小相同,肺泡趋于稳定。

(二)胸廓的弹性阻力和顺应性

胸廓的弹性阻力来自胸廓的弹性回缩力。但此阻力并非一直存在,当胸廓处在自然位置时(肺容量约为肺总量的 69%),胸廓的弹性组织既未受到牵张,也未受到挤压,所以并不表现弹性回缩力。当肺容量等于肺总容量的 67% 时(平静呼气末),胸廓比自然状态小,胸廓弹性组织因受到挤压而向外弹开,这时胸廓向外弹开的力量与肺的回缩力方向相反而力量相等,相互抵消。因此,在平静呼气水平时,呼吸肌处于松弛状态。当肺容量小于肺总量的 67% 时(深呼气),胸廓的弹性回缩阻力向外,是吸气的动力,当胸廓向外扩张到超过其自然位置时(深吸气),不但肺的回缩力增大,而且胸廓的弹性回缩力向内,两者作用方向相同,成为吸气的阻力,呼气的动力。这种压力与肺容量之间的关系变化曲线,称为压力-容量曲线。它表明:肺充盈的容量越大,胸廓和肺对抗肺扩张的阻力越大,用于克服阻力所需的肌肉收缩力也相应增大。

胸廓的顺应性与肺顺应性表示相同,其中 ΔV 为胸腔容积的变化,ΔP 为跨胸壁压的变化,为胸膜腔内压与胸壁外大气压之差。胸廓的顺应性大致与肺顺应性相等。胸廓的顺应性可因过肥、胸廓畸形、胸膜增厚和腹腔内占位性病变等原因而降低。

(三)非弹性阻力

非弹性阻力包括惯性阻力、黏滞阻力和气道阻力。惯性阻力是气流在发动、变速、换向时因气流和组织的惯性所产生的阻止肺通气运动的因素。平静呼吸时,呼吸频率低、气流流速慢,惯性阻力小,可忽略不计。黏滞阻力来自呼吸时组织相对位移所发生的摩擦,气道阻力(airway resistance)来自气体流经呼吸道时气体分子与气道壁之间的摩擦,是非弹性阻力的主要组成部分,占 80%~90%。气道阻力受气流速度、气流形式和管径大小的影响。大气道(气道直径>2 mm)特别是支气管以上的气道由于总截面积小,气流速快,阻力大,且弯曲,容易形成湍流,是产生气道阻力的主要部位。

三、肺通气功能的评价

肺通气是呼吸的一个重要环节。对肺通气功能的测定,不仅可以明确是否存在通气功能障碍,还可以鉴定肺功能障碍的类型。在临床实践中,衡量肺通气功能大小通常用到以下概念。

(一)肺容量和肺总量

1. 肺容量

肺内容纳的气体总量称为肺容量(pulmonary capacity)。在呼吸运动过程中,肺容量随着胸腔空间的增减而改变。吸气时增大,呼气时减小(图 4-7)。

2. 潮气量

平静呼吸时每次吸入或呼出的气体量为潮气量(tidal volume,TV)。马约为 6 L;奶牛躺卧时 3.1 L,站立时 3.8 L;山羊 0.3 L;绵羊 0.26 L;猪 0.3~0.5 L。使役或运动时,潮气量增多。潮气量的大小决定于呼吸肌收缩的强度、胸廓和肺的机械特性以及机体的代谢水平。

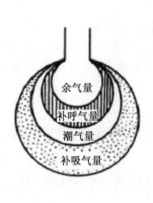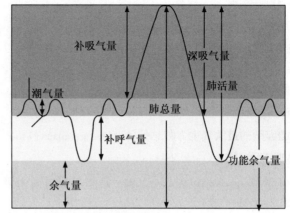

图 4-7　肺容量和肺总量示意图

3. 补吸气量

平静吸气末,再尽力吸气,所能吸入的气体量为补吸气量或吸气贮备量(inspiratory reserve volume,IRV)。马约为 12 L。潮气量与补吸气量之和称深吸气量(inspiratory capacity, IC),是衡量动物最大通气潜力的一个重要指示。胸廓、胸膜、肺组织和呼吸肌等的病变,可使深吸气量减少而降低最大通气潜力。

4. 补呼气量

平静呼气末,再尽力呼气所能呼出的气体量为补呼气量或呼气贮备量(expiratory reserve volume,ERV)。马的补呼气量约为 12 L。

5. 余气量

最大呼气末,尚存留于肺中不能呼出的气体量为余气量或残气量(residual volume,RV)。

6. 功能余气量

平静呼气末,尚存留于肺内的气体量为功能余气量(functional residual capacity,FRC),是余气量和补呼气量之和。功能余气量的生理意义是缓冲呼吸过程中肺泡气 O_2 和 CO_2 分压(pO_2 和 pCO_2)的过渡变化。由于功能余气量的稀释作用,吸气时,肺内 pO_2 不致突然升得太高,或使 pCO_2 降得太低;呼气时,肺内 pO_2 则不会降得太低,pCO_2 不致升得太高。这样,肺泡气和动脉血液的 pO_2 和 pCO_2 就不会随呼吸而发生大幅度的波动,以利于气体交换。另外,功能余气量能影响平静呼气基线的位置,也反映胸廓与肺组织弹性的平衡关系。如肺气肿时,肺弹性回缩力降低,机能余气量增加,平静呼气基线上移,肺纤维化,机能余气量减少,平静呼气基线下移。

7. 肺活量

最大吸气后,再尽力呼气,从肺内所能呼出的最大气体量称为肺活量(vital capacity,VC),是潮气量、补吸气量和补呼气量之和。肺活量反映了一次通气的最大能力,在一定程度上可作为肺通气功能的指标。但由于测定肺活量时不限制呼气的时间,所以不能充分反映肺组织的弹性状态和气道的通畅程度,即通气功能的好坏。

8.用力呼气量

用力呼气量（forced expiratory volume，FEV）也称时间肺活量（timed vital capacity，TVC），是测定在一定时间内所能呼出的气体量。即指尽力最大吸气之后，尽力尽快呼气，计算第1、2、3秒末呼出气量占肺活量的百分比，这是一个动态指标，它不仅能反映肺活量的大小。而且还能反映呼吸阻力的变化。

9.肺总量

肺所能容纳的最大气量为肺总量（total lung capacity，TLC），是肺活量和余气量之和（图4-7）。

(二)肺通气量

肺通气量（lung ventilation volume）是指单位时间内吸入或呼出肺的气体总量，它分为每分通气量和肺泡通气量。

1.每分通气量

每分钟吸入肺内或从肺呼出的气体总量称每分肺通气量（minute ventilation volume）。它等于潮气量与呼吸频率的乘积。每分通气量受两个因素影响：一是呼吸的速度，即每分钟呼吸的频率；二是呼吸的深度，即每次呼吸时肺通气量的大小。在正常情况下，每分肺通气量的大小与动物的活动状态密切相关。动物活动增强时，呼吸频率和深度都增加，每分肺通气量相应增大。例如，安静时马每分通气量为35~45 L，负重时为150~200 L，挽拽时为300~450 L。尽力做深快呼吸时，肺每分钟能吸入或呼出的最大气体量称为肺最大通气量（lung maximal respiratory volume）。它反映单位时间内呼吸器官发挥最大潜力后，所能达到的通气量。是了解肺通气机能的良好指标。它既反映肺活量的大小，也反映胸廓和肺组织是否健全以及呼吸道通畅与否等情况。健康动物的肺最大通气量可比平静呼吸时每分通气量大10倍。

每分最大通气量与每分通气量之差可表明通气量的贮备力量，常表示如下。

$$肺通气贮备 = \frac{每分最大通气量 - 每分通气量}{每分最大通气量} \times 100\%$$

通气贮备量是反映机体呼吸机能的良好指标，可判断通气贮备能力。

2.肺泡通气量

在呼吸过程中，每次吸入的新鲜空气并不全部进入肺泡，其中一部分停留在从鼻腔到终末细支气管这一段呼吸道内，不能与血液进行气体交换，是无效的，故把这一段呼吸道称为解剖无效腔（anatomical dead space）。进入肺泡内的气体，也可能由于血液在肺内分布不均而未能与血液进行气体交换，这部分肺泡容量称肺泡无效腔（alveolar dead space）。解剖无效腔和肺泡无效腔合称生理无效腔（physiological dead space）。由于无效腔的存在，每次吸入的新鲜空气，一部分停留在无效腔内，另一部分进入肺泡。由此可见，肺泡通气量（alveolar ventilation）才是真正有效的通气量。肺泡通气量应为每分钟吸入肺并能与血液进行气体交换的新鲜空气量，也称有效通气量，健康的动物肺泡无效腔接近于0。因此可粗略地按下式计算。

$$每分肺泡通气量 = (潮气量 - 解剖无效腔气量) \times 呼吸频率$$

(三)呼吸功

呼吸功（work for breathing）是指在呼吸过程中，呼吸肌为克服弹性阻力和非弹性阻力而实现肺通气所做的功。以单位时间内压力变化乘以容积变化表示，单位是kg·m。正常情况下呼吸功不大,其中大部分用来克服弹性阻力,小部分用来克服非弹性阻力。运动时,呼吸频率、深度增加,呼气也有主动成分的参与,呼吸功增加。病理情况下,弹性和非弹性阻力增大时,也可使呼吸功增大。

第三节 气体交换

气体交换主要是通过气体扩散运动实现的,不同组织之间的气体压力差是实现气体交换的必要条件;而呼吸器官的不断通气,保持了呼吸器官中 O_2、CO_2 的相对稳定,这是气体交换顺利进行的前提。

一、气体交换原理

(一)气体分压

气体分压是指混合气体中,某种气体所产生的压力。在温度一定的条件下,某种气体的分压只决定于它在混合气体中的浓度,即该气体在混合气体中所占容积百分比,不受其他气体分压的影响。混合气体的总压力等于各气体分压之和。当大气压已知情况下,根据这些气体在空气中的容积百分比可计算出各种气体的分压。

呼吸气体的交换还涉及气体在体液中的溶解度。某一气体溶解于某种溶液中的量,与这一气体的分压成正比。当气体一定的情况下,它在液体中的溶解度决定于不同气体和液体的理化性质。气体在液体的溶解度一般以标准气压下(101.22 kPa),38 ℃时 100 mL 液体中溶解气体的毫升数来表示。动物体液中的气体主要包括 CO_2、O_2 和氮气。在这些气体中,CO_2 的溶解度最高,大约是 O_2 的 22 倍。氮气的溶解度最低,大约是 O_2 溶解度的 1/2。

(二)气体交换原理

根据物理学原理,各种气体无论是处于气体状态,还是溶解于液体之中,当各处气体分子压力不等时,通过分子运动,气体分子总是从压力高处向压力低处移动,直至各处压力相等,这一过程称为扩散。机体组织中 O_2 分压在肺泡中最高,在组织细胞(液)最低,在血液里居中,因而 O_2 可由肺泡进入血液,由血液再进入组织细胞(液)而 CO_2 则正好相反,形成二者的定向扩散。检测肺泡、组织细胞和血液中 CO_2 和 O_2 的气体分压列于表 4-2。

表 4-2 大气、肺泡气、血液及组织液中各气体分压　　　　mmHg

项目	pO_2	pCO_2	pN_2	H_2O
大气	159	0.3	597	3.7
肺泡气	102	40	569	47
动脉血	100	40	573	47
静脉血	40	46	573	47
组织液	30	50	573	47

气体扩散的动力源于两处的压力差,压力差越大,单位时间内气体分子的扩散速率也越大;气体扩散的速率也与气体溶解度成正比,与分子质量平方根成反比。由于 CO_2 在血浆中的溶解度约为 O_2 的 22 倍,CO_2 与 O_2 的分子质量平方根之比为 1.17:1,而肺泡与血液间 pO_2 的分压差为 pCO_2 的 10 倍,综合考虑三方面因素,CO_2 的扩散速率约为 O_2 的 2 倍。也就是说血液中 CO_2 要比 O_2 更易扩散,这不仅利于血液中 CO_2 和 O_2 的交换,也有利于两种气体在血液中的运输,详见本章第四节。

二、气体交换过程

在机体内,气体交换时刻都在进行,下面以在肺内和组织器官为例(图 4-8)说明气体交换的过程。

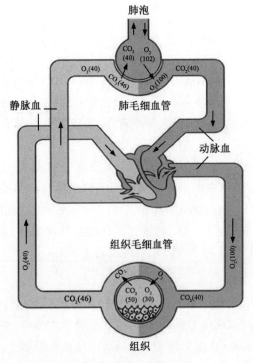

图 4-8　气体交换示意图

(一)肺内气体交换过程

肺泡壁和肺毛细血管之间的距离很短,允许气体分子自由通过。单个肺泡的表面积虽然很小,但肺内有许多肺泡,所以表面积很大,为气体交换提供了非常大的交换场所。在呼吸过程中,吸入气的 pO_2 为 21.18 kPa(159 mmHg),当其与呼吸道和功能余气混合后,使肺泡气中的 pO_2 变为 13.58 kPa(102 mmHg),而混合静脉血液流经肺毛细血管时,血液 pO_2 为 5.33 kPa(40 mmHg)。CO_2 则向相反的方向扩散,从血液到肺泡。O_2 和 CO_2 的扩散都极为迅速,仅需约 0.3 s 即可达到平衡。通常情况下血液流经肺毛细血管的时间约 0.7 s,所以当血液流经肺毛细血管全长的 1/3 时,已经基本上完成交换过程(图 4-8)。通过肺换气,血液中 O_2 不断地从肺泡中得到补充,并经肺泡将 CO_2 排出,使含 CO_2 多而含 O_2 少的静脉血,变成含 O_2 多而含 CO_2 少的动脉血。

在大气、肺泡气、血液和组织之间,存在着 O_2 的分压梯度,同时存在着与其相反方向的 CO_2 分压梯度(表 4-2)。

(二)组织内气体交换过程

在组织处,由于细胞的新陈代谢,不断地消耗 O_2 产生 CO_2,所以组织中 pO_2 可低至 3.99 kPa(30 mmHg)以下,pCO_2 可高达 6.66 kPa(50 mmHg)以上。而动脉血中 pO_2 为 13.32 kPa(100 mmHg),pCO_2 为 5.33 kPa(40 mmHg),O_2 便顺着分压差由血液向细胞扩散,CO_2 则由细胞向血液扩散。组织细胞与血液间的气体交换,使组织不断地从血液中获得 O_2,供代谢需要,同时把代谢产生的 CO_2 由血液运送到肺而呼出。动脉血因失去 O_2 和得到 CO_2 而变成静脉血。

(三)影响气体交换的因素

影响肺气体交换的因素与影响组织气体交换的因素相似,下面以肺气体交换的因素为例讲述。

1.气体性质

前已述及,综合考虑气体的分压差、溶解度和分子量三方面因素,CO_2 在血液中的扩散速率约为 O_2 的 2 倍。所以在气体交换不足时,通常缺 O_2 显著,而 CO_2 的潴留不明显。

2.呼吸膜的面积和通透性

单位时间内气体的扩散量与扩散面积及膜的通透性呈正相关。在肺部,肺泡气通过呼吸膜与血液气体进行交换。气体扩散速率与呼吸膜厚度成反比关系。虽然呼吸膜有六层结构,但却很薄,气体易于扩散通过。此外,因为呼吸膜的面积极大,肺毛细血管总血量不多,只 $60\sim140$ mL,这样少的血液分布于这样大的面积,所以血液层很薄。肺毛细血管平均直径不足 $8~\mu m$,因此,红细胞膜通常能接触到毛细血管壁,所以 O_2、CO_2 不必经过大量的血浆层就可到达红细胞或进入肺泡,扩散距离短,交换速度快。在病理情况下,如患肺炎时使呼吸膜增厚,通透性降低;患肺气肿时,由于肺泡融合使扩散面积减小,均使气体交换出现障碍,会造成不同程度上的呼吸困难。

3.呼吸器官(肺)血流量与通气/血流比值

每分钟呼吸器官通气量(V_A)和每分钟血流量(Q)之间的比值为通气/血流比值(ventilation/perfusion ratio)。只有适宜的 V_A/Q 才能实现最佳的气体交换。呼吸系统使肺泡气得以不断更新,提供 O_2,排出 CO_2;肺循环系统提供相应的血流量,及时运走摄取的 O_2,运来机体产生的 CO_2。如果 V_A/Q 比值增大,这就意味着通气过剩,血流不足,部分肺泡气未能与血液气充分交换,致使肺泡无效腔增大。如心力衰竭时,肺循环血量减少,虽然气体交换正常,但交换的总量下降了。反之,V_A/Q 下降,则意味着通气不足,血流过剩,部分血液流经肺部通气不良,混合静脉血中的气体未得到充分更新,未能成为动脉血就流回了心脏,犹如发生了动-静脉短路。由此可见,V_A/Q 增大,肺泡无效腔增加;V_A/Q 减小,发生功能性动-静脉短路,两者都妨碍了有效的气体交换,可导致血液缺 O_2 或 CO_2 潴留,但主要是血液缺 O_2。其原因为:动、静脉血液之间 pO_2 差远远大于 pCO_2 差,所以动-静脉短路时,动脉血 pO_2 下降的程度大于 pCO_2 升高的程度;CO_2 的扩散系数是 O_2 的 20 倍,所以 CO_2 的扩散比 O_2 快,不易潴留;动脉血 pO_2 下降和 pCO_2 升高,可以刺激呼吸,增加肺泡通气量,有助于 CO_2 的排出,却几乎无助于 O_2 摄取,这是由 O_2 解离曲线和 CO_2 解离曲线的特点所决定的,详见本章第四节。

机体活动增加时,O_2 耗量和 CO_2 产生量都增加,这时不仅要加大肺泡通气量,还要相应增加肺血流量,只有维持通气/血流的正常比值,才能满足机体供 O_2 和排出 CO_2 的需要。

第四节　气体在血液中的运输

机体要实现在肺和组织器官内的 O_2 和 CO_2 交换,必须通过对二者的运输。气体在血液中的运输都以物理溶解的状态和化学结合的状态两种形式进行。血液物理溶解的 O_2 和 CO_2

量虽少,但却很重要。一方面物理溶解的形式不仅是化学结合形式的中间阶段,也是最终实现气体交换的必经阶段:进入血液的气体首先溶解于血浆,提高其分压,然后才进一步成为化学结合状态;气体从血液释放出来,也是物理溶解的先出来,减少分压,化学结合的再分离形成物理溶解的状态。溶解的气体和化学结合的气体两者之间处于动态平衡。

一、氧气在血液中的运输形式及其影响因素

(一)氧气运输的形式

1. 物理溶解形式

气体在溶液中溶解的量与其分压和溶解度成正比,与温度成反比。机体正常体温(约为38 ℃)条件下,动脉血 pO_2 为 13.32 kPa,其物理溶解的 O_2 仅为 0.3 mL/100 mL 血液,约占血液运输总量的 1.5%。

2. 化学结合形式

溶解的 O_2 进入红细胞,与血红蛋白(hemoglobin,Hb)结合,以氧合血红蛋白(oxyhemoglbin,HbO_2)的形式存在于红细胞内。约占血液运输总量的 98.5%。

(二)氧合血红蛋白形成和解离

血红蛋白(Hb)是红细胞内的色素蛋白,它的分子结构特征为运输 O_2 提供了很好的物质基础;Hb 还参与 CO_2 的运输,所以在血液气体运输方面 Hb 占有极为重要的地位。

一分子 Hb 由 1 个珠蛋白和 4 个分子血红素组成,如图 4-9 所示。每 1 个血红素分子又由 4 个中心含亚铁离子(Fe^{2+})的吡咯基组成。当 O_2 分子进入血液与红细胞 Hb 中的 Fe^{2+} 结合后,Fe^{2+} 化合价没有发生变化,没有发生化学变化,仅是一种疏松的结合,称为"氧合"反应。这种结合非常快速(<0.01 s),既容易结合也容易分离,无须酶的催化,主要受 pO_2 的影响。当血液流经肺毛细血管与肺泡交换气体后,血液 pO_2 较高,Hb 与氧结合,生成氧合血红蛋白(HbO_2),当 HbO_2 被运输到组织毛细血管时,组织耗氧,组织内 pO_2 低,HbO_2 便解离,释放出氧供组织代谢需要。其结合与解离的过程概括如下。

$$Hb + O_2 \underset{pO_2 \text{ 低的组织}}{\overset{pO_2 \text{ 高的肺部}}{\rightleftharpoons}} HbO_2$$

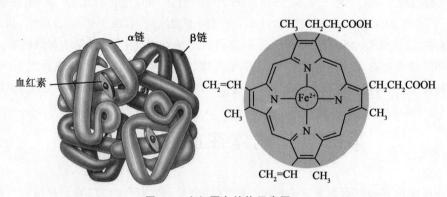

图 4-9　血红蛋白结构示意图

HbO_2 呈鲜红色,多存在于动脉血中,故动脉血多为鲜红色;Hb 呈暗红色,多存在于静脉血中,故静脉血多为暗红色。当皮肤或黏膜表层毛细血管中还原性血红蛋白含量增加到一定水平时,皮肤或黏膜会出现青紫色,称为紫绀,是缺氧的表现。

(三)氧合血红蛋白解离曲线及其影响因素

每 100 mL 血液中,Hb 所能结合 O_2 的最大量称为 Hb 氧容量(oxygen capacity),氧容量受 Hb 浓度的影响;而 Hb 实际结合的 O_2 量,称为 Hb 氧含量(oxygen content),其值可受 pO_2 的影响;Hb 氧含量占氧容量的百分比称为 Hb 氧饱和度(oxygen saturation)。如健康动物每 100 mL 血液中血红蛋白含量为 15 g,每克血红蛋白可结合 1.34 mLO_2,则氧容量为 $15×1.34 = 20.1$ mL。但在实际情况下,动脉血的氧饱和度为 97.4%,此时氧含量约为 19.4 mL;静脉血的饱和度约为 75%,氧含量约为 14.4 mL。即每 100 mL 动脉血转变为静脉血时,可释放出 5 mL 的氧气。

1. 氧合血红蛋白解离曲线

氧合血红蛋白解离曲线(oxygen dissociation curve),或称氧离曲线是表示血液中 Hb 氧结合量或 Hb 氧饱和度(oxyhemoglobin saturation)与 pO_2 关系的曲线(图 4-10)。该曲线表示不同 pO_2 时,O_2 与 Hb 的结合情况。

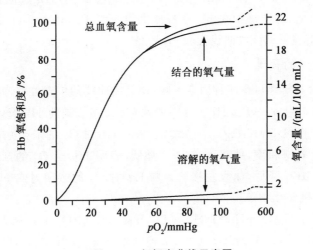

图 4-10　氧解离曲线示意图

Hb 与 O_2 的结合或解离曲线呈 S 形,与 Hb 的变构效应有关。现在认为 Hb 有两种构型,即去氧的紧密型(tense form,T 型)和氧合的疏松型(relaxed form,R 型)。当第一个 O_2 与 Hb 的 Fe^{2+} 结合后,盐键逐步断裂,Hb 分子逐步由 T 型变为 R 型,对 O_2 的亲和力逐步增加,R 型的 O_2 亲和力为 T 型的数百倍。也就是说,Hb 的 4 个亚单位无论在结合 O_2 或释放 O_2 时,彼此间有协同效应,即 1 个亚单位与 O_2 结合后,由于变构效应的结果,其他亚单位更易与 O_2 结合;反之,当 HbO_2 的 1 个亚单位释出 O_2 后,其他亚单位更易释放 O_2。因此,Hb 氧离曲线呈 S 形。

氧离曲线的"S"形有重要的生理意义。首先,氧离曲线的上段相当于 pO_2 为 7.98~13.3 kPa(60~100 mmHg),Hb 氧饱和度变化不大,氧离曲线坡度小。在这个范围内 pO_2 水平较高,可以认为是 Hb 与 O_2 的结合部分,表明 pO_2 的变化对 Hb 氧饱和度影响不大。例如,pO_2 为 13.32 kPa(100 mmHg)时,Hb 氧饱和度 97.4%,血 O_2 含量约为 19.4 mL,如将吸入气 pO_2 提高到 19.98 kPa(150 mmHg),Hb 氧饱和度为 100%,只增加了 2.6%,这就解释了为何肺通气/血流比值不匹配时,肺泡通气量的增加几乎无助于 O_2 的摄取;反之,如使 pO_2 下降到 9.32 kPa(70 mmHg),Hb 氧饱和度为 94%,也只降低了 3.4%。因此,即使吸入气或肺泡气 pO_2 有所下降,如在高原、高空或某些呼吸系统疾病时,但只要 pO_2 不低于 7.99 kPa(60 mmHg),Hb 氧饱和度仍能保持在 90% 以上,血液仍可携带足够量的 O_2,不致发生明显的低氧血症。

其次,氧离曲线的中段,该段曲线较陡,相当于 pO_2 为 5.33~7.99 kPa(40~60 mmHg),是 HbO_2 释放 O_2 的部分。pO_2 为 5.33 kPa(40 mmHg),相当于混合静脉血的 pO_2,此时 Hb 氧饱和度约 75%,血 O_2 含量约为 14.4%,也就是每 100 mL 血液流过组织时释放入了 5 mL O_2。血液流经组织时释放出的 O_2 容积所占动脉血 O_2 含量的百分数称为 O_2 的利用系数,安静时为 25% 左右。

最后,氧离曲线的下段相当于 pO_2 为 2.00~5.33 kPa(15~40 mmHg),也是 HbO_2 与 O_2 解离的部分,是曲线坡度最陡的一段,意即 pO_2 稍降,HbO_2 就可大大下降。在组织活动加强时,pO_2 可降至 2.00 kPa(15 mmHg),HbO_2 进一步解离,Hb 氧饱和度降至更低的水平,血氧含量仅约 4.4%,这样每 100 mL 血液能供给组织 15 mL O_2,O_2 的利用系数提高到 75%,是安静时的 3 倍。可见该段曲线代表 O_2 贮备。

2.影响氧离曲线的因素

Hb 与 O_2 的结合和解离可受多种因素影响,使氧离曲线的位置偏移,亦即使 Hb 对 O_2 的亲和力发生变化。通常用 p_{50} 表示 Hb 对 O_2 的亲和力。p_{50} 是使 Hb 氧饱和度达 50% 时的 pO_2,正常为 3.53 kPa(26.5 mmHg)。p_{50} 增大,表明 Hb 对 O_2 的亲和力降低,需更高的 pO_2 才能达到 50% 的 Hb 氧饱和度,曲线右移;p_{50} 降低,表明 Hb 对 O_2 的亲和力增加,达 50% Hb 氧饱和度所需的 pO_2 降低,曲线左移。影响 Hb 对 O_2 的亲和力或 p_{50} 的因素有血液的 pH、pCO_2、温度和有机磷化物等。

(1)pH 和 pCO_2 的影响 pH 降低或 pCO_2 升高,Hb 对 O_2 的亲和力降低,p_{50} 增大,氧离曲线右移;反之,Hb 对 O_2 的亲和力增加,氧饱和度升高,曲线左移(图 4-11)。酸度对 Hb

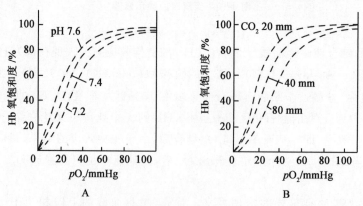

图 4-11 pH(A)和 pCO_2(B)对血液氧离曲线的影响

氧亲和力的这种影响称为波尔效应(Bohr effect)。波尔效应的机制,与 pH 改变时 Hb 构型变化有关。酸度增加时,H^+ 与 Hb 多肽链某些氨基酸残基的基团结合,促进盐键形成,促使 Hb 分子构型变为 T 型,从而降低了对 O_2 的亲和力,曲线右移;酸度降低时,则促使盐键断裂放出 H^+,Hb 为 R 型,对 O_2 的亲和力增加,曲线左移。

波尔效应有重要的生理意义,它既可促进肺毛细血管血液的氧合,又有利于组织毛细血管血液释放 O_2。当血液流经呼吸器官(肺)时,CO_2 从血液向肺泡扩散,血液 pCO_2 下降,pH 升高,H^+ 浓度下降,均使 Hb 对 O_2 的亲和力增加,曲线左移,血液摄取 O_2 量增加,运输能力增强。当血液流经组织时,CO_2 从组织扩散进入血液,血液 pCO_2 升高和 pH 下降,H^+ 浓度上升,Hb 对 O_2 的亲和力降低,曲线右移,促使 HbO_2 解离向组织释放更多的 O_2。

(2)温度的影响 温度升高,可引起 O_2 的解离增多,氧离曲线右移(图 4-12)。温度对氧离曲线的影响,可能与温度影响了 H^+ 活度有关。温度升高,H^+ 活度增加,降低了 Hb 对 O_2 的亲和力。当血液流经剧烈活动的组织时,由于局部组织温度升高,CO_2 和酸性代谢产物增加都促进 HbO_2 的解离,活动组织可获得更多的 O_2 以适应其代谢的需要。当温度降低时,促进 Hb 与氧的结合,曲线左移,不利于 O_2 的释放。因此,临床上进行低温麻醉时要注意防止缺氧。

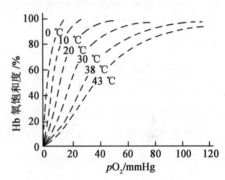

图 4-12 不同温度对血液氧离曲线的影响

(3)有机磷化合物 红细胞中有很多有机磷化合物,特别是 2,3-二磷酸甘油酸(2,3-diphosphoglycerate,2,3-DPG),在调节 Hb 和 O_2 的亲和力中起重要作用。2,3-DPG 浓度升高,Hb 对 O_2 亲和力降低,氧离曲线右移;2,3-DPG 浓度降低,Hb 对 O_2 的亲和力增加,曲线左移。其机制可能是 2,3-DPG 与 Hb 的 β 链形成盐键,促使 Hb 变成 T 型,降低了 Hb 对 O_2 的亲和力。此外,2,3-DPG 还可以提高 H^+ 浓度,通过波尔效应来影响 Hb 对 O_2 的亲和力。2,3-DPG 是红细胞无氧糖酵解的产物,慢性缺 O_2、高山缺 O_2、贫血等情况下红细胞糖酵解加强,生成 2,3-DPG 增加,在相同的 pO_2 下,组织血管中的 HbO_2 可释放出更多的 O_2 供组织利用。

(4)Hb 自身性质的影响 除上述因素外,Hb 与 O_2 的结合还受其自身的性质所影响,血液中 Hb 的数量和质量也直接影响到运氧的能力。如受某些氧化剂(如亚硝酸盐等)的作用,Hb 的 Fe^{2+} 氧化成 Fe^{3+},失去运 O_2 能力。

(5)CO 的影响 CO 极易与 Hb 结合,CO 与 Hb 的亲和力是 O_2 的 250 倍,这意味着极低的 pCO,CO 就可以从 HbO_2 中取代 O_2,阻断其结合位点。此外,CO 与 Hb 结合还有一极为有害的效应,即当 CO 与 Hb 分子中某个血红素结合后,将增加其余 3 个血红素对 O_2 的亲和力,使氧离曲线左移,妨碍 O_2 的解离。所以 CO 中毒,既妨碍 Hb 与 O_2 的结合,又妨碍 O_2 的解离,危害极大。

二、二氧化碳的运输及影响因素

(一)二氧化碳运输的形式

血液中 CO_2 仅有少量溶解于血浆中,占 5%～6%,大部分以结合状态存在,占 94%～

95％。化学结合的 CO_2 主要是碳酸氢盐(占 87％)和氨基甲酸血红蛋白(占 7％)。溶解状态的 CO_2 包括物理溶解的和与 H_2O 结合生成的 H_2CO_3。

1.碳酸氢盐

从组织扩散入血的 CO_2 首先溶解于血浆,其中一小部分溶解的 CO_2 缓慢地和 H_2O 结合生成 H_2CO_3,H_2CO_3 又解离成 HCO_3^- 和 H^+,H^+ 被血浆缓冲系统缓冲,pH 无明显变化。大部分 CO_2 进入红细胞,在红细胞内与水反应生成 H_2CO_3,H_2CO_3 又解离成 HCO_3^- 和 H^+,该反应极为迅速、可逆。

(1)碳酸酐酶　CO_2 进入红细胞后迅速解离为 HCO_3^- 和 H^+,这是因为红细胞内含有较高浓度的碳酸酐酶(carbonic anhydrase,CA),在其催化下,使反应加速 5 000 倍,不到 1 s 即达平衡。在此反应过程中红细胞内 HCO_3^- 浓度不断增加,HCO_3^- 便顺浓度梯度通过红细胞膜的载体扩散入血浆。红细胞负离子的减少应伴有等量的正离子的向外扩散,才能维持电离平衡。但正离子不能自由通过红细胞膜,小的负离子可以通过,于是,Cl^- 便由血浆扩散进入红细胞,这一现象称为 Cl^- 转移(chloride shift)。在红细胞膜上有特异的 HCO_3^--Cl^- 载体,运载这两类离子跨膜交换。这样,HCO_3^- 便不会在红细胞内堆积,有利于反应向右进行和 CO_2 运输。在红细胞内,HCO_3^- 与 K^+ 结合,在血浆中则与 Na^+ 结合成碳酸氢盐。上述反应中产生的 H^+,大部分和 Hb 结合,Hb 是强有力的缓冲剂。

$$CO_2 + H_2O \underset{\text{碳酸酐酶}}{\rightleftharpoons} H_2CO_3 \underset{\text{碳酸酐酶}}{\rightleftharpoons} HCO_3^- + H^+$$

在呼吸器官(如肺、鳃)毛细血管中,反应向相反方向进行。从红细胞和血浆中释放出 CO_2,排入肺泡中。因为呼吸器官(如肺泡气、鳃)pCO_2 比静脉血的低,血浆中溶解的 CO_2 首先扩散入肺泡,红细胞内的 $HCO_3^- + H^+$ 生成 H_2CO_3,碳酸酐酶又催化 H_2CO_3 生成 CO_2 和 H_2O,CO_2 又从红细胞扩散入血浆,而血浆中的 HCO_3^- 便进入红细胞以补充消耗了的 HCO_3^-,Cl^- 则出红细胞。这样以 HCO_3^- 形式运输的 CO_2,在呼吸器官又转变成 CO_2 释出。

(2)霍尔丹效应　O_2 与 Hb 结合可使 CO_2 释放,这一现象称为霍尔丹效应(Haldane effect)。这是由于 O_2 与 Hb 结合后酸性增强,可释放更多的 H^+。这些 H^+ 与 HCO_3^- 结合形成碳酸,继而生成 CO_2 和 H_2O。在呼吸器官,由于肺泡中 pO_2 很高,有大量 O_2 与 Hb 结合,促进了 CO_2 的释放。

2.氨基甲酸血红蛋白

由组织进入血液并进一步进入红细胞的 CO_2,一部分与 Hb 分子中的氨基结合形成氨基甲酸血红蛋白(HbNHCOOH),虽然形成的量极少,而且动、静脉血中的含量相同,表明它对 CO_2 的运输不起作用,但这一反应无须酶的催化、迅速、可逆,当静脉血流经肺部时,由于肺泡中 pCO_2 较低,于是 CO_2 从 $HbCO_2$ 释放出来,经肺呼出体外。

$$HbNH_2O_2 + H^+ + CO_2 \underset{pCO_2 \text{ 低的肺部}}{\overset{pCO_2 \text{ 高的组织}}{\rightleftharpoons}} HHbNHCOOH + O_2$$

(二)二氧化碳的解离曲线

CO_2 的解离曲线(carbon dioxide dissociation curve)是表示血液中 CO_2 含量与 pCO_2 关

系的曲线(图 4-13)。与氧离曲线不同,血液 CO_2 含量随 pCO_2 上升而增加,几乎呈线性关系而不是"S"形,而且没有饱和点。因此,CO_2 解离曲线的纵坐标不用饱和度而用浓度来表示。在相同 pCO_2 下,动脉血携带的 CO_2 比静脉血少,这是因为 HbO_2 酸性较强,而去氧 Hb 易于和 CO_2 结合生成 HbNHCOOH,也易于和 H^+ 结合,使 H_2CO_3 解离过程中产生的 H^+ 被及时移去,有利于反应向右进行,提高了血液运输 CO_2 的量。于是,在组织中,由于 HbO_2 释出 O_2 而生成去氧 Hb,在肺部因 Hb 与 O_2 结合,经霍尔丹效应促使血液摄取并结合 CO_2,促使 CO_2 释放。

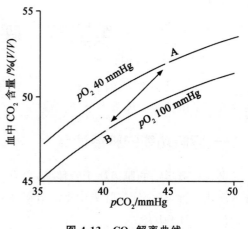

图 4-13　CO_2 解离曲线

A. 静脉血　B. 动脉血(1 mmHg=0.133 kPa)

可见,O_2 和 CO_2 的运输不是孤立进行的,而是相互影响的。CO_2 分压或 pH 对氧离曲线的影响,称为 CO_2 波尔效应,通过波尔效应影响 O_2 的结合和释放。O_2 又通过霍尔丹效应影响 CO_2 的结合和释放。两者都与 Hb 的理化特性有关。

(三)血液二氧化碳运输与酸碱平衡

CO_2 在血液中以 H_2CO_3 和氨基甲酸血红蛋白的形式存在,它们的解离过程产生许多 H^+,使血液 pH 降低。但实际上,血液在运输 CO_2 过程中,pH 变化并不显著。动脉血 pH 约为 7.4,混合静脉血的 pH 为 7.36。这是因为血液中缓冲系统使出现的 pH 偏离迅速被纠正。

血红蛋白具有缓冲酸碱变化的能力。因为其本身是一种两性电解质。当与 O_2 结合时,其珠蛋白中的一些基团解离,释放出 H^+,因此酸性强些,可与 K^+ 形成 $KHbO_2$。当与 O_2 分离时,又可接受 H^+,因此碱性强些。在体循环毛细血管中,由于 CO_2 进入血液,使血液趋于酸性,但此时 HbO_2 释放 O_2 而成去氧 Hb,碱性增强,可接受 H^+,故缓冲了 pH 的变化。在肺循环毛细血管中,CO_2 的排出导致血液趋于碱性,但此时去氧 Hb 与 O_2 结合,放出 H^+,又缓冲了 pH 的变化。据估计,如果没有 Hb 的缓冲作用,静脉血在运输 CO_2 的过程中,其增加的酸度将比动脉血高出 800 倍。正是由于有了这种缓冲作用,使血液既能最大限度运输 CO_2,又保持最低程度的 pH 变动。

血液 CO_2 一部分是溶解的,能与 H_2O 形成 H_2CO_3,而 H_2CO_3 解离出的 HCO_3^- 可分别在红细胞内和血浆中与 K^+ 和 Na^+ 结合形成 $KHCO_3$ 和 $NaHCO_3$。这样,在血红蛋白和血浆中分别形成了碳酸与碳酸氢盐的缓冲对。这些缓冲对保持一定的比率,在维持血液酸碱平衡中发挥重要的作用。

HCO_3^- 和 CO_2 浓度都可以调节。HCO_3^- 的浓度可由肾调节,而 CO_2 的浓度可通过呼吸调节。血液 CO_2 分压的高低,直接影响 CO_2 的排出量。

第五节　呼吸功能的调节

呼吸运动是一种节律性运动,其运动的频率和幅度随机体所处的状态而定,但这种呼吸运动的改变是由神经和体液调节来完成的。

一、呼吸功能的神经调节

参与呼吸运动的肌肉属于骨骼肌,没有自动产生节律性收缩的能力。呼吸运动之所以能有节律地进行,完全依靠呼吸中枢的节律性兴奋。

(一)呼吸中枢

在中枢神经系统内,产生和调节呼吸运动的神经核团,称为呼吸中枢(respiratory center)。呼吸中枢分布在大脑皮层、间脑、脑桥、延髓和脊髓等部位。脑的各级部位在呼吸节律产生和调节中所起的作用不同。正常呼吸运动是在各级呼吸中枢的相互配合下进行的。

1.脊髓

脊髓中有支配呼吸肌的运动神经元,是呼吸运动的初级中枢。很早就知道在延髓和脊髓间横断脊髓,呼吸就停止(图4-14,D平面)。所以,可以认为节律性呼吸运动不是在脊髓产生的。脊髓只是联系上(高)位脑和呼吸肌的中继站和整合某些呼吸反射的基本中枢。

2.延髓

实验证明呼吸节律产生于低位脑干——延髓。横切脑干实验显示,在哺乳动物的中脑和脑桥之间进行横切,呼吸无明显变化(图4-14,A平面);呼吸节律产生于低位脑干,上位脑对节律性呼吸不是必需的。如果在脑桥上、中部之间横切,呼吸将变慢变深(图4-14,B平面),如再切断双侧迷走神经,吸气便大大延长,仅偶尔被短暂的呼气所中断,说明脑桥上部有抑制吸气的中枢结构,当延髓失去吸气活动的抑制作用后,吸气活动不能及时被中断,便出现长吸式呼吸。再在脑桥和延髓之间横切,长吸式呼吸都消失,呼吸不规则,或平静呼吸,或两者交替出现(图4-14,C平面),因而认为脑桥中下部有活化吸气的长吸中枢。

应用微电极技术记录神经元的电活动表明,在低位脑干内有些神经元呈节律性放电,并与呼吸周期有关,称为呼吸相关神经元或呼吸神经元。在吸气时放电的是吸气神经元(inspiratory neuron),在呼气时放电的为呼气神经元(expiratory neuron)。此外,还有些神经元在吸气相开始放电至呼气相早期结束,或于呼气相开始放电至吸气相早期结束,称跨时相神经元。在延髓,呼吸神经元集中在延髓背侧(孤束核的腹外侧部)的背侧呼吸组(dorsal respiratory,DRG)和延髓腹侧疑核、后疑核和面神经后核附近的包氏复合体(Bötzinger complex,Böt.C)的腹侧呼吸组(ventral respiratory group,VRG)(图4-14)。

背侧呼吸组(DRG)主要含有吸气神经元,其轴突下行投射到脊髓颈、胸段,支配膈肌和肋间外肌运动神经元,支配吸气肌的运动。兴奋时产生吸气。DRG某些吸气神经元轴突投射到腹侧呼吸组,或脑桥、边缘系统等,DRG还接受来自肺、支气管、窦神经、腹侧呼吸组、脑桥、大脑皮层等的传入信号。

腹侧呼吸组(VRG)结构复杂,含有呼气神经元、吸气神经元及一些中间神经元。大部分

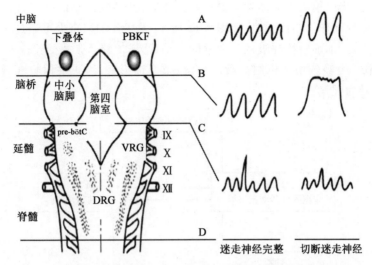

图 4-14 脑干中与呼吸有关的核团(左)和在不同平面横切脑干后呼吸变化(右)示意图

VRG:腹侧呼吸组　DRG:背侧呼吸组　PBkF:臂旁内侧核和 kF 核

Ⅸ、Ⅹ、Ⅺ、Ⅻ分别为第 9、10、11、12 对脑神经　A、B、C、D 为不同平面横切

呼气神经元下行,支配呼气运动神经元。兴奋时主要产生呼气。近年来有实验证明,在疑核和外侧网状核之间的前包氏复合体(pre-Bötzinger complex,pre-BötC)有起步样放电活动,认为它可能具有呼吸节律发生器的作用。

3.脑桥

在脑桥前部,呼吸组中的呼吸神经元相对集中于臂旁内侧核和相邻的 KF 核(Kolliker-Fuse nucleus),合称 PBKF 核群。位于传统观念中的呼吸调整中枢(脑桥外侧部),其中有各种吸气、呼气和跨时相的呼吸神经元,其表现为吸气相和呼气相转换期间发放冲动增多。PBKF 和延髓的呼吸神经核团之间有双向联系,形成调控呼吸的神经元回路。实验显示,将猫麻醉后,切断双侧迷走神经、损毁 PBKF 核群,可出现长吸式呼吸,表明脑桥前部的 PBKF 核群有限制吸气、促使吸气向呼气转换,防止吸气过长过深的作用。

4.高位脑

呼吸还受脑桥以上部位,如大脑皮层、边缘系统、下丘脑等的影响。低位脑干的呼吸调节系统是不随意的自主呼吸调节系统,而高位脑的调控是随意的,大脑皮层可以随意控制呼吸,在一定限度内可以随意屏气或加强加快呼吸,使呼吸精确而灵敏地适应环境的变化。如犬在高温环境中伸舌喘息以增加机体散热,乃是下丘脑参与调节的结果。动物情绪激动时呼吸增强,则是皮层边缘系统中某些部位兴奋的结果。

高级中枢对呼吸的调节途径有两条:一是通过控制脑桥和延髓基本呼吸中枢的活动调节呼吸节律;二是经皮质-脊髓束和皮质-红核-脊髓束,直接调节呼吸肌运动神经元的活动。

(二)呼吸节律的形成

关于呼吸节律形成的机制有许多假说,目前普遍接受的是局部神经元回路反控制假说。该假说认为,在延髓有一个中枢吸气活动发生器(延髓背侧呼吸组)和由多种呼吸神经元构成的吸气切断机制。当中枢吸气活动发生器自发兴奋时,其神经冲动沿轴突传出至脊髓吸气运动神经元,引起吸气动作。与此同时,如图 4-15 所示,发生器的兴奋也可通过 3 条途径使吸气切断机制兴奋,即:①加强脑桥呼吸调整中枢的活动;②增加肺牵张感受器传入冲动;③直接兴奋吸气切断机制。当吸气切断机制被激活后,以负反馈形式,终止中枢吸气活动发生器的活动,从而使吸气转为呼气。

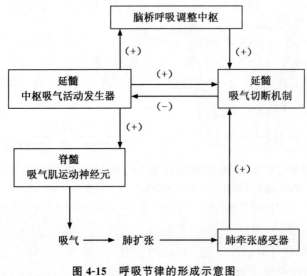

图 4-15　呼吸节律的形成示意图

(＋,表示兴奋　一,表示抑制)

此假说解释了平静呼吸时,吸气向呼气转换的可能机制,但是关于中枢吸气活动发生器自发兴奋的机制、呼气是如何转化为吸气的,以及用力呼吸时,呼气又是如何由被动转为主动的过程及其机制尚待进一步研究。

(三)呼吸运动的反射性调节

呼吸活动可受来自呼吸器官本身和骨骼肌以及其他器官感受器传入冲动的反射性调节,使呼吸运动频率、深度和形式等发生相应的变化,形成多种反射性调节。

1.肺牵张反射

由肺扩张或肺缩小引起的吸气抑制或兴奋的反射为肺牵张反射,也叫黑-伯氏反射(Hering-Breuer reflex)。可包括两种类型:肺扩张反射和肺缩小反射。

(1)肺扩张反射(inflation reflex)　是肺充气或扩张抑制吸气的反射。感受器位于从气管到细支气管的平滑肌中,是牵张感受器。当肺扩张牵拉呼吸道,使感受器也扩张兴奋,发放神经冲动沿迷走神经纤维传入延髓,在延髓内通过一定的神经联系使呼气神经元兴奋,抑制吸气,转入呼气。这样便加速了吸气和呼气的交替,使呼吸频率增加。所以切断迷走神经后,吸气延长、加深,呼吸变得深而慢。

(2)肺缩小反射(deflation reflex)　是肺缩小时引起吸气的反射。感受器也位于从气管到细支气管的平滑肌内。感受器产生的神经冲动沿迷走神经传入延髓,兴奋吸气神经元。肺缩小反射在较强的肺收缩时才出现,它在平静呼吸调节中意义不大,但对阻止呼气过深和肺不张等可能起一定作用。

2.呼吸肌本体感受性反射

肌梭和腱器官是骨骼肌的本体感受器,它们所引起的反射为本体感受性反射。如肌梭受到牵张刺激而兴奋时,神经冲动经背根传入脊髓中枢,反射性引起受刺激肌梭所在的肌肉收缩。该反射在维持正常呼吸运动中起到一定的作用,尤其是在运动阻力或气道阻力加大时,吸气肌收缩程度增大,使肌梭受到牵拉刺激,导致收缩加强,以克服气道阻力。

3.防御性呼吸反射

由呼吸道黏膜受刺激引起的以清除刺激物为目的的反射性呼吸变化,称为防御性呼吸反射。其感受器分布在整个呼吸道黏膜上皮的迷走传入神经末梢,受到机械或化学刺激时,引起防御性呼吸反射,以清除异物,避免其进入肺泡。防御性呼吸反射包括咳嗽反射和喷嚏反射。

(1)咳嗽反射(cough reflex)　是常见的重要防御反射。感受器为喉、气管和支气管的黏膜感受器,当其受到机械、化学性刺激时,产生神经冲动,经舌咽神经、迷走神经传入延髓,触发一系列协调的反射效应,引起咳嗽反射。咳嗽时,先是短促的和(或)较深的吸气,接着声门紧闭,呼气肌强烈收缩,肺内压和胸膜腔内压急速上升,然后声门突然打开,由于气压差极大,气体便以极高的速度从肺内冲出,将呼吸道内异物或分泌物排出。剧烈咳嗽时,胸膜腔内压显著升高,可阻碍静脉回流,使静脉压和脑脊液压升高。

(2)喷嚏反射(sneeze reflex)　类似于咳嗽反射,区别是刺激作用于鼻黏膜感受器,传入神经是三叉神经,反射效应是腭垂先下降,舌压向软腭,而不是声门关闭,呼出气主要从鼻腔喷出,以清除鼻腔中的刺激物。

二、呼吸功能的化学性调节

机体通过呼吸运动调节血液中 O_2、CO_2、H^+ 的浓度,而动脉血中的 O_2、CO_2、H^+ 浓度又可通过化学感受器(chemoreceptor)反射性地调节呼吸运动。

(一)化学感受器

化学感受器是指其适宜刺激是化学物质的感受器。参与呼吸调节的化学感受器,对血液中 O_2、CO_2、H^+ 的浓度十分敏感。因其所在部位的不同,分为外周化学感受器和中枢化学感受器。

1.外周化学感受器

颈动脉体和主动脉体是机体最重要的外周化学感受器(二维码4-1),它们能感受动脉血 pO_2、pCO_2 或 H^+ 浓度的变化,不仅调节呼吸运动,而且还调节血液循环(图 4-16A)。当动脉血中 pO_2 降低,pCO_2 或 H^+ 浓度升高时,刺激产生的神经冲动经窦神经和迷走神经传入延髓,反射性引起呼吸加深、加快和血液循环变化。虽然颈动脉体、主动脉体两者都参与呼吸和循环的调节,但是颈动脉体主要调节呼吸,而主动脉体在循环调节方面较为重要。

二维码 4-1　科学史话:
外周化学感受器的发现

2.中枢化学感受器

过去认为去除动物外周化学感受器或切断其传入神经后,吸入 CO_2 仍能加强通气,这是由于 CO_2 直接刺激呼吸中枢所致。后来通过大量实验表明,在延髓中有一个不同于呼吸中枢,但可影响呼吸的化学感受器,称为中枢化学感受器(图 4-16B)。

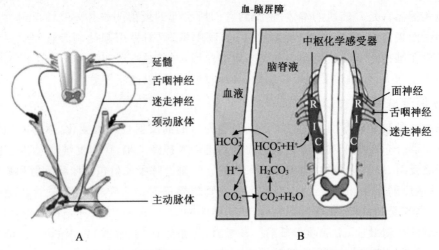

图 4-16　外周化学感受器(A)和中枢化学感受器延髓腹侧表面(B)

R.嘴　I.中间　C.尾

实验显示,用 pH 不变,而含高浓度 CO_2 的人工脑脊液灌流脑室时,不会引起通气增强。可见,对中枢化学感受器的有效刺激不是 CO_2 本身,而是 CO_2 所引起的脑脊液和局部细胞外液 H^+ 的增加。在体内,血液中的 CO_2 能迅速通过血脑屏障,使中枢化学感受器周围液体中的 H^+ 升高,从而刺激中枢化学感受器,再引起呼吸中枢的兴奋。但脑脊液中碳酸酐酶含量很少,CO_2 与水的水合反应很慢,所以对 CO_2 的反应有一定的时间延迟。血液中的 H^+ 不易通过血脑屏障,故血液 pH 的变动对中枢化学感受器的直接作用不大。

中枢化学感受器与外周化学感受器不同,它不感受缺 O_2 的刺激,但对 CO_2 的敏感性比外周的高,反应潜伏期较长。中枢化学感受器的作用可能是调节脑脊液的 H^+,使中枢神经系统有一稳定的 pH 环境,而外周化学感受器的作用主要是在机体低 O_2 时,维持对呼吸的运动。

(二)pCO_2、pH 及 pO_2 对呼吸的影响

1.pCO_2 的影响

CO_2 是调节呼吸的最重要的生理性体液因子,一定水平的 pCO_2 对维持呼吸和呼吸中枢的兴奋性是必需的。当吸入气中 CO_2 的含量增加时,将使肺泡气 pCO_2 升高,动脉血 pCO_2 也随之升高,呼吸加深加快,呼吸增强效应在 1 min 左右的时间内就达到高峰,肺通气量增加(图 4-17)。

通过肺通气的增大可以增加 CO_2 的清除,肺泡气和动脉血 pCO_2 可维持于接近正常水平。如果吸入气 CO_2 含量长期维持较高水平,开始有呼吸增强效应,2~3 d 以后这种效应就逐渐下降,最后减弱到只有初期效应的 1/5~1/8。所以 CO_2 对呼吸的作用是,先出现一个初期的快速而强烈的急性效应,几天后转变成缓慢而较弱的适应性效应。产生这些效应机制目前尚不清楚。当动脉血中 pCO_2 下降时,呼吸中枢活动下降,使呼吸运动减弱减慢,甚至短暂停止,直到 pCO_2 回升到一定水平后才恢复正常呼吸运动。如果吸入气 CO_2 含量超过一定水平时,肺通气量不能相应增加,致使肺泡气和动脉血 pCO_2 陡升,CO_2 积聚压抑中枢神经系

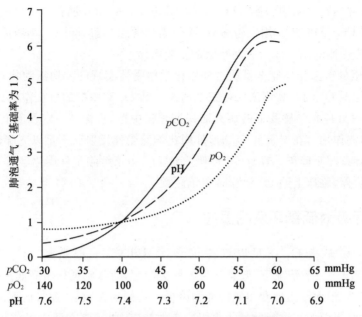

图 4-17 改变动脉血液 pCO_2、pO_2、pH 三因素之一而维持另外两个因素正常时的肺泡通气变化

统,包括呼吸中枢的活动,引起呼吸困难、头痛、头昏、甚至昏迷,出现 CO_2 麻醉。可见 CO_2 在呼吸调节中经常起到最重要的化学刺激作用。在一定范围内动脉血 pCO_2 升高,可以加强对呼吸的刺激作用,但超过一定限度则呈现压抑和麻醉效应。

CO_2 对呼吸的调节作用是通过两条途径实现的:一是通过刺激中枢化学感受器再兴奋呼吸中枢;二是刺激外周化学感受器,神经冲动经窦神经和迷走神经传入延髓有关核团,反射性地使呼吸加深、加快,肺通气增加。但中枢化学感受器的作用比外周化学感受器强得多,因为去掉外周化学感受器的作用之后,CO_2 的通气反应仅下降约 20%。动脉血 pCO_2 只需升高 0.27 kPa(2 mmHg)就可刺激中枢化学感受器,出现通气加强反应;如刺激外周化学感受器,则需升高 1.33 kPa(10 mmHg)。可见,中枢化学感受器在 CO_2 通气中起主要作用。但当动脉血 pCO_2 突然增大时,外周化学感受器在引起快速呼吸反应中可起重要作用。另外,中枢化学感受器有可能受到抑制,对 CO_2 的敏感性降低,此时外周化学感受器的作用更为重要。

2. pH 的影响

动脉血 H^+ 浓度增加,呼吸加深加快,肺通气增加;H^+ 浓度降低,呼吸受到抑制(图 4-17)。H^+ 浓度对呼吸的调节也是通过外周化学感受器和中枢化学感受器实现的。中枢化学感受器对 H^+ 的敏感性比外周的高,约为外周的 25 倍。但是,H^+ 通过血脑屏障的速度慢,限制了它对中枢化学感受器的作用。脑脊液中的 H^+ 才是中枢化学感受器的最有效刺激。

3. pO_2 的影响

吸入气 pO_2 降低时,肺泡气、动脉血 pO_2 都随之降低,呼吸加深、加快,肺通气增加(图 4-17)。一般在动脉血 pO_2 下降到 10.65 kPa(80 mmHg)以下时,肺通气才出现可觉察到的增加,可见动脉血 pO_2 对正常呼吸的调节作用不大,仅在特殊情况下低 O_2 刺激才有重要意义。如严重肺气肿、肺心病,因肺换气障碍,可导致低 O_2 和 CO_2 潴留。长时间 CO_2 潴留使中枢化学感受器对 CO_2 的刺激作用发生适应,而外周化学感受器对低 O_2 刺激适应很慢,这时低 O_2 对外周化学感受器的刺激成为驱动呼吸的主要刺激。

低 O_2 对呼吸的刺激作用完全是通过外周化学感受器实现的。切断动物外周化学感受器的传入神经,急性低 O_2 的呼吸刺激反射完全消失。低 O_2 对中枢的直接作用是抑制作用。但是低 O_2 可以通过外周化学感受器的刺激而兴奋呼吸中枢,这样在一定程度上可以对抗低 O_2 对中枢的直接抑制作用。在严重低 O_2 时,外周化学感受性反射已不足以克服低 O_2 对中枢的抑制作用,终将导致呼吸障碍。在低 O_2 时吸入纯 O_2,由于解除了外周化学感受器的低 O_2 刺激,会引起呼吸暂停,临床上给 O_2 治疗时应予注意。

三、动物呼吸对低氧环境的适应

低氧(hypoxia)是指 O_2 不足以维持正常代谢功能,一般是指 pO_2 低于 7.99 kPa (80 mmHg)的情况。一般情况下,低氧分为 4 种类型:①动脉血氧分压降低。②贫血性缺氧,动脉血氧分压正常,但血红蛋白获得氧的能力降低。③缺血性缺氧,血流的速度缓慢以至于血液中氧分压和血红蛋白的浓度降低。④组织中毒性缺氧,由于毒性药物的作用使组织不能从血液中获得足够的氧。低氧会造成机体一系列机能活动的改变,尤其是呼吸活动、血液、循环、甚至肾功能会产生适应性改变。

动物的呼吸活动会因外界环境中的 O_2 和 CO_2 浓度有所改变。大多数需氧生物体在特殊情况下才能出现缺氧的情况,例如,在潜水、居住在洞穴中或是在高海拔地区时,缺氧极易发生。当周围环境中 O_2 不足或是动物体不能适应低氧而出现病理反应时,机体内会有许多生理变化,血液中氧分压会降低,动脉感受器检测到血液中 O_2 分压的降低时,最初的时期会刺激外周化学感受器而导致过度通气,通气量的增加会使动脉血中的 CO_2 减少、pH 升高,并继而通过负反馈机制减少对中枢化学感受器的刺激,机体通过增加呼吸频率和呼吸深度恢复或部分恢复血液中氧分压,由于增加了组织换气,许多的 CO_2 从肺部排出,导致血液中碳酸过低。在哺乳动物体内,CO_2 是促使机体进行呼吸的主要动力,在低氧环境下,血液中 CO_2 的含量过低会引起呼吸困难,尤其在睡眠时,没有意识性的呼吸活动。当碳酸裂解不平衡,出现碳酸过多症时,H^+ 的浓度会降低,极易发生碱中毒。长期暴露在低氧环境,引起碱中毒会刺激肾脏排出 HCO_3^-,试图恢复正常的血液 pH。

动物血液中红细胞会对低氧产生适应性改变。在人类和许多低海拔适应动物,高海拔缺氧也会导致血液中红细胞的数量增加,从而导致红细胞增多症,血细胞比例过高时会引起血液的黏稠性,不利于在毛细血管中流通,从而影响气体在组织中交换。但那些通过增多红细胞数来适应高原低氧的动物,会通过其他途径来降低其血液黏滞性,红细胞数增加而平均红细胞容积变小,使红细胞的总表面积增大,O_2 和 CO_2 等脂溶性气体通过红细胞进行交换的数量增多;同时也可以降低血浆中纤维蛋白原浓度,促进血流速度加快,从而有助于维持组织的正常供氧。缺氧会增加红细胞中 2,3-磷酸甘油酸的水平,理论上,2,3-磷酸甘油酸增加会降低 O_2 在血液中的亲和力,可以协助组织中 O_2 的排出。

肺功能会发生由代偿到逐步习服的生理性改变。对于低海拔适应动物,环境中缺氧会影响肺血管中血液的流通,会使肺小泡内 pO_2 降低,肺小动脉血管收缩,从而使肺总体积减小。

机体出现一些病理性的变化,从外界摄入的 O_2 就会减少。由于机体的血管收缩使得肺部血压增加,会引起肺部水肿或积液。肺部水肿极其危险,它直接影响气体交换。高海拔肺水肿是动物高原疾病的一种常见形式,所以机体暴露在高海拔环境下极其危险。在返回到低海拔区域后得到缓解,也可以通过补充 O_2 的摄入得到缓解。

(郭慧君)

复习思考题

1.为什么胸膜腔内压被称为"负压"? 它的存在有何生理学意义?

2.氧离曲线具有什么特点? 有何生理学意义?

3.血液 $pO_2/pCO_2/[H^+]$ 变化对呼吸会产生什么影响? 它们的作用机制有何不同?

4.迷走神经在呼吸节律形成过程中起什么作用? 请你通过设计实验加以证明。

第五章 消 化 生 理

动物在新陈代谢过程中必须不断地从外界环境中摄取营养物质,作为机体生长和活动的物质与能量来源。饲料中的蛋白质、糖类和脂肪都是大分子物质,经过消化道内机械性、化学性和微生物的消化后,分解为小肽、氨基酸、葡萄糖、甘油、脂肪酸等小分子物质,才能被吸收。消化道的活动受到神经和体液因素的调节。

通过本章学习,应主要了解和掌握以下几方面知识。

- 了解消化的意义和方式。
- 掌握胃肠平滑肌的电生理特性和收缩特性。
- 熟悉消化道的外来神经系统和内在神经系统支配。
- 了解唾液的组成及其生理功能。
- 掌握胃液、胰液和胆汁的组成、生理功能及其分泌的调节。
- 了解胃肠运动的主要形式及其生理学意义。
- 熟悉瘤胃微生物的组成,并掌握主要营养物质微生物消化代谢的过程。
- 了解各类物质吸收的部位及其吸收机制。

第一节 概 述

消化系统由消化道和消化腺组成,其主要功能是消化食物和吸收营养物质。高等哺乳动物的消化道包括口腔、咽、食管、胃、小肠(十二指肠、空肠、回肠)和大肠(盲肠、结肠、直肠),主要的消化腺有唾液腺、肝脏、胰腺和散在分布于消化道壁内的腺体。动物需要从外界摄取的物质主要有六大类,包括蛋白质、脂肪、糖类、维生素、盐类和水。蛋白质、脂肪和糖类中的大分子物质不能被动物机体直接利用,需要被消化后才能吸收;维生素、无机盐和水为小分子物质,不需要消化就可直接被吸收。食物(饲料)中的大分子物质在消化道中被分解为可吸收小分子物质的过程,称为消化(digestion)。蛋白质、脂肪和糖类经消化后形成的小分子物质,以及维生素、无机盐和水通过消化道黏膜上皮细胞进入血液和淋巴液的过程,称为吸收(absorption)。未被消化和吸收的食物残渣,以及消化道的脱落上皮和黏膜分泌物则以粪便的形式,从肛门排出体外。消化系统除具有消化、吸收和排泄功能外,还具有内分泌的功能。消化道分泌的激素不仅对消化道本身的肌肉收缩和消化液分泌等具有调节作用,还可参与调控动物食欲和生长发育等。

一、消化的方式

食物进入口腔后,消化活动已经开始。食物在消化道内主要通过 3 种方式进行消化。

(一)机械性消化

机械性消化(mechanical digestion),又称物理性消化,指通过咀嚼和消化道平滑肌的舒缩活动,将食物磨碎,使其与消化液混合,并将食糜向消化道后段推送的过程。机械性消化主要包括口腔内的咀嚼和吞咽,以及胃肠的舒缩活动。

(二)化学性消化

化学性消化(chemical digestion)是指通过消化液中各种消化酶的作用,将饲料中的糖、蛋白质和脂肪等大分子物质分解为可吸收的小分子物质的过程。通过化学性消化可将饲料中多糖分解为单糖,蛋白质或多肽分解为氨基酸和小肽,脂类分解为甘油和脂肪酸。有些植物性饲料本身含有酶,动物采食这些酶后可参与化学性消化过程。此外,可将生物工程中制备的外源性的酶制剂添加到动物饲料中,以补充其内源性酶的不足,从而促进营养物质的化学性消化过程。

(三)微生物消化

微生物消化(microbial digestion),又称生物性消化(biological digestion),指畜禽消化道内的微生物分解饲料中营养物质的过程。牛和羊等反刍动物的瘤胃,马和兔等单胃草食动物的大肠内均存在大量微生物。猪大肠和禽类的嗉囊也存在少量微生物。这些寄生在动物消化道的微生物可分泌纤维素酶、蛋白酶和淀粉酶等,分解饲料中的大分子营养物质;同时,这些微生物可利用人工添加或消化道分解产生的非蛋白氮(如尿素和氨气等)合成菌体蛋白,以及合成必需氨基酸、脂肪酸和某些 B 族维生素,为宿主提供营养物质。

机械性消化、化学性消化和微生物消化相互依存,互相配合,共同为动物机体的新陈代谢源源不断地提供养分和能量。

二、消化道平滑肌的特性

在消化道中,除口腔、咽、食管前端和肛门外括约肌是骨骼肌外,其余部分的肌组织均属于平滑肌。消化道通过肌肉的舒缩活动,对食物进行机械性消化,并将食物推向后段消化道,利于食物的消化和吸收。消化道平滑肌细胞间存在大量低电阻的缝隙连接,使电信号可以在细胞间传递,因此肌肉收缩的电信号可以很快地从一个细胞传递至其他细胞。

(一)消化道平滑肌的电生理特性

消化道平滑肌的收缩活动是在电活动的基础上产生的,其电活动较骨骼肌复杂,电位变化主要有静息电位、慢波电位和动作电位 3 种形式。

1. 静息电位

消化道平滑肌的静息电位主要由 K^+ 的平衡电位形成,此外少量的 Na^+ 和 Ca^{2+} 向膜内扩散以及膜内 Cl^- 向膜外扩散也起到一定的作用。其电位较小,一般为 $-50 \sim -60$ mV,且不稳定。

2.慢波电位

消化道平滑肌细胞在静息电位基础上可自发地产生轻度去极化和复极化,由此产生有节律的膜电位变化,且频率较慢,故称为慢波电位(slow wave potential)。由于慢波电位的频率对消化道平滑肌的收缩节律起决定性作用,又称基本电节律(basic electrical rhythm,BER)。慢波电位持续时间长,可达数秒至数十秒。消化道不同部位的慢波频率差别较大,慢波波幅为5~15 mV。一般认为慢波起源于消化道纵行肌和环行肌之间的 Cajal 细胞(interstitial cell of Cajal,ICC)。ICC 是一种兼有成纤维细胞和平滑肌细胞特性的间质细胞,它通过缝隙连接,传递慢波电位给平滑肌细胞,被认为是胃肠运动的起搏细胞。过去认为,慢波电位本身并不能引起平滑肌收缩,但它能使膜电位接近阈电位水平,有利于动作电位的产生。现在已经证明,平滑肌细胞存在机械阈值和电阈值两个临界膜电位值。当慢波电位去极化达到膜机械阈值时,细胞内 Ca^{2+} 浓度增加,足以激活肌细胞收缩(收缩幅度与慢波电位幅度呈正相关),而不一定通过动作电位引发;当去极化达到或超过电阈值时,则引发动作电位,使更多 Ca^{2+} 进入细胞内,导致收缩进一步加强。慢波电位上出现的动作电位数目越多,肌细胞收缩就越强(图5-1),因此每个慢波上出现动作电位的数目可作为平滑肌收缩力大小的指标。慢波的活动受自主神经的调节,但是在去除平滑肌的神经支配或用药物阻断神经冲动后,慢波依然存在,表明慢波的产生并不依赖于神经的支配。关于慢波产生的离子基础,目前尚不清楚。

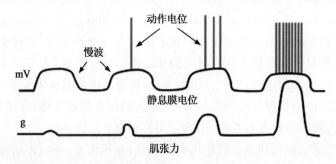

图 5-1   消化道平滑肌生物电与肌张力的关系

3.动作电位

消化道平滑肌的动作电位,是在慢波电位基础上产生的。当平滑肌细胞膜电位去极化接近阈电位时,膜的电压依赖性通道开放,主要依赖 Ca^{2+} 内流,产生动作电位。与慢波相比,动作电位的时程很短(持续 10~20 ms),幅度为 60~70 mV,可单个或成簇出现,称为快波(fast wave)。

平滑肌慢波、动作电位和收缩三者之间关系为:在慢波去极化的基础上产生动作电位,平滑肌的收缩主要由动作电位引起。动作电位的频率越高,平滑肌收缩幅度越大。慢波虽然不能引起平滑肌明显收缩,但能控制平滑肌收缩的节律和速度。

(二)消化道平滑肌的收缩特性

消化道平滑肌具有肌肉组织的共同特性,如兴奋性、传导性和收缩性,但也有自身的特点。

1.兴奋性较低,收缩缓慢

消化道平滑肌的兴奋性较骨骼肌低,收缩缓慢,而且变异性较大。

2.富有伸展性

消化道作为中空容纳性器官,其平滑肌具有很大的伸展性,使得消化道能够容纳较多的食物,利于采食间期有充足食物消化,同时消化道内压力却不会明显升高。草食动物胃的伸展性尤其明显。

3.具有紧张性

消化道平滑肌经常处于微弱的持续收缩状态。紧张性的维持对消化道保持一定形状和位置具有重要意义。同时,持续的紧张性收缩使消化道的管壁保持一定的基础张力,有利于消化液向食糜中渗透。

4.具有自动节律性

消化道平滑肌在切断神经支配或离体后仍能够进行自动节律性收缩,但其节律相对心肌慢而不规则。

5.对各种刺激的敏感性不同

消化道平滑肌对化学、温度和牵拉刺激特别敏感,如一定范围内温度的降低、微量的乙酰胆碱或者轻微的牵拉刺激均引起平滑肌收缩(图5-2)。相反,消化道平滑肌对电刺激不敏感。

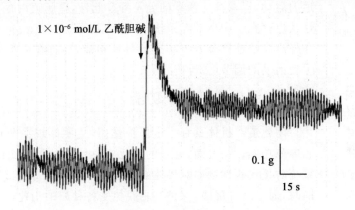

1×10^{-6} mol/L 乙酰胆碱

0.1 g

15 s

图5-2　乙酰胆碱引起小鼠离体十二指肠平滑肌收缩

三、消化道的分泌功能

消化腺主要包括唾液腺、胃腺、胰腺、肝脏和肠腺,其对应分泌物是唾液、胃液、胰液、胆汁、小肠液和大肠液等消化液。消化腺都属于外分泌腺,其分泌物主要通过导管排入消化道。消化液主要含水、黏液、无机盐和多种消化酶等成分(表5-1)。此外,肠黏膜上皮细胞分泌氨基肽酶、二肽酶、麦芽糖酶、蔗糖酶等。

消化液的主要功能是:①由多种消化酶水解食糜中的大分子营养物质,利于被消化道吸收。②稀释食物,调节消化道内容物渗透压,利于消化道上皮细胞的吸收。③提供适宜的 pH环境,达到消化酶活性需要。④通过分泌黏液、抗体和大量液体,润滑食糜,以防消化道黏膜的机械性和化学性损伤。

表 5-1 各种消化液的主要成分

消化液	主要成分
唾液	水、无机离子、淀粉酶、黏液
胃液	水、无机离子、盐酸、胃蛋白酶(原)、内因子、黏液
胰液	水、无机离子、胰蛋白酶(原)、糜蛋白酶(原)、羧基肽酶(原)、核糖核酸酶、脱氧核糖核酸酶、胰脂肪酶、胰淀粉酶等
胆汁	水、无机离子、胆盐、胆固醇、胆色素
小肠液	水、无机离子、肠激酶、黏液
大肠液	水、无机离子、黏液

二维码 5-1 消化
道的内分泌功能

四、消化道的内分泌功能

胃肠道不仅是体内重要的消化器官,也是体内最大、最复杂的内分泌器官。消化道可分泌多种胃肠激素,参与调节消化腺的分泌和消化道的运动,以及其他激素的分泌等。此外,胃肠道内存在的许多生物活性肽也存在于中枢神经系统内,称为脑-肠肽(brain-gut peptide),不仅在外周广泛地调节着胃肠道的各种功能,而且在中枢也参与对胃肠道生理活动的调节(二维码 5-1)。

二维码 5-2 消化
道的保护功能

五、消化道的保护功能

消化道对机体具有一定保护作用,主要体现在消化道的免疫功能和屏障功能。一方面,健全的消化道黏膜中的淋巴组织通过黏膜免疫系统防止致病性物质对机体的伤害;另一方面,胃肠道在对食物消化的同时,通过多种屏障,保护其黏膜免受各种酶的消化(二维码 5-2)。

六、消化道的神经支配

支配消化道功能的神经包括外来神经系统(extrinsic nervous system)和内在神经系统(intrinsic nervous system)两大类。两个系统相互配合,共同调节消化功能。

(一)外来神经系统

消化系统中,口腔、咽、食道上端的肌肉及肛门外括约肌为骨骼肌,由躯体运动神经支配,其余部位是平滑肌,主要接受自主神经(包括交感和副交感神经)系统的支配。

1. 交感神经

进入胃肠道的交感神经从脊髓胸段第 5 节至腰段第 2 节侧角发出,其节前纤维在腹腔神经节、肠系膜神经节或腹下神经节交换神经元,节后肾上腺素能纤维分布到肠道各部。交感神经兴奋一般对消化腺的分泌和消化道的运动起抑制作用,主要引起胃肠运动减弱和消化腺分泌减少等。

2.副交感神经

支配胃肠道的副交感神经的节前纤维直接进入胃肠组织,与内在神经元形成突触,发出节后纤维支配腺细胞、平滑肌细胞等。胃肠道副交感神经节后纤维为胆碱能纤维,它的兴奋一般对消化腺的分泌和消化道的运动起促进作用,可引起消化道运动增强,腺体分泌增加。

在外来神经系统中,除了上述的传出纤维外,还存在大量的传入纤维,可将各种信息传到壁内神经丛,也可将胃肠感受信号传入高位中枢,引起反射调节。

(二)内在神经系统

消化道的内在神经系统,又称为壁内神经丛或肠神经系统(enteric nervous system,ENS)。它存在于胃肠道壁中,起始于食管中段,直至肛门。壁内神经丛中有感觉神经元、运动神经元和中间神经元。感觉神经元能感受消化道内化学、机械和温度等刺激,运动神经元则支配消化道平滑肌、腺体和血管。

肠神经系统根据其所在部位不同,又分为肌间神经丛(myenteric plexus)和黏膜下神经丛(submucosal plexus)。前者分布于环行肌和纵行肌之间,主要调节平滑肌的收缩活动;后者位于环行肌和黏膜层之间,主要调节腺细胞和上皮细胞的功能,以及黏膜下血管的收缩活动。壁内神经丛内部和相互之间都存在神经联系。大部分外来神经都与壁内神经元形成突触,更换神经元(图 5-3)。

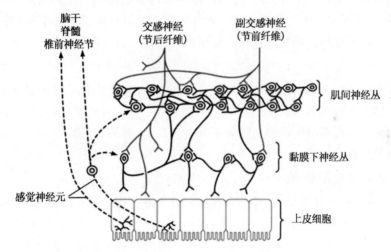

图 5-3　消化道内在神经丛和外来自主神经关系示意图

第二节　口腔消化

消化从口腔开始,包括采食、唾液分泌、咀嚼和吞咽等过程。

一、采食和饮水

采食是动物消化过程中的第一步,也是动物的本能。哺乳动物主要依靠视觉和嗅觉觅食。

食物进入口腔后再通过触觉、味觉和嗅觉初步判断食物的可食性,对于不喜欢的食物吐出。积极采食是动物健康的表现,食欲减退是很多疾病重要的临床症状之一。

(一)采食方式

动物用唇、齿和舌将食物摄入口腔的过程称为采食(food intake)。不同动物由于其唇和齿的结构不同而表现出不同的采食方式。牛的舌较长,舌面粗糙,灵活而有力,能将舌伸出口外,卷草入口,在上、下颌齿龈间搓断,借头部的运动扯断草料。由于缺乏上门齿,牛在放牧时不能啃食短牧草,对于牧场的维持有利。绵羊和山羊靠舌和切齿采食,且上唇有裂隙,能啃食较短的牧草,对生态脆弱的草场具有一定的破坏作用。马的唇灵活而敏感,是采食的主要器官,马放牧时依靠上唇将草送至门齿间切断,并依靠头部牵引扯断草料。猪用吻突掘地寻找食物,圈养饲喂时依靠齿、舌和头部的运动采食。犬和猫用前肢按住食物,用门齿和犬齿撕咬食物,依靠头部和颈部的运动将食物送入口中。

(二)饮水

饮水时,家畜一般先将上、下唇合拢,中间留一条小缝隙,浸入水中,然后下颌下降,舌后移,依靠口腔内形成的负压,把水吸入口腔。犬和猫把舌头浸入水中,卷成勺状,送水入口。

(三)采食的调节

采食行为是一个复杂的生理过程,受体内外多种因素的影响。体内因素指动物本身的生理调节因素,涉及神经和体液调节两方面。体外因素主要指日粮和环境等外界因素,需要通过生理调节系统来发挥作用。动物采食存在短期调节和长期调节两种方式。

1.采食中枢

采食的调节信号均需在中枢神经系统进行整合,下丘脑是调控采食的基本中枢。一般认为采食行为由摄食中枢(feeding center)和饱中枢(satiety center)所控制,分别位于下丘脑的外侧区和腹内侧区。这两个中枢在功能和解剖密切联系,故称为"食欲中枢"。脑的其他部位也参与采食信号的整合作用。

2.采食行为的反射性调节

动物采食的饲料,其物理特性、养分和特殊成分均可直接作用于胃肠道中的机械性和化学性感受器,也可通过刺激胃肠道产生一些食欲调节肽(如生长激素释放肽、胆囊收缩素和胃泌素释放肽等)来激活特殊的信号通路,从而将摄食信号传递到中枢进行整合。动物采食存在短期调节和长期调节两种方式。

短期调节信号指摄食后立即开始的,来自消化道、肝脏等部位的机械、化学感受器的信号。由于短期调节方式的存在,动物不会出现完全禁食,也不会出现无休止的摄食;由于摄食的长期调节机制的存在,动物能够长期维持能量的平衡和体重的相对稳定。

摄食的长期调节与体内能量的平衡有直接关系。机体内存在着某种调定点(set point),使机体内的能量储存维持在一个稳定的水平。摄食的长期调节还与动物的年龄、饮食、激素和自主神经系统的活动有关。

二、唾液分泌

(一)唾液的成分和性质

动物的唾液(saliva)由唾液腺分泌。口腔内大的唾液腺主要有腮腺(parotid gland)、颌下腺(submaxillary gland)和舌下腺(sublingual gland) 3 对。口腔黏膜表面还分布有许多小的颊腺(buccal gland)。唾液是唾液腺分泌液的混合物,为无色、无味的低渗溶液,其中水分约占99%,并含有大量的有机物和无机物。

1. 有机物

唾液中的有机物主要是黏蛋白、黏多糖、唾液淀粉酶、溶菌酶、免疫球蛋白、尿素、尿酸和游离氨基酸等。唾液腺的蛋白性分泌物有两种,一种为浆液性分泌物,主要由腮腺分泌,富含唾液淀粉酶(amylase)。另一种是黏液性分泌物,主要由下颌腺、舌下腺和颊腺分泌,具有润滑和保护作用。肉食动物、牛、羊和马的唾液中一般不含淀粉酶。哺乳期犊牛的唾液中含有脂肪酶。在犬和猫的唾液中含有微量的溶菌酶。此外,唾液中还含多种激素,并随生理状态不同而变化。例如,牛唾液中可分泌雌激素,且在妊娠等时期含量较大。

2. 无机物

唾液中的无机物主要有 Na^+、K^+、Ca^{2+}、Cl^-、HCO_3^- 等,其中 K^+ 和 HCO_3^- 的含量特别高,甚至高于血浆中的浓度,而 Na^+ 和 Cl^- 则相对较低。

3. pH

动物的食性不同,其唾液的 pH 有很大差异。例如,猪 pH 平均为 7.32,犬和马为 7.56,反刍动物为 8.1,且随日粮的性质而发生变动。

(二)唾液的生理功能

1. 消化作用

在猪、大鼠和人等杂食动物唾液中含有 α-淀粉酶,可将淀粉分解为麦芽糖、糊精和麦芽三糖等。该酶仅在中性 pH 条件下起作用。由于食物在口腔中停留时间较短,食团进入胃后,其中唾液淀粉酶的活性在胃前端仍可维持一段时间,继续发挥作用。

2. 湿润作用

唾液可以湿润食物,溶解其中的成分,使其易于吞咽,并促进食欲。

3. 清洁和保护作用

唾液可以清洗口腔中的细菌和食物残渣,同时其中的溶菌酶和免疫球蛋白具有杀灭细菌和病毒的作用。

4. 排泄作用

一些异物(如铅等重金属),某些药物(如碘化物、氰化物),以及病毒(如狂犬病毒)可以随着唾液排出。

5. 散热作用

犬、猫和牛的唾液具有蒸发散热的特殊功能。在高温环境中,牛可分泌稀薄唾液散热;犬可将舌伸出口腔,通过唾液蒸发散热。在副交感神经紧张性刺激下,犬每克腮腺分泌量是人腮腺分泌量的 10 倍。

反刍动物的唾液还具有其他重要作用。首先,因为反刍动物前胃没有分泌腺,唾液的流入可维持前胃微生物消化所必需的液体环境。其次,唾液含有大量碳酸氢盐和磷酸盐,pH 可达 8.1。大量碱性唾液进入瘤胃,对中和瘤胃微生物发酵产生的酸,维持瘤胃 pH 和机体酸碱平衡具有重要意义。反刍动物唾液中含有一定数量的氮,其中大部分存在于尿素中,例如,牛混合唾液总氮中 77% 是尿素氮。反刍动物唾液中缺少消化酶,但黏液含量可达 1.5～2.5 mg/mL。此外,反刍动物唾液还具有抗泡沫特性,以防瘤胃内泡沫的产生。

(三)唾液的分泌及其调节

家畜唾液的分泌有明显的种属特点,且受生理状态与饲料组成的影响。猪每天的唾液分泌量为 15 L 左右,平时分泌量很少,采食时明显增加,特别是腮腺,只有采食时才分泌,而且两侧腮腺活动呈不对称性。马每天唾液分泌量约 40 L,大部分在采食时分泌。奶牛一昼夜分泌唾液 100～180 L,在采食和反刍时分泌量增大。饲喂谷物饲料时,猪和马唾液中淀粉酶的含量都明显增加。

采食时,唾液的分泌完全受神经反射性调节。唾液分泌的基本中枢在延髓的上、下唾液核,高级中枢位于下丘脑和皮层的嗅觉和味觉感受区。唾液的神经反射性调节可分为非条件反射性和条件反射性调节两类。

1.非条件反射性分泌

非条件反射性唾液分泌的调节是指食物作用于口腔或消化道其他部位引起的唾液分泌。反射时,神经信号经第 V 对脑神经(三叉神经)的分支舌神经、第 Ⅶ 对脑神经(面神经)、第 Ⅸ 对脑神经(舌咽神经)以及第 Ⅹ 对脑神经(迷走神经)的咽支等传入延髓的上、下唾核。唾液腺受植物性神经支配,副交感神经是主要传出神经,递质为乙酰胆碱。高级中枢也参与分泌的调节,动物的情绪、饲料的性质和适口性等都可通过影响高级中枢的活动来调节唾液的分泌。此外,来自胃和小肠前段的信号也参与唾液分泌的调节。副交感神经的胆碱能纤维兴奋时,唾液分泌量增加,主要分泌稀薄的唾液。交感神经的肾上腺素能纤维兴奋时使唾液腺分泌黏稠的唾液。

2.条件反射性分泌

唾液的条件反射性分泌是由饲料的气味、形状以及饲喂的方式和程序等一系列信号所引起的分泌。此时分泌的唾液性质与非条件反射所分泌的大体相似。

三、咀嚼和吞咽

(一)咀嚼

咀嚼(mastication)是以咀嚼肌为主的颌部各相关肌肉协同作用的机械性消化活动,对饲料消化有十分重要的意义。咀嚼的作用是:①将饲料切碎、研磨、搅拌,使饲料与唾液混合形成食团,有利于吞咽。②使饲料与唾液中的淀粉酶充分接触,有利于化学性消化。③咀嚼活动反射性地引起胃、肠、胰、肝和胆囊等后段消化器官的活动,为饲料的进一步消化做准备。

(二)吞咽

吞咽(swallowing)是将口腔中食团经咽和食管送入胃的过程,由口腔、咽、喉及食管的协调运动共同完成。吞咽过程可分为 3 期。

1. 口腔期

食团由口腔推进到咽。借助舌的活动,将食团由舌根后送到咽部,并启动吞咽。这一过程是在大脑皮层参与下完成的随意运动。因此,口腔期也称为随意期。

2. 咽期

食团由咽推到食管前段。当食团进入口腔后段和咽部时,刺激咽部的吞咽感受区,兴奋性信号传到延髓,进而启动一系列肌肉收缩。这一过程主要包括软腭上举并关闭鼻咽孔;舌根后移挤压会厌软骨翻转,封闭气管入口。食管口舒张,咽肌收缩,迅速将食团挤入食管。

3. 食道期

食团从食管前段经贲门进入胃内。食团对软腭、咽和食管等处感受器的刺激,能反射性地引起食管蠕动,即食管肌肉的顺序性收缩,表现为食团前端的食管收缩,食团后端肌肉舒张,并且收缩波和舒张波顺序地向食管的胃端方向推进,将食团推入胃。

第三节　单胃消化

一、胃的功能结构

胃是消化道的膨大部分,饲料在此进行机械性和化学性消化。不同食性动物的胃都有大体相似的功能结构,按照生理功能胃黏膜可分为贲门腺区、胃底腺区和幽门腺区(二维码 5-3)。

二维码 5-3
胃的功能结构

二、胃液的分泌及其调节

(一)胃液的性质、成分及其作用

胃液(gastric juice)是由胃内各腺体和胃黏膜上皮细胞的分泌物组成。纯净的胃液是无色、透明的酸性液体,由水、电解质和有机物组成。胃液中的电解质有 H^+、Cl^-、HCO_3^-、Na^+ 和 K^+ 等,有机物主要有胃蛋白酶、黏液、内因子以及少量且作用较弱的胃脂肪酶、胃淀粉酶和凝乳酶。

1. 盐酸

在胃内的盐酸也称为胃酸(gastric acid),是由壁细胞分泌的。盐酸在胃液中有两种形式,大部分以游离方式存在,称为游离酸;小部分与蛋白质结合,称为结合酸。两者在胃液中的总浓度称为胃液的总酸度。壁细胞的分泌物中盐酸含量可达 160 mmol/L,pH 为 0.8 左右,分泌液大体上为等渗溶液。

盐酸的主要作用有:①使饲料中的蛋白质变性而易于消化。②激活胃蛋白酶原为有活性的胃蛋白酶,并为胃蛋白酶提供酸性工作环境。③杀灭随饲料进入胃的细菌,起保护作用。④进入小肠后促进胰液、胆汁和小肠液的分泌,刺激小肠运动,促进 Ca^{2+} 和 Fe^{2+} 等离子的吸收。

壁细胞分泌盐酸的基本过程为 H^+ 和 Cl^- 通过不同的细胞机制主动分泌到胃腔(图 5-4),浓度大约是 150 mmol/L。壁细胞分泌的 H^+ 来自胞浆内水的解离($H_2O \rightarrow H^+$ 和 OH^-),在顶端膜的 $H^+ - K^+$ ATP 酶,即质子泵(proton pump)作用下,主动将 H^+ 分泌入小管腔内,并从小管腔内换回一个 K^+。留在胞浆内的 OH^- 在碳酸酐酶(carbonic anhydrase,CA)的催化下与由代谢产生或来自血液的 CO_2 结合产生 HCO_3^-,HCO_3^- 通过壁细胞基底侧膜上的 Cl^--HCO_3^- 交换被扩散出细胞到达组织液液和血液,而组织液中的 Cl^- 则被转运入胞浆。在壁细胞受刺激时,顶端膜上的 K^+ 通道和 Cl^- 通道开放,所以进入壁细胞内的 K^+ 和 Cl^- 又分泌到小管腔内。小管腔内的 H^+ 和 Cl^- 形成 HCl,当需要时进入胃腔。由于已经证实质子泵是各种因素引起胃液分泌的最后通路,所以选择性抑制质子泵的药物(如奥美拉唑)可被临床用于抑制胃酸的分泌,治疗消化性溃疡。

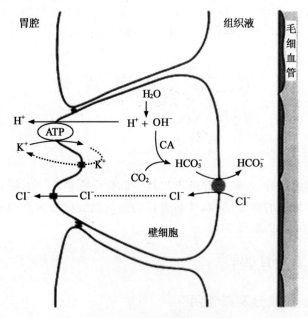

图 5-4　壁细胞分泌盐酸的细胞机制

2.胃蛋白酶原

胃底腺的主细胞和黏液细胞都能分泌胃蛋白酶原(pepsinogen)。一般认为胃蛋白酶原储存在细胞顶部的分泌颗粒中,当细胞受到刺激时,通过出胞转运进入腺腔。胃蛋白酶原是原始的分泌物,没有消化活性,进入胃腔后,在盐酸作用下胃蛋白酶原断裂,转变为具有活性的胃蛋白酶(pepsin)。已被激活的胃蛋白酶对胃蛋白酶原也有激活作用,称为自身激活。

胃蛋白酶是胃液中重要的消化酶。在强酸性条件下,能使蛋白质水解为䏏和胨及少量的寡肽和氨基酸。胃蛋白酶的最适 pH 为 1.8～3.5,pH 超过 5 时便失去活性,所以盐酸对胃蛋白酶的消化作用是必需的。此外,胃蛋白酶对乳汁中的酪蛋白具有凝固作用,延长了乳汁在胃中的停留时间,有利于哺乳期的幼畜有充足时间消化乳汁。

乙酰胆碱是胃蛋白酶原分泌的最强刺激因子,促进盐酸分泌的刺激原和促胰液素均可促进胃蛋白酶原的分泌。

3.黏液和碳酸氢盐

二维码 5-4 知识拓展：幽门螺杆菌

黏液是由胃黏膜表面的上皮细胞、胃底腺的黏液细胞、贲门腺和幽门腺细胞共同分泌的，其主要成分是糖蛋白。黏液分为可溶性黏液和不溶性黏液。可溶性黏液较稀薄，由胃腺分泌，与胃内容物混合，具有润滑食物和保护胃黏膜免受食物机械性损伤的作用。不溶性黏液由上皮细胞持续分泌，具有较高的黏滞性，可形成凝胶、内衬于胃腔表面。不溶性黏液除了具有可溶性黏液相似的作用外，还可与胃黏膜非泌酸细胞所分泌的 HCO_3^- 共同构成一个 $0.5\sim1.0$ mm 厚的黏液胶体层，称为黏液-碳酸氢盐屏障（mucus-bicarbonate barrier）。当胃腔中的 H^+ 向胃壁扩散时，与黏液-碳酸氢盐屏障中的 HCO_3^- 发生中和，形成 H_2CO_3。此时在胃黏液层中出现一个 pH 梯度，即靠近胃腔面一侧呈酸性，pH 约为 2.0，靠近胃壁一侧呈中性或偏碱性（在临近上皮黏膜处 H^+ 浓度接近 0），pH 约为 7.0。这种 pH 梯度不仅避免了 H^+ 对胃黏膜的直接侵蚀作用，也使胃蛋白酶原在上皮细胞侧不被激活，从而防止胃蛋白酶对胃黏膜的消化作用（图 5-5）。如果黏液-碳酸氢盐屏障受到破坏，则容易使胃黏膜受损。如幽门螺杆菌（*helicobacter pylori*，HP）能寄生于胃黏液中靠近胃黏膜上皮中，通过产生大量高活性的尿素酶破坏黏液-碳酸氢盐屏障和胃黏膜屏障，进而导致胃黏膜溃疡，该菌的发现获得了 2005 年诺贝尔生理学或医学奖（二维码 5-4）。

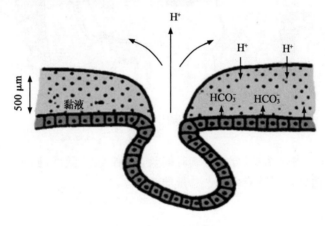

图 5-5 胃黏液-碳酸氢盐屏障

4.内因子

内因子（intrinsic factor）是壁细胞分泌的一种糖蛋白。它有 2 个活性部位，一个部位与进入胃内的维生素 B_{12} 结合，形成内因子-维生素 B_{12} 复合物，使维生素 B_{12} 在运送到回肠途中不被小肠液内水解酶破坏；另一个部位与远侧回肠黏膜上的受体结合，促进维生素 B_{12} 的吸收。维生素 B_{12} 是生成红细胞的必需原料，当缺乏内因子时，可造成维生素 B_{12} 缺乏，影响红细胞成熟，出现贫血。例如，患有萎缩性胃炎或者胃切除时，可患继发性巨幼红细胞性贫血。

(二)胃液的分泌

胃液的分泌可分为消化期分泌和消化间期分泌，并具有明显的种属差异。空腹时的胃液分泌为消化间期分泌,采食时胃液分泌量大,为消化期分泌。人和犬空腹时胃液一般不分泌或很少分泌;而马在消化间期仍分泌少量胃液;猪的胃液则呈连续分泌,采食后2～3 h分泌量最大,且其分泌量与日粮含量及组成密切相关,喂青贮料时分泌量增加。消化期分泌按照饲料刺激感受器的部位和先后可人为地将其分为头期、胃期和肠期3个时相。

1. 头期

将犬食管腹侧部行切开术,安装食管瘘管;同时,用手术方法将胃分为大胃和巴氏小胃,两个胃保留血管和神经联系,但是胃腔分开,并在巴氏小胃安装胃瘘管用于收集纯净胃液,而保持大胃与食管和小肠相通,执行胃的主要消化功能(图5-6B)。犬采食时,食物从口腔进入食管后,随即从食管瘘管流出体外,并未进入胃内,故为假饲(sham feeding)实验(图5-6A)。当假饲动物咀嚼或吞咽后5～10 min,在巴氏小胃瘘管收集到开始分泌的胃液,并可持续2～4 h。若切断支配胃的迷走神经,假饲时就不出现胃液分泌。由此可见,在采食过程中,食物仅刺激头部感受器时就能够反射性地引起胃液分泌,称为头期。头期胃液分泌发生在食物进入胃之前,特别是刚开始采食的时候。食物的形状、气味等是头期分泌的主要刺激因子。动物食欲越强烈,食物刺激也越大。

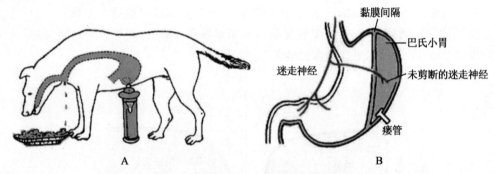

图5-6 犬假饲实验(A)和巴氏小胃(B)

头期胃液分泌具有潜伏期长,分泌持续时间长,分泌量大,酸度高,消化能力强(富含胃蛋白酶)的特点。这一期分泌的胃液大约占总量的20%。

2. 胃期

食物进入胃内后,继续刺激胃液分泌的阶段,称为胃期。将食糜、肉的提取液或蛋白胨等直接注入胃内,可直接刺激胃壁上的机械感受器和化学感受器,促进胃液大量分泌。胃期促进胃液分泌主要途径有:①食物刺激胃底和胃体的机械感受器,冲动沿着迷走神经的传入纤维传至中枢,中枢整合后再通过迷走神经的传出纤维引起胃液分泌,这一反射称为迷走-迷走神经反射(vagovagal reflex)。②食物刺激幽门部机械感受器通过壁内神经丛短反射或食物中的化学成分直接作用于该部位化学感受器,促进G细胞释放胃泌素,使胃液分泌增加。③食物进入胃,缓冲了胃内酸度,使pH升高,解除了胃酸对G细胞分泌的抑制作用,从而有利于胃泌素的释放。

胃期分泌的胃液酸度较高,分泌量多,但具有消化酶的含量较头期少,消化力较头期弱的特点。这一期分泌的胃液大约占总量的70%。

3.肠期

食糜进入十二指肠后,可继续刺激胃液的分泌,称为肠期。研究表明,将食物从瘘管直接灌注到十二指肠内,也可引起胃液分泌的少量增加,说明食物离开胃进入小肠后,仍具有刺激胃液分泌的作用;当切断支配胃的迷走神经后,食物对小肠的刺激仍可引起胃液分泌,提示肠期胃液分泌主要通过体液调节机制实现。在十二指肠黏膜内有少量 G 细胞,在食糜刺激下可分泌少量胃泌素,通过血液循环到达胃壁细胞,促进胃液分泌。研究还发现,在食糜作用下,小肠黏膜可释放肠泌酸素(entero-oxyntin)等促进胃酸分泌。

肠期胃液分泌具有作用时间短、酸度低、分泌量少、消化力弱的特点。

实际上,胃液分泌的 3 个时相在时间上是互相重叠、紧密联系的一个整体,头期以神经调节为主,胃期受神经-体液的协同作用,肠期以体液调节为主。

(三)调节胃液分泌的神经和体液因素

1.促进胃液分泌的主要因素

(1)迷走神经　支配胃的大部分迷走神经节后纤维释放乙酰胆碱,作用于胃黏膜泌酸区的壁细胞和肠嗜铬样(ECL)细胞上的 M_3 受体,分别直接引起胃酸分泌和促进组胺分泌而间接引起壁细胞分泌胃酸;而支配幽门部 G 细胞的迷走神经纤维末梢释放胃泌素释放肽,促进胃泌素释放,间接促进胃酸分泌。另外,迷走神经节后纤维支配胃和小肠黏膜中的 D 细胞,通过乙酰胆碱抑制生长抑素的释放,消除或减弱生长抑素对 G 细胞释放胃泌素的抑制作用,而表现促进胃泌素释放的作用。

(2)组胺　组胺(histamine)是由 ECL 细胞分泌的,通过旁分泌方式作用于邻近壁细胞的 H_2 受体,具有很强的刺激胃酸分泌的作用。ECL 细胞膜上存在乙酰胆碱和胃泌素的受体。H_2 受体拮抗剂西咪替丁(cimetidine,或称甲基咪呱)、雷尼替丁、法莫替丁等可以阻断组胺与壁细胞结合而抑制胃酸分泌。

(3)胃泌素　胃泌素(gastrin)是由胃窦和十二指肠黏膜内的 G 细胞分泌的一种肽类激素。迷走神经兴奋时释放胃泌素释放肽,可促进 G 细胞分泌胃泌素。胃泌素以两种方式诱导胃酸的分泌:一方面,通过血液循环到达 ECL 细胞,通过该细胞上的 Gastrin/CCK$_B$ 受体促进组胺释放,组胺再刺激壁细胞分泌胃酸;另一方面,胃泌素直接作用于壁细胞分泌胃酸,此作用较弱。胃泌素的作用较为广泛,既能促进胃酸分泌,还可促进胃蛋白酶原的分泌。此外,胃泌素可促进胰液和胆汁的分泌、胃肠运动和胆囊收缩,以及消化道黏膜的生长。胃酸对胃泌素的分泌具有负反馈调节的作用。

(4)生长激素释放肽　生长激素释放肽(ghrelin)是生长激素促泌素受体(growth hormone secretagogue receptor,GHS-R)的内源性配体,在胃肠道、中枢神经系统和机体其他脏器均有广泛分布,其主要由胃底 Gh 细胞分泌。生长激素释放肽促进胃酸分泌的作用具有剂量效应,该作用可被阿托品或迷走神经切除所阻断,而不能被组胺 H_2 受体拮抗而阻断,提示其主要通过中枢神经系统调节胃酸分泌。

2.抑制胃液分泌的主要因素

(1)盐酸　当盐酸分泌过多,使胃窦部的 pH$\leqslant$1.2~1.5 或十二指肠 pH$\leqslant$2.5 时,则胃腺分泌受到抑制。盐酸直接刺激胃黏膜中 G 细胞,抑制胃泌素的释放。当胃内容物 pH 接近2.0时,胃泌素释放完全抑制。盐酸可作用于胃窦部 D 细胞促进后者释放生长抑素,从而抑制盐酸和胃蛋白酶原的分泌。盐酸还可以刺激十二指肠黏膜释放促胰液素,促胰液素对胃泌素引起的胃酸分泌具有明显的抑制作用。

(2)脂肪　脂肪及其消化产物进入小肠后,可刺激小肠黏膜分泌多种胃肠激素(包括胆囊收缩素、促胰液素、抑胃肽、胰高血糖素等),抑制胃酸的分泌。

(3)高渗溶液　高渗溶液可作用于小肠壁渗透压感受器,通过肠-胃反射(enterogastric reflex)抑制胃液的分泌,或者通过刺激小肠黏膜释放激素来抑制胃液分泌。

(4)生长抑素　生长抑素是由胃肠黏膜 D 细胞分泌的一种胃肠激素,分泌后通过旁分泌的方式作用于壁细胞、ECL 细胞和 G 细胞,对胃的分泌和运动均有很强的抑制作用。

(5)胆囊收缩素　胆囊收缩素(cholecystokinin,CCK)是由小肠黏膜Ⅰ细胞分泌的一种胃肠激素,对胃酸的分泌主要表现为抑制作用。

三、胃的运动及其调节

根据胃壁肌层结构和功能特点,可将胃分为头区和尾区两部分。头区包括胃底和胃体的上 1/3,它的运动强度较弱,主要功能是接纳和储存食物。尾区包括胃体的下 2/3 和胃窦,它的运动较强,主要是磨碎食物,使之同胃液充分混合,形成食糜,并推送入小肠。胃的运动有紧张性收缩、容受性舒张和蠕动 3 种主要形式。

(一)胃的运动形式

1.容受性舒张

动物采食时,食物对口腔、咽和食道等处感受器的刺激可引起胃底和胃体肌肉的舒张,使胃容量扩大,称为容受性舒张(receptive relaxation)。这种功能使大量食物暂时储存,同时胃内压变化不大,从而防止食糜过早排入小肠,有利于食物的充分消化。胃的容受性舒张通过迷走-迷走反射调节,切断迷走神经后便不再出现。

2.紧张性收缩

胃壁平滑肌紧张处于一定程度的缓慢持续收缩状态,称为紧张性收缩(tonic contraction)。紧张性收缩在空腹时已经存在,胃充盈后逐渐加强。这种运动能保持胃有一定的形状和位置,维持一定的胃内压,利于食物和胃液的充分混合,并有助于食物向幽门方向移动。

3.蠕动

胃的蠕动(peristalsis)以尾区为主,始于胃壁中部,然后向幽门方向传递。当食物进入胃几分钟后,胃便开始蠕动,持续时间为 15～20 s/次。当这种蠕动波从胃体传送到胃窦时,变得越来越强,进而引发强有力的蠕动,并形成驱动收缩环。随着胃窦内压力增大,食糜被推向幽门,此外驱动收缩环对食糜的均匀混合有重要作用。随着胃窦的强力收缩,部分大颗粒食糜受幽门阻挡而返回胃体,这一过程称为逆向转运,这一功能有利于食物进一步同消化液混合和大颗粒食糜的磨碎。

在消化间期,胃的运动是间歇性强有力的收缩,并伴有较长的静息期,称为移行性复合运动(migrating motor complex,MMC)。胃 MMC 起始于胃体上部,向肠道方向扩布。MMC 使胃肠道在消化间期仍有断断续续的运动,可以将胃肠内容物,包括上次进食后遗留的残渣、胃黏膜的脱落碎片和细菌等清除干净。MMC 与胃动素分泌有关。

(二)胃运动的调节

1.神经调节

胃受到交感神经和迷走神经的双重支配。迷走神经兴奋时,末梢释放乙酰胆碱,使胃蠕动加强加快。交感神经兴奋时,末梢释放去甲肾上腺素,胃的运动减弱。在正常情况下,以迷走神经调节胃的运动作用为主。食物对胃壁的机械和化学刺激可通过壁内神经丛引起局部平滑肌的紧张性收缩,蠕动加快。

2.体液调节

大部分胃肠道激素均可参与调节胃的运动。促进胃运动的激素主要有胃泌素、胃动素等;抑制胃运动的激素有胆囊收缩素、促胰液素、生长抑素和抑胃肽等。

(三)胃的排空

胃排空(gastric emptying)是指胃内容物分批进入十二指肠的过程。胃排空的动力来源于胃收缩运动,是胃和十二指肠连接处一系列协调运动的结果,主要取决于胃和十二指肠之间的压力差。当蠕动波将食糜推送至幽门方向时,胃窦、幽门和十二指肠起始部均处于舒张状态,食糜进入十二指肠。此后,随着蠕动波到达胃窦末端,幽门关闭,排空暂停,胃窦内压迅速提高。由于幽门的关闭,十二指肠开始收缩,将食糜推向后段。随后,胃窦、幽门、十二指肠相继舒张,来自胃体的新食糜再次进入,开始另一次排空。

胃排空的速度随食糜性质而异,液体的排空速度最快。在3种主要营养物质中,糖类排空最快,蛋白质次之,脂肪最慢。消化期间多种因素影响胃的排空,最主要的是胃内食糜量,其次是渗透压、pH、化学组成等,它们通过相应的感受器起调节作用:①胃内容物刺激胃机械感受器,引起胃的排空;②酸性食糜刺激十二指肠和空肠前段,引起化学感受器兴奋,胃排空被抑制;③十二指肠内电解质、糖、氨基酸(除 L-色氨酸外)等刺激渗透压感受器,抑制胃的排空。

第四节　复胃消化

牛、羊、骆驼和鹿等偶蹄动物均属于反刍动物,以采食富含粗纤维而相对糖、蛋白质和脂肪等营养物质少的草料,即粗饲料(roughage)为主。因此,反刍动物必须摄取和消化大量粗饲料才能满足营养需要。

反刍动物复胃一般由瘤胃、网胃、瓣胃和皱胃4个部分组成(图5-7)。前三部分合称前胃,前胃的黏膜没有消化腺,也不分泌消化液,主要进行微生物消化。皱胃是复胃的第四个部分,具有分泌胃液的功能,故也称真胃。复胃消化是反刍动物重要的生理特征,与单胃消化的区别主要在前胃,除了特有的反刍、食管沟反射和瘤胃运

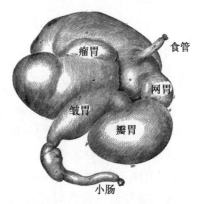

图 5-7　牛的复胃立体示意图

(引自 Vaughn. Strangeway's Veterinary Anatomy)

动外,主要是前胃内进行的微生物消化。

偶蹄哺乳动物通过一系列消化道解剖结构的进化形成微生物消化的发酵场所(二维码5-5),使草料中的大多数碳水化合物变为可消化和吸收的营养物质。奇蹄动物与偶蹄动物、反刍动物与假反刍动物消化道功能均存在一定差异。

反刍动物 4 个胃的容积比例,随着生长发育和日粮的组成而变化,尤其瘤胃容积变化明显。犊牛刚出生时,瘤胃容积仅占复胃容积的 25%;随着日粮的组成由乳转化为谷物,瘤胃容积不断增加,在 3～4 月龄达复胃容积的 65%(图 5-8)。

食管沟是反刍动物胃内特有的附属结构,是一个半关闭的沟,由 2 片肥厚的唇状肌构成,起自贲门,止于网-瓣孔。食管沟与幼畜哺乳行为密切相关。

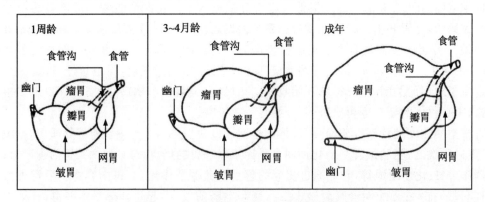

图 5-8 牛生长发育过程中瘤胃容积的变化

反刍动物复胃上血管分布密集,当产生可吸收的发酵终产物时,管腔上皮中的血管血流加速,促进营养物质吸收。复胃大部分动脉供应来自腹腔动脉的左胃支动脉,而皱胃和十二指肠连接处由肝动脉分支供应。复胃静脉血回流到肝脏门静脉,经过肝脏后由肝静脉到达尾腔静脉。

一、瘤胃和网胃消化

瘤胃(rumen)是前胃中最大的部分,几乎占据整个左侧腹腔,经贲门与食管相通,以瘤网口与网胃相通。瘤胃黏膜表面分布很多棍棒状乳头,它们在消化和物质转运中起重要作用。网胃(reticulum)位于瘤胃前方,约为球形,以瘤网口与瘤胃相通,瘤网口的下方有网瓣口与瓣胃相通。网胃黏膜亦布满乳头,且有"蜂巢"形的网状皱襞,又称蜂巢胃。瘤胃和网胃关系密切,可作为一个统一的功能单位运转。

埋置瘤胃瘘管是研究瘤胃消化代谢的重要方法,通过瘘管不仅可以采集瘤胃内容物,研究其机械性、化学性和微生物消化过程,而且可以观察瘤胃壁的运动和其他生理过程(图5-9)。

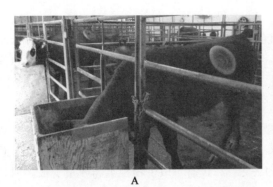

图 5-9 安装瘤胃瘘管的牛(A)和羊(B)

(一)瘤胃内的环境

瘤胃是体内微生物发酵的场所,机体通过多种调节途径为微生物活动提供最适的生存环境。

1. 营养充足

日粮摄入、贮存和发酵为微生物增殖提供充足的营养,经过瘤胃的消化代谢,其产物相继被吸收,或送入后段消化道,使瘤胃营养处于动态平衡状态,为微生物活动提供了适宜的营养环境。

2. 水代谢稳定

瘤胃中的水主要来自外界摄入和唾液。瘤胃中相对稳定的水含量,是微生物活动所必需的条件,其渗透压接近血浆渗透压。反刍动物唾液分泌量很大,每天的分泌量约占机体总水量的 30%,同时以大致相同的数量进入瓣胃。瘤胃内水分还通过强烈的双向扩散作用与血液交换,其量可超过瘤胃液的 10 倍。动物处于干旱环境或长期缺水的情况下,瘤胃内的水分经血液运输至其他组织的作用加强,瘤胃液减少。因此,瘤胃既是机体的蓄水池,亦是水的转运站。

3. pH 稳定

瘤胃 pH 比较稳定,一般在 5.5～7.5 变动,主要通过唾液来调节。唾液中含有碳酸氢盐,大量唾液进入瘤胃后可中和饲料发酵产生的大量酸性物质。日粮组成对瘤胃 pH 的影响较为突出。此外,发酵产生的挥发性脂肪酸吸收入血,以及瘤胃食糜不断地排入后段消化道,也对 pH 的维持起一定的作用。

pH 对于瘤胃微生物活动的影响较大,不同微生物各有其最适宜的 pH。若 pH 低于 6.5,纤维素分解菌的活动明显下降;pH 低于 6 时乳酸菌增加,引起瘤胃内乳酸的积累。当 pH 下降到 5.5 时,瘤胃纤毛虫的数量显著减少,pH 降至 5 时则完全消失。

4. 温度适宜

微生物在发酵过程中会产生热量,因此,瘤胃内的温度一般略高于体温,通常维持在 38.5～41.0 ℃,且比较稳定,促进了微生物的繁殖和活动。

5. 环境厌氧

尽管有些氧气随食物和水夹带进入瘤胃,或从血管通过瘤胃壁扩散入瘤胃,但均很快被兼性厌氧菌利用。瘤胃内充满 CO_2 和甲烷(CH_4),高度缺氧,为瘤胃内厌氧微生物区系的稳定和功能的执行提供了适宜的厌氧环境。

为方便、细致地了解瘤胃微生物消化功能，人们模拟瘤胃基本环境，设计人工瘤胃（artificial rumen）以进行体外实验，随着科学发展，该装置不断完善，已成为消化生理学和动物营养学研究的重要手段。

（二）瘤胃微生物

瘤胃内有种类繁多的厌氧性微生物，主要包括细菌、原虫和真菌 3 大类。瘤胃中微生物数量十分庞大，例如，1 g 瘤胃内容物中，含细菌 150 亿～250 亿个，纤毛虫 60 万～180 万个，总体积约占瘤胃液的 3.6%，其中细菌和纤毛虫约各占 1/2。瘤胃微生物种类和数量受很多因素影响，饲料组成、饲喂次数和动物年龄等的变化，往往导致瘤胃微生物种群的改变，但在各种调节作用下最终形成一个相对稳定的微生物区系。经过瘤胃的消化，瘤胃微生物随食糜一同进入皱胃，随后被消化液分解，可为宿主动物提供优质的单细胞营养。

1. 细菌

细菌（bacteria）是瘤胃微生物中最重要的部分，种类繁多，数量巨大，主要包括发酵糖类和分解乳酸的细菌区系，还有分解和合成蛋白质，以及合成维生素的菌类。

纤维素分解菌是总量最大的细菌，约占瘤胃活菌的 1/4，以厌氧杆菌为主。纤维素分解菌作为其中一种初级细菌，可产生纤维素酶，这是一类复合酶，能直接降解饲料中的纤维素和纤维二糖等营养成分。大多数细菌能发酵饲料中的一种或几种糖类，作为自身生长的能量来源。饲料中六碳糖、二糖和果聚糖等可溶性糖类发酵最快，淀粉和糊精发酵较慢，纤维素和半纤维素发酵最慢，特别是饲料中含较多木质素时，发酵率不足 15%。不能发酵糖类的细菌作为次级细菌，常利用初级细菌降解的终产物作为它们的底物，如可用糖类分解后的产物作为菌体能源。细菌还可利用瘤胃内的有机物或非蛋白氮作为碳源、氮源，转化为菌体自身的成分，然后菌体在皱胃和小肠中被消化利用，作为宿主优质的营养来源。

2. 原虫

瘤胃原虫（protozoa）主要是纤毛虫和鞭毛虫。纤毛虫大约有上百种，虫体的大小为 20～200 μm，数量为 10^5～10^6 个/mL（瘤胃液）。瘤胃鞭毛虫有 5 种，虫体的大小为 4～15 μm，相对于瘤胃纤毛虫数量很少。纤毛虫可分为全毛虫和贫毛虫两大类，均严格厌氧。瘤胃中纤毛虫的种类和数量随日粮组成、饲喂次数和瘤胃酸度不同而发生变化。它们以可溶性糖和淀粉为主要营养来源。有些全毛虫能水解蔗糖、麦芽糖和纤维二糖等，以满足对糖的需要。可溶性糖摄取量的 82% 被转变为支链淀粉贮存于纤毛虫胞内。纤毛虫摄取淀粉速度快、数量大，并在虫体内发酵，发酵产物为挥发性脂肪酸、乳酸、CO_2 和 H_2 等。不同种纤毛虫的发酵产物也不完全相同，有些纤毛虫的发酵终产物中没有乳酸，因而对防止乳酸的过多积累十分重要。此外，纤毛虫还具有分解纤维素、半纤维素、果胶和蛋白质的能力，也参与瘤胃内脂肪的消化代谢，包括脂肪水解和脂肪酸的氢化作用。但是与细菌相比，纤毛虫的分解能力都比较低，而且种属差异较大。

纤毛虫蛋白质的消化率高达 91%，并含有丰富的赖氨酸等必需氨基酸，其营养品质优于细菌蛋白质。随食糜进入瘤胃后段消化道的瘤胃纤毛虫，成为反刍动物蛋白质营养的重要来源之一。此外，由于纤毛虫能吞噬瘤胃细菌，其中某些细菌还可在其体内共生，因此纤毛虫被称为"微型反刍动物"。

瘤胃内纤毛虫不产生囊胞,长期暴露于空气中或处于其他不良条件下,就不能生存。幼畜瘤胃中纤毛虫主要通过与母畜或其他反刍动物直接接触获得天然的接种来源。在一般情况下,犊牛要到3~4月龄瘤胃内才能建立起各种纤毛虫区系。但如果把成年牛、羊的反刍食团给幼畜进行人工接种,那么3~6周龄幼畜的瘤胃内就有纤毛虫繁殖。

3. 真菌

瘤胃内生活着严格的厌氧真菌(anaerobic fungi),约占瘤胃微生物总量的8%。它们的生活史大体上可分为两期:第一期为有鞭毛的游动孢子期;第二期为不运动的繁殖期(孢子囊)。游动孢子可广泛地分布在消化道各个部位,但厌氧真菌只能在瘤胃和瓣胃中生长。进入繁殖期后,孢子发育出一个假根,深入瘤胃内容物的植物组织中,利用植物中的糖类,包括纤维素和木聚糖等。它们对于单糖的利用有一定的选择性,只能发酵葡萄糖、果糖和木糖。瘤胃真菌产生的酶种类较多,其中许多是胞外酶,除了降解细胞壁聚合物所需的酶外,还有与降解木质素中阿魏酸和对香豆酸的酶类。瘤胃真菌还产生蛋白酶,消化植物细胞壁蛋白质,这有助于细胞壁成分的降解,加上假根对细胞壁的撕裂作用,因此真菌对植物细胞壁有较强的消化作用。此外,真菌还可利用饲料中的碳源、氮源,合成胆碱和蛋白质等,进入后段消化道后被利用。

4. 瘤胃微生物的生态体系

微生物之间存在着相互制约的共生关系。在比较稳定的瘤胃内环境条件下,各种瘤胃微生物之间以及微生物与宿主之间保持动态平衡,构成瘤胃微生物的生态体系。瘤胃微生物区系的形成及其相对稳定性,不但有利于保持机体的正常生理功能,而且可以防止外来微生物包括某些病原菌的入侵。正常情况下,大肠杆菌和沙门氏菌都不在瘤胃内繁殖。一般瘤胃微生物的数量随日粮的数量和质量而变化,例如,饲喂富含淀粉日粮时原虫数量增加。如果日粮成分突然改变,因建立起新的微生物区系和数量需要至少1周以上的时间,往往会出现消化不良的问题。因此,在畜牧生产上,更换日粮要有计划,循序渐进,逐渐更替。

瘤胃微生物的生态体系表现为种群内部和种群之间的相互联系和制约。瘤胃细菌之间的相互作用十分明显,例如,初级细菌消化纤维素,次级细菌利用初级细菌降解的终产物作为它们的底物,从而相互配合,最后形成瘤胃消化代谢的最终产物。纤毛虫和细菌之间也有相互作用,纤毛虫能吞噬和消化细菌,以细菌为主要蛋白质来源,还利用共生菌的菌体酶消化营养物质。因此,纤毛虫的活动有赖于瘤胃细菌的存在。另一方面,纤毛虫的活动也为细菌提供必需的条件。例如,在体外条件下,单独培养的纤维素分解菌和纤毛虫,对纤维素的消化率分别为38%和7%,而二者混合培养时,纤维素消化率增至65%,超过二者单独培养之和。即使经高温杀灭纤毛虫后,仍可使纤维素消化率提高至56%,可见纤毛虫内含有耐高温的促使纤维分解菌生长的因子。

瘤胃微生物与宿主间保持相互依存的共生关系。宿主为微生物提供良好的生存环境和营养来源,而微生物为宿主消化饲料中的某些营养物质,尤其是宿主自身不能消化的纤维素、半纤维素等,为宿主提供消化产物以及微生物蛋白。

瘤胃微生物与宿主机体的能量代谢、免疫防御、饲料的利用效率等存在着密切的联系。目前可利用 16S rRNA 高通量测序技术或宏基因组技术(二维码5-6)对瘤胃微生物进行物种分类、丰度分析、菌群比较、进化关系等

二维码 5-6　知识拓展:宏基因组

研究;此外,通过瘤胃液移植技术可对瘤胃微生物群落进行干预调整,可以达到调控宿主机体机能状态、提高生产效率、改变生产产品特点等目的。

近年来的研究表明,大脑与消化道之间的双向调节系统,称为肠-脑轴(gut-brain axis)。消化道菌群可通过肠-脑轴影响宿主大脑的发育功能,宿主大脑也可以通过肠-脑轴改变消化道菌群的结构组成。研究二者之间的关系能阐明消化道微生物与宿主之间的相互作用,而且能为畜牧生产和临床治疗提供思路(二维码 5-7)。

(三)瘤胃内的消化与代谢

饲料进入瘤胃后,在微生物的作用下,发生一系列复杂的消化和代谢过程,产生短链脂肪酸,也被习惯称为挥发性脂肪酸(volatility fatty acid,VFA),合成微生物蛋白、糖原和维生素等供宿主利用。

1.糖的消化代谢

由于哺乳动物体内没有消化植物纤维的酶,反刍动物必须依赖瘤胃微生物消化这些纤维。反刍动物日粮中的糖类包括纤维素、半纤维素、淀粉、果胶和可溶性糖等。尽管它们在瘤胃中的分解过程并不相同,但都可被大量降解,并进一步发酵产生 VFA、CO_2 和 CH_4 等代谢终产物(图 5-10)。例如,纤维素是反刍动物日粮中的主要糖类,含量占 40%~45%,经过细菌和纤毛虫的协同作用,分解为纤维二糖,进而分解为葡萄糖,经过乳酸和丙酮酸途径生成 VFA、CO_2 和 CH_4。

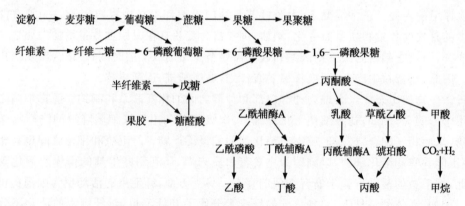

图 5-10　瘤胃糖代谢途径示意图

瘤胃中糖类消化代谢的终产物中以 VFA 最为重要,瘤胃内容物中 VFA 主要是乙酸(acetate,C_2)、丙酸(propionate,C_3)、丁酸(butyrate,C_4)和戊酸(valerate,C_5)。此外,还有少量的支链脂肪酸,如异丁酸、异戊酸等。由于这些有机酸中有些不是挥发性的,因此用短链脂肪酸定义比挥发性脂肪酸更具有概括性。丙酮酸是瘤胃发酵中的关键代谢中间产物,其通过多种代谢途径产生乙酸、丙酸、丁酸和 CO_2 等。丙酸大部分通过琥珀酸途径产生,少量由丙酰辅酶A 通过丙酮酸还原途径产生。尽管 H_2 是很多重要的瘤胃微生物发酵的终产物,但因为瘤胃中产甲烷菌利用其生成了 CH_4,所以瘤胃中 H_2 的浓度很低。CH_4 生成被抑制时,蓄积的 H_2 反馈性抑制糖类降解菌的生长和 H_2 的产生。在瘤胃中,甲酸和琥珀酸只是代谢中间产物,可被其他细菌再利用,因此在瘤胃内通常检测不到。VFA 是反刍动物最主要的能量来源,瘤胃内

VFA 含量为 90～150 mmol/L。牛瘤胃一昼夜所产生的 VFA 可占机体所需能量的 60％～70％。在一定日粮的条件下,各种有机酸保持一定比例,并随日粮的改变而变化(表 5-2)。

表 5-2 不同日粮的条件下乳牛瘤胃内挥发性脂肪酸 VFA 的含量 %

日粮	乙酸	丙酸	丁酸
糖料	59.60	16.60	23.80
多汁料	58.90	24.85	16.25
干草	66.55	28.00	5.45

植物中的木质素是一种酚类化合物的异构体,可包裹植物细胞壁的碳水化合物,阻止微生物纤维素酶的降解作用,从而降低瘤胃微生物对植物纤维的利用率。植物中木质素含量随植物生长期和环境温度的增加而增加,导致植物的消化率降低。因此,在牧草的收割生产实践中要注意牧草的最佳收割期。

正常情况下瘤胃内有机酸的产生和利用保持平衡。瘤胃酸度的调节主要通过采食饲料和饮水,吞咽唾液,瘤胃上皮吸收有机酸以及瘤胃内容物向后段消化道运送而稀释等实现。如果有机酸的产生大于利用,引起瘤胃 pH 下降,便出现瘤胃和其他消化机能的破坏,发生瘤胃酸中毒(二维码 5-8)。

二维码 5-8 临床实例:瘤胃酸中毒

2. 含氮物的消化代谢

反刍动物瘤胃中含氮物质的消化代谢比较复杂,大体上可分为含氮物的降解和氨的形成、微生物蛋白的合成和尿素再循环 3 个过程(图 5-11)。

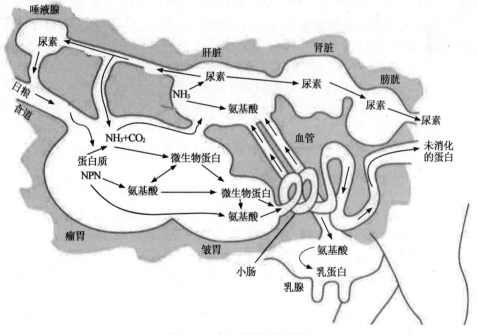

图 5-11 含氮物的消化代谢

(改自 J. Bryant 和 B. R. Moss,Montana State University)

(1)含氮物的降解和氨的形成　瘤胃中含氮物的种类很多,但总体可分为蛋白氮(protein nitrogen)和非蛋白氮(non-protein nitrogen,NPN)两类,NPN包括铵盐、尿素和酰胺等。饲料氮是瘤胃含氮物的主要来源,其次为瘤胃微生物氮。此外,唾液和血液中的某些含氮物,如尿素、黏蛋白、小肽及一些氨基酸,通过唾液分泌和瘤胃壁的渗透作用,也可以进入瘤胃。

蛋白分解菌仅占瘤胃全部细菌的12%~38%,进入瘤胃的日粮蛋白,一般有30%~50%未被分解而排入后段消化道,称为过瘤胃蛋白(rumen escape protein)或瘤胃非降解蛋白质(rumen undegradable protein,RUP),如玉米等日粮中某些天然蛋白质;其余50%~70%在瘤胃内被微生物蛋白酶分解为肽和氨基酸,这部分蛋白称为瘤胃可降解蛋白(rumen degradable protein,RDP)。在微生物脱氨基酶作用下,氨基酸脱去氨基而产生氨、CO_2和有机酸,微生物再利用氨合成微生物蛋白,这本身是一种浪费。为了避免优质蛋白在瘤胃中被过量降解,提高日粮蛋白质的利用效率,近年来各种蛋白质保护技术被广泛应用,例如,蛋白质的热处理、颗粒化处理以及各种化学处理等。

由于瘤胃中氨的产生速度超过微生物对氨的利用,瘤胃中存在大量的氨。瘤胃氨少部分经瘤胃壁吸收,大部分被微生物用来合成蛋白质,还有一部分则进入瓣胃被进一步吸收。因此,瘤胃氨的浓度实质上是产生与利用平衡的结果。瘤胃中氨浓度随着饲料性质而有较大变动,一般在20~500 mg/L。饲料中的NPN在瘤胃中的最后分解产物也是氨。因此,在反刍动物生产上,可以利用尿素、异丁叉二脲、羟甲基尿素等,用来替代部分饲料蛋白质。

由于瘤胃中二肽酶活性比瘤胃蛋白酶活性低的缘故,以致二肽的代谢较慢而在瘤胃中积累,瘤胃中还存在大量肽类物质。此外,肽类物质还来源于唾液,以及可能经瘤胃壁渗入。瘤胃肽主要是小肽,它大致有3条去路:①过瘤胃。部分小肽不经瘤胃的进一步发酵,直接进入胃肠道后段。②吸收。瘤胃和瓣胃上皮细胞中存在二肽、三肽、四肽的转运载体蛋白,是重要的小肽吸收部位。③微生物利用。微生物可利用大部分的瘤胃小肽合成蛋白质。尽管瘤胃微生物能直接利用氨作为氮源,但很多情况下,瘤胃细菌合成蛋白所需的氮仅40%由瘤胃氨提供,而约60%来源于瘤胃肽。

(2)微生物蛋白的合成　蛋白质的合成需要氮源、碳链和能量。微生物蛋白合成所需氮源主要是瘤胃氨和瘤胃肽,微生物也可直接利用日粮蛋白降解形成的氨基酸合成微生物蛋白。糖、糖发酵产生的VFA、CO_2是蛋白质合成的主要碳链来源。能量是微生物蛋白合成的重要限制因素,它来源于瘤胃中有机物的发酵。易发酵糖类,如可溶性糖、淀粉等更有利于微生物蛋白的合成。因此,微生物在瘤胃合成蛋白质的过程同氮代谢和糖代谢密切关联。瘤胃微生物蛋白不仅合成的数量大,而且营养价值高。

(3)尿素再循环　瘤胃氨一部分被微生物用来合成蛋白以外,还有相当一部分经瘤胃壁和后段胃肠道吸收,再经门静脉进入肝脏,通过鸟氨酸循环转变成尿素。肝脏内形成的尿素,一部分经血液进入唾液,随唾液分泌重新进入瘤胃,另一部分经血液通过瘤胃壁扩散重新进入瘤胃,其余随尿排泄。进入瘤胃的尿素,经微生物脲酶作用,被降解成氨,再次被微生物利用,这一过程称为尿素再循环(urea recycle)(图5-11)。这种内源性的尿素再循环对于提高日粮中含氮物质的利用率具有重要意义,尤其在低蛋白质日粮的条件下,反刍动物依靠尿素再循环节约氮的消耗,保证瘤胃内适宜的氨浓度,以利于微生物蛋白质的合成,同时使尿液中尿素的排出量降到最低水平。

尿素在瘤胃内脲酶的作用下分解产生氨的速度约为微生物利用速度的4倍,因此必须降低尿素的分解速度,以免瘤胃氨储积过多而发生氨中毒,同时提高尿素利用效率。除了通过抑制脲酶活性外,还可将尿素制成胶凝淀粉尿素或尿素衍生物使释放氨的速度延缓。

3. 脂类的消化代谢

日粮中的脂类主要来源于牧草茎叶的结构脂和含油籽实的储藏脂。牧草的脂类主要存在于细胞膜,占干物质的 $3\%\sim10\%$,大多数为磷脂,游离脂肪酸低于总脂的 50%,主要的脂肪酸有棕榈酸($16:0$)、亚油酸($18:2$)和亚麻酸($18:3$)等。含油籽实的脂类 $65\%\sim80\%$ 为甘油三酯,主要的脂肪酸为棕榈酸、油酸和亚油酸。

(1)脂类的分解 日粮中的脂类物质大部分被瘤胃微生物彻底水解,生成甘油和脂肪酸等物质。甘油可进一步发酵生成丙酸,少量被转化为琥珀酸和乳酸,最终生成 VFA,这是瘤胃微生物脂肪酶和植物来源脂肪酶共同作用的结果。

(2)脂类的氢化 瘤胃微生物利用不饱和脂肪酸(油酸和亚油酸等)为氢受体,快速地将它们转化为饱和脂肪酸。例如,一般放牧后 $10\sim15$ h,亚麻酸就可全部转变成硬脂酸($18:0$)。因此,反刍动物的体脂和乳脂所含的饱和脂肪酸比单胃动物要高得多,例如,单胃动物体脂中饱和脂肪酸占 36%,而在反刍动物可高达 55%。反刍动物体脂成分比较稳定,不易受日粮脂肪不饱和度影响。

(3)脂肪酸的合成 瘤胃微生物可以利用 VFA 合成脂肪酸,特别是奇数长链脂肪酸和支链脂肪酸。瘤胃中脂肪酸的合成量较大,如在饲喂粗饲料比例低的日粮的条件下,绵羊每天合成的长链脂肪酸可达 22 g 左右。原虫在瘤胃脂类代谢中有特殊的作用,它们可吸收多不饱和脂肪酸,将其以自身结构的方式保护在体内,从而避免不饱和脂肪酸被氢化,当原虫到达小肠后释放多不饱和脂肪酸。这可能是反刍动物多不饱和脂肪酸的重要来源。

大多数植物的不饱和脂肪酸是顺式的,而瘤胃微生物由 VFA 合成的脂类中许多是反式的。因此,反刍动物体脂和乳脂中含有相当数量的反式不饱和脂肪酸和一些支链脂肪酸,这些脂肪酸在单胃动物中不常见。例如,反刍动物肉和乳中富含的共轭亚油酸(conjugated linoleic acid,CLA)在抗癌等方面有特殊作用。因此,如何提高 CLA 含量成为反刍动物营养学研究的热点之一。

4. 维生素的合成

瘤胃微生物能合成多种 B 族维生素和维生素 K,主要包括硫胺素、核黄素、烟酸、泛酸、吡哆酸、生物素等。一般情况下,即使日粮中缺乏这些维生素,也不影响反刍动物的健康。幼年反刍动物由于瘤胃发育不完善,微生物区系尚未建立,有可能患 B 族维生素缺乏症而生长发育不良。对于成年反刍动物,当日粮中缺乏钴时,瘤胃微生物不能合成足够的维生素 B_{12},易出现食欲不佳等症状。不仅反刍动物需要维生素 B_{12},某些瘤胃微生物也需要,因而日粮中添加钴,比给反刍动物注射维生素 B_{12} 有效。此外,瘤胃微生物不能合成维生素 A、维生素 D 和维生素 E,故必须由日粮补充。

5. 气体的产生

瘤胃发酵过程中产生大量气体。牛瘤胃每天产气量可达 $600\sim1\,300$ L,其中 CO_2 占 $50\%\sim70\%$,CH_4 占 $20\%\sim45\%$,还有微量 N_2、O_2、H_2S 等。瘤胃 CO_2 大部分是微生物发酵过程中产生的,少部分来自唾液或透过瘤胃壁的碳酸氢盐。CH_4 的产生是一种能量损失,其量约占机体总能量的 8%。这些气体主要有 3 条去路:一部分气体(约 $1/4$)被瘤胃壁吸收至血液,由呼吸道排出;一部分气体被微生物利用,参与微生物机体的形成;一部分经逆呕,由嗳气排出体外。犊牛出生后到 5 月龄,瘤胃内的气体以 CH_4 为主;随着日粮中纤维素含量的增加,CO_2 的含量也增加,在 6 月龄后达到成年牛的水平。

(四)前胃运动及其调节

反刍动物的前胃能自发地产生周期性的运动,其各部的运动在神经和体液因素的调节下密切联系,相互配合、协调运动。

1.网胃的两相收缩

前胃的运动从网胃的两相收缩开始。在内容物的刺激下,网胃第一相收缩力量较弱,只收缩 1/2,然后舒张或不完全舒张,该收缩将漂浮在网胃上部的粗大食糜压向瘤胃,利于逆呕到口腔或在瘤胃内进一步进行机械性磨碎。网胃第二相收缩力量相对较强,主要是将已经磨碎的食糜压入瓣胃和瘤胃前庭,由此引发瘤胃和瓣胃收缩,食糜流动。这种双相收缩每间隔 30～60 s 重复 1 次。反刍时,在两相收缩前还增加一次收缩,称为附加收缩。由于网胃体积较小,如果网胃内存在铁钉、铁丝等尖锐异物,当网胃发生强烈收缩时,极易引起创伤性网胃炎,进而继发腹膜炎和心包炎。因此,要避免在养殖场内或饲料中混有尖锐异物,以防止反刍动物由于粗略咀嚼的习性而吞下这些尖锐硬物,引起创伤性网胃炎等。

2.瘤胃的双向收缩

瘤胃的收缩在网胃第一相收缩以后即开始,一直持续到网胃第二相收缩力量之后。这是一种与网胃收缩直接关联的收缩波,称为 A 波。A 波从瘤胃前庭开始,向上并沿背囊向后向下转至腹囊,而后再经腹囊向前,并向上回到前庭,食物随运动方向移动并混合。此时,网胃舒张,一部分经过瘤胃消化的内容物进入网胃,再次刺激网胃壁引起网胃的下一轮收缩。另一种收缩波称为 B 波,它的产生与网胃收缩无直接关系,而是瘤胃运动的附加波,其作用在于协助嗳气。B 波的运动方向与 A 波相反,起于后腹盲囊,向上经后背盲囊、前背盲囊,最后到达主腹囊。B 波收缩的频率在采食时是 A 波的 2/3,而在休息时约为 A 波的 1/2。

瘤胃运动是兽医临床诊断检查的重要指标。通常可在左侧肷部通过听诊或触诊来检查瘤胃运动的频率和运动强度。一般情况下,瘤胃运动频率为:休息时平均为 1.8 次/min,进食时增加,平均可达 2.8 次/min,反刍时约为 2.3 次/min,每次收缩 15～25 s。

3.瓣胃运动与网胃运动的关系

瓣胃的运动与瘤网胃的运动协调,起始于网胃收缩,网瓣口张开,同时瓣胃管舒张,食糜快速流入瓣胃。网胃收缩后,首先引起瓣胃沟收缩,网瓣口关闭,将粗大的食糜送入瓣胃体叶片之间。然后瓣胃体收缩,将稀薄的食糜排入皱胃,将截留于叶片之间的较大食糜颗粒磨碎(图 5-12)。瓣胃内食糜离开瓣胃的速度受瘤网胃和皱胃内容物多少的影响,当瘤网胃内容物多或皱胃内容物少时,瓣胃内食糜转移快速。由于瓣胃具有许多叶片,黏膜表面积大,有强大的吸收功能,且因瓣胃具有过滤作用,其内容物比瘤网胃的干燥得多,因而不适于微生物消化。当瓣胃运动机能减弱时,极易发生瓣胃阻塞。

前胃运动受神经调节,感受器几乎遍布整个消化道,其初级中枢在延髓,高级中枢在大脑皮层。其传出神经是交感神经和迷走神经,前者兴奋时抑制前胃运动,后者则加强前胃运动。一般情况下,刺激头部感受器可反射性引起前胃运动增强,而刺激皱胃和肠道感受器则反射性引起前胃运动减弱。切断迷走神经后,食糜不能由瘤胃和网胃进入瓣胃和皱胃,前胃各部分出

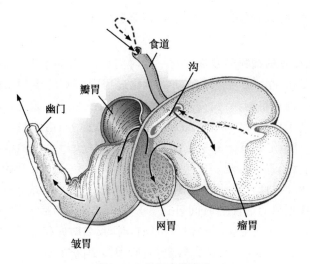

食道

沟

瓣胃

幽门

网胃

瘤胃

皱胃

图 5-12 复胃食糜流向

现不连贯和不协调的收缩;如果再刺激迷走神经的离中端,可引起前胃各部分的有力收缩。兽医临床中常见的迷走神经性消化不良,其主要发病原因是支配前胃和皱胃的迷走神经分支系统受到损伤,以致胃的运动功能发生紊乱。

前胃的运动受大脑皮层的控制。当存在较强外来刺激,例如,噪声、陌生人出入等会通过听觉、视觉等感觉通路反射性引起瘤胃运动减弱,反刍停止。而不受干扰、处于安静状态的反刍动物,其副交感神经活动较活跃,胃的运动也较强,利于消化。因此养殖场选址最好远离人群或机器嘈杂的地方,并且严格控制陌生人的出入,以利于动物消化活动的正常进行。

体液因素中胃肠激素对前胃的运动具有调节作用。促胰液素和胆囊收缩素等可抑制瘤胃运动,而胃泌素可促进瘤胃运动。当日粮中精饲料过多而粗饲料不足时,前胃内容物中 VFA 含量过高,导致前胃运动抑制。

(五)嗳气、反刍和食管沟反射

嗳气、反刍和食管沟反射是反刍动物在前胃运动的过程中伴随发生的特有消化活动,具有特殊的生理学意义。

1. 嗳气

嗳气(eructation)是反刍动物特有的生理现象,指瘤胃微生物发酵产生的气体经由食管、口腔向外排出的过程。嗳气是一种反射动作,起源于瘤胃内增多的气体对瘤胃壁机械感受器的刺激,这些感受器分布于瘤胃背囊、贲门四周及食管沟附近,反射中枢位于延髓,随着瘤胃内气体增多,兴奋传至中枢。经过中枢整合后,信号传至瘤胃壁,最先引起后背盲囊收缩,压迫气体推向瘤胃前庭。与此同时,网胃褶收缩,以阻挡食糜前涌,而网胃松弛,贲门部液面下降,贲门也随之舒张,于是气体被压入食管。此时,整个食管几乎同时收缩,内压升高,大部分气体经嗳气由口逸出(约占 75%),小部分则随着鼻咽括约肌的闭合,经开张的声门进入呼吸道,并由肺毛细血管吸收进入血液。关于嗳气被重新吸收的生理意义还不甚清楚。牛嗳气平均为 17~20 次/h。

嗳气是反刍动物稳定瘤胃机能的重要生理活动。正常情况下,瘤胃内气体的产生和排出维持相对平衡,而嗳气的抑制可引起瘤胃气膨,甚至造成死亡。

2.反刍

反刍动物将吞入瘤胃的饲料经浸泡软化一段时间后,再逆呕到口腔仔细咀嚼的特殊消化活动称为反刍(rumination)。反刍是反刍动物消化过程中特殊的生理功能,由于反刍动物采食一般都比较匆忙,特别是粗饲料,大都未经充分咀嚼就吞咽进入瘤胃,反刍过程不但可进一步切细饲料,而且有利于食糜中饲料颗粒的选择性排空。此外,咀嚼过程中混以大量唾液,这对于维持瘤胃 pH 相对稳定具有十分重要的意义。犊牛一般出生后第 3 周开始反刍,给犊牛提前采食粗饲料可使反刍提前出现。成年牛一般采食后 0.5~1.0 h 开始反刍,每次反刍 40~50 min,一天进行 6~8 次,每天累计反刍时间达 6~8 h。日粮的组成,特别是粗饲料的含量对反刍有很大影响,饲喂干草的牛反刍时间可达 8 h/d。绵羊从饲喂长的或切短的干草转变为干草粉时反刍时间从 9 h/d 减至 5 h/d;饲喂精饲料时,反刍时间仅 2.5 h/d。反刍主要发生在动物休息时,因此为了保证反刍活动的正常进行,必须给予反刍动物充足的休息时间。

反刍是一个复杂的反射过程,包括逆呕、再咀嚼、再混唾液和再吞咽 4 个阶段。反刍起始于对网胃、瘤-网皱褶以及瘤胃-贲门黏膜感受器的机械刺激。传入神经是迷走神经,中枢可能在脑干,传出神经则广泛分布于唾液腺、食管、网胃及与呼吸、咀嚼、吞咽等活动相关的骨骼肌。反刍从用力吸气开始逆呕,将网胃内液状内容物食团吸入松弛的食道。当向口的食道收缩,将液状食团送入口腔,舌头抬高挤出食团中的液体部分,并马上咽下。如果没有固体部分留在口腔,就不会发生咀嚼,这个过程称为假反刍。如果有固体部分留下,即发生缓慢而有规律的咀嚼运动,约 40 s。最后咀嚼停止,剩余的食团混合唾液后被再吞咽。在下一个食团逆呕进入口腔之前,咀嚼暂停约 5 s。因此,第二个食团从来不会和第一个食团同时出现在口腔中。

3.食管沟反射

反刍动物从贲门到瓣胃入口存在食管沟,它的结构和功能同哺乳方式和年龄密切相关。当哺乳幼畜吸吮时,反射性地引起食管沟的唇状肌肉卷缩形成几乎封闭的管道,乳汁直接从食管进入瓣胃,再经过瓣胃沟流入皱胃,称为食管沟反射(oesophageal groove reflex)。食管沟反射与吞咽活动同时发生,感受器位于唇、舌、口腔和咽部的黏膜上,传入神经是舌下神经、三叉神经的咽支和舌神经,中枢位于延髓,传出神经存在于迷走神经中。

食管沟闭合的程度与哺乳方式密切相关。犊牛直接在母畜乳头吸吮母乳或人工哺乳器吸吮时,食管沟闭合严密;动物吮吸不足时(如用桶、盆等喂乳时),由于缺乏吮吸刺激,食管沟闭合不全,容易将乳汁漏入瘤胃和网胃,受此处微生物发酵影响而引起腹泻。哺乳仔畜食管沟反射较发达,食管沟能完全闭合,随着年龄增长,食管沟反射逐渐减弱。

二维码 5-9　调控瘤胃功能,改善生产性能

(六)调控瘤胃功能,改善生产性能的措施

在现代化牛、羊养殖场,为了改善动物生产性能,节约开支,增加社会效益,会采取一系列措施调控瘤胃功能,如保护营养素、选择抑制性细菌、添加益生菌及适度添加尿素等(二维码 5-9)。

二、瓣胃消化

瓣胃(omasum)消化是瘤、网胃消化的延续,其功能就像一具水泵,来自瘤胃的食糜通过

瓣胃的叶片之间时,大量水分被移去。截留于叶片之间的较大食糜颗粒,通过瓣胃强有力的收缩,被进一步研磨、粉碎,并将食糜送入皱胃。

瓣胃活动可分两期:第一期是瓣胃管收缩,食糜在叶片之间被挤压。瓣胃管的收缩通常与瘤胃背囊收缩同时发生。第二期是瓣胃胃体的收缩,食糜从瓣胃进入皱胃。

经瓣胃的机械性消化后,食糜变得细而干,干物质含量可达 22.6%,明显高于瘤胃和网胃的干物质含量(瘤胃内干物质含量约 17%,网胃内干物质含量约 13%)。食糜中直径小于 1 mm 的颗粒约占 67.67%,大于 3 mm 的颗粒少于 1%。

瓣胃内容物 pH 为 5.5 左右,在此酸性环境下,微生物的活动大多被抑制,而吸附在纤维上的纤维素酶(最适 pH 为 5.5)可继续发挥作用,将纤维素分解为糖。约 20% 的纤维素在瓣胃被消化。此外,瓣胃具有很强的吸收功能,能吸收约 70% 的 VFA,还可以吸收水分和无机物等,但该功能较瘤、网胃弱。

三、皱胃消化

皱胃（abomasum）的结构和功能与非反刍动物的单胃相似。

(一)胃液的分泌

1. 胃液

皱胃黏膜上具有分泌胃液的腺体,其功能与单胃动物的胃相似。皱胃底部是最主要的分泌区,分泌物中含有盐酸、胃蛋白酶原,哺乳犊牛还含有较丰富的凝乳酶。牛皱胃胃液 pH 为 2.0~4.1,绵羊为 1.0~1.3。与单胃动物的胃液相比较,皱胃胃液的盐酸浓度较低,凝乳酶含量较高,犊牛胃液的凝乳酶含量更高。胃蛋白酶原的含量随幼畜的生长逐渐增多,pH 则逐渐降低。

皱胃胃液的分泌是连续的,与食糜由瓣胃连续进入皱胃有关。绵羊的胃底部一昼夜分泌 4~6 L 胃液。皱胃胃液通过其酸性不断地杀死来自瘤胃的微生物。微生物蛋白质被皱胃的消化酶初步分解。食物经皱胃消化后,形成的食糜稳定地流入十二指肠。

反刍幼畜出生第一天皱胃不分泌酸和胃蛋白酶原,这样动物吸吮的初乳中的免疫球蛋白经过胃,而不会被消化。同时,初乳中的抗胰蛋白酶因子也阻止初乳中的免疫球蛋白在小肠中降解,这样免疫球蛋白可通过胞饮机制完整吸收。但初乳中免疫球蛋白这种不被消化和完整吸收的作用仅在出生后 1~2 d 发生,如果给予常乳而不是初乳,则终止。

2. 胃液分泌的调节

皱胃胃液分泌受神经和体液因素的调节。迷走神经兴奋可以促进其分泌,VFA 可能是兴奋迷走神经的主要刺激因子。胆碱能药物能促进胃液分泌,胆碱能神经阻断药物则有相反的效应。此外,皱胃胃液分泌还受十二指肠的反射性调节,当十二指肠扩张和酸性食糜刺激时均可反射性引起胃液分泌减少。体液调节中,胃泌素是调节皱胃胃液分泌的关键激素,而皱胃食糜 pH 是影响胃泌素分泌的主要因素。当皱胃食糜 pH 升高时,促进胃泌素的分泌;反之,则抑制其分泌。来自瓣胃的食糜略呈酸性并具有高度的缓冲性,使皱胃的 pH 升高,刺激胃泌素的释放,从而促进胃液分泌。

皱胃分泌与瘤胃状况密切相关,随着进入皱胃的食糜减少,胃液分泌及胃液酸度都降低。如果皱胃内灌注含有乙酸、丙酸和丁酸的缓冲液,则可引起分泌增加。

(二)皱胃的运动

皱胃运动不如前胃那样富有节律。它的收缩与十二指肠的充盈度有关,十二指肠扩张时,皱胃收缩降低;十二指肠排空后,皱胃收缩增加。同样,皱胃的扩张可引起前胃运动的降低,进入皱胃的食糜减少。一般情况下,胃体部处于静止状态,幽门窦的收缩比胃体强,将食糜排入十二指肠,即胃的排空。

皱胃的排空受神经和体液调节。迷走神经兴奋时,皱胃运动增强。当皱胃充满时,刺激皱胃感受器可反射性促进皱胃运动;而食糜进入十二指肠后刺激十二指肠感受器,则反射性抑制皱胃运动,抑制胃的排空。胆囊收缩素、促胰泌素和胃泌素等胃肠激素是主要体液调节因素。十二指肠分泌的胆囊收缩素和促胰泌素抑制皱胃运动,抑制胃的排空;胃泌素则促进皱胃运动,促进胃的排空。

皱胃移位是兽医临床上较为常见的疾病。目前认为,其主要原因是高精饲料饲喂条件下,过量的 VFA 和乳酸进入皱胃,导致皱胃运动抑制,从而导致该病的发生。

第五节 小肠消化

小肠消化是胃消化的延续。胃内酸性食糜进入小肠后,经胰液、胆汁和小肠液的化学性消化以及小肠运动的机械消化后,营养物质结构由复杂变为简单,消化过程基本完成,并被小肠黏膜吸收,未被消化的食物残渣进入大肠。

一、胰液

胰液(pancreatic juice)是由附着在十二指肠外侧的胰腺分泌的。胰腺具有内分泌部和外分泌部。胰腺外分泌部的组织结构与唾液腺相似,由腺泡和导管组成,内分泌部主要分泌激素,其功能同三大能源物质的代谢调节有关。胰腺外分泌部的腺泡细胞和小导管管壁细胞所分泌的混合物即为胰液,通过胰导管排入十二指肠。它是一种无色、无味的碱性液体,水分含量 90%,pH 为 7.8~8.4,渗透压与血液相近。家畜的胰液是连续分泌的,正常饲喂条件下,不同动物的胰液分泌量为:马 7 L,牛 6~7 L,猪 7~10 L,绵羊 0.5~1.0 L,犬 0.2~0.3 L。

(一)胰液的组成及其作用

胰液的主要成分包括水、无机物和有机物。无机物中 HCO_3^- 含量最高,由胰腺小导管细胞分泌;有机物主要是各种消化酶,由腺泡细胞分泌。

1.无机物

胰液的阳离子主要是 Na^+ 和 K^+,其浓度与血浆相近,而且比较稳定,不随分泌速度而变化。此外,还含有 Ca^{2+} 和 Mg^{2+}。主要阴离子是 HCO_3^- 和 Cl^-。HCO_3^- 是保持肠内碱性环境的重要因素,它中和来自胃的酸性食糜,为胰液和肠液内各种酶的作用提供合适条件,并保护肠黏膜免受强酸的侵蚀,对肠内消化有重要意义。胰液中 HCO_3^- 的分泌量因胰液分泌率和生理状态而异。胰液分泌率加快时,HCO_3^- 浓度增加。例如,当胰腺分泌大量胰液时,HCO_3^- 离子浓度可高达 145 mmol/L,相当于血浆中浓度的 5 倍。在机体发生代谢性酸中毒或碱中毒时,随着血浆中 HCO_3^- 降低或升高,胰液内 HCO_3^- 浓度也发生相应的变化。

2. 有机物

(1)胰蛋白分解酶 胰液中的蛋白分解酶包括肽链内切酶和肽链外切酶。肽链内切酶包括胰蛋白酶原(trypsinogen)、糜蛋白酶原(chymotrypsinogen)和少量弹性蛋白酶原(proelastase)等。肽链外切酶包括羧基肽酶原(procarboxypeptidase)A 和 B 等。

胰蛋白酶原在十二指肠黏膜和肠液中的肠激酶(enterokinase)的作用下被激活,形成有活性的胰蛋白酶(trypsin),激活的胰蛋白酶又可激活胰蛋白酶原而形成正反馈。胰蛋白酶原可以自我激活,但激活能力较弱。胰蛋白酶的作用强,并具有高度特异性,只裂解底物的精氨酸和赖氨酸之间的肽链,产生蛋白胨和蛋白胨。胰蛋白酶还是一个触发酶,它可以激活许多其他酶原(图 5-13),在消化中起关键作用。糜蛋白酶原由胰蛋白酶激活为糜蛋白酶(chymotrypsin),特异性作用于芳香族氨基酸(色氨酸、苯丙氨酸、酪氨酸)的肽链。弹性蛋白酶原由胰蛋白酶激活为弹性蛋白酶(proelastase),后者是唯一能水解硬蛋白的酶。羧基肽酶(carboxypeptidase)则通过外切作用将蛋白质或多肽分解成单个氨基酸。

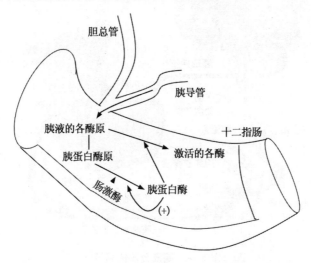

图 5-13 胰液中酶原在小肠的激活

(2)胰淀粉酶 胰淀粉酶(pancreatic amylase)是一种糖蛋白,属 α-淀粉酶,不需要激活就具有活性,它是一种 Ca^{2+} 依赖的消化酶,既作用于直链淀粉,也作用于支链淀粉,无差别地切断 α-1,4-糖苷键,产生糊精、麦芽糖和麦芽寡糖,其水解作用的速度快、效率高。胰淀粉酶结构上存在一定的种别差异,如猪的淀粉酶有 2 个—SH 基,而人的只有 1 个。酶的活性与酶—SH 基的数量有关,数量越多,裂解程度也越高。无机离子对胰淀粉酶活性有显著的影响,Ca^{2+} 为该酶的必需因子和稳定因子,而 Cu^{2+} 则对其活性有抑制作用。

(3)胰脂肪酶 胰脂肪酶(pancreatic lipase)是消化脂肪的主要酶。在胰腺分泌的另一种酶——辅脂酶(colipase)和胆盐的共同存在下,胰脂肪酶将甘油三酯分解为甘油、脂肪酸和甘油一酯。胰脂肪酶和辅脂酶的复合体称为共脂酶。此外,胰液中还含有胆固醇酯酶和磷脂酶 A_2,分别水解胆固醇和卵磷脂。

(4)其他酶类 胰液中还有多种酶,如胰核糖核酸酶、胰脱氧核糖核酸酶等。在正常情况下,胰液中的蛋白水解酶并不消化胰腺自身,这除了因为胰蛋白酶是以酶原形式分泌的以外,还因为胰液中含有一些抑制因子,如胰蛋白酶抑制物(trypsin inhibitor),它可在 pH 为 3～7 的环境内和胰蛋白酶以 1∶1 的比例结合,而使后者不具有活性,从而防止胰腺被自身的酶系消化。

(二)胰液分泌的调节

在非消化期,胰液几乎不分泌或分泌很少。进食后胰液开始分泌。胰液分泌有一定的种别特点,杂食动物和非反刍动物的胰液分泌量多,缓冲容量大且呈连续性分泌,这与它们的大肠微生物消化相适应。

1. 胰液分泌的调节

进食后胰液分泌受神经和体液双重调节,以体液调节为主(图 5-14)。

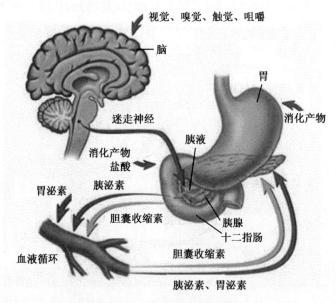

图 5-14　胰液分泌的调节

(1)神经调节　胰腺分泌受植物性神经支配。食物对动物感觉器官的刺激可引起酶含量多,但液体含量少的胰液分泌。迷走神经是主要的传出神经,迷走神经兴奋,释放乙酰胆碱,可直接作用于胰腺细胞,对小导管细胞的作用较弱,因此,迷走神经兴奋引起的胰液分泌主要是酶含量增加,而水和 HCO_3^- 很少。此外,迷走神经还可促进胃窦和小肠黏膜释放胃泌素,后者通过血液循环作用于胰腺,间接引起胰液的分泌,但这一作用较小。

(2)体液调节　这是调节胰腺外分泌的主要途径,特别是十二指肠分泌的一些肽类激素在调节中起重要作用。影响胰腺分泌的激素和多肽按其作用可分为兴奋性和抑制性两大类,其中最主要的是小肠黏膜 S 细胞分泌的促胰液素(secretin)和胆囊收缩素。胃酸是最强的促胰液素释放的刺激因子,后者主要作用于胰腺小导管上皮细胞,促使其分泌大量的水和碳酸氢盐,但是分泌酶的量不大。CCK 的主要作用是促进胰腺腺泡分泌含消化酶丰富的胰液,同时促进胆囊胆汁的排出。

在有关胰液分泌调节的研究历程中,中国现代消化生理学的奠基人——中国科学院院士王志均教授也做出了突出的贡献。王志均既是享誉中外的科学家,又是桃李满天下的教育家(二维码5-10)。

二维码 5-10　科学家事迹:中国现代消化生理学的奠基人——中国科学院院士王志均

2.胰液分泌的时相

胰液分泌是由食物刺激引起的,和胃液分泌调节一样,根据食物进入消化道的先后,胰液分泌也可分为头期、胃期和肠期。

(1)头期　亦称神经期。动物看、嗅和尝到食物时都可引起胰液的分泌,这一过程主要通过迷走神经实现。头期胰液的分泌量占消化期胰液分泌量的 20%左右。

(2)胃期　主要由食物对胃的物理和化学刺激所引起。食物进入胃后引起胃的扩张,通过迷走神经,促进胰液分泌;其次,胃内蛋白质的消化产物会刺激胃泌素分泌,从而引起胰液分泌。同时,头期引起的迷走神经兴奋能促进胃窦黏膜分泌胃泌素,最后也导致胰液分泌的增加。此期的胰液分泌量只占消化期胰液分泌量的 5%~10%。

(3)肠期　这是胰液分泌最重要的时期。进入十二指肠的各种食糜成分特别是蛋白质、脂肪水解产物,对胰液分泌具有很强的刺激作用。促胰液素和胆囊收缩素在胰液的肠期分泌调节中起重要作用。

二、胆汁

胆汁(bile)是由肝脏细胞分泌的消化液。各种动物胆汁进入十二指肠的途径有一定的差异。大部分动物(牛、猪和犬等)有胆囊,胆汁流入胆囊内暂时储存,然后进入肠道;有的动物(马、驴、鹿和骆驼等)没有胆囊,储存胆汁的功能则由粗大的胆管完成。人、犬和马的胆总管与胰导管位置很近,而猪和牛的两者相距甚远。绵羊和山羊的胰导管直接与胆总管连接,因此进入十二指肠的是胰液和胆汁的混合物。

(一)胆汁的组成和作用

胆汁味苦,是一种有色的液体。因胆汁所在部位的不同,可分为肝胆汁和胆囊胆汁。前者较稀薄,呈弱碱性;后者储存于胆囊之中,经过胆囊壁分泌黏蛋白,吸收水分和碳酸氢盐,较黏稠,呈弱酸性。胆汁的颜色由所含胆色素的种类和浓度决定,具有明显的种别特点。胆色素是血红蛋白的分解产物,包括胆绿素及其还原产物胆红素和胆原素。胆色素的颜色与动物的食性有关,人和肉食动物以胆红素为主,一般呈红褐色;草食动物则以胆绿素为主,一般呈暗绿色;猪的一般呈橙黄色。

1.胆汁的成分

胆汁除水分外,还包括无机和有机成分。无机成分主要包括 Na^+、K^+、Ca^{2+}、Mg^{2+}、Cl^-、HCO_3^- 等,其中 Na^+、Cl^- 和 HCO_3^- 含量较高。有机成分主要包括胆酸及其盐类、胆固醇、胆色素、脂肪酸和卵磷脂等。胆酸(bile acids)是在肝脏由胆固醇合成的,是胆固醇的水溶性衍生物,又称为初级胆酸。胆酸与甘氨酸或牛磺酸耦联组成的钠盐或钾盐称为胆盐(bile salt)。进入小肠的胆酸(盐),经小肠吸收返回肝脏,被肝细胞再次分泌,称为胆盐的肠肝循环(enterohepatic circulation of bile salts)。在正常情况下,胆盐、胆固醇和卵磷脂之间能够维持适宜的比例,使胆固醇呈溶解状态。如果胆固醇过多,或胆盐、卵磷脂过少,胆固醇会析出形成胆固醇结石。动物胆结石,如牛黄、猪黄、羊黄等均是我国传统的名贵中药材,成书于汉代的《神农本草经》等中医典籍记载其具清热、解毒、定惊等功效,该药沿用至今,并可进行人工合成造福后人,足见中华文明博大精深。

2.胆汁的作用

胆汁中不含消化酶,胆汁的作用主要通过胆盐发挥。

(1)促进脂肪的消化和吸收 胆汁中的胆酸、胆固醇以及卵磷脂都是脂肪的高效乳化剂,将脂肪乳化为直径 $3\sim10~\mu m$ 的脂肪微滴,增大了与脂肪酶的接触面积,有利于脂肪的消化。胆盐达到一定的浓度后,其分子可以聚合成微胶粒(micelle),将脂肪的消化产物包裹在中间,形成水溶性的混合微胶粒(mixed micelle),运载不溶于水的脂肪分解产物到达小肠黏膜表面,从而促进脂肪的吸收。胆盐作为胰脂肪酶的辅酶,是能增强脂肪酶活性的激活剂。

(2)促进脂溶性维生素的吸收 由于胆汁能促进脂肪分解产物的吸收,所以对脂溶性维生素 A、维生素 D、维生素 E 和维生素 K 的吸收也有促进作用。

正常情况下,肝脏合成胆汁的量和排泄量相等,然而对脂肪的消化和吸收是不够的,因此胆盐必须循环。胆盐的肠肝循环受阻碍,将导致脂肪和脂溶性维生素的吸收不良。

(3)其他作用 胆盐在小肠中被吸收后,可直接刺激肝细胞合成和分泌胆汁;胆汁能在十二指肠内中和胃酸,提供适宜的 pH 环境。此外,胆汁还能起排泄作用,一些胆色素、药物等代谢产物可经胆汁排出。

(二)胆汁的分泌和排出的调节

(1)神经调节 采食或消化管内食物的刺激可反射性引起胆汁分泌,胆囊收缩。迷走神经是该反射的传出神经,切断双侧迷走神经或使用抗胆碱类药物可以阻断此反应。另外,迷走神经还可以通过促进胃泌素的释放,间接引起肝胆汁分泌以及胆囊的收缩。

(2)体液调节 小肠内的胆盐大部分经肠黏膜吸收,通过门静脉返回到肝脏,直接刺激肝细胞分泌胆汁。胆囊收缩素、胰泌素和胃泌素都可以引起胆汁的分泌。胆囊收缩素能引起胆囊收缩和奥地氏括约肌松弛,从而促进胆汁的排出。胰泌素主要作用于胆管系统,引起胆汁中水和碳酸氢盐量的增加。胃泌素可以作用于肝细胞和胆囊,促进肝胆汁的分泌和胆囊收缩,同时胃泌素还能通过刺激盐酸分泌,引起胰泌素的分泌,从而导致肝胆汁的分泌。

三、小肠液

小肠内的消化液除胰液、胆汁外,小肠本身也具有分泌功能。小肠内的腺体主要包括位于十二指肠黏膜下层的十二指肠腺(Brunner's glands)和分布于整个小肠黏膜层内的小肠腺(Lieberkühn crypt),小肠液是小肠黏膜中各种腺体的混合分泌物,分泌量大,其成分变动也较大。

(一)小肠液的性质、组成和作用

小肠液是弱碱性液体,pH 约为 7.6,含有丰富的电解质,包括 Na^+、K^+、HCO_3^-、Cl^- 等。HCO_3^- 能中和胃酸,保护肠黏膜不被胃酸侵蚀。从小肠腺分泌进入肠腔的酶主要是肠激酶,它可以激活胰蛋白酶原。小肠液中还有一些酶类,如分解寡肽的氨基肽酶、二肽酶,分解双糖的麦芽糖酶、蔗糖酶等,但一般认为它们不是由肠腺分泌,而是由脱落的肠黏膜上皮细胞释放的。这些酶类主要存在于肠上皮细胞的纹状缘,当营养物质与上皮细胞表面接触时,这些消化酶可发挥消化作用。小肠液中还常混有肠上皮细胞分泌的免疫球蛋白。

小肠液发挥消化作用有两种方式。由肠腺分泌的肠激酶和淀粉酶同食糜充分混匀后在肠腔内发挥作用,称为腔消化(luminal digestion)。经过腔消化的物质一般尚未完全水解。肠黏膜上皮分泌的肠肽酶和双糖酶等则位于肠上皮细胞的纹状缘。当腔消化产物接触小肠黏膜时,小肠黏膜上的酶使其进一步水解为小分子物质而被吸收,这种消化过程称为膜消化(membrane digestion),又称接触性消化,其生理功能远大于腔消化。

(二)小肠液分泌的调节

小肠液的分泌受神经系统支配。肠黏膜中存在机械和化学感受器,它们对食糜的局部刺激,尤其对机械扩张最为敏感。这些刺激主要通过壁内神经丛的局部神经反射调节小肠液的分泌,而外来神经系统的调节作用较小。此外,大脑皮层也参与分泌的调节,用食物逗引动物时,小肠液分泌增加。

激素对小肠分泌也有一定的调节作用。胃泌素、胰泌素、胆囊收缩素和血管活性肠肽等都可促进小肠液的分泌。

四、小肠的运动

(一)小肠的运动形式

小肠壁的肌层有 2 层,内层为较厚的环行肌,外层是较薄的纵行肌。小肠的运动由这两层平滑肌的舒缩活动完成。与消化道其他部位一样,小肠运动分为消化期运动和消化间期运动。

1. 消化期的运动

消化期小肠运动的基本形式是紧张性收缩、分节运动和蠕动。

(1)紧张性收缩　小肠平滑肌的紧张性是进行其他运动形式的基础。紧张性收缩使小肠平滑肌保持一定的紧张度,并维持一定的肠内压,有利于肠内容物的混合,促进消化。

(2)分节运动　分节运动(segmentation contraction)主要是小肠环行肌产生节律性收缩和舒张的结果。分节运动在犬、猫等肉食性动物及反刍动物中较常见。当一段肠管被食糜充满时,间隔一定距离的环行肌同时收缩,而邻近的环行肌则舒张,将食糜分成许多节段。随后,原收缩处舒张,原舒张处收缩,使原来的节段分成两半,相邻两半合成新的节段,如此反复进行(图 5-15)。分节运动促进食糜与消化液充分混合,有利于化学消化的进行,但并不推进食糜。同时,分节运动还可使食糜与肠壁紧密接触,从而有利于吸收功能的正常进行。此外,因挤压肠壁,还促进了血液与淋巴的回流。

小肠各段分节运动的频率从前段向后段递减,例如,犬小肠的分节运动频率,十二指肠为17～18 次/min,空肠下段为 15～16 次/min,回肠为 12～14 次/min。分节运动的频率与其基本电节律的变化相关。

(3)蠕动　蠕动(peristalsis)是肠壁环行肌和纵行肌协同作用的连续性缓慢推进性运动。食糜前面的纵行肌收缩,环行肌舒张,而食糜后面的环行肌收缩。纵行肌舒张,从而将食糜向后一段消化道推进。小肠蠕动的速度较慢,一般情况下为 1～2 cm/s。此外,小肠还有一种蠕动形式,不但速度快(2～25 cm/s)而且传播远,它可把食糜从小肠起始端,一直推送到小肠末端,甚至大肠,称为蠕动冲(peristaltic rush)。十二指肠和回肠末端还有一种逆蠕动,其运动的

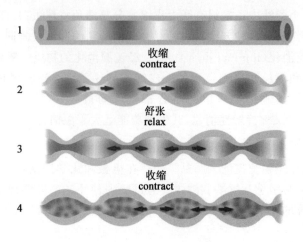

图5-15　小肠的分节运动

方向与蠕动相反,可以防止食糜过早地通过小肠,确保食糜在小肠内充分混合、消化与吸收。蠕动常和分节运动重叠,两者经常并存。

2.消化间期的运动

消化间期小肠的运动形式是周期性的移行性复合运动(migrating motor complex, MMC)。这种运动起源于胃或小肠的前端,并沿肠管向肛门方向移动,呈周期性,每一周期持续80~100 min。MMC推动食糜前进,能清除消化道中的残留物,包括细菌、未消化的食物、脱落的黏膜上皮细胞以及分泌物等。迷走神经参与MMC的调节,切断迷走神经后,MMC消失并造成食物在消化管的滞留。

(二)小肠运动的调节

消化系统的神经调节很复杂,并且大部分都在意识控制之外(不随意),但颈段食管和肛门可受意识控制。此处的肌层由横纹肌组成,从某种程度上来说可随意控制。消化道的其余部分受自主神经和壁内神经丛调节。

1.壁内神经丛的调节

食糜对小肠的机械性刺激和化学性刺激均可以通过壁内神经丛反射使小肠蠕动增加。当切断外来神经的支配,小肠仍可以进行蠕动。

2.外来神经的调节

迷走神经的兴奋能加强小肠的运动,交感神经兴奋会抑制小肠运动。它们对小肠运动的调节一般是通过壁内神经丛实现的。

3.体液因素的调节

除各种神经递质外,胃肠道激素是小肠运动的主要调节因子。能促进小肠运动的胃肠道激素主要包括胃泌素、胆囊收缩素、胃动素等;可以抑制小肠运动的主要有胰泌素、血管活性肠肽和生长抑素等。

第六节　大肠消化

大肠消化有很大的种别差异。肉食动物如犬的小肠消化特别完善,而结肠较短,盲肠则不发达,大肠长度只占消化道总长度的约15%,其消化能力相对较弱。单胃草食动物如马的大肠约占消化道总长度的25%,兔的约占39%,大肠是最重要的微生物消化场所。反刍动物虽有瘤胃的存在,但牛和羊的大肠占肠道总长度的19%～20%,大肠仍然是重要的微生物消化部位,被称为消化道的第二发酵区。猪的大肠约占肠道总长度的22%,也有重要的微生物消化活动。

一、大肠液的分泌

大肠上皮主要由黏液细胞组成,只分泌黏液。虽然大肠黏膜也有许多与小肠黏膜相似的腺窝,但是它没有绒毛,也不分泌酶。食糜对大肠黏液细胞的刺激是引起黏液分泌的主要因素,局部神经丛和外来神经系统均参与分泌过程的调节。刺激盆神经(支配大肠的前1/2～2/3)除能促进结肠的蠕动,也促进大肠液的分泌。大肠黏液对肠壁有保护功能,还参与粪便的形成。

二、大肠内的微生物消化

大肠是单胃草食动物最主要的微生物消化部位。一般小肠的优势微生物是耐氧的革兰氏阳性细菌,大肠则主要是厌氧细菌,大多数单胃动物的肠道微生物都有相似的菌群。大肠微生物消化的主要作用包括:①将纤维素、半纤维素等分解为VFA,供大肠吸收;②利用大肠内容物中未消化的蛋白质和非蛋白氮合成微生物蛋白,但其生物利用度低;③合成B族维生素和维生素K,可被大肠黏膜少量吸收和利用。大肠内纤维素的微生物消化是草食动物消化的重要组成部分,尤其马属动物需要的能量至少有1/2是由盲肠和结肠发酵后吸收的营养物质提供的。尽管大肠微生物发酵可为宿主动物提供能量,但是前胃内合成的微生物蛋白和维生素可经小肠吸收利用,而大肠发酵动物只有家兔等动物能够通过采食粪便利用这些产物,因此大肠发酵的生物利用度相对前胃发酵利用率低。

三、大肠的运动

小肠食糜进入大肠的程序有一定的种别差异。如马是食糜先进入盲肠,然后再转送至结肠,而绵羊是大部分食糜先进入结肠,然后其中的一部分后退进入盲肠。

大肠的运动主要有3种形式:第一种是袋状往返运动,由环行肌的不规则收缩引起,它使结肠出现一串结肠袋,这种运动使肠腔内容物不断混合,但不向结肠远端推进。第二种是蠕动,速度较缓慢,但推动食糜前进。通常还可看到逆蠕动。第三种是集团蠕动(mass peristalsis),这是一种进行很快,且推进很远的蠕动。

四、粪便的形成及排便

经过消化吸收后的食物残渣一般在大肠内停留 10 h 以上，其中大部分水分被吸收，其余则经细菌发酵和腐败作用后形成粪便（feces）。粪便的成分除了食物残渣外，还包括消化道脱落的上皮、细菌、残余的消化液以及经胆汁排泄的胆色素和肠壁排泄的钙、铁、镁和汞等矿物质等。

排便（defecation）是一种复杂的反射活动，直肠壁内存在其许多感受器，当直肠充满粪便后，感受器接受刺激，冲动沿盆神经和腹下神经，传至腰荐部脊髓的初级排便中枢，并上传至大脑皮层。信号经整合后，通过盆神经传出冲动，使直肠收缩，肛门内、外括约肌舒张，排出粪便。大脑皮层对排便活动有抑制或促进作用。除了猫和犬，家畜均能在行走过程中排便。

第七节　吸　　收

食物经消化后，其分解产物通过消化道的上皮细胞进入血液或淋巴的过程称为吸收（absorption）。经消化道吸收的营养物质被运输到机体各部位，供机体代谢利用。

一、吸收的部位

机体赖以生存的食物，除少量的维生素和盐类外，可以归纳为三大营养物质，即蛋白质、糖和脂肪。动物摄入的水、无机盐和维生素是小分子物质，无须消化便可直接吸收。三大营养物质必须在消化道内消化分解成可吸收的小分子物质才能被吸收。

（一）消化道各段的吸收能力

消化道各段的吸收能力主要取决于消化道的组织结构、食物在该部位消化的程度和停留时间 3 个方面的因素。口腔和食管中的食物还未充分消化，这些部位基本没有吸收能力。单胃动物的胃内表面缺乏典型的绒毛结构，上皮细胞之间的连接也较为紧密，吸收功能一般较差，通常只有一些高脂溶性物质（如乙醇）以及某些药物可被少量吸收。大肠也有一定的吸收功能，但人和肉食动物的大肠吸收能力有限，只有结肠起始部可吸收水和无机盐，草食动物大肠的吸收能力较强，特别是对 VFA。小肠有非常庞大的吸收面积，其中的食物可以被充分地消化，且停留的时间较长，是吸收的主要部位。三大营养物质，糖、蛋白质和脂肪的消化产物绝大部分是在小肠吸收的。虽然大部分的营养物质经过小肠时已被吸收，但进入大肠的物质中还有消化道内容物中大部分的水和无机盐，这些物质主要在大肠吸收。最后只剩余一些食物残渣，经肛门排出。

各营养物质在小肠各段的吸收速度不完全相同。糖类和脂肪的消化产物通常主要在小肠前部被吸收。蛋白质水解后产生的小肽物质主要在小肠前部吸收，而氨基酸则可能主要在回肠被吸收。此外，回肠对胆盐和维生素 B_{12} 具有独特的吸收能力。

（二）小肠黏膜的功能性结构

小肠黏膜的结构十分特殊，使其拥有庞大的内表面积，即吸收表面很大，有利于营养物质的吸收（图 5-16）。小肠的黏膜表面有许多向肠腔内突出的皱襞，尤以十二指肠和空肠最为发达,高度可达 8 mm 左右,这种结构可使黏膜的表面积增加 3 倍。皱襞上还有伸向肠腔的绒毛(villi),高度约为 1 mm,绒毛使小肠的吸收面积增加 10 倍左右。电镜观察发现,每一个绒毛表面由单层细胞组成,其中主要是柱状上皮细胞。每个柱状上皮细胞的表面(腔面)还存在上千条微绒毛(microvilli),称为纹状缘,其高度为 1 μm,直径约为 0.1 μm,微绒毛使吸收面积进一步扩大了约 20 倍,所有这些结构最终使吸收面积变为原有的 600 倍。肠道不同部位,绒毛的密度不一样,以十二指肠最密,此后逐步减少,回肠中绒毛密度较低。

小肠较长,而小肠蠕动的速度却较慢,一般情况下为 1~2 cm/s,因此,食物在小肠中的停留时间长达 3~8 h,而且食物在小肠中能分解为适于吸收的小分子物质,这些都为小肠的吸收提供了有利条件。此外,小肠绒毛内有很丰富的毛细血管、毛细淋巴管、平滑肌和神经纤维网等结构,进食后绒毛中平滑肌的收缩可使绒毛发生节律性的伸缩和摆动,可加速绒毛内毛细血管内血液和毛细淋巴管内淋巴液的回流,有利于吸收。

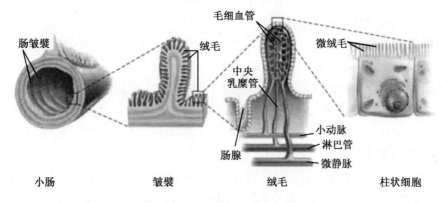

图 5-16 小肠黏膜结构模式图

二、吸收的途径和机制

(一)吸收的途径

营养物质的消化产物通过两条途径进入毛细血管和毛细淋巴管:一条途径为跨细胞途径(transcellular pathway),即通过小肠上皮细胞的纹状缘进入细胞,再由细胞基底侧膜转移出细胞,到达细胞间液,然后进入血液和淋巴;另一条途径为旁细胞途径(paracellular pathway),即肠腔内的物质通过上皮细胞间的紧密连接(tight junction)进入细胞间隙,然后再转运到血液和淋巴。

(二)吸收的机制

营养物质的吸收机制,大致可分为被动转运和主动转运两种方式(详见第一章)。

被动转运包括单纯扩散、易化扩散和渗透。单纯扩散是一种非耗能过程,它是顺着电化学梯度(如浓度差、渗透压等)引起物质由高浓度一侧向低浓度一侧的转运过程。肠腔内物质通过单纯扩散进入血液的途径可能有 4 种形式:①通过上皮细胞膜,这类物质的扩散速度主要取决于它的脂溶性;②通过小肠上皮的充水管道,主要转运小的水溶性物质;③通过细胞间不甚紧密的结合点,主要转运水和小的电解质;④通过细胞挤压出现的空隙,即吸混作用(persorption),主要是一些大分子颗粒的转运。易化扩散也是一种非耗能的顺浓度梯度进行的转运过程,但需要有特异性载体或通道的参与,从而大大提高了扩散速度。

主动转运是一种耗能过程,它是逆着电化学梯度引起物质由低浓度一侧向高浓度一侧转运的过程。主动转运的进行必须有特异性载体和能量供给。由于提供能量的方式不同,主动转运可分为原发性主动转运和继发性主动转运两大类。

此外,营养物质的转运还有少量的入胞形式,是指细胞对液态小滴的摄取(胞饮作用)。如新生动物肠道有吸收大量完整蛋白质的能力。入胞转运由于需消耗能量,亦属于主动转运过程。

三、主要物质的吸收

在消化道中被吸收的物质,不仅包括来源于日粮的各种成分,还包括由各消化腺分泌入消化道内的水、无机盐和有机物等。

(一)水的吸收

肠腔内的各种溶质,特别是 NaCl 主动吸收后所产生的渗透压梯度是水分吸收的主要动力,是被动的渗透过程。肠腔内低渗溶液中的水被迅速吸收,而高渗溶液使水分由肠壁向肠腔中转移。由于小肠黏膜上皮细胞和细胞之间的紧密连接对水具有很高的通透性,所以水很容易被吸收。

(二)离子的吸收

一般来说,单价碱性盐类(如钠、钾、铵盐)的吸收速度快,多价碱性盐类则较慢。例如,Ca^{2+} 的吸收量仅为 Na^+ 的 1/50。凡与 Ca^{2+} 结合而形成沉淀的盐,如硫酸盐、磷酸盐、草酸盐等,则不能被吸收。

1.钠的吸收

钠吸收的主要部位是小肠,单位面积吸收的钠,以空肠最多,回肠次之,结肠最少。钠吸收的主要机制是主动转运,大体有 3 种途径(图 5-17)。①Na^+ 的非耦联吸收,在钠泵作用下,上皮细胞内的 Na^+ 通过细胞基底膜,进入细胞旁路,而消化腔内的 Na^+ 顺着化学梯度以易化扩散形式进入上皮细胞。②Na^+ 的耦联吸收,这种过程需借助于微绒毛上的载体,这种载体常常与糖、氨基酸等共用。因此,这种途径的吸收总是与糖、氨基酸等物质的吸收耦联发生。进入胞内的 Na^+ 在上皮基底膜上的钠泵的作用下,离开细胞进入血液循环。③中性 NaCl 的吸收,这是 Na^+、Cl^- 同向转运的主要形式之一。3 种吸收途径中,以中性 NaCl 的吸收最为重要。

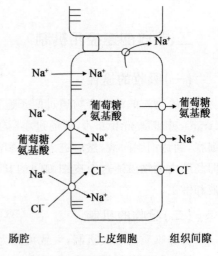

图 5-17 肠道钠离子的吸收形式

2.铁的吸收

铁主要在十二指肠和空肠中被吸收,是一个主动转运过程。黏膜细胞的纹状缘中存在二价金属转运体(divalent metal transporter 1,DMT1),可将无机铁转运入细胞内。大部分无机铁被氧化为 Fe^{3+},并与细胞内的脱铁蛋白结合成铁蛋白(ferritin),存留在胞内,以后缓慢向血液中释放。因此,肠黏膜是铁的贮藏库。小部分无机铁在黏膜细胞基底膜中铁转运蛋白 1(ferroportin 1,FP1)的作用下,被转出细胞,进入血液。

3. 钙的吸收

大多数家畜的 Ca^{2+} 主要在十二指肠和空肠前段被吸收。一般认为,Ca^{2+} 的吸收存在两种机制:一种是跨膜的主动吸收;另一种是经由细胞旁路的被动扩散。这两种机制的发生主要取决于肠道内 Ca^{2+} 的浓度。当肠道内 Ca^{2+} 浓度超过一定范围时主动吸收机制处于饱和状态,但仍可以被动扩散的方式继续吸收 Ca^{2+}。Ca^{2+} 的吸收量取决于机体的需要量。影响 Ca^{2+} 吸收的主要因素是维生素 D 和甲状旁腺激素。高活性的 1,25-二羟维生素 D_3 促进小肠对 Ca^{2+} 的吸收(详见第十章)。肠腔内 pH 对 Ca^{2+} 的吸收也有重要影响,当 pH 为 3 时,钙为离子状态,吸收最佳。此外,食物中钙与磷的适宜比例、脂肪、乳酸和某些氨基酸(如赖氨酸、色氨酸和亮氨酸)等都可促进 Ca^{2+} 吸收,而食物中的草酸和植酸可以与 Ca^{2+} 形成不溶解的化合物而阻碍 Ca^{2+} 的吸收。

4. 磷的吸收

磷可在小肠各段被吸收,存在主动吸收和被动吸收两种机制,主动吸收主要受维生素 D 的调节。磷的吸收一方面受肠道中 pH 环境制约,pH 较低时,有利于吸收;另一方面则取决于饲料中磷的状态。饲料中相当部分的磷是以植酸磷形式存在,由于消化液中缺乏植酸酶系统而无法利用,畜牧生产中在饲料中添加外源植酸酶,以提高磷的吸收利用,已取得了良好效果。

5. 氯的吸收

氯的吸收部位在小肠前段,主要通过扩散途径经细胞旁途径吸收,而且速度很快。Cl^- 的吸收与 Na^+ 吸收有关。Na^+ 吸收时,在食糜(负电性)与上皮细胞旁路(正电性)之间形成电位差,Cl^- 顺电化学梯度被吸收。

6. HCO_3^- 的吸收

胰液和胆汁中有大量的 HCO_3^-,大部分在小肠前段被吸收。HCO_3^- 的吸收是通过间接方式进行的,即 Na^+ 与 H^+ 的交换使 H^+ 进入肠腔,肠腔内的 H^+ 与 HCO_3^- 结合形成 H_2CO_3,H_2CO_3 在碳酸酐酶的作用下解离成 H_2O 和 CO_2。CO_2 是脂溶性的,很容易通过上皮被吸收。

(三)各种营养物质的吸收

1. 糖的吸收

食物中的糖类必须经过消化酶水解为单糖后才能被机体吸收和利用,吸收的部位主要在小肠的前段。被吸收的单糖主要为葡萄糖,还包括少量的其他己糖(半乳糖、果糖、甘露糖等)和戊糖(木糖和核糖等)。在各种单糖中,己糖吸收相对较戊糖快。在己糖中,葡萄糖和半乳糖吸收最快,果糖次之,甘露糖最慢。单糖吸收后,大部分经门静脉进入肝脏,还有一些单糖经淋巴输送到血液循环系统。

葡萄糖的吸收是主动耗能的过程,能量来源于钠泵($Na^+ - K^+ - ATP$ 酶)的水解。在肠黏膜上皮细胞的微绒毛膜上存在特异性主动转运载体蛋白,称为钠-葡萄糖共转运体 1(sodium-glucose linked transporter 1,SGLT1),它能特异性地同葡萄糖和 Na^+ 结合,形成复合体。该复合体通过变构和转位,从上皮细胞腔面转运至上皮细胞浆面,并向上皮细胞内释放葡萄糖和 Na^+。进入上皮细胞的 Na^+ 被上皮细胞基底膜或侧膜上的钠泵通过 Na^+-K^+ 交换的方式主动转运到细胞间隙。同时,进入上皮细胞的葡萄糖随着浓度的升高,通过上皮细胞基底膜上另一类葡萄糖转运载体,即葡萄糖转运蛋白 2(glucose transporter type 2,$GLUT_2$)以易化扩散方式进入细胞间隙,再转入循环系统(图 5-18)。由于葡萄糖不能通过细胞紧密连接,因而防止了葡萄糖通过扩散作用返回肠腔。上述转运过程不断进行,最终完成葡萄糖的吸收过程。由于该转运需要 Na^+ 的参与和钠泵的转运来维持细胞内外的 Na^+ 梯度,所以将葡萄糖的这种转运方式称为葡萄糖的继发性主动转运或者钠耦联转运。该机制除了具有吸收葡萄糖的作用,还间接促使水和 Na^+ 等电解质的吸收。

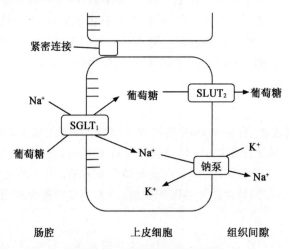

图 5-18　葡萄糖的继发性主动转运

其他糖类的转运各有特点,半乳糖的吸收机制与葡萄糖一样,而果糖则是通过易化扩散机制吸收的,不过有一部分果糖在通过上皮细胞时是变为葡萄糖后被吸收。因此,果糖的吸收速度较慢,仅为葡萄糖或半乳糖的 1/2。

2. 蛋白质的吸收

食物中的蛋白质必须在肠道中分解为氨基酸、小肽(二肽或三肽)后,才能被小肠吸收,吸收的主要部位在小肠的前段。吸收的过程是耗能的主动过程,但涉及的载体比单糖的吸收复杂。在小肠黏膜细胞的微绒毛上已发现至少 7 种氨基酸载体,这些载体可以将不同种类的氨基酸转运至细胞内,然后扩散进入绒毛中的血管。这些转运系统主要是钠依赖性的继发性主动转运系统,其原理与葡萄糖转运系统相同;同时,还存在非钠依赖性的氨基酸转运机制。

3. 脂肪的吸收

日粮中的脂肪在脂肪酶的作用下,分解为甘油、脂肪酸和单酰甘油。后两者可掺入胆盐微胶粒中,形成混合微胶粒。微胶粒的直径仅为 $3\sim6~\mu m$,且表面充满电荷,很容易溶解于食糜中。混合微胶粒携带单酰甘油和脂肪酸通过小肠黏膜上皮细胞表面的不流动水层,到达微绒毛表面,并渗透入腺窝,然后单酰甘油和脂肪酸直接经微绒毛膜,顺浓度梯度扩散进入细胞内,而胆盐微胶粒仍然留在食糜中,以保证脂肪酸和单酰甘油的继续吸收,因此微胶粒实质上起了"摆渡"功能,最后在回肠被吸收。脂肪水解产物进入上皮细胞后,其中游离的脂肪酸直接扩散出细胞的基底膜,进入毛细血管,到达门静脉。而长链脂肪酸和单酰甘油在上皮细胞的内质网中重新合成三酰甘油,然后与蛋白质、胆固醇和磷脂等结合于细胞内生成的载脂蛋白上,形成乳糜微粒(chylomicron)。该微粒进入高尔基复合体中被质膜包裹形成囊泡。当囊泡移行到上皮细胞基底膜时,与细胞膜融合,以出胞的方式释放出其中的乳糜微粒,进入细胞外液的乳糜微粒再扩散进入淋巴液。由于毛细血管上有层基膜阻挡脂滴进入管内,而乳糜管上没有这层屏障,所以脂滴通过乳糜管而不是毛细血管进入机体。进入细胞后的脂肪酸和单酰甘油被滑面内质网吸收,并合成新的三羧酸甘油酯,并转运进入淋巴乳糜微粒,经胸导管进入血液循环(图 5-19)。

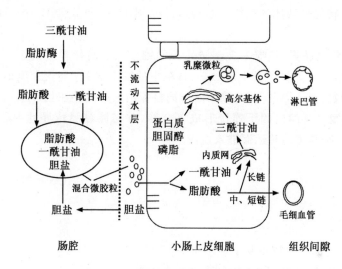

图 5-19　脂肪消化产物的吸收示意图

中、短链三酰甘油水解产生的脂肪酸和单酰甘油脂溶性强,在小肠上皮细胞中不再转化为三酰甘油,可直接扩散进入绒毛内的毛细血管。由于日粮中的脂肪大部分为含有 15 个以上的碳原子的长链脂肪酸,因此脂肪的吸收以淋巴途径为主。

4. 挥发性脂肪酸的吸收

草食动物消化道微生物发酵能产生大量的 VFA,瘤胃和大肠中产生的 VFA 大部分是在瘤胃或大肠前段以扩散方式吸收。VFA 的吸收速度与其存在状态和分子量有关,分子状态的 VFA 吸收速度较离子状态的快,而且分子量越大吸收速度越快。因此,pH 较低时,吸收较快;不同种类 VFA 的吸收速度为丁酸>丙酸>乙酸。吸收过程中,VFA 在瘤胃壁发生代谢。据测定,被吸收的丁酸约有 85% 被代谢并产生酮体;丙酸约有 65% 转变为乳酸和葡萄酸;乙酸也同样被代谢,但数量较少,约占 45%。由于瘤胃壁的代谢作用,来自瘤胃的血液中各种VFA 的浓度恰恰相反,乙酸>丙酸>丁酸。

(四)维生素的吸收

1. 脂溶性维生素的吸收

脂溶性维生素有 A、维生素 D、维生素 E 和维生素 K 4 种,它们的吸收与脂类的吸收密切有关。这类维生素主要在小肠前段被吸收。一般认为维生素 A 通过载体主动吸收,脂溶性维生素进入黏膜细胞后,通常掺入乳糜微粒,然后进入淋巴循环中或通过门静脉直接进入血液循环。

2. 水溶性维生素的吸收

水溶性维生素包括维生素 C 和 B 族维生素。这些维生素理化特性各不相同,吸收的机制也各有特点。一般认为维生素 C、硫胺素(维生素 B_1)、核黄素(维生素 B_2)、烟酸和生物素等的吸收都是依赖于特异性载体的耗能主动转运过程;吡哆辛(维生素 B_6)的吸收则是一种单纯扩散过程。

维生素 B_{12} 又称钴胺素,是唯一含金属元素的维生素。自然界中的维生素 B_{12} 都是微生物合成的,高等动植物不能生产维生素 B_{12}。日粮中的维生素 B_{12} 与蛋白质结合而到达小肠吸收,其吸收途径比较特殊。首先,维生素 B_{12} 与饲料蛋白质解离并在肠腔中运输;其次,肠道中维生素 B_{12} 与胃黏膜分泌的内因子连接形成复合物,并与肠黏膜特异性内因子受体结合;最后,维生素 B_{12} 进行跨膜主动转运而进入血液。

(赵红琼　王金泉　史慧君)

复习思考题

1. 胃和小肠的运动有何特点和生理学意义?
2. 唾液、胃液、胰液、胆汁、肠液各有哪些生理功能?
3. 从瘤胃微生物区系角度考虑,为什么更换反刍动物日粮时需要逐渐进行?
4. 从瘤胃微生物分析畜牧生产上使用尿素要注意哪些事项?如何防止氨中毒?
5. 哪些因素保证新生反刍幼畜能够完整地吸收免疫球蛋白?
6. 为什么小肠是吸收的主要部位?

第六章　能量代谢和体温调节

新陈代谢是生命活动的基本特征,包括物质代谢和能量代谢,二者紧密联系,同时进行。能量代谢是物质代谢过程中发生的能量释放、转移、贮存和利用的过程,受肌肉活动、精神活动、食物的特殊动力效应和环境温度等因素的影响。物质在动物体内进行生物氧化,所释放的能量一部分用于机体进行各种生理活动,其余的都转变为热能,用于维持体温。

恒温动物体温的相对恒定是生命活动正常进行的必要条件。动物体温调节的基本中枢在下丘脑,最高级中枢是大脑皮层。机体在神经、激素、血液循环、骨骼肌和褐色脂肪的参与下,通过自主性和行为性调节,使产热和散热保持动态平衡,维持体温的相对恒定。

通过本章学习,应主要了解和掌握以下几方面知识。

● 掌握基础代谢、体温、等热范围等概念;体温调节机制;机体的产热和散热过程及其调节。

● 熟悉氧热价、呼吸商、食物的特殊动力效应等概念;影响能量代谢的因素;体温的生理变动;动物对环境温度变化的适应。

● 了解能量的来源与去路;能量代谢的测定原理。

第一节　能量代谢

动物的生存有赖于不断地与外界环境进行物质和能量的交换,即新陈代谢。新陈代谢包括物质代谢和能量代谢。物质的变化引起能量的转移,而能量的转移会引起物质的变化,二者紧密联系、同时进行。在物质代谢过程中发生的能量释放、转移、贮存和利用的过程称为能量代谢(energy metabolism)。

一、能量的来源与利用

太阳能是所有生物最根本的能量来源,具有叶绿素的生物可以进行光合作用将光能转化为化学能,但异养型生物只能利用外界环境中现成的有机物作为能量来源。

(一)能量的来源和去路

动物进食后,食物中的各种能源物质(糖、脂肪、蛋白质等)在体内经过一系列复杂的生物氧化过程,最终生成 CO_2 和 H_2O,同时释放能量。这些能量有 50% 以上迅速转化为热能,主要用于维持体温;其余部分是化学能,经过转移,以高能化合物的形式作为机体各种生理活动的能源。总的来看,除骨骼肌运动时所完成的机械功以外,其余的能量最终都转变为热能。在动物体内,热能是最"低级"形式的能量,不能转化为其他形式,也不能用来做功。

大多数动物体所需的能量约 70%来自糖类,约 30%来自脂肪。蛋白质氧化时也释放能量,但在一般情况下,它作为能源被氧化利用的数量较少,只有在长期饥饿或极度消耗时(糖和脂肪严重不足)才成为主要能源物质。反刍动物主要的供能物质是挥发性脂肪酸;鱼类则主要依靠蛋白质和脂肪供能。

根据能量守恒定律,无论是体内进行生物氧化还是体外燃烧,物质最终释放的能量相等,该能量即物质的总能(图 6-1)。

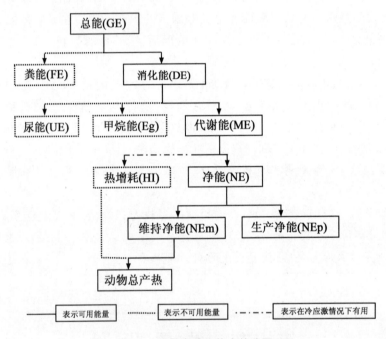

图 6-1　能量在动物体内的分配

1.总能

总能(gross energy,GE)是物质彻底分解释放的热量。总能的高低取决于其主要能源物质的含量,其中能值最高是脂肪,其次是蛋白质,糖最低。

总能包括消化能和粪能。粪能(energy in feces,FE)主要包括食物中未消化成分、消化道微生物及其代谢产物、消化道分泌物和脱落的黏膜细胞所含有的能量。动物种类和食物类型不同,粪能占的比例不同。马约占 40%,猪约占 20%;反刍动物采食精料时,粪能占总能的20%~30%,采食粗料时占 40%~60%。

2.消化能

消化能(digestible energy,DE)是食物中可消化成分所含有的能量,包括代谢能、发酵能和尿能。发酵能(energy in gaseous products of digestion,Eg)是动物消化道因饲料发酵所丧失的能量。反刍动物由于微生物在消化道(主要是瘤胃)内发酵产生大量的气体(主要是甲烷),含能量可达饲料 GE 的 3%~10%。尿能(energy in urine,UE)是指尿液中尿素、尿酸、肌酐等未被完全氧化的物质所含的能量。尿能的损失量比较稳定。猪尿能的损失占总能的2%～3%,反刍动物的占4%～5%。

3.代谢能

代谢能(metabolizable energy,ME)是食物中的营养物质(糖、脂、蛋白质等)在体内氧化分解所释放的能量,是动物体可以利用的能量,为饲料消化能减去尿能及发酵能后剩余的能量。代谢能包括净能和热增耗两部分。

$$ME=DE-(UE+Eg)=GE-FE-UE-Eg=NE+HI$$

热增耗(heat increment,HI)又称为特殊动力效应能(specific dynamic effect,SDE),是物质在代谢过程中以热能形式散失的热量,主要来源于消化过程产热、营养物质代谢产热、与物质代谢相关的器官和肌肉活动所产生的热量、肾脏排泄做功产热等。寒冷环境下,热增耗有利于机体维持体温的恒定;但气温炎热时,热增耗会导致动物产生热应激反应。

4.净能

净能(net energy,NE)包括动物用于维持生命的能量,即维持净能(net energy for maintenance,NEm)和生产活动的能量,即生产净能(net energy for production,NEp)。

$$NE=NEm+NEp=ME-HI$$

(二)机体能量利用的基本形式

1.三磷酸腺苷

三磷酸腺苷(adenosine triphosphate,ATP)广泛存在于组织细胞内,是动物体内最主要的高能化学物,也是机体的直接供能物质。ATP分解为二磷酸腺苷(adenosine diphosphate,ADP)时,释放大约30.54 kJ/mol的能量,可直接供机体进行各种生理活动。动物在生活过程中,ATP作为"能量货币"不断地被消耗,同时通过营养物质氧化分解释放的能量来补充。ATP是体内组织细胞生命活动所需能量的直接来源,可促进各种细胞的修复和再生,增强细胞代谢活性,在临床上可以作为辅助药物治疗因细胞损伤而引起的某些疾病。

2.磷酸肌酸

磷酸肌酸(creatine phosphate,CP)由磷酸和肌酸合成,存在于肌肉或其他可兴奋性组织(如脑、神经)中,其含量是ATP的3～8倍,是高能磷酸基的暂时储存形式。当体内能量过剩时,ATP中的高能磷酸键通过合成CP储存;而体内能量不足时,CP在肌酸激酶的催化下迅速分解,再将储存的能量转移给ADP生成ATP,以满足机体在应急状态下的能量需要。在活动后的恢复期,积累的肌酸又可被ATP磷酸化,重新生成CP。因此,CP被认为是ATP的储存库。

此外,体内还有一些其他高能化合物,例如高能磷酸化合物(GTP、UTP)、高能硫酯化合物(乙酰CoA)、高能甲硫化合物(S-腺苷甲硫氨酸)等,它们也可以通过转化间接地供应能量用于生命活动。

体内能源的转移、储存和利用见图6-2。

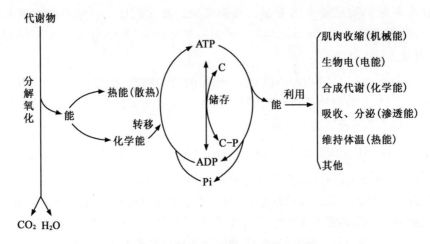

图 6-2　体内能源的转移、储存和利用
C. 肌酸　　C-P. 磷酸肌酸　　Pi. 磷酸

二、能量代谢的测定

(一)测定能量代谢的意义

根据能量守恒定律,能量输入=能量输出+能量贮存。当能量输入>能量输出时,能量储存于有机物中,组成机体的物质增加,体重增加;当能量摄入<能量消耗时,体内物质被消耗,体重减少。所以通过测定能量代谢,可以计算出能量消耗的基本数值和食物能量标准,从而合理规划,以保持能量代谢的平衡。此外,能量代谢的测定还是临床上检查某些疾病(例如甲亢、甲减等)的一项重要指标。

(二)能量代谢的测定方法

在整个能量代谢过程中,机体散发的热能和对外所做的功与其所利用的食物中化学能相等。所以测定一定时间内机体所消耗的食物,或者测定机体所产生的热量与所做的外功,都可计算出整个机体的能量代谢率。

根据释放的热量来测定能量代谢通常有两类方法:直接测热法和间接测热法。

1. 直接测热法

直接测热法(direct calorimetry)是测定在单位时间内机体向外界环境散发的总热量。如果在测定时间内机体做一定的外功,应将外功折算为热量一起计算。直接测热法的设备(呼吸热量计)结构复杂,操作烦琐,现在极少应用。

2. 间接测热法

间接测热法(indirect calorimetry)比较准确且简便易行,是研究动物营养、环境生理和内分泌的一种实验方法。间接测热法的设计原理是化学中的定比定律,即在一般化学反应中,反应物的量与产物的量之间成一定的比例关系。例如,

$$C_6H_{12}O_6 + 6O_2 \longrightarrow 6CO_2 + 6H_2O + 能量$$

间接测热法是测定机体在一定时间内所消耗的能量,再计算出机体的能量代谢率。若机体不做外功,则只需根据单位时间内的耗氧量和二氧化碳排出量来计算机体的产热量。

(1)与间接测热法有关的参数

①食物的热价(thermal equivalent)即 1 g 营养物质在体内完全氧化时所释放的热量(生物热价)或体外燃烧所释放的热量(物理热价)。糖、脂肪的生物热价与物理热价相等,但蛋白质在体内氧化不彻底,所以其生物热价小于物理热价。

②食物的氧热价(thermal equivalent of oxygen)指某种营养物质氧化时,每消耗 1 L 氧所产生的热量。氧热价在能量代谢测算方面具有重要意义,按照定比关系测出氧热价,即可根据机体在一定时间内的耗氧量,推算出能量消耗率。

③呼吸商(respiratory quotient,RQ)指机体在单位时间内呼吸作用所释放 CO_2 和吸收 O_2 的比值。在生理学上通常以容积(L)来表示 CO_2 与 O_2 的比值,计算出呼吸商(混合呼吸商)。

$$呼吸商(RQ) = \frac{CO_2\ 产生量(L)}{耗\ O_2\ 量(L)}$$

由于糖、脂肪、蛋白质所含碳、氢、氧的比例不同,所以它们氧化时所需 O_2 量和 CO_2 产生量不同,其呼吸商也不同(表 6-1)。糖的呼吸商为 1.0,脂肪为 0.71,蛋白质为 0.80。动物摄取的食物不是单纯的一种营养物质,而是由各种营养物质组成的混合物。正常生理条件下,各种营养物质在体内以不同比例氧化分解,此时测定的呼吸商为混合呼吸商,在 0.71~1.00 内变动,一般约为 0.85。如果测得的呼吸商接近于 1,则说明体内氧化利用的主要物质是糖;如呼吸商接近 0.71,则氧化利用的主要物质是脂肪。因此,测定呼吸商对估测机体能量来源具有重要意义。

表 6-1 糖、脂肪、蛋白质氧化时的参考

营养物质	产热量/(kJ/g)		耗 O_2 量 /(L/g)	CO_2 产量 /(L/g)	氧热价 /(kJ/L)	呼吸商
	物理热价	生物热价				
糖	17.15	17.15	0.83	0.83	21.00	1.00
蛋白质	23.43	17.99	0.95	0.76	18.80	0.80
脂肪	39.75	39.75	2.03	1.43	19.70	0.71

正常情况下,由于蛋白质氧化供能很少,机体所需的能量主要来自糖和脂肪的氧化,所以为了计算方便,排除蛋白质的作用计算出非蛋白质呼吸商(non-protein respiratory quotient,NPRQ)。

$$非蛋白质呼吸商 = \frac{总\ CO_2\ 产生量 - 蛋白质\ CO_2\ 产生量}{总耗\ O_2\ 量 - 蛋白质耗\ O_2\ 量}$$

注:蛋白质耗 O_2 量=尿氮量×6.25×0.95(每克蛋白质氧化耗 O_2 量)

蛋白质 CO_2 产生量=尿氮量×6.25×0.76(每克蛋白质氧化 CO_2 产生量)

非蛋白质呼吸商和氧热价见表 6-2。

表 6-2 非蛋白质呼吸商和氧热价

非蛋白呼吸商	氧化的百分比/%		氧热价/(kJ/L)	非蛋白呼吸商	氧化的百分比/%		氧热价/(kJ/L)
	糖	脂肪			糖	脂肪	
0.707	0.0	100.0	19.61	0.86	54.1	45.9	20.41
0.71	1.1	98.9	19.62	0.87	57.5	42.5	20.46
0.72	4.75	95.2	19.69	0.88	60.8	39.2	20.51
0.73	8.4	91.6	19.72	0.89	64.2	35.8	20.56
0.74	12.0	88.0	19.79	0.90	67.5	32.5	20.61
0.75	15.6	84.4	19.84	0.91	70.8	29.2	20.67
0.76	19.2	80.8	19.89	0.92	74.1	25.9	20.71
0.77	22.8	77.2	19.95	0.93	77.4	22.6	20.77
0.78	26.3	73.7	19.99	0.94	80.7	19.3	20.82
0.79	29.0	70.1	20.05	0.95	84.0	16.0	20.87
0.80	33.4	66.6	20.10	0.96	87.2	12.8	20.93
0.81	36.9	63.1	20.15	0.97	90.4	9.58	20.98
0.82	40.3	59.7	20.20	0.98	93.6	6.37	21.03
0.83	43.8	56.2	20.26	0.99	96.8	3.18	21.08
0.84	47.2	52.8	20.31	1.00	100.0	0.0	21.13
0.85	50.7	49.3	20.36				

（2）间接测热法的计算方法　间接测热法是测定一段时间内蛋白质、糖和脂肪的产热量，计算方法为：①测定机体在一段时间内的耗 O_2 量和 CO_2 产生量。②测定机体在一段时间内的尿氮量。③计算出氧化的蛋白质数量、蛋白质的产热量和非蛋白呼吸商。④查出非蛋白食物氧热价。⑤根据 NPRQ 计算出非蛋白质物质氧化的产热量。⑥计算总产热量和能量代谢率。

在实际工作中，常采用简化的计算方法，即先测定出混合呼吸商，然后从非蛋白质呼吸商表（用非蛋白质呼吸商代替混合呼吸商）中查出对应的氧热价，乘以耗氧量得出机体在该时间内的产热量。

（3）应用呼吸商计算能量代谢时应注意的问题

①糖、脂肪和蛋白质互相转化的影响。糖、脂肪和蛋白质在体内代谢时的互相转化影响呼吸商数值。糖转化为脂肪时，呼吸商变大，有时甚至超过 1.0。这是因为糖分子中含氧多，当部分糖转化为脂肪时，原来糖分子中还有剩余氧，会减少从外界摄取氧的数量，导致呼吸商变大。例如畜禽育肥时，体内大量积累脂肪，呼吸商常高于 1.0；反之，如果脂肪转化成糖，呼吸商可能会低于 0.71。②反刍动物呼吸商的测定值要校正。由于饲料在反刍动物瘤胃中发酵，产生的大量 CO_2 和甲烷通过嗳气被排出时，与中间代谢产生的 CO_2 混在一起，会导致呼吸商变大，因此，计算反刍动物呼吸商时需要校正。从 CO_2 排出总量中减去发酵产生的 CO_2 量，根据体外发酵产生 CO_2 和甲烷的比为 2.6∶1，测定甲烷产生量就可计算 CO_2 产生量。瘤胃中每产生 1L 甲烷释放 9.42 kJ 热量，总产热量中减去发酵产生的热量，即为真正代谢产热。

③动物剧烈运动或重度使役的影响。动物剧烈运动或重度使役时,由于肌肉收缩活动的强度大,导致氧供应不足,此时糖酵解增多,大量乳酸进入血液后与碳酸盐缓冲系统发生反应,生成的大量 CO_2 从肺排出,引起呼吸商变大。

三、影响能量代谢的主要因素

影响能量代谢的主要因素有肌肉活动、精神活动、食物的特殊动力效应和环境温度等(二维码 6-1)。其中,肌肉活动是影响机体能量代谢最主要的因素,任何轻微的活动都可显著提高代谢率。

二维码 6-1　影响能量代谢的主要因素

四、基础代谢和静止能量代谢

(一)基础代谢

机体在基础状态下(清醒、安静、不受肌肉活动、环境温度、食物和精神紧张等因素影响时)的能量代谢称为基础代谢(basal metabolism,BM)。单位时间内的基础代谢称为基础代谢率(basal metabolic rate,BMR),在清晨未进餐以前(食后 12～14h)、18～25 ℃室温、静卧 30 min以上、平卧状态、无焦虑、烦恼和恐惧等情绪状态下测定。基础代谢率是维持基本生命活动条件下的最小产热速率,以每小时、每平方米体表面积(人)或代谢体重(动物)的产热量为单位,即 $kJ/(m^2 \cdot h)$ 或 $kJ/(W^{0.75} \cdot h)$。基础代谢率在临床上可以作为诊断疾病的辅助方法。

(二)静止能量代谢

动物在一般的畜舍或实验室条件下,早晨饲喂前休息时的能量代谢水平称为静止能量代谢(resting energy metabolism)。由于不易达到和掌握基础代谢测定的条件,因此,在实践中通常以静止能量代谢来代替动物的基础代谢。一般动物的基础代谢率比静止能量代谢率低8%～10%,这是因为测定时动物所在的环境温度不一定适中;消化道内仍有食物残留;肌肉没有完全处于安静状态等,所以静止能量代谢包括数量不定的热增耗、用于生产和调节体温的能量消耗等。

(三)影响动物静止能量代谢的因素

1.品种、性别、年龄

动物静止能量代谢率因品种、性别、年龄等不同而不同。生长速度快的品种代谢率较高,而生长缓慢的品种较低。例如,瘦肉型品种的代谢率高于肥胖型品种。一般动物的静止能量代谢率随年龄的增加而降低,同年龄段内雄性高于雌性。

2.个体大小

实验发现,大型动物的产热量高于小型动物,但以每千克体重来计算,小动物的产热量远高于大动物,所以动物的体重与产热量并不成正比关系。如果以单位体表面积的产热量来比较,个体大小不同的动物在 24h 内的产热量几乎相等。

3.生理和营养状态

静止能量代谢率随生理和营养状态的不同而发生变动。例如,雌性动物在发情期、妊娠期和泌乳期等都会出现代谢率升高的现象。

4. 环境

由于受到温度、光照条件和饲草等环境因素的影响,动物的静止能量代谢率也会发生复杂的生理性变化。例如,动物在春季的代谢率最高,冬季的代谢率最低;热带地区动物的代谢率一般低于温带和寒带地区的动物。

除了上述的影响因素外,机体的代谢水平还与体温、激素分泌等因素有关。

第二节　体温及体温调节

体温(body temperature)即机体的温度,通常指机体内部的平均温度。体温调节(thermoregulation)指温度感受器接受体内、外环境温度的刺激,通过体温调节中枢的活动,引起内分泌腺、骨骼肌、皮肤血管和汗腺等组织器官活动的改变,从而调整产热和散热过程,使体温保持在相对恒定的水平。

一、变温动物和恒温动物

低等脊椎动物(如爬行类、两栖类、鱼类、无脊椎动物)的体温随环境温度而改变,这些不能保持体温相对恒定的动物称为变温动物或冷血动物。随着生物的进化,体温调节功能逐渐发展,到了鸟类和哺乳纲动物就能够在较大的气温变化范围内保持体温的相对恒定,这些动物称为恒温动物。还有一些哺乳动物(如刺猬),介于变温动物和恒温动物之间,称为异温动物。这一类动物暖季体温能保持相对恒定,寒季则体温降低而冬眠。

二、动物的体温

体温分为体表温度(shell temperature)和体核温度(core temperature)。

体表温度指机体表面的温度,不稳定,容易受环境温度的影响而发生变化(图6-3)。动物体的四肢末端体表温度最低。环境温度较低时,机体的体表各部分存在较大的温差;而气温升高时,体表温差也随之减小。体核温度指机体内部的温度,高于体表温度,不随环境温度的变化而变化。体核温度在各组织器官也存在一些差异,其中肝脏最高,其次是大脑,直肠最低。

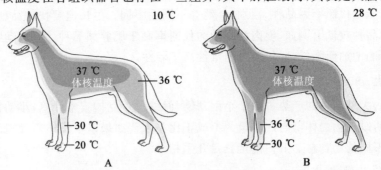

图6-3　不同环境温度对动物不同部位体表温度的影响(仿自 Sjaastad 等,2013)

A. 环境温度 10 ℃　B. 环境温度 28 ℃

体温来源于体内物质代谢过程中所释放出来的热量。体温的相对恒定是维持机体内环境稳定,保证新陈代谢等生命活动正常进行的必要条件。机体内物质的代谢几乎都是酶催化下的酶促反应,需要在适宜的温度条件下进行。体温过高或过低都会影响酶的活性,从而影响新陈代谢的正常进行,造成各种细胞、组织和器官功能的紊乱,严重时还能导致机体的死亡。因此,体温是衡量机体健康状况的重要指标。

(一)动物的正常体温

体温一般指体核温度的平均值,但由于深部温度不易测试,一般采用从腋窝、口腔和直肠内测量体温的方法。腋窝温度最低,其次是口腔,直肠温度最高,接近机体深部的温度,所以实践上多以直肠温度代表动物体温(表6-3),此外,快速测定体温通常采用电子体温计、红外体温计等。体温检测是抗击疫情的"第一道防线"(二维码6-2)。

二维码6-2　思政案例:"体温监测"守住抗疫的第一道防线

表6-3　健康动物的体温(直肠温度)　　　　　　　　　　　　　℃

动物	平均温度	变动范围	动物	平均温度	变动范围
鸡	41.7	40.6～43.0	山羊	39.1	38.5～39.7
鸭	42.1	41.0～42.5	绵羊	39.1	38.3～39.9
鹅	41.0	40.0～41.3	黄牛、肉牛、牦牛	38.3	36.7～39.7
猪	39.2	38.7～39.8	水牛	37.8	36.1～38.5
马	37.6	37.2～38.1	乳牛	38.6	38.0～39.3
驴	37.4	36.4～38.4	猫	38.6	38.1～39.2
兔	39.5	38.6～40.1	犬	38.9	37.9～39.9

(二)体温的生理波动

正常生理情况下,体温随昼夜、年龄、性别、活动情况等不同而在一定的范围内发生波动,呈现日、月、年等周期性变化。所以测定动物体温时要注意以下因素的影响:

1.日节律

一天中,昼行动物清晨2～4时体温最低,然后体温逐渐升高,午后2～5时体温最高,昼夜温差在1℃左右;而夜行动物恰好相反。体温的这种昼夜周期性波动称为体温的昼夜节律或近日节律(circadian rhythm)。近日节律不随生活习惯的变动而改变,与动物的睡眠与觉醒有关,是地球自转引起的光线、气温等周期性变化对机体代谢影响的结果。

2.年龄规律性变化

幼龄动物的体温高于成年动物。新生幼畜代谢旺盛,体温最高,但体温调节能力较差,容易受外界温度的影响而发生波动,所以生产中要注意加强保温。

3.性别和生理状态的影响

动物的体温存在个体间的差异,雄性动物体温略高于雌性动物。母畜发情期和妊娠期体温升高,排卵期体温降低,这可能与性激素(雌激素、孕激素等)的作用有关。实践中常据此来了解动物的排卵和发情情况。

4. 肌肉活动的影响

肌肉活动时代谢增强，产热量显著增加，导致体温上升；休息时，肌肉活动停止，体温逐步恢复到正常水平。

5. 其他影响因素

机体处于患病、精神紧张、采食和麻醉等状态时，体温也会升高。此外，环境温度变化也可对体温产生影响，导致体温上升或下降。

三、机体的产热和散热

动物维持正常的体温是体内产热和散热过程达到动态平衡的结果。在新陈代谢过程中，物质分解不断地产生热量；同时体内的热量经皮肤、呼吸和泌尿等途径不断地向外界散失，使产热和散热达到平衡，维持体温的恒定。

(一)产热

1. 产热主要部位

机体各组织器官都可以产热，但产热量不同。安静时内脏器官的产热量约占机体总产热量的 50%，其中肝脏代谢最旺盛，产热最多；骨骼肌产热量约占 20%，脑产热量约占 10%。此外，草食动物消化道微生物进行饲料发酵时产生大量热量，这也是体热的一个重要来源。运动或使役时，肌肉产热量剧增，可达总热量的 90% 以上。寒冷刺激可引起骨骼肌的寒战反射，使产热量增加 4~5 倍，因此骨骼肌成为产热的主要器官。

2. 产热形式

动物在寒冷环境中主要依靠两种方式增加产热维持体温恒定：战栗(寒战)产热和非战栗(非寒战)产热。

(1)战栗产热(shivering thermogenesis,ST)　指骨骼肌发生不随意的节律性收缩，其特点是屈肌和伸肌同时收缩，不做外功，能量全部转化为热量用于维持体温。战栗产热产热量较多，使代谢率增加 4~5 倍。动物处于低温环境中时，机体先出现寒冷性肌紧张(战栗前肌紧张)，并在此基础上出现战栗，使产热量大大增加，从而维持体热平衡。

(2)非战栗产热(non-shivering thermogenesis,NST)　指物质代谢中产生的热量，也称代谢性产热。机体所有组织器官都有代谢产热的功能，其中褐色脂肪组织的产热量最多，约占非战栗产热总量的 70%。褐色脂肪组织内含有大量的脂滴、线粒体和丰富的血管，主要分布于颈部、肩部和胸腔内一些器官周围。研究发现褐色脂肪组织的线粒体中有解偶联蛋白 1(uncoupling protein-1)，可使物质代谢与 ATP 之间发生解偶联作用，导致脂肪氧化分解时产生的能量绝大部分转化为热能，对体温具有一定的调节作用。

3. 等热范围

动物在适当的环境温度范围内，其代谢强度和产热量保持在生理的最低水平，这种环境温度称为等热范围或代谢稳定区(zone of thermal neutrality)。在等热范围内，动物能维持正常的体温。当环境温度低于等热范围时，动物代谢增强，产热增加；反之，环境温度高于等热范围时，动物通过体表血管舒张，汗腺分泌等物理性调节增强散热，防止体温升高。因此，气温过低，增加饲料的消耗；气温过高则降低动物的生产性能；在等热范围内饲养动物最为适宜，其采食的饲料全部用于生长发育和生产活动,经济效益最高。等热范围的温度比体温低,随动物种别、品种、年龄、饲养管理条件而不同,见表6-4。

表6-4　成年动物的等热范围　　　　　　　　　　　　　　℃

动物	等热范围	动物	等热范围
鸡	16～26	牛	16～24
兔	15～25	羊	10～20
犬	15～25	大鼠	39～31
猪	20～23	豚鼠	25

(二)散热

1. 主要散热途径

机体的热量少部分通过呼吸、排粪和排尿散失,其余75%～85%的热量经由皮肤散失。体表皮肤以辐射、传导、对流和蒸发等物理方式散热,此散热过程又叫物理性体温调节(图6-4)。皮肤是机体热量散失的主要部位,散热过多或散热困难都将严重影响体温恒定。

2. 皮肤散热方式

(1)辐射散热(thermal radiation)　是由温度较高的物体表面(一般为皮肤)发射红外线,而由温度较低的物体接收的散热方式。辐射散热取决于皮肤和环境之间的温度差、机体辐射面积等因素。皮肤和环境间的温差越大,机体有效辐射面积越大,辐射的散热量就越多。而当环境温度高于体表温度时,机体会接受辐射热。利用此原理,育雏中常利用红外线灯或热源进行保温。

(2)对流散热(thermal convection)　是通过与体表接触的气体流动来交换和散发热量的方式。动物体周围经常有一层同体表接触的空气层,当气温低于体温时,体热通过辐射传给这一层空气使其温度升高,体积膨胀而上升,体热又与新移动过来的较冷空气进行热量交换,因而不断带走热量。对流散热与空气流速相关,风速越快则散热越多。在畜牧业生产中要注意冬季防风保暖,夏季通风降温。

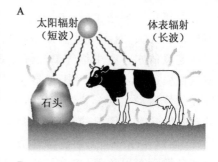
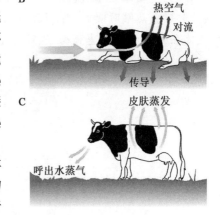

图6-4　动物的散热方式
(仿自Sjaastad等,2013)
A.辐射　B.对流与传导　C.蒸发

(3)传导散热(thermal conduction)　是指机体的热量直接传递给与它接触的较冷物体。机体深部的热量主要经血液循环以传导方式传到体表,再由皮肤直接传给和它相接触的物体。接触物体导热性越好,机体与接触物的温差和接触面积越大,散热就越多。由于水的导热性较好,所以在畜牧业生产中,冬季要保持畜舍干燥;夏季采用冷水浴、湿帘等措施降温。

二维码 6-3 畜牧生产实例:湿帘降温

当外界环境温度低于体表温度时,机体以辐射、传导和对流方式散热,约占总散热量的 75%,其中以辐射散热最多,占总散热量的 60%。散热的速度主要取决于皮肤与环境之间的温度差。皮肤温度越高或环境温度越低,则散热越快。畜牧生产上常用湿帘降低环境温度(二维码6-3)。当环境温度高于皮肤温度时,机体反而从环境中吸收热量,变温动物常通过此方式从环境中获得热能。

(4)蒸发散热(thermal evaporation) 是指体液的水分在皮肤和黏膜(主要是呼吸道黏膜)表面由液态转化为气态,同时带走大量热量的散热方式。当环境温度接近或高于皮肤温度时,辐射、传导和对流散热方式失效,机体只能以蒸发方式散热。蒸发是一种很有效的散热方式,每克水蒸发时可吸收 2.43 kJ 的热量。蒸发散热与空气的湿度有关,湿度越大散热越少,当相对湿度达到 100% 时,蒸发散热消失。所以高温高湿环境中,动物散热困难,易发生中暑现象。①不显汗蒸发(insensible evaporation)。常温下,体内水分经机体表层透出,在未形成明显的汗滴前蒸发掉,又称不感蒸发。这种散热形式与汗腺的活动无关,且不受体温调节机制的控制,无论环境温度高低,机体每天通过不感蒸发散失一定量的水。在中等气温和湿度环境中,机体通过不感蒸发散失约 25% 的热量,其中经皮肤散失 2/3,经肺和呼吸道散失 1/3。②显汗蒸发(sensible evaporation)。显汗蒸发是汗腺反射性活动主动分泌汗液的结果,是有汗腺动物在热环境中的主要散热形式。不同动物的蒸发散热存在明显的种属差异性。马属动物能大量出汗,牛的出汗能力中等,绵羊可以出汗,但以热喘呼吸为主要散热方式,犬几乎全部依靠热喘呼吸散热(图6-5);无汗腺的动物如鸟类主要以热喘、流涎等方式来增加蒸发散热;啮齿动物采用向被毛涂抹唾液或水来蒸发散热。热喘呼吸时,呼吸频率可达每分钟 200~400 次,且呼吸深度减小,潮气量减少,气体在无效腔内快速流动,唾液分泌明显增加。

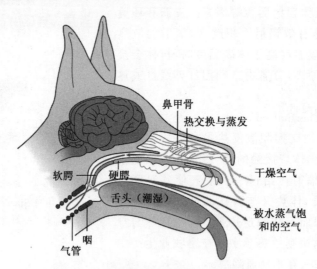

图 6-5 犬分泌大量唾液散热与喘息散热

(仿自 Sjaastad 等,2013)

四、体温恒定的调节

机体的体温保持相对恒定是在神经系统和内分泌系统的共同调节下,产热和散热保持动态平衡的结果,如产热大于散热,体温升高;反之则体温降低。由于机体的活动及环境温度的经常变动,产热和散热过程间的平衡不断地被打破,机体经过自主性反馈调节又达到新的动态平衡,从而使体温在狭小的正常范围内波动,保持相对的稳定状态。

(一)神经调节

1.温度感受器

(1)外周感受器 皮肤、黏膜和腹腔内脏等部位分布着一些热感受器和冷感受器。感受器由游离的神经末梢组成,可接受内外环境温度变化的刺激,转变为神经冲动,传向体温调节中枢,产生相应变化。其中冷感受器数量较多,是热感受器的 $4\sim10$ 倍,而且冷感受器的放电频率远远高于热感受器,所以一般认为皮肤对寒冷刺激比较敏感。

(2)中枢感受器 脊髓、延髓、脑干网状结构和下丘脑等部位存在对温度变化敏感的热敏神经元(warm-sensitive neuron)和冷敏神经元(cold-sensitive neuron)。这些神经元可感受血温的变化,控制调节中枢的兴奋性。用电生理方法记录神经元放电情况,结果发现动物的视前区-下丘脑前部(preoptic anterior hypothalamus,PO/AH)区域,$20\%\sim40\%$是对脑温升高敏感的热敏神经元;$5\%\sim20\%$是对脑温降低敏感的冷敏神经元,其余是对脑温变化不敏感的神经元。PO/AH 区还可以接受下丘脑以外部位(如皮肤、内脏、脊髓、中脑等)传入的温度变化信息,引起一些神经元放电,这说明 PO/AH 区能接受和整合来自中枢和外周的温度信息。此外,致热原、5-羟色胺、去甲肾上腺素和多肽等物质影响这类神经元,引起体温变化。

2.体温调节中枢

中枢神经系统的各个部位(从脊髓到大脑皮层)都存在参与体温调节的神经元,但通过对多种恒温动物脑的分段切除实验发现,体温调节的基本中枢位于下丘脑。切除下丘脑以上前脑的动物仍具有保持正常体温的调节功能;而切除中脑以上全部前脑(包括下丘脑)的动物则不能保持体温的相对稳定。研究发现局部加热或电刺激猫的下丘脑前部,可引起热喘、血管舒张和足跖发汗等散热反应。破坏丘脑前部,猫在热环境中的散热反应能力丧失,但对冷环境的反应(寒战、竖毛、血管收缩、代谢率升高等)仍存在;而破坏猫下丘脑后部内侧区的效果相反,对冷环境的反应丧失。因此认为,在下丘脑前部存在散热中枢,而下丘脑后部存在产热中枢,且两个中枢之间有交互抑制的关系,从而保持体温的相对稳定。

此外,下丘脑还存在发汗中枢、控制皮肤血管活动的交感中枢和寒战中枢。寒战中枢对来自皮肤冷觉感受器传入的信息比较敏感,而对血液温度的变化不敏感。冷刺激视前区-下丘脑前部时可引起寒战,而电刺激下丘脑前部的散热中枢可以抑制寒战,这表明下丘脑前部有冲动可传递到下丘脑后部。

3.体温调节机制

调定点学说(set point theory)认为下丘脑的前部存在热敏神经元和冷敏神经元,热敏神经元对温度的感受有一定的阈值,即体温的调定点。当体内温度超过阈值时,热敏神经元兴奋,放电频率增加,散热过程加强;同时冷敏神经元放电频率减少,抑制产热过程,使体温不致上升。当体内温度低于阈值时,发生相反的变化,产热增加(如骨骼肌紧张性增加,皮肤血管收缩等),导致体温回升(图6-6)。

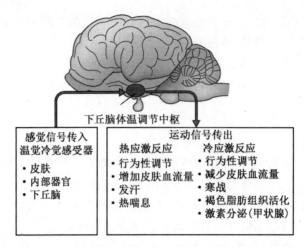

图 6-6　下丘脑体温调节中枢能量在动物体内的分配

体温调节中枢的调定点是可变的,例如细菌、病毒等致热原侵染机体时,引起 PO/AH 区内的热敏神经元阈值升高,调定点水平上移,导致机体出现发热(fever)症状(二维码6-4)。致热原的作用可能是通过前列腺素刺激体温调节中枢,而阿司匹林能够抑制前列腺素的合成,因而具有退热功能。当机体处于高温环境时,皮肤温度感受器受到刺激而兴奋,神经冲动传入中枢,使调定点下移,此时即使中枢温度仍在 37 ℃,散热过程也会加强。正常情况下,调定点上下移动的范围很窄,体温的一些节律性变化也与此有关(图6-7)。

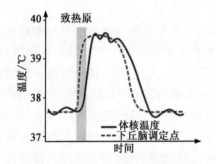

图 6-7　致热原对体温和调定点的影响

二维码 6-4　知识拓展:发热(fever)

(二)体液调节

甲状腺激素和肾上腺素是最主要、最直接参与动物体温调节的激素。甲状腺激素能加速体内物质的生物氧化,促进分解代谢,使产热量增加。肾上腺素具有促进糖、脂肪分解代谢的作用,促使产热增加。

动物刚进入较冷的环境中时,寒冷刺激会引起机体肌紧张增加,随意或不随意地战栗,增强产热;同时还通过交感神经促进肾上腺素分泌增加,以应对温度的急剧变化,维持体温恒定。这个"应急反应"作用迅速,但持续时间较短。如果动物长期处于寒冷环境中,下丘脑-垂体系统还通过分泌促甲状腺激素和促肾上腺皮质激素,使甲状腺激素、肾上腺素等分泌增加,提高基础代谢率使体温升高。如果动物长期处于热紧张状态,机体会通过降低甲状腺的功能,使基础代谢下降,同时摄食量下降、嗜睡以减少产热。因此,在高温环境中,机体一方面通过神经调节增加散热,另一方面通过减少甲状腺激素等激素的分泌量以减少产热,二者共同作用来维持体温的相对平衡(图6-8)。

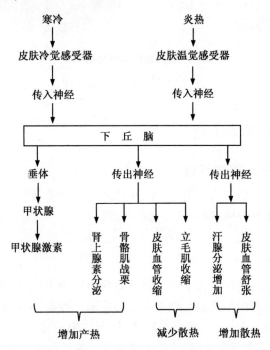

图6-8 寒冷、炎热刺激的体温调节过程

下丘脑中含有丰富的单胺能神经元,释放去甲肾上腺素(NE)、5-羟色胺(5-HT)和多巴胺(DA)等神经递质。动物的灌流实验发现,5-HT可引起猫、犬和猴等动物的体温升高,兔和大鼠的体温下降;去甲肾上腺素和多巴胺可引起兔、羊和大鼠的体温升高,猫和犬的体温降低。这些研究表明,中枢递质可能在体温调节中也起着重要的作用。

(三)体温调节方式

体温调节方式包括自主性体温调节和行为性体温调节。寒战、发汗和血管舒缩等生理活动属于自主性体温调节过程,由反射来完成。环境温度或机体活动的改变会引起体表温度或深部血温的变化,从而刺激外周或中枢的温度感受器,其传入的冲动在下丘脑进行整合,随后体温调节中枢发出冲动,调控内分泌腺、内脏、骨骼肌、皮肤血管和汗腺等效应器的活动,从而调整机体的产热和散热过程,以保持体温的相对稳定。

行为性体温调节是动物在不同环境中通过姿势和行为的改变使体温保持相对稳定的调节过程。例如,炎热时动物躲到阴凉处避暑;寒冷时动物处于阳光下取暖。身体蜷缩、聚堆(图6-9)和人的踏步、跑动取暖也属此种调节。

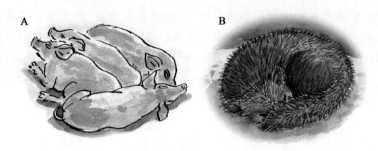

图 6-9　动物的行为性体温调节
A. 聚堆　B. 蜷缩

五、动物对外界温度的适应

(一)动物的耐热性能和耐寒性能

动物对环境温度的适应能力受种类、品种、年龄和营养状态等因素的影响。例如,寒带地区生长的动物对低温适应性较强,而对高温适应能力较差。反之,热带地区生长的动物较耐高温,但不耐低温。

1. 动物的耐热性能

不同物种的动物对热的适应能力不同。骆驼的耐热性能最强,它通过加强体表的蒸发散热,适当升高体温,可长时间耐受高温。绵羊有较强的耐热性能,通过热性喘息经呼吸道蒸发散热。马属动物有发达的汗腺,主要靠出汗散热,因而也有一定的耐热能力。牛的耐热能力差,气温偏高时会引起热应激反应,导致生产性能降低。猪的耐热能力较弱,容易引起热应激。

大多数动物的耐热性较差,对高温的适应能力有限,若长时间处于高温环境中,由于大量出汗可造成水和电解质紊乱,影响机体正常的生理功能,严重时可引起热痉挛和休克。因此,在生产中要注意夏季的防暑降温。

2. 动物的耐寒性能

家畜的抗寒能力一般较强,但猪的耐寒性能远远低于其他动物。例如,马、牛、羊在 -18 ℃气温下仍具有调节体温恒定的能力;成年猪在 0 ℃气温中很难持久地保持正常体温;一日龄仔猪在 0 ℃环境中 2h 就会陷入昏睡状态。因此,在猪的养殖中要特别注意冬季的保温措施。

(二)动物对高温和低温的适应

动物对环境温度的变化有 3 种不同程度的适应现象。

1. 习服

动物短期(通常数月)生活在极端温度环境中(寒冷或炎热),体内糖、脂代谢将发生改变以适应气温的变化,这些生理性调节反应称为习服(acclimation)。如冷习服时,动物机体肾上腺素、甲状腺激素等分泌增多,糖代谢增强,褐色脂肪储存增加,机体增大非战栗产热。动物经冷习服后,可延长在严寒环境中的存活时间。

2. 风土驯化

风土驯化(acclimatization)又称气候驯化,即机体的生理性调节随着季节性变化而逐渐发生改变。在风土驯化的过程中,动物的遗传性发生改变以适应新的生活条件。例如,由夏季到冬季,气温逐渐降低,动物常出现冷驯化,主要表现为被毛和皮下脂肪层厚度增加及血管收缩性改变。冷驯化的特点是显著降低临界温度,不增加动物的代谢水平(有时甚至降低),主要是提高机体的保温能力。

3. 气候适应

气候适应(climatic adaptation)指经过几代自然选择或人工选择,动物的遗传发生变化,对所处的温度环境表现出良好的适应能力,这种变化还可以遗传给后代,成为该品种的特性。例如,寒带和热带动物生活的环境差异很大,但它们的体温大致相等。寒带动物具有较厚的被毛和皮下脂肪层,且皮肤深部的血管具有良好的逆流热交换能力,在寒冷的气候下,也无须增加代谢,体温仍能保持稳定。

(韩立强)

复习思考题

1. 什么是基础代谢?应在什么条件下测定动物的基础代谢?
2. 举例说明影响能量代谢的主要因素有哪些。
3. 机体如何维持正常体温?体温相对恒定的原理是什么?
4. 试用调定点学说解释致热原引起的恶寒和高热现象。
5. 视前区-下丘脑前部在体温调节中起哪些作用?有何依据?

第七章 泌尿生理

肾脏是动物维持内环境稳态的重要器官。血液流经肾脏时,通过肾小球的滤过作用形成原尿,再通过肾小管与集合管的重吸收、分泌与排泄作用形成终尿,并排出体外。机体借此可将代谢产物、多余的水分和电解质以及异物排出体外,从而维持机体水、电解质的稳定和酸碱平衡。尿的生成受到神经、体液及肾脏自身的调节。本章主要介绍尿的生成过程及调节机制。

通过本章的学习,应主要了解和掌握以下几方面的知识。

- 了解尿的理化性质。
- 掌握尿的生成过程及其影响因素。
- 掌握肾小管和集合管的重吸收和分泌作用。
- 掌握尿生成的调节。

第一节 概　　述

泌尿包括尿生成和排尿两个相互联系、协调统一的活动过程。肾脏通过尿的生成,完成排出机体的代谢终产物、多余物质和异物,调节水平衡、电解质平衡和酸碱平衡等主要生理功能。因此,尿的生成对维持机体内环境稳态具有十分重要的作用。

一、尿的理化性质和组成

尿的理化性质和成分反映机体代谢的变化和肾脏生理活动的状态。因此,尿液检查是临床诊断的重要内容(二维码7-1)。

二维码7-1 尿的
理化性质和组成

二、肾的结构特点

(一)肾单位和集合管

肾单位(nephron)是肾脏的基本功能单位。肾单位的数目因动物种类的不同而异,猪的两侧肾脏大约有220万个肾单位,牛大约有800万个肾单位,犬约有80万个,猫约有40万个。每个肾单位包括肾小体(renal corpuscle)和肾小管(renal tubule)两部分(图7-1)。

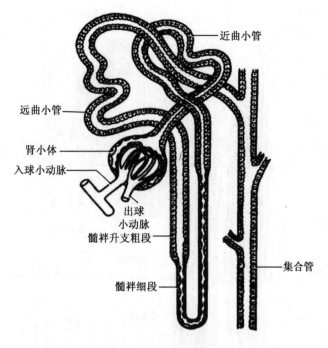

近曲小管

远曲小管

肾小体

入球小动脉

出球
小动脉

髓袢升支粗段

髓袢细段

集合管

图 7-1　肾单位示意图

肾小体包括肾小球(renal glomerulus)和肾小囊(renal capsule)。肾小球的核心是一团毛细血管网,其两端分别与入球小动脉和出球小动脉相连。肾小球外面包囊着肾小囊。囊壁由2层单层扁平上皮细胞构成:脏层(内层)细胞多突起形成足细胞,与肾小球毛细血管内皮下的基膜紧贴;壁层(外层)与肾小管壁相连。肾小囊脏层和壁层之间的腔隙称为肾小囊,与肾小管管腔相通。

肾小管分为3段:①近端小管。包括近曲小管和髓袢降支粗段,此段管径较粗,上皮细胞的腔面有刷状缘。②髓袢细段。分为降支细段和升支细段,呈 U 形管结构。③远端小管。包括髓袢升支粗段和远曲小管,此段管径较粗,上皮细胞的腔面有少数短的微绒毛。远曲小管的末端和集合管相连。

虽然集合管不包括在肾单位内,但在功能上却和肾单位紧密相连。集合管上皮细胞的腔面也有微绒毛,它在尿的生成过程中,特别是在尿液浓缩过程中起着重要作用。每条集合管接受多条远端小管运来的小管液,然后汇入肾乳头管,形成的尿液经肾盂(牛无肾盂,但有肾盏和集收管)、输尿管进入膀胱。

(二)肾单位的类型

在哺乳动物的肾脏内,按其中肾单位所在部位的不同,可分为皮质肾单位(cortical nephron)和近髓(或髓旁)肾单位(juxtamedullary nephron)两类(图 7-2)。

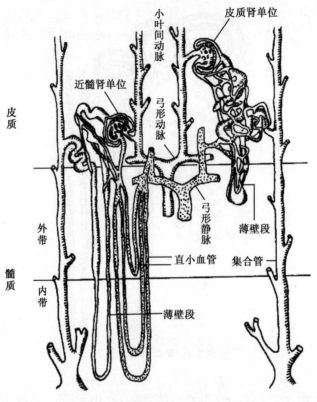

图 7-2　肾单位和肾血管的示意图

1. 皮质肾单位

皮质肾单位位于肾脏的外皮质层和中皮质层,髓袢很短。肾小球体积较小,入球小动脉粗而短,出球小动脉细而长。交感缩血管神经纤维在入球小动脉平滑肌上的分布密度较大。出球小动脉在离开肾小球后,反复分支形成毛细血管网,几乎全部围绕在肾皮质部的肾小管周围。

2. 近髓肾单位

近髓肾单位分布在靠近肾髓质的内皮质层,髓袢很长,呈"U"形,延伸到内髓质层,有的甚至到达肾乳头部。肾小球体积较大,入球小动脉和出球小动脉的口径无明显区别,交感缩血管神经纤维在出球小动脉平滑肌上分布的密度较大,出球小动脉分支形成两种小血管:一种形成毛细血管网,包绕在邻近的近曲小管和远曲小管周围;另一种形成细而长的"U"形直小血管(vasa recta),管与管之间有吻合支,血流可以相通。"U"形直小血管和髓袢相伴行。

不同种类的动物两类肾单位在肾脏中所占的比例存在一定差异。猪、象和鹿等,水代谢率高,绝大多数是皮质肾单位;水代谢率稍低的马、牛和熊等,近髓肾单位占 20%~40%;而水代谢率更低的羊和骆驼等,近髓肾单位的比例可达 40%~80%。

(三)肾小球旁器

肾小球旁器(juxtaglomerular apparatus,JGA)又称为近球小体,由肾小球旁细胞(juxta-glomerular cells)、系膜(间质)细胞(extraglomerular mesangial cell)和致密斑(macula densa)

所组成(图7-3)。肾小球旁细胞的细胞质内有分泌颗粒(故也称为颗粒细胞),内含有肾素。致密斑可以感受小管液中钠离子浓度的变化,并将感受信息传给肾小球旁细胞,调节肾素的释放。

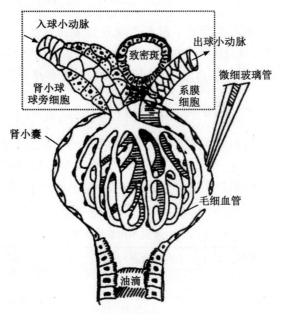

图7-3　肾小球、肾小囊微穿刺和肾小球旁器示意图

虚线框区域内为肾小球旁器

三、肾血液循环的特征

肾动脉由腹主动脉直接分出,当其进入肾门后,在肾脏分支为叶间动脉→弓形动脉→小叶间动脉→入球小动脉。入球小动脉进入肾小体的包囊后,形成毛细血管球,即肾小球。肾小球毛细血管汇集成出球小动脉离开肾小体,再次分支成为毛细血管网,缠绕在肾小管和集合管的周围,为这些部分提供血液,然后汇合成小叶间静脉→弓形静脉→叶间静脉→肾静脉出肾门。

肾脏血液循环的特点有:①肾动脉管径粗短,血流量大。肾血流量占心输出量的20%～30%,其中,皮质部的血流量最大,约占全肾血流量的92.5%,外髓部约占6.5%,内髓部最少,一般仅接近1%。这种特点对尿生成和尿浓缩活动都具有重要意义。②肾小球毛细血管介于入球小动脉和出球小动脉之间,而且在皮质肾单位中,入球小动脉的口径比出球小动脉的大,故肾小球毛细血管压较高,对肾小球滤过作用非常有利。由出球小动脉分支缠绕在肾小管和集合管周围的毛细血管则不然,由于肾小球的滤过作用和出球小动脉细而长,这套毛细血管中血压较低,但血浆胶体渗透压却较高,有利于肾小管和集合管的重吸收作用。③近髓肾单位中的直小血管呈"U"形,并伴随髓袢行至肾乳头部,对于肾髓质高渗梯度的维持具有重要作用。

第二节 尿 的 生 成

二维码 7-2 知识
拓展:历史上关于
"尿形成"的不同理论

早在近两千年前人类就开始了对尿液形成过程的研究(二维码 7-2),目前将尿生成过程分为肾小球的滤过作用、肾小管和集合管的重吸收作用,以及肾小管和集合管的分泌和排泄作用 3 个过程。

一、肾小球的滤过作用

肾小囊内液除蛋白质含量极微外,其他成分的含量都与血浆中的浓度基本一致(表 7-1)。而且肾小囊内液的渗透压和酸碱度也与血浆的相近。说明肾小囊内液是血浆流经肾小球毛细血管时,由肾小球的滤过作用所产生的滤过液,即原尿(primary urine)。

表 7-1 血浆、原尿和尿成分比较表

成分	血浆/%	原尿/%	尿/%	尿中浓缩倍数
水	90	98	96	—
蛋白质	8	0.03	0	—
葡萄糖	0.1	0.1	0	—
Na^+	0.33	0.33	0.35	1.1
K^+	0.02	0.02	0.15	7.5
Cl^-	0.37	0.37	0.6	1.6
$H_2PO_4^-$、HPO_4^{2-}	0.004	0.004	0.15	37.5
尿素	0.03	0.03	1.8	60.0
尿酸	0.004	0.004	0.05	12.5
肌酸	0.001	0.001	0.1	100.0
氨	0.000 1	0.000 1	0.04	400.0

每分钟两侧肾脏共生成的原尿量,称为肾小球滤过率(glomerular filtration rate,GFR),每分钟两侧肾脏的血浆流量,称为肾血浆流量(renal plasma flow,RPF),肾小球滤过率和肾血浆流量的百分比,称为滤过分数(filtration fraction,FF)。据测定,一头体重 50 kg 的猪,肾小球滤过率约为 100 mL/min,肾血浆流量为 420 mL/min,该猪的肾小球滤过分数大约为 24%,每昼夜生成的原尿量可达 144 L。由此可见,在尿生成的过程中,通过肾小球的滤过作用,生成的原尿量非常大。肾小球滤过率和滤过分数是衡量肾脏功能的重要指标。

(一)滤过膜及其通透性

滤过膜(filtration membrane)由肾小球毛细血管的内皮细胞层、基膜层和肾小囊的脏层上皮细胞层所组成(图 7-4)。肾小球毛细血管内皮细胞层具有大小不等的微孔;基膜层主要是由水合凝胶构成的微纤维网状结构;肾小囊脏层足细胞的足状突起又可伸出许多小突起,固定于基膜上,各个小突起之间有细小裂孔。滤过膜虽然由 3 层组织构成,但总厚度一般不超过 1 μm,加之各层都有孔隙结构,故滤过膜的通透性很大,比机体内其他毛细血管的通透性要大 25 倍以上。滤过膜的孔隙大小对不同溶质分子的滤过起着机械屏障作用。

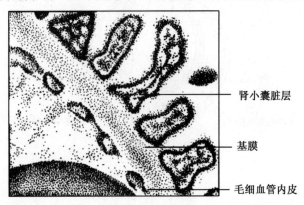

肾小囊脏层

基膜

毛细血管内皮

图 7-4 滤过膜示意图

溶质通过滤过膜时,并非只取决于其分子的大小,还与其所带的电荷有关。例如,用 3 种直径相等而所带电荷不同的葡聚糖颗粒进行滤过实验时发现:带负电荷的最难透过;中性的次之;带正电荷的容易透过。产生这种差异的原因主要是,滤过膜的各层表面都有带负电荷的唾液蛋白(酸性糖蛋白)层,起着静电排斥作用,即电学屏障作用。因此,在正常情况下,带负电荷的较小的血浆白蛋白分子是不容易透过滤过膜的,这可能是正常情况下滤过液中几乎不含有蛋白质的主要原因。

滤过膜的机械屏障和电学屏障作用决定了其特殊的通透性,这对于原尿量及其组成有着重要影响。

(二)有效滤过压

肾小球滤过的动力是有效滤过压(effective filtration pressure,EFP)。由于滤过膜对血浆蛋白质几乎不通透,故滤过液胶体渗透压可忽略不计。原尿生成的有效滤过压实际上只包括 3 种力量,一种为促进血浆从肾小球滤过的力量,即肾小球毛细血管压,其余 2 种是阻止血浆从肾小球滤过的力量,即血浆胶体渗透压和肾小囊内液压(常称囊内压)(图 7-5)。因此,有效滤过压=肾小球毛细血管压-(血浆胶体渗透压+囊内压)。

根据用微穿刺法对慕尼黑大鼠和松鼠猴的浅表肾小球毛细血管压直接测定的结果,从入球小动脉端到出球小动脉端的肾小球毛细血管压,平均值都为 6.00 kPa;肾小球毛细血管入球端的血浆胶体渗透压为 2.67 kPa,出球端为 4.67 kPa;囊内压为 1.33 kPa。根据上述资料,原尿生成的有效滤过压可计算如下。

$$入球端有效滤过压=6-(2.67+1.33)=2(kPa)$$
$$出球端有效滤过压=6-(4.67+1.33)=0(kPa)$$

以上计算表明,在入球端有效滤过压为正值,可以不断地生成原尿。有效滤过压虽然不高,但因滤过膜的通透性大,肾血流量大,故原尿生成不但可顺利进行,而且量也相当大,例如,牛两侧肾脏每天可生成的原尿量达 1 400 L 以上。在出球端,有效滤过压为零,故无原尿生成。

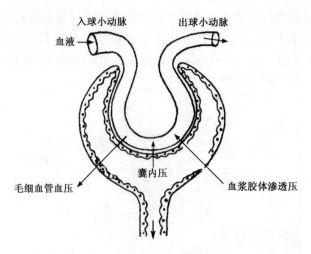

图 7-5　有效滤过压示意图

二、肾小管和集合管的重吸收作用

原尿生成后进入肾小管中,称为小管液。小管液经过肾小管和集合管的作用后,即生成终尿。终尿量一般仅为原尿量的 1％左右。从表 7-1 可见,原尿中的微量蛋白质、葡萄糖在终尿中完全消失;Na^+、Cl^- 和 K^+ 等在终尿中已大量减少;尿素和尿酸等在终尿中仍大量存在,而肌酐则无变化。据此表明,原尿在流经肾小管和集合管的过程中,其中有的物质全部、有的大部分、有的少部分被小管壁上皮细胞重吸收转运回到血液中。故把肾小管和集合管上皮细胞将小管液中的物质转运回到血液中的过程,称为肾小管和集合管的重吸收作用。重吸收作用具有明显的选择性。

(一)重吸收方式

重吸收作用的方式可分为主动重吸收和被动重吸收两种,前者主要通过细胞膜上的离子泵、载体和吞饮作用等来完成,需要消耗能量,后者则不需要上皮细胞的代谢活动提供能量。重吸收的途径包括跨膜细胞途径和旁细胞途径。

(二)几种物质的重吸收

1. Na^+ 的重吸收

肾小管和集合管各段对 Na^+ 的重吸收率不同。近端小管对 Na^+ 的重吸收率最大,占滤过量的 65％～70％。远曲小管约占 10％。其余的 Na^+ 分别在髓袢升支细段、髓袢升支粗段和集合管被重吸收。Na^+ 的重吸收除在髓袢升支细段是顺浓度差、以被动扩散的方式进行外,在其他各段,Na^+ 则靠钠泵的作用主动重吸收。

近端小管对 Na^+ 重吸收的机制,现在常用泵-漏模式来解释(图 7-6)。该模式认为,小管壁相邻的各上皮细胞之间存在间隙,称为细胞间隙。细胞间隙靠近管腔的一侧形成紧密连接,它将细胞间隙与管腔隔开。小管上皮细胞的管周膜和细胞间隙的底部都与管外毛细血管相邻,其间有基膜相隔。当小管液中含有高浓度的 Na^+ 时,由于上皮细胞的管腔膜对 Na^+ 的通透性比较高,Na^+ 就以被动扩散的方式进入上皮细胞内。进入上皮细胞内的 Na^+ 随即被细胞侧膜上的钠泵泵出进入细胞间隙。这样,一方面使上皮细胞内 Na^+ 浓度降低,使小管液中的 Na^+ 继续顺浓度差扩散入细胞内;另一方面使细胞间隙中的 Na^+ 浓度升高,渗透压也升高,导致小管液中的水随之进入细胞间隙,使细胞间隙中的静水压升高,促使 Na^+ 和水通过基膜进入毛细血管。此外,还可以使 Na^+ 和水通过紧密连接返回到小管液中,这一现象称为回漏。所以,Na^+ 的重吸收量应为主动重吸收量减去回漏量。

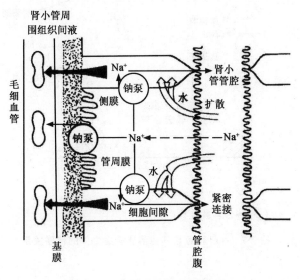

图 7-6 Na^+ 重吸收的泵-漏模式

远曲小管和集合管对 Na^+ 的重吸收量较少,重吸收 Na^+ 的机制可能与近端小管有所不同。远曲小管管壁上皮细胞的管侧膜和管周膜上均有钠泵存在,且此段 Na^+ 的主动重吸收常同 H^+ 或 K^+ 的分泌联系在一起。集合管对 Na^+ 的重吸收也为主动转运。

Na^+ 重吸收时,常伴有负离子、葡萄糖、氨基酸等被重吸收,此外还与小管上皮细胞分泌的正离子(H^+、K^+)分别存在着逆向交换的关系。这种 Na^+ 主动重吸收与其他溶质的伴联转运关系(图 7-7),对于维持机体内水、电解质和酸碱平衡等,都具有重要作用。

2. Cl^- 的重吸收

Cl^- 的重吸收大部分是伴随 Na^+ 的重吸收而被重吸收的。据测定,近曲小管液中 Cl^- 的浓度比管周组织液中 Cl^- 的浓度高 1.2～1.4 倍。加之 Na^+ 主动重吸收所形成的小管壁内外的电位差,所以 Cl^- 的重吸收多为被动重吸收。但是,Cl^- 在髓袢升支粗段的重吸收却很复杂。一般认为,Cl^- 在髓袢升支粗段的重吸收,是由于髓袢升支粗段上皮细胞管周膜上 Na^+ 泵的作用,将 Na^+ 由上皮细胞内泵入管外的组织间液,使存在于上皮细胞管腔膜上的载体,将 Na^+、Cl^-、K^+ 按一定比例(Na^+:$2Cl^-$:K^+)协同转运到细胞内。Na^+、Cl^-、K^+ 进入上皮细胞后,Na^+ 被泵入组织间液;Cl^- 顺浓度差扩散进入组织间液;K^+ 则顺浓度差扩散返回到管腔内,也有少部分 K^+ 扩散进入组织间液。由于上述载体对 Na^+、Cl^-、K^+ 按比例进行协同转运的动力,是来自上皮细胞管周膜上的钠泵活动,故认为髓袢升支粗段对 Cl^- 的重吸收机制是继发性主动转运。

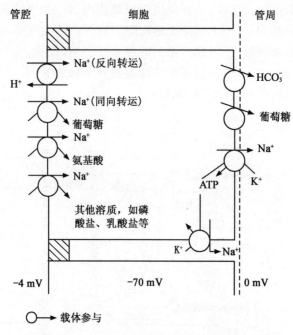

图 7-7 Na⁺转运与其他溶质转运之间的伴联关系

3. 水的重吸收

小管液中的水有 35%～70%在近端小管、10%在髓袢、10%在远曲小管、10%～20%在集合管被重吸收。水在以上各段都按渗透原理以被动转运的方式重吸收。肾小管和集合管对水的重吸收量很大，终尿的排出量只有原尿量的 1%。如果其他条件不变，水的重吸收率减少 1%，尿量即可增加 1 倍，由此可见，水的重吸收与尿量的关系很大。除髓袢升支细段和髓袢升支粗段对水不易通透外，肾小管和集合管的其他各段对水都具有不同程度的通透性。

二维码 7-3 知识拓展：水通道蛋白

近端小管对水的通透性大，小管上皮细胞的腔面有许多刷状缘，吸收面积较大，是小管液中水、电解质和有机营养物质重吸收的主要部位（二维码 7-3）。在此段，水多伴随溶质的重吸收而被重吸收，与机体是否缺水无关。髓袢降支细段对水的通透性也较大，因该管段经过肾髓质高渗区，水则靠渗透压差被重吸收，主要对肾髓质高渗梯度的形成具有重要作用，远曲小管和集合管对水的通透性很小，但在垂体后叶分泌的抗利尿激素（ADH）的调控下，它们对水的通透性升高，可参与对机体水平衡的调节。

4. K⁺的重吸收

小管液中的 K⁺绝大部分在近端小管被主动重吸收。终尿中的 K⁺主要由远曲小管和集合管所分泌。近端小管内的电位较其管周液低 4 mV；小管液中的 K⁺浓度（4 mmol/L）比小管上皮细胞内的 K⁺浓度（150 mmol/L）低得多，故近端小管对 K⁺的重吸收逆电化学梯度，可能是靠小管上皮细胞的管腔面细胞膜上的钾泵进行的主动转运过程。

5.葡萄糖的重吸收

微穿刺实验表明,小管液中葡萄糖的重吸收仅限于近端小管(主要在近曲小管),肾小管和集合管的其他各段都无重吸收葡萄糖的能力,近端小管重吸收葡萄糖的机理是:①小管上皮细胞管腔面的刷状缘中的载体蛋白上存在着 2 种结合位点,能分别与葡萄糖、Na^+相结合,当载体蛋白与葡萄糖、Na^+相结合而形成复合体后,该载体就可将小管液中的葡萄糖和Na^+快速转运到细胞内,这种转运称为协同(同向)转运。②进入细胞内的Na^+被钠泵泵入管周组织间液。转运入细胞内的葡萄糖则顺浓度差被易化扩散到管周的组织间液,进而回到血液中。③小管上皮细胞的管腔膜上的载体蛋白对葡萄糖和Na^+的协同转运,是借助于Na^+的主动转运而实现的。因为抑制钠泵后,上述协同转运也被抑制。根据以上 3 点,故认为葡萄糖在近端小管的重吸收是继发于Na^+主动重吸收的转运过程,属于继发性主动转运(图 7-7)。

近端小管对葡萄糖的重吸收有一定的限度。当血糖浓度超过 160～180 mg/dL 时,尿中就可出现葡萄糖(二维码 7-4)。一般把尿中刚出现葡萄糖时的血糖浓度值称为肾糖阈(renal threshold for glucose)。其产生的机理可能是由于小管上皮细胞的管腔膜上,协同转运葡萄糖、Na^+的载体蛋白数量有一定限度的缘故。

二维码 7-4　知识拓展:糖尿病与胰岛素的关系

6.氨基酸的重吸收

小管中氨基酸几乎全部被重吸收,近曲小管是其主要吸收部位。氨基酸的重吸收与葡萄糖的重吸收机制相同,也与Na^+同向转运。但转运葡萄糖和转运氨基酸的同向转运体不同。各种氨基酸的重吸收存在相互竞争。正常状态下进入小管液中的少量蛋白质,可通过小管上皮细胞的内吞作用被重吸收。

7. HCO_3^- 和 PO_4^{3-} 的重吸收

HCO_3^- 在血浆中是以钠盐($NaHCO_3$)的形式存在,在小管液中解离成Na^+和HCO_3^-。由于HCO_3^-不易透过上皮细胞管腔面的细胞膜,它的重吸收要与小管上皮细胞分泌H^+的活动结合起来。肾小管和集合管的上皮细胞都能分泌H^+到小管液中,并与小管液中的Na^+进行交换。这样小管液中的HCO_3^-可与小管上皮细胞分泌的H^+结合,生成H_2CO_3,进而分解成为CO_2和H_2O。CO_2为高脂溶性物质,可快速通过上皮细胞的管腔面进入细胞内,在碳酸酐酶的催化下和H_2O结合生成H_2CO_3。再解离成HCO_3^-和H^+,细胞内HCO_3^-可与Na^+一起转运入血,H^+则分泌入小管液中,再与Na^+进行交换和与HCO_3^-结合,重复上述过程。综上所述,可以看出小管液中的HCO_3^-是以CO_2的形式被重吸收的。正因如此,小管液中的HCO_3^-比 Cl^-优先重吸收。如果小管液中HCO_3^-的量超过分泌的H^+时,由于HCO_3^-不易透过小管上皮细胞的管腔膜,故多余的HCO_3^-几乎全部随尿排出。在正常情况下,HCO_3^-的重吸收过程主要在近端小管进行(图 7-8)。

PO_4^{3-} 的重吸收部位主要是在近端小管,是一个与Na^+同向主动转运的过程。

各种物质被动重吸收的速率除取决于该物质的特性外,还取决于肾小管和集合管管壁上皮细胞对该物质的通透性。例如,小管液中的Na^+被重吸收后,造成小管壁内外的电位差,即可吸引小管液中负离子(Cl^-)而被动重吸收。NaCl被重吸收后,小管液的渗透压降低,小管外组织液的渗透压相对增高,引起小管液中的水被重吸收。由于水被重吸收,又使小管液中的

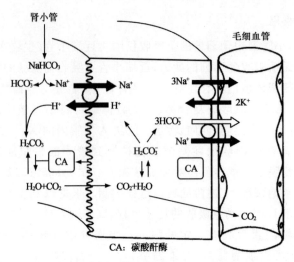

图 7-8 近端小管重吸收 HCO_3^- 的机制

尿素浓度升高,造成小管液与小管外组织液之间尿素的浓度差,促使尿素向小管外组织液中扩散。但是,因小管各段上皮细胞对尿素的通透性存在差异,如远曲小管、皮质部和外髓部的集合管对尿素不易通透,尽管管壁内外存在着尿素的浓度差,尿素也不能扩散到管外的组织液中。而内髓部集合管对尿素的通透性却很高,这样尿素就可以在此管段顺浓度差向管外组织液中扩散。

三、肾小管和集合管的分泌排泄作用

肾小管和集合管的分泌作用,是指小管上皮细胞将所产生的代谢物质分泌到小管液中的过程。肾小管和集合管的排泄作用,是指小管上皮细胞将来自血液中的某些物质排出到小管液中的过程。由于分泌和排泄作用都是通过小管上皮细胞完成,而且分泌物和排泄物都是进入小管液中,虽然二者的概念不同,但一般不做严格区分。

(一) H^+ 的分泌

近端小管对 H^+ 的分泌已在讨论 HCO_3^- 重吸收的机制中作过阐述。H^+ 的分泌与 HCO_3^- 的重吸收关系密切,它可促进 HCO_3^- 以 CO_2 的形式快速扩散入上皮细胞内。在细胞内 CO_2 和 H_2O 在碳酸酐酶的催化下生成 H_2CO_3,进而解离成 H^+ 和 HCO_3^-。H^+ 分泌入小管液中与 Na^+ 交换,Na^+ 进入细胞内与 HCO_3^- 一起被转运回到血液。

H^+ 的分泌机制,在近端小管主要是靠刷状缘上的载体蛋白对 H^+ 和 Na^+ 的逆向转运(图7-9),其原动力也是来自小管上皮细胞钠泵的活动,故 H^+ 的分泌为主动转运过程。远曲小管和集合管分泌 H^+ 的情况则有所不同,在此段除 H^+-Na^+ 交换外,还有 K^+-Na^+ 交换,而且两种交换之间存在着竞争作用,即 H^+-Na^+ 交换增多时,K^+-Na^+ 交换减少;反之,则 K^+-Na^+ 交换增多。例如,酸中毒时,小管上皮细胞内碳酸酐酶的活性增强,H^+ 生成增加,于是 H^+-Na^+ 交换增加,K^+-Na^+ 交换减少。尿中出现 H^+ 浓度增高,血液中 K^+ 浓度加大。如果用丁酰唑胺抑制碳酸酐酶的活性,即会发生与上述相反的过程,故在远曲小管和集合管段,H^+ 的分泌还与 K^+ 的分泌相关联。H^+ 在此管段的分泌机制除 H^+-Na^+ 逆向转运外,一般认为可能在此

管段上皮细胞的管腔膜上,还有 H^+ 泵的作用。

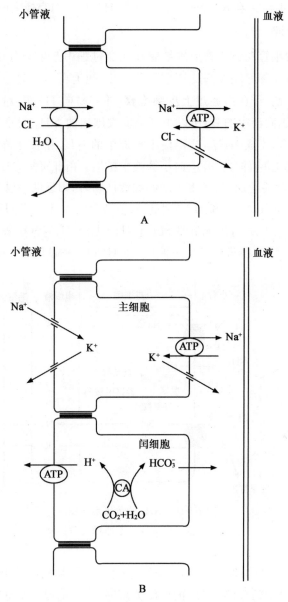

图 7-9 远曲小管、集合管重吸收 NaCl,分泌 K^+ 和 H^+ 的示意图

A. 远曲小管初段 **B.** 远曲小管后段和集合管

肾小管和集合管上皮细胞分泌 H^+ 的活动,其主要生理意义是排出酸性产物和促进 $NaHCO_3$ 的重吸收,维持血浆中碱贮量的相对稳定,调节机体的酸碱平衡。

(二) K^+ 的分泌

一般认为尿中的 K^+ 主要是由远曲小管和集合管上皮细胞所分泌。K^+ 的分泌与 Na^+ 的主动重吸收关系密切。有 Na^+ 的主动重吸收才会有 K^+ 的分泌。由于 Na^+ 主动重吸收,造成小管上皮细胞内 K^+ 浓度升高、小管腔内电位降低。这种小管上皮细胞和小管液间 K^+ 的浓度差和电位差,成为小管分泌 K^+ 的动力。因此,K^+ 的分泌是被动转运过程。K^+ 的分泌与 Na^+ 的重吸收相关联。故也存在着 K^+-Na^+ 交换,并与 H^+-Na^+ 的交换之间有竞争作用。

(三)NH₃ 的分泌

NH₃ 主要由远曲小管和集合管上皮细胞在代谢过程中产生和分泌。小管上皮细胞内的 NH₃ 主要由谷氨酰胺在谷氨酰胺酶的作用下所产生,也有部分 NH₃ 由氨基酸脱氨基作用所产生。NH₃ 具有脂溶性,可自由通过上皮细胞膜,并容易向 H^+ 浓度高的方向扩散。由于小管液中 H^+ 浓度较组织间液中的高,所以小管上皮细胞内的 NH₃ 向小管液中扩散,NH₃ 分泌入小管液中与 H^+ 结合,生成 NH_4^+,这样使小管液中的 NH₃ 浓度下降,在上皮细胞管腔面两侧形成 NH₃ 的浓度差,进而加速 NH₃ 向小管液中扩散。由此可见,NH₃ 的分泌与 H^+ 的分泌关系密切。当机体代谢活动加强,产生大量的酸性产物时,则远曲小管和集合管上皮细胞分泌 H^+ 和 NH₃ 的活动都加强,NH₃ 和 H^+ 在小管液中结合成 NH_4^+。NH_4^+ 与小管液中的强酸盐的负离子(Cl^-、SH_4^{2-} 等)结合,生成酸性铵盐(NH_4Cl、$(NH_4)_2SO_4$ 等)随尿排出。强酸盐中的正离子(Na^+)则与 H^+ 交换进入上皮细胞内,与 HCO_3^- 一起转运入血(图 7-10)。

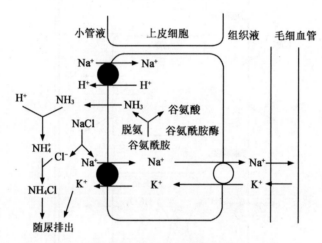

图 7-10　NH₃ 的分泌示意图

实心球表示转运体　空心球表示钠泵

正常情况下 NH₃ 的分泌发生在远曲小管和集合管,如果机体发生酸中毒,近端小管也可以分泌 NH₃。因为 NH₃ 的分泌与 H^+ 的分泌关系密切,其生理意义也主要是参与机体内酸碱平衡的调节。

(四)其他物质的排泄

肌酐和对氨基马尿酸既能从肾小球滤过,又能由肾小管排泄。进入机体内的某些物质如青霉素、酚红等,主要通过肾小管的排泄作用,随尿排出。

肾小管和集合管对各种物质的重吸收、分泌和排泄用图 7-11 表示。

流经肾脏的血液,经过肾小球的滤过作用形成原尿,再经肾小管和集合管的重吸收、分泌和排泄等作用,形成终尿。

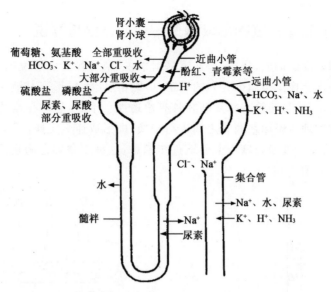

图 7-11　肾小管和集合管的重吸收、分泌和排泄示意图

第三节　尿的浓缩和稀释

经过肾小球滤过,肾小管和集合管的重吸收,分泌与排泄后生成的终尿,还必须根据体内水分的情况调节其渗透压,以维持体内水分的稳定。在体内水量过多时,通过肾脏的调节使尿的渗透压降低,排出的水量增加;当体内水量减少时,则尿的渗透压升高,排出的水量减少。尿的渗透压高于血浆渗透压时,称为高渗尿;尿的渗透压低于血浆渗透压时,称为低渗尿。因此,尿渗透压的调节也称为尿的浓缩与稀释。

一、尿浓缩与稀释的条件

应用微穿刺法的研究结果表明,小管液从近曲小管流至远曲小管末端时,其渗透压一直与血浆相近。只是通过集合管之后,尿的渗透压才发生明显变化。由此可见,集合管对水的重吸收是决定尿浓缩与稀释的关键。

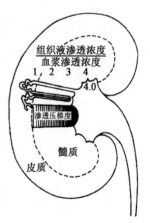

集合管对水的重吸收至少需要具备2个条件:①集合管壁对水有通透性。②集合管周围的组织液需保持高渗透压环境,是水被重吸收的动力。集合管对水的通透性有赖于 ADH 的调控,ADH 可使其通透性升高;而且,集合管所在的肾髓质部确实存在高渗透压梯度。

用冰点下降法测定肾组织切片的渗透压时发现,肾皮质部组织液的渗透压与血浆渗透压一致,即肾皮质部的组织液是等渗的。而在髓质部,渗透压由外髓向内髓逐渐升高,内髓靠近乳头部的组织液其渗透压是血浆的 4 倍,说明肾髓质部的组织液是高渗的,而且由外向内存在高渗透压的梯度现象(图 7-12)。

图 7-12　肾髓质渗透梯度示意图

二、肾髓质部高渗梯度的形成原理——逆流倍增学说

肾髓质部高渗梯度的形成,目前以"逆流倍增学说"来解释。该学说包含逆流交换与逆流倍增两个内容。逆流交换是指两个并列的管道,一端相通(呈 U 形),其液流方向相反,两管的溶液浓度或温度不同,而且两管互相紧贴并具有通透性。于是,液体在流动过程中,其中的溶质分子或热量可按物理学规律在两管之间进行交换,即形成逆流交换(图 7-13)。逆流交换的结果,使两管中的溶质浓度或温度由上而下逐步递增,这种现象即称为逆流倍增(countercurrent multiplication)(图 7-14)。

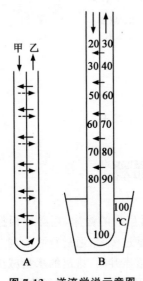

图 7-13 逆流学说示意图

A. 逆流系统 **B.** 逆流交换

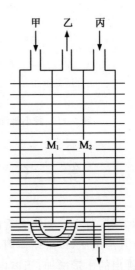

图 7-14 逆流倍增作用模型

甲管内液体向下流,乙管内液体向上流,丙管内液体向下流。

M_1 膜将液体中 Na^+ 由乙管泵入甲管,且对水

不易通透。M_2 膜对水易通透

(一)肾小管髓袢的逆流倍增作用

1.肾小管髓袢的逆流系统结构

髓袢升支和降支相并行,也是"U"形结构,具有逆流系统的结构特征,尤其近髓肾单位的髓袢较长,可伸入肾髓质深部,更具有逆流倍增效率。

2.外髓部渗透压梯度的形成

髓袢升支粗段位于肾脏外髓部,该段对水不易通透,但能主动吸收 Na^+ 和 Cl^-(见前述)。因此,随着小管液由外髓部经髓袢升支粗段向皮质部流动,由于小管上皮细胞对 Na^+ 和 Cl^- 的主动重吸收,使小管内的 NaCl 浓度逐渐降低,小管液渗透压随之也降低,而随着 Na^+ 和 Cl^- 扩散出来,外髓部组织间液渗透压逐渐升高。可见,外髓部的高渗梯度是髓袢升支粗段主动重吸收再扩散进入外髓部组织液而建立起来的。

3.内髓部高渗梯度的形成

形成内髓部高渗梯度有 2 个因素:①远曲小管以及皮质部和外髓部的集合管对尿素不易

通过,而水可被重吸收,造成皮质部和外髓部集合管内的小管液中尿素浓度不断升高。当含有高浓度尿素的小管液向内髓部流动时,由于内髓部的集合管对尿素的通透性增大,于是小管液中的尿素透出管壁,向组织间液扩散,使内髓部组织间液尿素浓度升高,渗透压随之升高,且越近乳头部渗透压越高。②髓袢降支细段对 NaCl 和尿素相对不通透,对水通透性大,在周围高渗区作用下,小管液中水被吸出,小管液被浓缩,其中 NaCl 浓度不断增大。当小管液经髓袢顶端折返髓袢升支细段时,由于该段管壁对水不通透,对 NaCl 转为能透过,因此,在小管内外NaCl 浓度差的作用下,小管液中的 NaCl 顺浓度差扩散进入内髓部,从而又增加了内髓部的高渗梯度。由此可见,内髓部的高渗梯度是由内髓部的集合管扩散出来的尿素和髓袢升支细段扩散出的 NaCl 共同建立的。

此外,尿素在髓袢中的再循环,也对髓质部的高渗梯度有作用。升支细段可吸收内髓组织间液中的尿素进入小管液。但是当小管液经过皮质部、外髓部,最后返回内髓部时,小管液中的尿素又可透出管壁扩散进入内髓组织间液。

至此,形成了髓质部由外向内渗透压逐渐升高的渗透压梯度(图 7-15)。

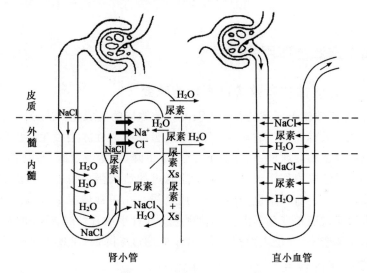

图 7-15　尿浓缩机制示意图

粗箭头表示髓袢升支粗段主动重吸收 Na^+ 和 Cl^-。髓袢升支粗段和
远曲小管前段对水不通透。**Xs** 表示未被重吸收溶质

(二)直小血管的逆流交换作用

髓质部高渗梯度的维持,有赖于直小血管的逆流交换作用。伸入髓质的直小血管,也呈 U 形,并与髓袢平行。当血液沿着直小血管降支向髓质流动时,受髓质高渗影响,血浆中的水分扩散出来,髓质部的溶质也顺浓度梯度而进入血浆,使直小血管降支的渗透压越来越高。当直小血管转为升支时,血浆中高浓度的尿素和 NaCl 又向组织间液扩散;与此同时,周围组织间液中的水也将渗入血浆,随着血液的流动被带走。这样,通过直小血管的逆流交换作用,既可保留住髓质部的溶质,从而有利于髓质部高渗梯度的维持,又可将重吸收的水带入血液循环。

三、尿的浓缩与稀释

由于肾髓质存在高渗梯度,小管液在流经集合管的过程中,一方面由于 ADH 的作用,使管壁对水的通透性增大;另一方面在髓质高渗梯度的作用下,小管液中的水被大量重吸收,形成高渗的浓缩液;反之,如果 ADH 分泌减少,或髓质部渗透压降低,则小管液中水的重吸收减少,排出的尿为低渗。

根据上述情况,可见肾髓质高渗梯度是尿被浓缩的基本条件。尿被浓缩和稀释的程度,在正常情况下是根据机体内水盐代谢的情况,由 ADH 调控远曲小管和集合管上皮细胞对水通透性决定的。所以肾脏尿的浓缩和稀释活动,对机体内水和电解质的平衡具有重要的调节作用。

第四节 尿生成的调节

一、影响肾小球滤过作用的因素

(一)滤过膜的通透性和有效滤过面积的改变

滤过膜通透性和有效滤过面积的改变可明显影响原尿的生成量和成分。通常肾小球滤过膜的通透性比较稳定,只有在某些病理情况下,滤过膜的通透性才会发生较大的变化。例如,发生肾小球肾炎时,滤过膜会增厚,孔隙变小,滤过率下降,超滤液量减少。如果滤过膜各层的糖蛋白减少或消失,电学屏障作用减弱,原来不能滤过的血浆蛋白也能进入囊腔,从而出现蛋白尿,更严重时体积较大的血细胞也透出,会形成血尿。在正常情况下,哺乳动物的肾小球都处于活动状态,有效滤过面积变化不大。但动物患急性肾小球肾炎时,病变波及肾小球毛细血管,造成管腔狭窄甚至堵塞,滤过表面积减少,肾小球滤过率降低,出现少尿或无尿现象。

(二)有效滤过压的改变

决定有效滤过压的 3 种压力中,任何一种压力的改变,都会导致有效滤过压的改变,其中肾小球毛细血管血压可经常变化,是生理情况下影响有效滤过压的主要因素。

1.肾小球毛细血管血压

肾小球毛细血管血压的高低取决于平均动脉压、入球小动脉和出球小动脉的舒张状态,这两者决定肾小球血流量,影响有效滤过压。安静状态时,肾血流量具有自身调节机制,只要平均动脉压在 $10.7 \sim 24.1$ kPa 内,肾小球毛细血管血压可维持相对稳定,从而使肾小球滤过率基本保持不变。大出血时,交感神经兴奋分泌肾上腺素,肾小球毛细血管血压明显下降,于是有效滤过压降低,肾小球滤过率减小,导致少尿。当动脉血压低于 $5.3 \sim 6.7$ kPa 时,肾小球滤过率将降低到零,无尿生成。

2.血浆胶体渗透压

在正常情况下,血浆胶体渗透压保持稳定。只有特殊情况下才会出现明显的变化。例如,快速静脉灌注大量的生理盐水时,血液被稀释,血浆胶体渗透压降低,肾小球滤过率增加,尿量增多。

3.囊内压

在正常情况下,因肾小管与集合管、输尿管相通,肾小囊内压比较稳定。若出现肾盂及输尿管结石、肿瘤压迫或其他原因引起的输尿管阻塞,尿液积聚时,肾小囊内压升高,有效滤过压随之降低,肾小球滤过率减少。动物患溶血性疾病时,由于溶血过多,过量血红蛋白堵塞肾小管,进而导致囊内压升高而影响肾小球滤过。

(三)肾血流量

肾脏是机体内所有脏器中供血量最多的器官,较大的血流量为肾小球滤过提供充足的血浆,以确保体液容量和溶质浓度的微细调节。肾血浆流量对肾小球滤过作用很大,主要影响滤过平衡的位置。当肾血浆流量加大时,血浆胶体渗透压上升的速度减慢,滤过平衡位置靠近出球小动脉端,有效滤过压和滤过面积增加,肾小球滤过率将随之上升。如果肾血流量进一步增加,血浆胶体渗透压上升速度进一步减慢,滤过作用遍及整个肾小球毛细血管,肾小球滤过率就进一步增加。反之,则出现相反的效应。由于剧烈运动、环境炎热导致机体内血流量重新分配而使肾血流量显著减少时,以及在严重缺氧、中毒性休克、CO_2增多等病理情况下,交感神经兴奋,肾血流量明显减少,肾小球滤过率显著减少。

二、影响肾小管和集合管的重吸收、分泌以及排泄作用的因素

(一)小管液中溶质的浓度

小管液中溶质所形成的渗透压,是对抗肾小管、集合管重吸收水分的力量。如果小管液中溶质的浓度很高,渗透压很大,必然会阻碍肾小管和集合管对水的重吸收,使尿量增多。这种由于小管液中溶质浓度增加,渗透压升高而引起的尿量增多(利尿),称为渗透性利尿(osmotic diuresis)。例如,给实验动物静脉内注射大量的高渗葡萄糖,使血糖浓度超过了肾糖阈,这样未被重吸收的、多余的葡萄糖就留在小管液中,使小管液的渗透压升高,引起尿量增多,就是渗透性利尿。

(二)肾小球滤过率

近端小管的重吸收率(每分钟两侧肾脏滤液被重吸收的毫升数)与肾小球滤过率之间有着密切的联系。当肾小球滤过率增加时,近端小管的重吸收率也相应增加;反之,前者减少,后者也相应减少。在正常情况下,不论肾小球滤过率或增或减,近端小管对滤液的重吸收率,始终是占肾小球滤过率的65%～70%(即重吸收百分率为65%～70%),这种现象称为球管平衡(glomerulotubular balance)。其生理意义在于终尿量不至于因为肾小球滤过率的增减,而出现大幅度的变动。

球管平衡现象的出现与近端小管对 Na^+ 的恒定比率重吸收有关。近端小管对 Na^+ 重吸收的百分率,始终保持在滤过量的65%～70%,从而也决定了滤液的重吸收率总是占肾小球滤过率的65%～70%。恒定比率重吸收的机理,可用泵-漏模式理论来解释。例如,在肾血流量不变的前提下,当肾小球滤过率增加时,进入近端小管旁毛细血管中的血液量就会减少,血液中血浆蛋白的浓度相应也就增大,这时就出现了近端小管旁毛细血管压下降,血浆胶体渗透压升高。在这种情况下,近端小管旁的组织间液就会加速进入毛细血管内,造成组织间隙内静水压力下降,进而使近端小管上皮细胞间隙中的 Na^+ 和水,快速向毛细血管内流动,使回漏量

减少,最后导致 Na^+ 和水的重吸收量增加。这样,使近端小管的重吸收率仍可保持在肾小球滤过率的 $65\%\sim70\%$;反之,肾小球滤过率如果减少。便会发生与上面情况相反的变化,近端小管的重吸收率也可保持在肾小球滤过率的 $65\%\sim70\%$。

在正常情况下,球管平衡可以维持相对稳定。但是如果滤液中溶质过多,或肾小管重吸收作用减弱,例如机体因根皮苷中毒时,近端小管对葡萄糖的重吸收能力减弱,出现渗透性利尿。在这种情况下,肾小球滤过率常不受影响,而近端小管的重吸收率则可出现明显下降。

(三)抗利尿激素

抗利尿激素(antidiuretic hormone,ADH)又称为血管升压素(vasopressin,VP),由下丘脑的视上核和室旁核的神经元所分泌。经下丘脑-垂体束运送至神经垂体,它的主要生理作用是提高远曲小管和集合管上皮细胞对水的通透性,促进水的重吸收(详见第十章)。ADH 是尿被浓缩和稀释的关键性调节因素。

调节 ADH 分泌的主要因素是血浆晶体渗透压和循环血量。如果动物大量出汗、严重呕吐或腹泻,使机体大量失水,血浆晶体渗透压升高,就会使渗透压感受器受刺激而兴奋,引起 ADH 分泌增加,使远曲小管和集合管上皮细胞对水的通透性增大,增加水的重吸收量,减少尿量,以保留机体内的水分。动物大量饮用清水后,机体内水分过多,血浆晶体渗透压降低,使 ADH 分泌减少,远曲小管和集合管上皮细胞对水的通透性降低,减少水的重吸收量,使体内多余的水分随尿排出。这种因大量饮用清水而引起的尿量增加,称作水利尿(water diuresis)。

(四)醛固酮

醛固酮(aldosterone)由肾上腺皮质分泌,其主要作用是促进远曲小管和集合管对 Na^+ 的主动重吸收,同时促进 K^+ 的分泌,即醛固酮具有"保 Na^+ 排 K^+"作用。醛固酮在促进远曲小管和集合管上皮细胞对 Na^+ 重吸收的同时,Cl^- 和水在该管段的重吸收也相应增加。这些作用反映出肾脏在醛固酮的作用下,对机体内水和电解质平衡,具有重要的调节作用。肾素-血管紧张素系统可刺激醛固酮的分泌。心房钠尿肽可抑制醛固酮的分泌。上述因素都可通过对醛固酮分泌的调节,影响肾脏参与调节机体内水盐代谢的活动。

(五)甲状旁腺激素和降钙素

甲状旁腺激素对肾脏的主要作用有:①抑制近端小管对磷酸盐的重吸收,促进磷酸盐的排泄。②促进远曲小管和集合管对 Ca^{2+} 的重吸收,使尿钙减少。降钙素对肾脏的作用是抑制肾小管对钙和磷的重吸收,促进钙、磷的排泄。

综上所述,在尿液生成过程中,由于肾单位和集合管的特殊生理活动规律,以及神经、体液因素对其活动的调控作用,肾脏完成的排泄、调节机体内的水平衡、电解质平衡和酸碱平衡等功能,对维持机体内环境的相对稳定,起着极为重要的作用。因此,如果动物的肾脏功能发生异常或严重丧失,必然会导致该动物机体内环境的紊乱,甚至危及生命。

第五节 排　　尿

肾脏内尿生成活动是连续不断的,生成的尿液经过输尿管输入到膀胱内暂时贮存。当膀胱内尿液贮存到一定量,致使膀胱内压升高到一定程度时,就可以发生反射性的排尿。将尿液经尿道排出体外。

一、膀胱和尿道的神经支配

膀胱平滑肌又称逼尿肌，与尿道交界处有内括约肌和外括约肌。膀胱逼尿肌和内括约肌受交感神经和副交感神经的双重支配。副交感神经来自脊髓腰荐部发出的盆神经,它的兴奋可使逼尿肌收缩、膀胱内括约肌松弛,促进排尿。交感神经纤维由腰髓发出,经腹下神经到达膀胱。它的兴奋则使逼尿肌松弛、内括约肌收缩,阻抑尿的排放。

除植物性神经外,外括约肌还受阴部神经(由脊髓荐部发出的躯体神经)支配,其活动受意识的控制,兴奋时可使外括约肌收缩。至于外括约肌的松弛,则是阴部神经活动的反射性抑制所造成的(图 7-16)。

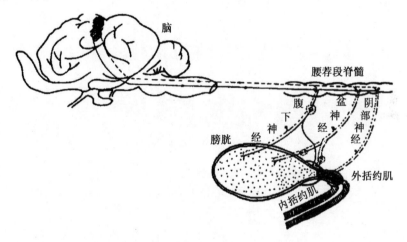

图 7-16　膀胱和尿道的神经支配示意图

二、排尿反射

排尿过程是一种反射性活动。当膀胱中的尿液储集到一定容量时,刺激膀胱壁的牵张感受器,使其兴奋,冲动沿盆神经传入到达腰荐部脊髓排尿反射的初级中枢。同时,冲动也上传到脑干和大脑皮层的排尿反射高位中枢,产生尿意。在大多数动物中,尿意通常是依从顺次发生的,但家养的犬可能会推迟。如果当时条件不适于排尿,低级排尿中枢可被大脑皮层抑制,使膀胱壁进一步松弛,继续储存尿液,直至有排尿的条件或膀胱内压过高时,低级排尿中枢的抑制才被解除。这时排尿反射的传出冲动沿盆神经传到膀胱,引起逼尿肌收缩、内括约肌松弛,于是尿液进入尿道。尿道的尿液刺激尿道的感受器,神经冲动沿阴部神经也传到脊髓排尿中枢,进一步加强其活动,使外括约肌开放,于是尿液被排出。逼尿肌的收缩又可刺激膀胱壁的牵张感受器,它的兴奋进一步反射性地引起膀胱收缩;尿液对尿道的刺激可反射性地加强排尿中枢活动。这是一种正反馈,它使排尿反射一再加强,直至尿液排完为止。

(宋予震)

复习思考题

1.尿液是如何生成的？受到哪些因素的影响？

2.ADH 是由哪里分泌的？其释放受到哪些因素调节？有哪些作用？

3.一次饮用大量清水和生理盐水，静脉注射大量生理盐水或少量高渗葡萄糖溶液，对尿量各有何影响？说明其机理。

4.简述肾素-血管紧张素-醛固酮系统的活动过程及其作用。

5.简述尿的排放调节。

第八章 神 经 生 理

动物体的神经系统包括中枢神经系统和周围神经系统。中枢神经系统调节机体活动的基本方式是反射,其结构基础是反射弧。神经元之间的联系主要依靠突触传递信息。神经系统通过对感觉、躯体运动和内脏活动的调节实现其维持机体稳态的功能。感觉是通过感受器、感觉传导通路和大脑皮层感觉中枢的活动共同产生的。躯体运动是通过各级运动中枢、运动传导通路和效应器的活动共同完成的。内脏活动受自主神经系统的交感和副交感神经的双重调节。神经系统感受机体内外的信息,并将内外环境信息进行整合,继而调节躯体运动和内脏活动等各种生理过程。由于畜禽等高等动物具有发达的大脑皮层,可以进行条件反射等高级神经活动,形成动力定型,极大地提高了机体适应外界环境的能力。

通过本章的学习,主要应了解和掌握以下几方面的知识。

- 了解神经元的功能及神经元的联系方式。
- 掌握外周神经递质-受体系统的组成及功能、突触传递机制及中枢抑制的类型和结构基础。
- 了解感受器的生理特性和脊髓的感觉传导系统,掌握丘脑的投射系统。
- 了解小脑对躯体运动的调节,掌握脊髓、脑干对躯体运动的调节,熟悉大脑皮层的运动传导通路和功能。
- 掌握自主神经系统的功能特点及自主神经中枢对内脏活动的调节。
- 了解脑的高级功能及神经活动的类型,掌握条件反射的形成和消退。

神经系统是动物机体内重要的稳态调节系统,控制着机体内各器官系统的生理活动、各器官系统互相联系起来的生理活动,以及内外环境发生变化时各器官系统的适应活动,使机体成为一个有序的整体。神经系统是进化的产物,动物越高等,神经系统越发达,对各种生理活动的调控作用越精细和灵活,因而适应内、外环境变化的能力就越强。

第一节 神经元和神经胶质细胞

一、神经元和神经纤维

(一)神经元的基本结构和功能

1. 结构

神经元(neuron)的数量较多,各类神经元的大小、形态和功能不同,但结构相似,是由胞体和突起组成(图 8-1)。神经元的胞体存在于大脑皮层、小脑、脑干和脊髓的灰质及神经节内，具有接受、整合信息的功能。神经元的突起可分为树突(dendrite)和轴突(axon)。神经元的树突短而粗，数量较多，如树冠样反复分支并丛集在胞体的周围，树突的结构可扩大神经元接受神经冲动的面积。神经元的轴突细而长，长短不一。一个神经元通常只有一个轴突，分支较少，有时在主干上呈直角伸出侧支。胞体发出轴突的部分呈圆锥状，称为轴丘(axon hillock)。轴丘起始的部分称为轴突始段，其膜兴奋阈值最低，是动作电位爆发的主要部位。轴突末梢反复分支，每个分支末梢的膨大部分称为突触小体，它与另一神经元相接触形成突触。轴突和感觉神经元的长树突二者统称为轴索，轴索外面包有髓鞘或神经膜，便成为神经纤维(nerve fiber)。

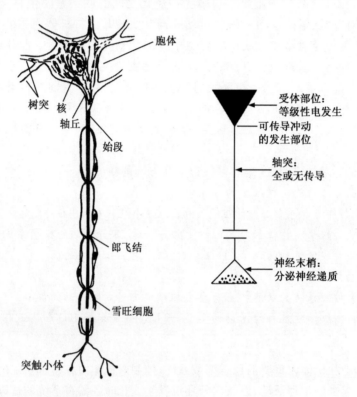

图 8-1 有髓运动神经元组成(左图)及神经元的功能分段(右图)

2.功能

神经元具有接受、整合和传递信息的功能。其基本功能是：①感受体内、外各种刺激而引起兴奋或抑制。②对不同来源的兴奋或抑制进行分析综合。神经元通过其突起与其他神经元、器官、系统的组织之间的相互联系，把来自内、外环境改变的信息传入中枢，加以分析、整合或贮存，再经过传出通路把信号传到其他器官、系统的组织，产生一定的生理调节和控制效应。③一些神经元除具有典型的神经细胞功能外，还能分泌激素，它们可将中枢神经系统中其他部位传来的神经信息转变为激素的信息。

(二)神经纤维及其功能

神经纤维的基本生理特性表现为高度的兴奋性和传导性，具有传导神经冲动(nerve impulse)和轴浆运输的双重功能。

1. 神经纤维的分类

神经纤维的分类方法很多,生理学上常使用以下 2 种方法进行分类。

(1)根据神经纤维的电生理学特性,将哺乳动物外周神经纤维分为 A、B、C 3 类。其中 A 类纤维依据其平均传导速度,又进一步分为 A_α、A_β、A_γ、A_δ 四个亚类(表 8-1)。

表 8-1　神经纤维的分类(一)

纤维分类	来　源	纤维直径 /μm	传导速度 /(m/s)	锋电位时程 /ms	绝对不应期 /ms
A(有髓鞘)	A_α:初级肌梭传入纤维和支配梭外肌的传出纤维	13~22	70~120		
	A_β:皮肤的触-压觉传入纤维	8~13	30~70	0.4~0.5	0.4~1.0
	A_γ:支配梭内肌的传出纤维	4~8	10~30		
	A_δ:皮肤痛、温度觉传入纤维	1~4	12~30		
B(有髓鞘)	自主神经节前纤维	1~3	3~15	1.2	1.2
C(无髓鞘)	sC:自主神经节后纤维	0.3~1.3	0.7~2.3	2.0	2.0
	drC:背根中传导痛觉的传入纤维	0.4~1.2	0.6~2.0		

(2)根据纤维直径与来源,可将传入神经纤维分为 Ⅰ、Ⅱ、Ⅲ 和 Ⅳ 4 类(表 8-2),其中 Ⅰ 类纤维又可分为 I_a 和 I_b 2 个亚类。

表 8-2　神经纤维的分类(二)

纤维分类	来　源	直径/μm	传导速度/(m/s)	电生理学分类
Ⅰ	肌梭及腱器官的传入纤维	12~22	70~120	A_α
Ⅱ	皮肤机械感受器传入纤维(触-压觉、震动觉)	5~12	25~70	A_β
Ⅲ	皮肤痛、温度觉、肌肉的深部压觉传入纤维	2~5	10~25	A_γ
Ⅳ	无髓鞘的痛觉纤维、温度、机械感受器传入纤维	0.1~1.3	1	C

上述 2 种分类方法存在着交叉和重叠,但又不完全相同,通常对传出纤维采用第 1 种分类法,而对传入纤维采用第 2 种分类法。

2. 影响神经纤维传导速度的因素

不同类型的神经纤维传导兴奋的速度有很大的差别,其传导兴奋的速度可用电生理学方法测定。传导速度与神经纤维的直径、有无髓鞘、髓鞘的厚度及温度等因素有关。

(1)神经纤维直径　一般来说神经纤维越粗,直径越大,传导速度越快。这是因为直径较大时,一是神经纤维的内阻小,局部电流的强度和空间跨度大;二是不同直径的神经纤维膜上的 Na^+ 通道密度不同,粗纤维的 Na^+ 通道密度高,通道开放时进入膜内的 Na^+ 电流大,动作电位的形成与传导速度也快,因此粗纤维传导速度较快。

(2)髓鞘　有髓神经纤维传导速度快于无髓神经纤维,这是因为有髓神经纤维传导兴奋是以跳跃的方式传导兴奋,无髓纤维是以局部电流方式顺序传导兴奋。有髓神经纤维的髓鞘在一定范围内增厚,传导速度也随之增快,通常轴索直径与纤维直径之比为 0.6∶1 时,传导速度最快。

（3）温度　在一定的范围内，温度升高，传导速度加快，温度降低则传导速度减慢。临床上局部低温麻醉就是利用温度降低使传导速度减慢，进而导致神经传导发生阻滞。

此外，神经纤维传导速度还有种属差异，恒温动物与变温动物同直径的有髓纤维传导速度不同，如猫的 A 类纤维的传导速度为 100 m/s，而蛙的 A 类纤维只有 40 m/s。

3.神经纤维的轴浆运输

神经元是分泌细胞，其胞体合成的分泌物必须经轴浆运输到分泌部位，这种运输称为轴浆运输（axoplasmic transport）。轴浆运输是双向的，包括顺向轴浆运输与逆向轴浆运输两种形式。

（1）顺向轴浆运输　顺向轴浆运输（anterograde axoplasmic transport）是指由胞体向轴突末梢的转运。胞体是神经元合成代谢的中心，能合成蛋白质及其他物质，而轴突没有这种功能，所以，维持轴突代谢的蛋白质、轴突末梢释放的神经肽及合成递质的酶类等物质，都在细胞体粗面内质网和高尔基复合体内合成，然后运至轴突末梢。

顺向轴浆运输可分为快速轴浆运输与慢速轴浆运输两类。快速轴浆运输主要运输具有膜结构的细胞器，如线粒体、突触小泡和分泌颗粒等。在猴、猫等动物坐骨神经内的运输速度为410 mm/d。这种运输通过一种类似于肌球蛋白的驱动蛋白实现。慢速轴浆运输是指轴浆内可溶性成分随微管和微丝等结构不断向前延伸而发生的移动，其速度仅为 1～12 mm/d。

二维码 8-1　思政案例：中国科学家首次研发出水凝胶传导生物电信号的替代技术——世界领先水平

（2）逆向轴浆运输　逆向轴浆运输（retrograde axoplasmic transport）是指一些物质从轴突末梢向胞体方向运输。逆向运输除向胞体转运经过重新活化的突触前末梢的囊泡外，还能转运末梢摄取的外源性物质，如神经营养因子、破伤风毒素、狂犬病病毒等可逆向运输到胞体，影响神经元的活动和存活。逆向轴浆运输的速度约为 205 mm/d，是由动力蛋白来完成的。目前，中国首次研发出水凝胶传导生物电信号的替代技术，可以实时将生物电信号从大脑传递到身体的其他部位。这种技术在修复神经损伤方面具有重要的作用（二维码 8-1）。

（三）神经的营养性作用和神经营养因子

1.神经的营养性作用

神经对所支配的组织有两方面的作用，一方面是神经能改变所支配组织的功能活动，如肌肉收缩、腺体分泌等，这一作用称为神经的功能性作用（functional action）；另一方面是神经末梢经常释放某些营养因子，持续地调整被支配组织的内在代谢活动，影响其持久性的结构、生化和生理过程，这一作用与神经冲动无关，称为神经的营养性作用（trophic action）。持续使用局部麻醉药物阻断神经冲动的传导，并不改变所支配肌肉内在的代谢活动，说明神经的营养性作用与神经冲动无关。神经的营养性作用在正常情况下不易觉察，只有在切断支配组织的神经后才能显现，表现为神经所支配的肌肉内糖原合成减慢，蛋白质分解加速，肌肉萎缩。如脊髓灰质炎患者，如果受损的前角运动神经元功能丧失，引起其所支配的肌肉发生萎缩。

2.神经营养因子

神经所支配的组织和星形胶质细胞也可持续产生某些物质对神经元起支持和营养作用，并促进神经的生长发育，这些物质称为神经营养因子（neurotrophin，NT）。这些因子本身都是蛋白质，它们在神经末梢以受体介导方式被摄入轴浆，经逆向轴浆运输到达胞体，促进胞体生成有关蛋白质,从而维持神经元的生长、发育和功能的完整性。目前,已发现并分离到多种NT,主要有神经生长因子(nerve growth factor,NGF)、脑源神经营养因子(brain-derived neurotrophic factor,BDNF)、神经营养因子 3(NT-3)、神经营养因子 4/5(NT-4/5)和神经营养因子 6(NT-6)等。

二、神经胶质细胞

神经系统有多种间质细胞或支持细胞,统称为神经胶质细胞(neuroglia cell)(二维码 8-2),广泛分布于中枢神经系统和周围神经系统。与神经细胞有着复杂的功能联系。

二维码 8-2
神经胶质细胞

第二节　神经元间的功能联系及反射

神经系统内数以亿计的神经元并不是孤立存在的,其调节功能也不是单独完成的,而是多个神经元形成复杂的神经元网络联合活动的结果。一个神经元发出的冲动可以传递给多个神经元,同样,一个神经元也可以接受多个神经元传来的冲动,而这些活动是通过神经元之间的突触结构进行信息传递的。神经元之间信息传递的基本方式包括突触传递与非突触传递。

一、突触传递

突触(synapse)的经典概念是指一个神经元的轴突末梢与另一个神经元的胞体或突起相接触的部位。而神经元与效应器细胞所形成的特殊结构称为接头(junction),如神经-肌肉接头(nerve-muscle junction)。在功能上,神经元与神经元之间或神经元与效应细胞之间所进行的信息传递过程称为突触传递(synaptic transmission)。

(一)化学性突触传递

1. 突触的分类

通常根据神经元之间的接触部位、信息传媒进行分类。

(1)按接触部位划分　根据神经元之间的接触部位可分为:轴-树突触、轴-体突触和轴-轴突触(图 8-2)。此外,在中枢神经系统中还存在罕见的树-树、体-体、体-树及树-体等串联式突触(serial synapses)、交互性突触(reciprocal synapses)和混合性突触(mixed synapses)等。近年来还发现同一个神经元的突起之间还能形成轴-树或树-树型的自身突触。

(2)按信息传媒方式划分　根据神经元之间信息传媒可把突触分为化学性突触和电突触。化学性突触(chemical synapse)依靠突触前神经元末梢释放特殊化学物质作为传递信息的媒介,来影响突触后神经元的活动。电突触(electrical synapse)依靠突触前神经元的生物电和离子交换直接传递信息,来影响突触后神经元的活动。

哺乳动物神经系统的突触传递几乎都是化学性突触,电突触主要见于鱼类和两栖类,但哺乳动物的中枢神经系统也存在电突触。

2. 突触的结构

经典的化学性突触结构由突触前膜(presynaptic membrane)、突触间隙(synaptic cleft)和

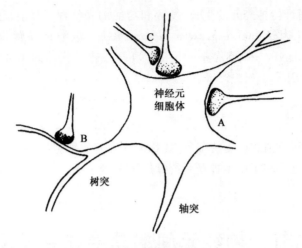

图 8-2　突触的类型
A.轴-体突触　**B.**轴-树突触　**C.**轴-轴突触

突触后膜(postsynaptic membrane)组成(图 8-3)。在电镜下观察,突触处两神经元的细胞膜增厚,约 7.5 nm,两者互相不融合,形成各自的膜,分别称为突触前膜和突触后膜,两膜之间有20～40 nm 的缝隙,称为突触间隙,突触间隙的液体与细胞外液是连续的,因此具有相同的离子组成。在突触前末梢的轴浆内含有较多的线粒体和大量的囊泡,这些囊泡,称为突触小泡(synaptic vesicle),其直径为 20～80 nm,内含高浓度的神经递质。突触小泡形态和大小不同,内含神经递质不同,一般可分为 3 种:①小而清亮、透明的圆形小泡,内含乙酰胆碱或氨基酸类递质。②小而具有致密中心的小泡,内含儿茶酚胺类递质。③大而具有致密中心的小泡,内含神经肽类递质。上述第一种和第二种小泡一般分布在轴浆内靠近突触前膜的部位,且递质释放仅发生在与其他部位膜结构有明显差异的特殊区域——活化区。在活化区相对应的突触后膜上存在特异性受体或化学门控通道,能与神经递质发生特异性结合。上述第 3 种小泡均匀分布于突触前末梢内,并在突触前末梢膜的所有部位通过出胞的形式释放。

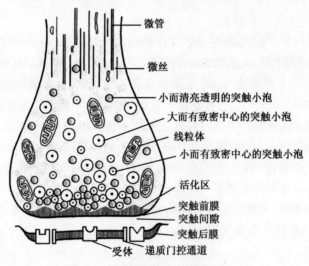

图 8-3　经典的化学性突触结构图

3.突触传递机理

化学性突触传递是神经系统信息传递的主要形式。其传递过程主要包括以下步骤:①突触前神经元的兴奋传到轴突末梢时,会引起突触前膜去极化。②当去极化达到一定水平,使突触前膜中电压门控 Ca^{2+} 通道开放,Ca^{2+} 从细胞外液大量进入突触前末梢轴浆内。③突触小泡移动与突触前膜接触、融合,小泡内所含的神经递质以出胞方式释放到突触间隙。④神经递质扩散通过突触间隙,作用于突触后膜上的特异性受体或化学门控通道。⑤改变突触后膜对某些离子的通透性,引起离子跨膜活动。⑥突触后膜膜电位发生变化,进而引起突触后神经元兴奋性的改变。⑦递质与受体作用之后立即被分解或移除。

从以上过程来看,化学性突触传递是一个电—化学—电的过程,即由突触前神经元的生物电变化,引起突触前末梢的神经递质释放,导致突触后神经元生物电的变化。突触后膜产生的膜电位变化称为突触后电位(postsynaptic potential)。由于突触前神经元释放的递质有兴奋性递质,也有抑制性递质,使突触后膜对离子通透性的影响也不同,所以在突触后膜产生的突触后电位包括兴奋性突触后电位(excitatory postsynaptic potential,EPSP)和抑制性突触后电位(inhibitory postsynaptic potential,IPSP)。

兴奋性突触兴奋时,引起突触前膜释放兴奋性递质,作用于突触后膜上的特异受体,提高突触后膜对 Na^+、K^+ 的通透性,尤其是提高了 Na^+ 化学门控通道开放,引起 Na^+ 内流,突触后膜发生局部去极化,产生兴奋性突触后电位(EPSP)。EPSP 是局部电位,能以电紧张形式扩布,而且能总和,大小取决于突触前膜释放递质的量。当突触前神经元活动增强或参与活动的突触数目增多时,递质释放量增加,所形成的 ESPS 在突触后膜进行总和叠加,当达到阈电位时,就会引起突触后神经元的轴突始段诱发动作电位,然后沿轴突传导,表现为突触后神经元的兴奋。如果未能达到阈电位水平,则不能产生动作电位,但这种局部电位会提高突触后神经元的兴奋性,使之容易产生兴奋,这种现象称为突触后易化。

抑制性突触兴奋时,突触前膜释放抑制性递质,作用突触后膜上特异性受体,提高突触后膜对 K^+、Cl^- 通透性,尤其是 Cl^- 的化学门控通道开放,引起 Cl^- 内流、K^+ 外流,使膜的极化状态加深,发生局部超极化,产生抑制性突触后电位(IPSP),降低突触后神经元的兴奋性,使动作电位不易产生,从而发挥其抑制效应。

在中枢神经系统中,大多数神经元都同时有多个突触,这些突触有的产生 EPSP,有的产生 IPSP,两者可在突触后神经元的胞体进行整合。因此,突触后神经元的状态取决于同时产生的 EPSP 与 IPSP 的代数和。当 EPSP 总和效应大于 IPSP 并达到阈电位时,突触后神经元产生兴奋效应;若 IPSP 总和效应大于 EPSP 时,突触后神经元产生抑制效应。

(二)电突触传递

电突触的结构基础是缝隙连接,在两个神经元紧密接触的部位,细胞膜不增厚,突触两侧膜内没有突触小泡及神经递质。突触间隙为 $1\sim3$ nm,两侧膜上的连接子蛋白相互对接,构成能沟通两细胞间的亲水性通道,离子可通过这些通道直接传递电信号。这种信号传递一般是双向性的,速度快,几乎不存在潜伏期。电突触传递可导致不同神经元产生同步化放电。在哺乳动物的大脑皮层、小脑皮层、前庭核和下橄榄核等部位均存在电突触。

二、非突触性化学传递

非突触性化学传递是在研究交感神经元对心肌和血管平滑肌的支配方式时发现的。应用荧光组织化学方法进行观察,肾上腺素能神经元的轴突末梢有许多分支,每一分支上大约每隔 5 μm 出现一个膨大结构,称为曲张体(varicosity)。曲张体内含大量小而具有致密中心的小泡,内有高浓度的去甲肾上腺素。曲张体分布在效应器细胞附近,当神经冲动传来后,曲张体内递质释放出来,通过扩散到达效应器细胞膜受体,产生与突触后电位相似的接头电位。这种没有特定突触结构的化学信息传递方式,称为非突触性化学传递(non-synaptic chemical transmission)(图 8-4)。

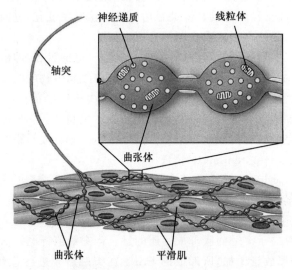

图 8-4 曲张体化学传递示意图

目前已确认,这种非突触性化学传递也见于中枢神经系统内,主要发生在单按类纤维末梢。如大脑皮层中的直径很细的无髓鞘去甲肾上腺素能神经纤维,黑质中的多巴胺能神经纤维,脑干内 5-羟色胺能神经纤维均以这种方式进行信息传递。

与化学性突触传递相比,非突触性化学传递存在以下的特点:①不存在典型的突触结构;②不存在一对一的支配关系,一个曲张体能支配较多效应器细胞;③曲张体与效应器之间的距离较远,一般大于 20 nm,远的可达几十微米,因此,传递时间较长;④释放的递质能否产生效应,取决于效应器细胞上有无相应的受体。

三、神经递质和受体

(一)神经递质和受体概述

神经递质(neurotransmitter)是指突触前神经元合成并在神经末梢释放的特殊化学物质,它能作用于所支配的神经元或效应细胞膜上的特殊受体,从而完成信息传递功能。受体是镶嵌于细胞膜或细胞内、能与神经递质发生特异结合并诱发生物效应的特殊生物分子(二维码 8-3)。化学性突触传递和非突触性化学传递,均以神经递质作为信息传媒,作用于相应的受体而完成信息传递。因此,神经递质和受体是化学性突触传递最重要的物质基础,也是药理学和临床上用于治疗疾病的重要环节,因而意义十分重大。

二维码 8-3 神经递质和受体概述

（二）主要的递质和受体

1. 乙酰胆碱及受体

乙酰胆碱广泛分布于外周神经系统和中枢神经系统内（二维码8-4）。在外周神经系统内，凡是把乙酰胆碱作为递质的神经纤维，称为胆碱能纤维（cholinergic fiber）。胆碱能神经纤维包括自主神经的节前纤维、大部分副交感神经的节后纤维（少数释放肽类或嘌呤类递质的除外）、少数交感神经的节后纤维（如支配小汗腺的纤维和引起骨骼肌血管舒张的舒血管神经纤维）及躯体运动神经纤维。在中枢神经系统内，把乙酰胆碱作为递质的神经元，称为胆碱能神经元（cholinergic neuron）。这些神经元分布较广泛，主要包括脊髓腹角运动神经元、脑干网状结构前行激动系统、纹状核及大脑边缘系统的梨状区、杏仁核等部位的神经元。

二维码8-4　科学史话：乙酰胆碱（ACh）的发现

凡是能与乙酰胆碱结合的受体叫作胆碱能受体（cholinergic receptor）。根据药理学特性，胆碱能受体可分毒蕈碱型受体（muscarinic receptor）和烟碱型受体（nicotinic receptor），这些受体因分别能与从天然植物中提取的毒蕈碱和烟碱结合并产生相应的效应而得名。

（1）毒蕈碱型受体　其简称M受体。分布于大多数副交感神经节后纤维所支配的效应器细胞和交感神经节后纤维所支配的小汗腺、骨骼肌、血管平滑肌细胞膜上。乙酰胆碱与M受体结合引起一系列副交感神经兴奋的效应，使心脏活动受到抑制、支气管平滑肌收缩、胃肠运动加强、膀胱逼尿肌收缩、虹膜环行肌收缩、消化腺及小汗腺分泌增加、骨骼肌血管舒张等，这些作用统称为毒蕈碱样作用（M样作用）。这些作用能被M受体阻断剂阿托品阻断，临床上阿托品可用作为胃肠解痉挛和扩瞳药物。

（2）烟碱型受体　其简称N受体。N受体又可分为神经型受体（N_1）和肌肉型受体（N_2）两个亚型。分布于中枢神经系统内和植物性神经节后神经元上的受体是神经型受体，存在于神经-肌肉接头处终板膜上的受体是肌肉型受体。这两种N受体都是促离子型受体，具有递质门控特性，也称N型乙酰胆碱受体阳离子通道。乙酰胆碱与N受体结合，能兴奋自主神经节节后神经元，也会引起肌肉收缩，这些作用称为烟碱样作用（N样作用），可被筒箭毒碱、美加明、十烃季铵、六烃季铵等阻断。

2. 单胺类递质及受体

单胺类递质包括去甲肾上腺素、肾上腺素、多巴胺、5-羟色胺和组胺等。其中肾上腺素（adrenaline，Ad）、去甲肾上腺素（NA）和多巴胺（dopamine）属于儿茶酚胺（catecholamine，CA）类物质，即含邻苯二酚结构的胺类。

（1）去甲肾上腺素和肾上腺素及其受体　作为神经递质，去甲肾上腺素分布于中枢和外周神经系统，肾上腺素仅分布在中枢神经系统。在外周神经系统中，以去甲肾上腺素为递质的神经纤维称为肾上腺素能神经纤维（adrenergic fiber），除少数引起汗腺分泌和骨骼肌血管舒张的交感舒血管神经纤维是胆碱能纤维外，大部分交感神经节后纤维都是肾上腺素能神经纤维。在中枢神经系统中，以去甲肾上腺素为神经递质的神经元称为去甲肾上腺素能神经元。其胞体主要分布在低位脑干，尤其是中脑网状结构、脑桥的蓝斑和延髓网状结构的外侧部。去甲肾上腺素递质系统对睡眠与觉醒、学习与记忆、体温、情绪、摄食行为及躯体运动、心血管活动等多种功能均有调节作用。

以肾上腺素为神经递质的神经元称为肾上腺素能神经元。其胞体主要分布在延髓，主要参与心血管活动的调控。

能与肾上腺素、去甲肾上腺素相结合的受体称为肾上腺素能受体(adrenergic receptor)，这类受体可分为α-受体和β-受体。α受体又可分为 $α_1$ 和 $α_2$ 受体 2 个亚型，$α_2$ 受体主要分布于突触前膜，属于突触前受体。β受体有 $β_1$、$β_2$ 和 $β_3$ 受体 3 个亚型。所有的肾上腺素能受体都属于 G 蛋白耦联受体。

自主神经的递质、受体及其效应见表 8-3。

在外周神经系统中，肾上腺素能受体分布在大部分交感神经节后纤维支配的效应器细胞膜上，不仅对神经递质起反应，还对血液中的肾上腺髓质激素也起反应。

肾上腺素能受体激动所引起的效应与以下因素有关：①受体的特性。一般来说，肾上腺素和去甲肾上腺素与α受体结合后引起的平滑肌效应主要是兴奋性的，包括血管收缩、子宫收缩、扩瞳肌收缩等；但对小肠平滑肌是抑制性效应。肾上腺素和去甲肾上腺素与β受体结合引起的平滑肌效应是抑制性的，包括血管舒张、子宫舒张、小肠舒张，支气管舒张等。但与心肌 $β_1$ 受体结合引起的效应是兴奋性的效应。②配体的特性。去甲肾上腺素对α受体作用较强，对β受体作用较弱；肾上腺素对α受体和β受体作用都强；异丙肾上腺素主要对β受体有强烈作用。③器官上两种受体的分布情况。在同一种效应器细胞膜上所分布的受体种类不同，有的效应器仅有α受体，有的仅有β受体，有的两种受体兼有，如血管平滑肌上有α和β受体，皮肤、肾、胃肠的血管平滑肌上α受体占优势，骨骼肌和肝脏血管是β受体占优势。

(2)多巴胺递质系统　多巴胺能神经元投射系统包括黑质-纹状体通路、中脑-边缘前脑通路及结节-漏斗通路，主要参与躯体运动、肌紧张、垂体内分泌活动、精神情绪和心血管活动等调节。

(3)5-羟色胺递质系统　在中枢神经系统，5-HT 能神经元胞体主要分布在低位脑干的中缝核内，可参与睡眠、情绪、内分泌、心血管活动及体温等多种功能的调节，也参与痛觉的调节。而外周神经系统 5-HT 系统主要参与消化系统和血小板聚集等功能。

3.氨基酸类递质

氨基酸类递质系统主要存在于中枢神经系统，可分为兴奋性氨基酸和抑制性氨基酸两类。

(1)兴奋性氨基酸递质　主要有谷氨酸和门冬氨酸。近年来发现，谷氨酸在大脑和脊髓侧部含量较高，门冬氨酸多见于视皮层的锥体细胞和多棘星状细胞。谷氨酸对所有中枢神经元都表现为兴奋作用，它对学习和记忆及应激反应起重要的作用，还可参与脊髓中痛觉的传入。

(2)抑制性氨基酸递质　包括甘氨酸和 γ-氨基丁酸(GABA)。甘氨酸主要分布在脊髓和脑干中；γ-氨基丁酸在大脑皮层浅层、小脑皮层浦肯野细胞层含量较高，它对中枢神经系统具有普遍的抑制作用。

4.肽类递质

在外周与中枢神经系统均发现很多肽类物质。释放肽类递质的神经纤维，称为肽能神经纤维。外周神经系统中的肽能神经纤维分布于胃肠道、心血管、呼吸道、尿道和其他器官，尤其是胃肠道的肽能神经元，可释放多种肽类递质，包括降钙素基因相关肽、胆囊收缩素、促胰液素、胃泌素、胃动素、血管活性肠肽、胰高血糖素等。

表 8-3　自主神经的递质、受体及其效应

效应器官		交感神经			副交感神经		
		递质	受体	效应	递质	受体	效应
眼	瞳孔开大肌	NA	α_1	收缩			
	瞳孔括约肌				ACh	M	收缩
	睫状肌	NA	β_2	舒张	ACh	M	收缩
心	窦房结	NA	β_1	心率加快	ACh	M	心率减慢
	房室传导系统	NA	β_1	传导加快	ACh	M	传导减慢
	心肌	NA	β_1	收缩加强	ACh	M	收缩减弱
血管	脑血管	NA	α_1	收缩	ACh	M	舒张
	冠状血管	NA	α_1	收缩	ACh	M	舒张
			β_2	舒张（为主）			
	皮肤黏膜血管	NA	α_1	收缩	ACh	M	舒张
	骨骼肌血管	NA	α_1	收缩	ACh	M	舒张
			β_2	舒张（为主）			
	腹腔内脏血管	NA	α_1	收缩（为主）			
			β_2	舒张			
	外生殖器血管	NA	α_1	收缩	ACh	M	舒张
支气管	平滑肌	NA	β_2	舒张	ACh	M	舒张
	腺体	NA	β_2	促进分泌	ACh	M	促进分泌
			α_1	抑制分泌			
消化器官	胃平滑肌	NA	β_2	舒张	ACh	M	收缩
	小肠平滑肌	NA	β_2	舒张	ACh	M	收缩
	括约肌	NA	α_1	收缩	ACh	M	舒张
	唾液腺	NA	α_1	分泌少量黏稠唾液	ACh	M	分泌大量稀薄唾液
	胃腺	NA	β_2	抑制分泌	ACh	M	分泌增多
膀胱	逼尿肌	NA	β_2	舒张	ACh	M	收缩
	尿道内括约肌	NA	α_1	收缩	ACh	M	舒张
子宫	妊娠子宫	NA	α_1	收缩	ACh	M	可变
	非妊娠子宫	NA	β_2	舒张			
皮肤	竖毛肌	NA	α_1	收缩			
	汗腺	ACh	α_1	促进精神发汗	ACh	M	促进温热性发汗
代谢	糖酵解	NA	β_2	增加			
	脂肪分解	NA	β_3	增加			

四、反射活动的一般规律

(一)中枢神经元间的联系方式

中枢神经系统的神经元数量多,互相之间的联系方式多种多样,产生传递效应也不同,归纳起来其基本的联系方式包括以下几种(图8-5)。

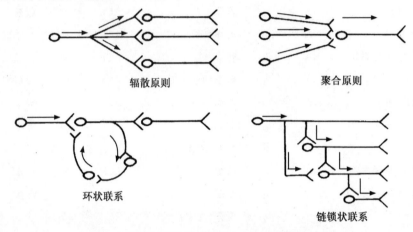

辐散原则　　　　　　　　聚合原则

环状联系

链锁状联系

图 8-5　中枢神经元的联系方式(→为兴奋传导的方向)

1. 聚合式

多个突触前神经元的轴突共同与一个突触后神经元建立突触联系。这种联系方式能使来源于不同神经元的兴奋或抑制最后集中到同一神经元进行整合,引起其兴奋或抑制。在神经系统的传出通路中常以聚合式联系为主。

2. 辐散式

一个神经元的轴突末梢通过分支与多个神经元建立突触联系。通过辐散式联系可以使一个突触前神经元的兴奋引起多个突触后神经元兴奋或抑制,扩大突触前神经元的作用范围。这种联系方式在传入通路中比较多见。

3. 链锁式和环式

在神经传导通路中,若由中间神经元构成的辐散式和聚合式联系同时存在,就可形成链锁式或环式联系。兴奋通过链锁式联系可在空间上加强神经元的活动,扩大突触前神经元的作用范围。兴奋通过环式联系可以在时间上加强或抑制传出神经元冲动发放,这是一种反馈作用。如果环式联系的各个神经元都是兴奋性神经元,可加强神经冲动的传递,使反射活动不因刺激停止而停止,属于正反馈作用;如果环路中某些神经元是抑制性的,就会使原先发放冲动的神经元兴奋性降低,这种作用属于负反馈。

(二)中枢抑制

在中枢反射活动中,各类神经元在空间和时间上有多重复杂的联系,中枢活动可表现为兴奋、易化和抑制。中枢抑制表现为兴奋性降低,暂时失去传递兴奋的能力,使机体内某些反射活动减弱或停止,能够有效调整中枢神经兴奋的强度和广度,使各种反射精确、协调,同时对机体具有保护作用。根据中枢神经系统内抑制产生的部位及产生的机理不同,可把抑制分为突触后抑制和突触前抑制。

1. 突触后抑制

哺乳动物的突触后抑制都是通过兴奋抑制性中间神经元,释放抑制性递质,在突触后膜产生抑制性突触后电位,使突触后神经元兴奋性降低所造成的传递抑制,称为突触后抑制(postsynaptic inhibition)。

根据抑制性神经元联系方式不同,突触后抑制又分为传入侧支性抑制和回返性抑制。

(1)传入侧支性抑制　传入纤维进入中枢后,一方面通过突触联系兴奋某一中枢的神经元;另一方面通过侧支兴奋一个抑制性中间神经元,通过后者的活动抑制另一中枢的神经元活动,这种抑制称为传入侧支性抑制(afferent collateral inhibition),也称为交互抑制(图 8-6)。如动物行走时,伸肌的肌梭传入纤维进入脊髓,兴奋伸肌的运动神经元,同时分出侧支兴奋一个抑制性神经元,通过它抑制屈肌的运动神经元,结果引起伸肌收缩,屈肌舒张。这种抑制的意义在于协调两个相互拮抗的中枢的活动。

(2)回返性抑制　某一中枢的神经元兴奋,其传出冲动沿轴突外传,同时又经轴突侧支去兴奋另一个抑制性中间神经元,后者兴奋释放抑制性递质,作用于原先发放冲动的神经元及同一中枢的其他神经元,抑制它们的活动,这种抑制称为回返性抑制(recurrent inhibition)。如脊髓腹角的运动神经元在支配骨骼肌时,其轴突发出侧支与脊髓腹角闰绍细胞建立突触联系,闰绍细胞释放的递质是甘氨酸,当它兴奋时,作用于原先发放冲动的神经元,使其活动减弱以至终止,从而控制运动神经元的传出活动(图 8-7)。回返性抑制的生理意义在于能及时终止神经元的活动,并促使同一中枢内多个神经元的活动同步化。

图 8-6　传入侧支性抑制示意图
黑色神经元代表抑制性神经元

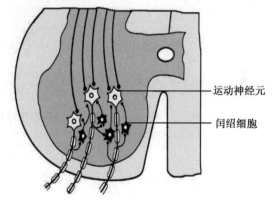

图 8-7　回返性抑制示意图

运动神经元
闰绍细胞

2. 突触前抑制

在突触联系时,第一个神经元兴奋相对地降低了第二个神经元兴奋时在第三个神经元的胞体产生的兴奋性突触后电位,称为突触前抑制(presynaptic inhibition)。

如图 8-8 表示突触前抑制的发生过程。脊髓初级传入神经元的轴突末梢(轴突 A)分别与运动神经元 C 的胞体、中间神经元的轴突末梢(轴突 B)形成轴-体突触和轴-轴突触。当轴突 A 单独兴奋时,能使运动神经元产生一定大小的 EPSP。如果先兴奋轴突 B,再兴奋轴突 A,会引起运动神经元产生的 EPSP 幅度减小。研究证明,这是因为轴突 B 兴奋,其末梢释放的递质

γ-氨基丁酸,激活末梢 A 上的 γ-氨基丁酸受体,使传到末梢 A 的去极化幅度变小,时程缩短,结果使进入末梢 A 的 Ca^{2+} 减少,释放的兴奋性递质量减少,从而使运动神经元产生的 EPSP 明显降低,呈现抑制效应。所以突触前抑制的发生是通过中间神经元的活动,使突触前膜去极化幅度降低、减少其所释放兴奋性递质,从而在突触后产生的 EPSP 幅度减小,以致不易或不能引起突触后神经元兴奋,呈现抑制效应。又因为这种抑制发生时,在后膜上产生的是去极化,而不是超极化,所以也称为去极化抑制。

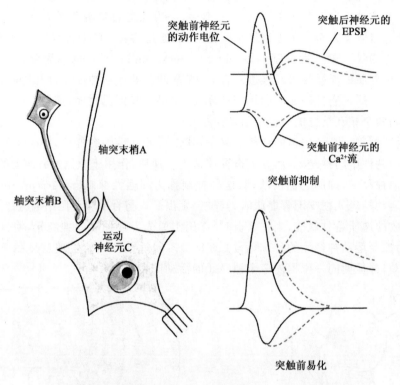

图 8-8　突触前抑制和突触前易化的神经元联系方式及机制示意图
实线表示神经元联系方式　虚线表示发生突触前抑制和突触前易化时的情况

突触前抑制广泛存在于中枢神经系统中,多见于感觉传入途径中,因此对调节感觉传入活动具有重要意义。

(三)中枢兴奋和中枢易化

兴奋在中枢的扩布与神经纤维上神经冲动的传导完全不同,其主要原因在于中枢部位除了受传入神经冲动的影响外,还受来自其他脑中枢的冲动以及在中枢内神经元之间错综复杂的联系的影响。中枢神经兴奋的扩布具有以下特征。

1. 中枢兴奋传播的特征

(1)单向传递　在反射活动中,神经冲动沿着特定的方向和途径传播,即感受器兴奋产生的冲动向中枢传递,中枢的冲动传向效应器,这种现象称为单向传递。这一特点保证神经系统的调节和整合活动能够有规律地进行。

(2)反射时和中枢延搁　从刺激作用于感受器,到效应器发生反应所经历的时间,称为反射时,这是兴奋通过反射弧各个环节所需的时间。兴奋通过中枢往往需要通过多个突触的接替,所以传递比较缓慢、历时较长,这一现象称为中枢延搁(central delay)。

(3)兴奋的总和　在反射活动中,如果许多传入神经纤维的冲动同时传至同一神经元,或同一突触前神经末梢连续传来一系列冲动,则突触后神经元可将所产生的 EPSP 和 IPSP 总和,当达到阈电位水平时,可使突触后神经元兴奋,前者称为空间总和,后者称为时间总和。

(4)兴奋节律的改变　在一个反射活动中,如果同时分别记录背根传入神经和腹根传出神经的冲动频率,可发现两者的频率并不相同。这是因为传出神经的兴奋,除取决于传入冲动的节律外,还取决于传出神经元本身的功能状态以及中间神经元的功能状态和联系方式。

(5)扩散与集中　由机体不同部位传入中枢的冲动,最后通常集中传递到中枢内某一部位,这种现象称为中枢兴奋的集中。例如,饲喂时由嗅觉、视觉和听觉器官传入中枢的冲动,可共同引起唾液分泌中枢的兴奋,从而导致唾液分泌。机体某一部位传入中枢的冲动,常不限于中枢的某一局部,而往往引起中枢其他部位发生兴奋,这种现象称为中枢兴奋的扩散。例如,当皮肤受到强烈的伤害性刺激时,所产生的兴奋传到中枢后,在引起机体的骨骼肌发生防御性收缩反应的同时,还出现心血管、呼吸、消化和排泄系统等活动的改变,这就是中枢兴奋扩散的结果。

(6)后放作用　在一个反射活动中,常可看到,当刺激停止后,传出神经仍可在一定时间内连续发放冲动,使反射能延续一段时间,这种现象称为后放(after discharge)。

(7)对内环境变化的敏感性和易疲劳性　在反射活动中,突触是反射弧中最易发生疲劳的部位。这是因为在经历了长时间的突触传递后,突触小泡内的递质减少,从而影响突触传递而发生疲劳。而且突触也最易受内环境变化的影响,如急性缺氧、CO_2 过多、麻醉药以及某些药物均可影响化学性突触传递。疲劳的出现,亦是防止中枢过度兴奋的一种保护性机制。

2.中枢易化

易化是通过突触传递使某些生理过程变得容易发生的现象。中枢易化分为突触前易化(presynaptic facilitation)和突触后易化(postsynaptic facilitation)。

(1)突触前易化　突触前易化与突触前抑制结构基础相同。如在海兔体内存在与突触前抑制相似的结构(图 8-8),轴突 B 释放的递质是 5-HT,它引起到达轴突 A 末梢的动作电位时程延长,Ca^{2+} 内流增加,释放的兴奋性神经递质量多,运动神经元产生的 EPSP 幅度加大,使神经元的兴奋容易产生,此即突触前易化。

(2)突触后易化。表现为多个 EPSP 总和,使 EPSP 增大更接近阈电位水平,如果在此基础上给予一个刺激,就很容易达到阈电位水平爆发动作电位。

第三节　神经系统的感觉功能

感觉(sensation)功能是动物机体的神经系统反映内、外环境变化的一种特殊功能。当内、外环境发生变化时,可以由机体的感受器或感觉器官所感受,并将各种各样的刺激能量转换成在神经上传导的动作电位,通过各自的传导通路到达大脑皮层的特定区域,形成感觉。感觉是由感受器或感觉器官、传导通路和大脑皮层感觉中枢 3 部分共同活动产生的。

一、感受器

（一）感受器的定义和分类

感受器(receptor)是指分布在动物体表或组织内部的专门感受机体内、外环境变化并具有能量转换作用的特殊结构或装置。感受器的结构形式多种多样,最简单的感受器是感觉神经末梢,如痛觉感受器是游离的神经末梢;有的感受器是在裸露的神经末梢周围包绕一些由结缔组织构成的被膜样结构,如与触压有关的触觉小体和环层小体等;还有一些是在结构和功能上都已高度分化的感觉细胞,如视网膜的感光细胞、耳蜗中的声音感受细胞和味蕾中的味觉感受细胞等。

感受器有多种分类方法,根据感受器分布位置和所接受刺激的来源可分为外感受器和内感受器。外感受器分布于皮肤和体表,接受来自外界环境的刺激。内感受器分布于内脏和躯体深部,接受来自机体内部的刺激。若根据感受器所接受刺激的性质,又可分为机械感受器、电磁感受器、温度感受器、光感受器、化学感受器和伤害性感受器等。

（二）感受器的一般生理特性

1. 感受器的适宜刺激

某种感受器通常只对一种特定能量形式的刺激最敏感,这种形式的刺激就称为该感受器的适宜刺激(adequate stimulus)。如一定波长的电磁波是视网膜的适宜刺激。适宜刺激必须要有一定的刺激强度才能引起感觉,引起某种感觉所需要最小刺激强度称为感觉阈(sensory threshold)。

感受器对于非适宜刺激也可以引起反应,但所需的刺激强度要比适宜刺激大得多。所以机体内、外环境的各种刺激,总是先被它们相对应的感受器感受。

2. 感受器的换能作用

各种感受器功能活动的共同特点是可以把作用于它们的各种形式的刺激能量转换为在相应传入纤维上传导的动作电位,这种能量转换作用就是感受器的换能作用。在换能过程中,先在感受器细胞内或感觉神经末梢上出现一个无潜伏期、不传播、能总和而不受局部麻醉剂影响的局部电位,称为感受器电位(receptor potential)或发生器电位(generator potential)。在一定范围内,感受器电位随着刺激强度增加而增大,当增大到阈电位水平时,就能使感觉神经末梢去极化,产生动作电位而完成换能作用。

3. 感受器编码作用

感受器在把环境刺激转换成神经动作电位时,不仅发生了能量形式的转换,而且把刺激包含的环境变化信息也转移到动作电位的序列之中,这就是感受器的编码功能(encoding)。目前认为,感受器的编码作用表现在对环境刺激的性质和强度的编码两个方面。

4. 感受器的适应现象

当一个强度恒定的刺激持续地作用于某感受器时,其感觉神经纤维上产生的动作电位频率将随着刺激作用时间的延长而逐渐减少,这种现象称为感受器的适应(adaptation)。

根据感受器对刺激适应的快慢,通常将其分为快适应感受器和慢适应感受器两类。快适应感受器分布在机体的浅表部位,如皮肤触觉、视觉和嗅觉感受器等,这类感受器对刺激的变化非常灵敏,有利于使机体能够不断接受新刺激,适应新环境;慢适应感受器分布在机体的深部,如肌梭、颈动脉窦压力感受器和痛觉感受器等,这一类感受器在刺激持续作用时,仅在刺激开始后出现短暂的冲动频率降低,然后可在较长时间内维持这一水平,有利于机体某些功能的稳态。

5.对比现象和后作用

在接受某种刺激之前或同时接受两种性质相反的刺激时,感受器的敏感性会提高,这种现象称为对比。如在黑色的背景看到白色物体或白色背景上看到黑色物体,都会产生黑白分明的感觉。

感觉具有明显的后作用,当引起感觉的刺激消失后,感觉一般会持续存在一段时间,然后才逐渐消失。刺激越强,感觉的后作用也越长。例如,当光源发出的闪光频率达到一定值时,在视觉中产生的是不间断的光觉。

二、感觉传导通路

来自全身各种感受器的神经冲动,除通过脑神经传入中枢外,大部分通过脊神经背根进入脊髓,然后经各自的前行传导路径传导到丘脑,再经更换神经元传到大脑皮层感觉区,形成特定的感觉。

(一)脊髓的感觉传导功能

由脊髓前行传到丘脑的感觉传导路径,可分为浅感觉传导路径和深感觉传导路径(图 8-9)。

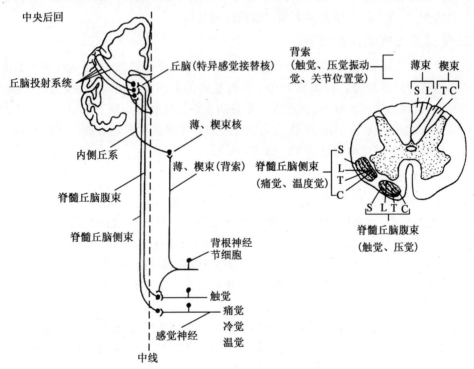

图 8-9　四肢和躯干感觉传导通路(左图)及脊髓横断面(右图)
S.骶　L.腰　T.胸　C.颈

1. 浅感觉传导路径

浅感觉传导路径传导躯干和四肢皮肤及黏膜的痛觉、温觉与轻触觉。其传入神经纤维经由脊髓背根外侧部进入脊髓,在背根固有核更换神经元,再发出纤维在中央管前交叉到对侧,分别经脊髓-丘脑侧束(传导痛、温觉)和脊髓-丘脑腹束(传导轻触觉)前行,抵达丘脑,换元后发出纤维投射到大脑皮层的躯体感觉区。

浅感觉传导路径的特点是先交叉再前行,因此在脊髓半断离的情况下,浅感觉障碍发生在断离的对侧。

2. 深感觉传导路径

深感觉传导路径传导躯干、四肢肌肉的本体感觉和深部压觉。其传入纤维由脊髓背根内侧部进入脊髓,组成同侧背索前行,即来自躯体前半部分的纤维构成楔束,躯体后半部分的纤维构成薄束,抵达延髓下部楔束核与薄束核更换神经元,换元后其纤维交叉到对侧,经内侧丘系至丘脑更换神经元,换元后发出纤维投射到大脑皮层的躯体感觉区。

深感觉传导路径的特点是先前行、再交叉,因此在脊髓半断离的情况下,深感觉障碍发生在断离的同侧。

3. 头面部的感觉传导

头面部的浅感觉经三叉神经传入脑桥后,其中传导轻触觉的纤维止于三叉神经核,而传导痛觉、温觉的纤维止于三叉神经脊束核。触觉与肌肉本体感觉主要在三叉神经的主核和中脑核中继。三叉神经脊束核和主核发出的二级纤维交叉至对侧组成三叉丘系,到达丘脑,在丘脑的后腹核内侧换元,发出纤维投射到大脑皮层躯体感觉区。

(二)丘脑及其感觉投射系统

在畜禽等大脑皮层发达的动物中,丘脑是非常重要的感觉接替站,接受除嗅觉外的全身各种感觉传导通路传来的冲动。丘脑能对感觉进行粗略的分析与综合,然后投射到大脑皮层。丘脑与下丘脑、纹状体之间的联系,构成许多复杂的非条件反射的皮层下中枢。丘脑与大脑皮层之间的联系构成的丘脑-皮层投射,决定大脑皮层的觉醒状态与感觉功能。所以丘脑的病变可能导致感觉异常,如感觉减退或感觉过敏等。

1. 丘脑的核团

根据神经联系和感觉功能特点,丘脑的核团分为三大类。

(1)第一类细胞群(感觉接替核) 这类核团接受第二级感觉投射纤维,更换神经元后,发出纤维投射到大脑皮层的感觉区。主要包括后腹核和内、外侧膝状体。后腹核外侧部接受脊髓丘脑束与内侧丘系的纤维投射,传导来自躯体的感觉;后腹核内侧部接受三叉丘系的纤维投射,传导来自头面部的感觉。内侧膝状体与外侧膝状体分别是听觉和视觉传导通路的换元站,发出的纤维分别投射到大脑皮层听区与视区。

(2)第二类细胞群(联络核) 这类核团并不直接接受感觉纤维投射,而是接受来自丘脑感觉接替核和其他皮层下中枢的纤维,换元后投射到大脑皮层的特定区域。其功能是协调各种感觉在丘脑和大脑皮层水平的联系。如丘脑前核可接受下丘脑乳头体传来的纤维,发出纤维到达大脑皮层的扣带回,参与内脏活动的调节;丘脑的外侧腹核主要接受小脑、苍白球和后腹核投射来的纤维,发出纤维到达大脑皮层运动区,参与皮层对肌肉活动的调节;丘脑枕核接受内侧与外侧膝状体的纤维投射,并发出纤维投射到大脑皮层的顶叶、枕叶和颞叶的中间联络区,起到联系各种感觉的作用。

(3)第三类细胞群(髓板内核群)　这类核团是丘脑的古老部分,可接受脑干网状结构前行纤维,发出的纤维不直接投射到大脑皮层的特定区域,而是通过丘脑网状核、纹状核等多突触接替换元后,弥散地投射到整个大脑皮层,起到维持和改变大脑皮层兴奋性的作用。主要有中央中核、束旁核和中央外侧核等。

2.丘脑的感觉投射系统

根据丘脑核团向大脑皮层投射特征不同,可将丘脑的感觉投射系统分为特异投射系统与非特异投射系统。

(1)特异投射系统(specific projection system)　这一系统是指丘脑感觉接替核接受躯体各种感觉传导通路传来的冲动,再发出纤维以点对点的方式投射到大脑皮层特定区域的感觉投射系统。丘脑的联络核在结构上大部分也与大脑皮层有特定的投射关系,投射到皮层的特定区域,所以也属于这一系统。

经典的感觉传导通路一般是由三级神经元的接替完成的。第一级神经元位于脊神经节或有关的脑神经感觉神经节内,第二级神经元位于脊髓背根或脑干的有关神经核内,第三级神经元存在于丘脑感觉接替核内。特殊感觉的传导路径比较复杂,视觉传导途径包括视杆细胞和视锥细胞,在皮层感觉区内为 4 个神经元接替;听觉传导途径由更多的神经元接替;而嗅觉传导通路与丘脑感觉接替核无关。经典感觉传导通路都是通过丘脑的特异投射系统,对各种传入冲动(嗅觉除外)汇集,进行初步的分析和综合,产生粗略的感觉,而后作用于大脑皮层。所以其功能是产生特定感觉,同时激发大脑皮层发出冲动,引发相应的反应(骨骼肌活动、内脏反应和情绪反应等)。

(2)非特异投射系统(non-specific projection system)　该系统由丘脑的髓板内核群发出纤维,经过多次接替、弥散性地投射到大脑皮层广泛区域的感觉投射系统。

特异投射系统的第二级神经元的纤维经过脑干时发出侧支与脑干网状结构内的神经元形成神经网络,最后到达丘脑的第三类核群,再发出纤维,经过多次接替,弥散性地投射到大脑皮层。由于各种感觉冲动进入脑干网状结构后,经过许多错综复杂交织在一起的神经元彼此相互作用,就失去了各种感觉的特异性,因而投射到大脑皮层就不再产生特定的感觉,所以这一投射系统不具有点对点的投射关系,并失去了专一的特异性传导功能,是不同感觉共同上传的途径。该投射系统的前行纤维进入皮层后分布在各层,并以游离末端的形式与皮层神经元的树突建立神经联系,可使大量树突部分去极化,能够刺激大脑皮层的兴奋活动,使机体处于觉醒状态,所以非特异投射系统又叫脑干网状结构上行激动系统(ascending reticular activating system)(图 8-10)。该系统还可调节皮层各感觉区的兴奋性,使各种特异性感觉的敏感度提高或降低。由于这一系统是多突触接替的前行系统,所以它易受麻醉药物的作用而发生传导障碍,如巴比妥类药物的催眠作用可能是由于阻断了这一系统的传导。

两大投射系统在功能上互相配合,非特异投射系统传入的冲动,使大脑皮层保持觉醒状态,是产生特定感觉不可缺少的基础,而非特异投射系统传入冲动来源于特异投射系统的感觉传入信息,这样通过特异投射系统的各种感觉冲动,才能在大脑皮层中产生特定的感觉。

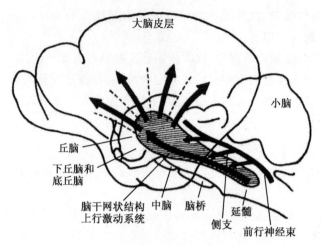

图 8-10 网状结构上行激动系统示意图
猫脑矢状切面

三、大脑皮层的感觉分析功能

大脑皮层是感觉分析的最高级中枢,各种感觉传入冲动前行最后到达大脑皮层,通过精细的分析、综合而产生相应的感觉,并发生相应的反应。不同的感觉在大脑皮层内都有相应的代表区。

(一)躯体感觉区

躯体感觉区位于大脑皮层的顶叶,全身的浅感觉和深感觉的冲动,经丘脑都投射到此区。不同进化程度的动物在大脑皮层躯体感觉区的确切定位有所区别。灵长类动物该区位于中央后回,猫、犬和绵羊的该区在皮层定位比较靠前,低等哺乳动物(如兔和鼠等)的躯体感觉区和躯体运动区基本重合在一起,统称感觉运动区(sensorimotor area)。

高等哺乳动物躯体感觉区产生的感觉性质清晰,皮层定位明确,在大脑皮层的投射具有以下规律:①除头面部的感觉投射是双侧性的外,躯干四肢部分的感觉是左、右交叉投射,即左侧躯体的感觉纤维投射在右侧皮层,右侧躯体的感觉纤维投射在左侧皮层。②投射区的空间安排是前、后倒置的,即后肢投射在中央后回顶部,且转向大脑半球内侧面,前肢代表区在中央后回的中间,头面部投射在中央后回的底部,但头面部代表区内部安排是正立的。③投射区大小与感觉的灵敏度、机能重要程度和动物特有的生活方式有关。研究表明,马和猪的躯体感觉以鼻部所占的投射区最大,绵羊和山羊则以上下唇最大,而猫、猴的前爪占有很大的区域。这说明鼻、唇、爪是这些动物觅食的主要器官,机能重要,灵敏度高,故投射区大。

高等动物的脑,还存在着第二感觉区,位于中央前回与脑岛之间,面积较小,它对感觉仅有粗糙的分析作用,其感觉定位不明确,性质不清晰。

(二)本体感觉区

感觉运动区即躯体运动区,也是肌肉本体感觉投射区,目前认为该区位于中央前回,它与外周神经联系也是交叉性的。本体感觉(proprioception)是指肌肉、关节等的运动觉与位置觉。实验数据表明刺激人脑的中央前回,会引起受试者试图发动肢体运动的主观感觉。切除动物的运动区,由刺激本体感受器作为条件刺激建立起来的条件反射会发生障碍。

(三)内脏感觉区

内脏感觉投射的范围较弥散,并与躯体感觉区有一定的重叠。全身内脏感觉神经是混在交感神经和副交感神经中进入脊髓、脑干,更换神经元后,通过丘脑和下丘脑而到达大脑皮层的中央后回和边缘叶。

(四)特殊感觉区

特殊感觉区接受机体视觉、听觉、嗅觉和味觉等器官的感觉传入,引起特定感觉(二维码 8-5)

二维码 8-5 视觉、
听觉、嗅觉和味觉

1. 视觉区

视觉区位于皮层的枕叶。视网膜的传入冲动,经视交叉处半交叉,再通过特定的纤维,投射到此区的特定部位。

2. 听觉区

听觉区位于皮层的颞叶。听觉的投射是双侧性的,即一侧皮层代表区接受双侧耳蜗传入纤维的投射,故一侧代表区受损不会引起全聋。不同音频感觉的投射区域有所不同。

3. 嗅觉与味觉区

嗅觉区在大脑皮层的投射区域随着进化而缩小,高等动物的嗅觉区位于边缘叶的前底部区,包括梨状区皮层的前部、杏仁核的一部分。味觉区在中央后回面部感觉投射区的下方。味觉的投射是同侧的,破坏大鼠双侧味觉皮层导致味觉识别障碍。

四、痛觉

(一)痛觉的定义和特点

疼痛(pain)系指动物体对伤害性刺激(noxious stimulus)或潜在伤害性的感觉。疼痛发生时常有不愉快的情绪和伴随一系列的防御性反应,包括一系列的植物性神经系统反应,如肾上腺素分泌增加,血压上升、血糖升高等。疼痛可作为机体受损害时的一种报警系统,对机体起保护作用。但剧烈疼痛会引起机体功能失调,甚至发生休克。因此,认识痛觉产生的规律,可以达到在临床上缓解疼痛的目的。

根据痛觉发生时机体所感觉到疼痛性质的不同,疼痛可以分为刺痛、灼痛、触痛、胀痛、钝痛和绞痛等;根据刺激引起疼痛发生时间的不同,分为快痛和慢痛;根据刺激感受部位的不同,又可分为躯体痛(皮肤、肌肉和关节等)和内脏痛(胃痛和肝痛等)。在临床上,根据疼痛的部位、时间和性质可辅助诊断某些疾病。

(二)痛觉感受器和传入纤维

痛觉感受器(nociceptor)是背根神经节和三叉神经中感受和传递伤害性信息的初级感觉神经元的外周末梢部分。形态学上是未特化的游离神经末梢,广泛地分布于皮肤、肌肉、关节和内脏器官。一般认为伤害性感受器并无特殊的适宜刺激,任何形式的刺激只要达到一定强度,而且对机体造成伤害,都可作用于伤害性感受器而引起疼痛。例如,温热性刺激可以引起痛觉,但其引起伤害性感受器兴奋的阈值比引起温度感受器兴奋的阈值要高约100倍。

近年来,也有学说认为伤害性感受器实际上是一种化学感受器。在外伤、炎症、缺血、缺氧等伤害性刺激的作用下,损伤组织局部合成和释放一些致痛的化学物质,主要包括 K^+、H^+、5-HT、组胺、缓激肽、P 物质、前列腺素、白三烯、血栓素和血小板激活因子等,当达到一定浓度时,会兴奋伤害性感受器,产生痛觉传入冲动,信息会聚到中枢引起痛觉。

电生理和组织学证明,痛觉传入纤维包括 A$_\delta$ 有髓纤维和 C 类无髓纤维两类,由于它们的传导速度不等,因而产生两种不同性质的痛觉,即快痛(fast pain)和慢痛(slow pain)。

(三)躯体痛

躯体痛可分为浅表痛和深部痛。

1. 浅表痛

发生在体表某处的疼痛称为浅表痛。当伤害性刺激作用于皮肤时,可先后出现两种性质不同的痛觉,即快痛和慢痛。快痛又称为第一痛或急痛,是一种尖锐和定位明确的"刺痛",发生快,消失也快,常引起快速的防卫反射,吗啡对快痛无止痛作用或作用很弱。快痛一般属生理性疼痛。慢痛又称第二痛,表现为一种定位不明确的"烧灼痛",发生慢,消退也慢,通常伴有情绪反应及心血管与呼吸等方面的反应,吗啡止痛效果明显。慢痛一般属病理性疼痛。通常在外伤时,这两种痛觉相继出现,皮肤有炎症时,常以慢痛为主。深部组织(如骨膜、韧带和肌肉等)和内脏的痛觉,一般也表现为慢痛。

2. 深部痛

发生在躯体深部,如骨、关节、骨膜、肌腱、韧带和肌肉等处的痛感称为深部痛。深部痛一般表现为慢痛,其特点是定位不明确,可伴有恶心、出汗和血压改变等自主神经反应。出现深部痛时,可反射性引起邻近骨骼肌收缩而导致局部组织缺血,而缺血又使疼痛进一步加剧。例如,头痛就是一种深部痛,在性质上属于钝痛。

(四)内脏痛和牵涉痛

1. 内脏痛

内脏痛是伤害性刺激作用于内脏器官引起的疼痛,是临床上常见的症状。可分为两类:一类是体腔壁的浆膜痛,如胸膜、腹膜、心包膜等受到炎症、压力、摩擦或牵拉等伤害性刺激时所产生的疼痛。另一类是脏器痛,它是因内脏受到伤害性刺激,或者内脏本身被急性扩张、缺血、痉挛所引起。

内脏痛主要的特点是定位不明确,发生缓慢,持续时间较长,主要表现为慢痛,常呈渐进性增强,但有时也可迅速转为剧烈疼痛;对刺激的辨别力差,中空内脏器官(如胃、肠、胆囊和胆管等)壁上的感受器对扩张性刺激和牵拉性刺激十分敏感,而对切割、烧灼等通常易引起皮肤痛的刺激却不敏感;常伴有明显的自主神经活动变化,情绪反应强烈,有时更甚于疾病本身。临床上肠管发生梗阻而出现异常运动、循环障碍和炎症时,往往引起疼痛,严重时甚至危及生命。

2. 牵涉痛

某些内脏疾病往往会引起身体的体表部位发生疼痛或痛觉过敏,这种现象称为牵涉痛(referred pain)。每一内脏都有特定的内脏牵涉痛区,例如,心肌缺血时,可发生心前区、左肩和左上臂的疼痛或痛觉过敏;患胃溃疡和胰腺炎时,可出现左上腹和肩胛间疼痛;发生阑尾炎时,发病开始常觉上腹部或脐周疼痛等。牵涉痛并非内脏痛特有,深部躯体痛、牙痛也可发生牵涉痛。

发生牵涉痛的原因尚不很清楚,但有两种学说,会聚学说和易化学说。会聚学说认为,患病内脏的传入纤维与被牵涉部位的皮肤传入纤维,由同一背根进入脊髓同一区域,除沿各自的上传通路传导外,还聚合于同一脊髓神经元,由共同的传导通路上传大脑,由于大脑皮层习惯于识别来自皮肤的刺激,因而误将内脏痛当作皮肤痛,故产生了牵涉痛。易化学说认为,内脏痛觉的传入冲动,可提高内脏-躯体会聚神经元的兴奋性,易化了相应皮肤区域的传入,即使皮肤对刺激的敏感性升高,可导致牵涉性痛觉过敏。

第四节　神经系统对躯体运动的调节

神经系统对躯体运动的调节都是复杂的反射活动。机体正常姿势的维持,以及各种各样动作的完成,都是以骨骼肌活动为基础的。不同肌群在神经系统的调节下,互相协调和配合,形成各种有意义的躯体运动。

根据大量的动物实验和临床观察,神经系统不同部位对躯体运动作用不同。脊髓对躯体运动的整合水平较低,脊髓动物只能完成牵张反射等简单的骨骼肌运动;延髓动物不能很好地保持正常姿势,只能勉强维持站立;中脑动物不但能保持正常姿势,还具有翻身、卧倒或站立等动态姿势反射的能力,但是不能行走;丘脑动物能保持姿势正常,而且能跑、跳和完成其他复杂动作;大脑皮层完整的动物能极其完善地适应环境和完成高度精细复杂的躯体运动。

一、脊髓对躯体运动的调节

(一)脊髓的运动神经元

在脊髓腹根存在 α、β、γ 3 种类型的运动神经元。它们的轴突经腹根离开脊髓后直接到达所支配的肌肉。

1. α-运动神经元

α-运动神经元大小不等,接受来自皮肤、肌肉和关节等处外周信息的传入,也接受从脑干到大脑皮层等高位中枢传出的信息,许多运动信息会聚到 α-运动神经元并在此进行整合,传出冲动到达骨骼肌产生一定的反射,所以 α-运动神经元是躯体骨骼肌运动反射的最后公路。会聚到 α-运动神经元的各种运动信息具有引发随意运动、调节姿势和协调不同肌群活动等方面的作用,能使躯体运动得以平稳和精确地进行。

2. γ-运动神经元

γ-运动神经元的胞体分散在 α-运动神经元之间,其胞体比 α-运动神经元小,发出较细的 A_γ 纤维支配骨骼肌内的梭内肌纤维。γ-运动神经元的兴奋性比 α-运动神经元高,常以较高频率放电,其作用是调节肌梭敏感性。一般情况下,当 α-运动神经元活动增强时,γ-运动神经元的活动也相应地增强,使肌梭对牵张刺激的敏感性提高。

3. β-运动神经元

这是一种比较大的运动神经元,其纤维支配梭内肌和梭外肌,其功能不是十分清楚。

(二)脊休克

生理学上,为了研究脊髓机能的特征,常用脊髓动物为对象,这样可以避免脑的各级部位对脊髓机能的影响。脊髓与高位中枢离断的动物,称为脊髓动物(spinal animal),简称脊动物。突然横断脑和脊髓的动物,脊髓会暂时失去反射活动能力,进入无反应状态,这种现象称为脊休克(spinal shock)。脊休克的主要表现是横断面以下的脊髓所支配的躯体与内脏反射活动减弱或消失,如脊髓所整合的屈肌反射、交叉伸肌反射、腱反射与肌紧张丧失;外周血管扩张,动脉血压下降,发汗、排便和排尿等反射消失。经过一段时间后,脊髓整合的反射功能会逐渐恢复。一般说,低等动物恢复较快,高等动物恢复慢。如蛙在脊髓离断后数分钟内即恢复,犬和猫需几天,人类则需数周乃至数月。各种反射恢复的也有先后,首先恢复的是一些比较简单、原始的反射,如屈肌反射和腱反射;而后是比较复杂的反射,如交叉伸肌反射和搔扒反射。在脊髓躯体反射恢复后,部分内脏反射活动也随之恢复,如血压逐渐上升并达到一定水平,出现排便和排尿反射。这说明,脊髓本身可完成一些简单的反射,在脊髓内存在低级的躯体反射与内脏反射中枢。当脊髓横断后,由于脊髓内前行与后行的神经束均被横断,因此,断面以下的各种感觉和随意运动都不易恢复,甚至永远丧失,临床上称为截瘫。

脊休克产生的原因是由于离断的脊髓突然失去了高位中枢的调节,尤其是失去了大脑皮层、脑干网状结构和前庭核的后行易化作用。实验证明,切断猫的网状脊髓束、前庭束,切断猴的皮质脊髓束,均可产生类似脊休克的现象。由此可见,在正常情况下,上述神经结构通过其后行传导束,对脊髓施以易化作用,从而保证脊髓的正常功能状态。脊动物恢复反射后,屈肌反射较正常加强,而伸肌反射往往减弱,这说明高位中枢对脊髓有易化伸肌反射和抑制屈肌反射的作用。

(三)脊髓反射

脊髓是躯体运动最基本的反射中枢,通过脊髓能完成一些比较简单的躯体运动反射,包括牵张反射、屈肌反射和交叉伸肌反射等,在整体内脊髓反射接受高位中枢的调节。

1.牵张反射

牵张反射(stretch reflex)指有神经支配的骨骼肌在受到外力牵拉而伸长,能引起受牵拉的肌肉收缩的反射活动(图8-11)。

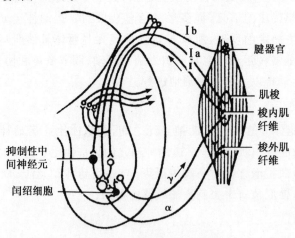

图8-11 牵张反射示意图

(1)牵张反射的类型　牵张反射包括腱反射和肌紧张2种类型。

腱反射(tendon reflex)又称位相性牵张反射,是快速牵拉肌腱时发生的牵张反射,表现为被牵拉肌肉迅速而明显的缩短。例如,快速叩击股四头肌肌腱,可使股四头肌受到牵拉而发生一次快速收缩,引起膝关节伸直,称膝反射;敲击跟腱时,引起腓肠肌收缩,跗关节伸直,称为跟腱反射。腱反射传入神经直径粗,传导速度较快,反射的潜伏期短,传播时间短,相当于兴奋通过一个突触的时间,属于单突触反射;效应器主要是α运动神经元所支配的快肌纤维成分。临床上可通过检查腱反射了解神经系统的功能状态,如果腱反射减弱或消失,说明反射弧结构和功能有损伤;如果腱反射亢进,表示控制脊髓的高级中枢作用减弱,说明高位中枢可能有病变。

肌紧张(muscle tonus)又称紧张性牵张反射,是指缓慢而持续地牵拉肌腱所引起的牵张反射,表现为受牵拉肌肉持续发生紧张性收缩,致使肌肉经常处于轻度收缩状态。肌紧张反射中枢是多突触反射。效应器主要是收缩较慢的慢肌纤维成分,肌肉收缩力量小,只阻止肌肉被牵拉,所以不表现出明显的动作。肌紧张可能是由同一肌肉内不同的运动单位交替持续收缩来维持的,所以能持续收缩而不易发生疲劳。

肌紧张是维持躯体正常姿势的最基本反射,尤其是维持站立姿势。正常机体内,伸肌和屈肌都因发生牵张反射而维持一定的紧张性,但在动物站立时,由于重力影响,支持体重的关节趋向于被重力所弯曲,使伸肌肌腱受到持续牵拉,从而发生持续的牵张反射,引起该肌肉的收缩,以对抗关节弯曲,而维持站立姿势。如果破坏肌紧张反射弧的任何部分,即可出现肌紧张减弱或消失,表现为肌肉松弛,以致不能维持躯体的正常姿势。所以肌紧张是姿势反射的基础,也是随意运动的基础。

(2)牵张反射的感受器　肌梭(muscle spindle)是牵张反射的感受器,可感受机械牵拉刺激或肌肉长度变化,属于本体感受器。肌梭是分布在骨骼肌内的梭形小体,外层是结缔组织囊,囊内有6~12根梭内肌纤维,囊外是梭外肌纤维,两类纤维呈并联关系,平行排列。梭内肌纤维的收缩成分位于纤维的两端,中间部是肌梭的感受装置,两者呈串联关系。因此,梭外肌收缩时,肌梭的感受装置所接受的刺激减少;梭外肌被拉长或梭内肌收缩成分收缩时,均可使肌梭感受装置受到牵拉刺激而兴奋。

当肌肉受到外力牵拉时,梭内肌感受装置被拉长,使肌梭内的初级末梢受到牵拉刺激而发放传入冲动,其频率与肌梭被牵拉的程度成正比。肌梭的传入冲动沿I_a类纤维传入脊髓,引起支配同一肌肉的α-运动神经元活动,使梭外肌收缩,从而完成一次牵张反射。当梭外肌收缩时,肌梭被放松,梭内肌感受装置所受的牵拉刺激减少,沿I_a类神经传入冲动减少甚至停止,α-运动神经元不再传出冲动使梭外肌收缩,因而肌纤维的长度恢复。

当γ-运动神经元兴奋时,通过A_γ纤维的活动,引起梭内肌收缩,由于梭内肌收缩的强度小,传入冲动不能引起整块肌肉收缩。但γ-运动神经元传出活动,可刺激肌梭的感受装置,使肌梭的敏感性提高,通过I_a类纤维传入,改变α-运动神经元的兴奋状态,从而调节肌肉的收缩。这种由γ-运动神经元-肌梭-I_a类传入纤维-α-运动神经元——肌肉所形成的反馈环路,称为γ环路(γ-loop)。γ环路的作用是调节肌梭对牵张反射的敏感性。在正常情况下,γ环路主要接受高级中枢后行通路的调控,通过调节和改变肌梭的敏感性和躯体不同部位牵张反射的阈值,调节肌紧张和姿势反射。

（3）腱器官及反牵张反射　腱器官（tendon organ）是分布在肌腱胶原纤维之间的牵张感受装置，与梭外肌呈串联关系。腱器官是一种感受肌肉张力变化的感受器，对肌肉的被动牵拉刺激不太敏感，而对肌肉主动收缩的牵拉刺激比较敏感。其传入纤维是直径较细的I_b类纤维，传入冲动进入中枢后，通过抑制性中间神经元，抑制同一肌肉的α-运动神经元的活动。在牵张反射中，随着牵拉肌肉的力量增加，肌梭兴奋，传入冲动也增加，进而反射性地引起肌肉收缩增强，发生牵张反射。当肌肉收缩达到一定强度时，张力增大，引起腱器官兴奋，通过I_b类传入纤维反射性地抑制同一肌肉收缩，使肌肉收缩停止，转而出现舒张。这种肌肉受到强烈牵拉时所产生的舒张反应，称为反牵张反射（inverse stretch reflex）。其生理意义在于缓解由肌梭传入引起的肌肉收缩及其所产生的张力，防止肌肉收缩过度对肌肉的损伤。

2. 屈肌反射与对侧伸肌反射

伤害性刺激作用肢体皮肤时，常引起受刺激侧肢体的屈肌收缩、伸肌舒张，使肢体弯曲，称为屈肌反射（flexor reflex）。如针刺激后肢跖部皮肤时，该侧肢体立即缩回，其目的在于避开伤害，保护机体。该反射属于多突触反射，其反射弧的传出部分可支配多个关节的肌肉活动。引起的机制是由于刺激信号传入脊髓后，引起支配该侧肢体屈肌活动的神经元兴奋，使屈肌收缩；同时，传入神经分出侧支，兴奋抑制性中间神经元，抑制伸肌的活动，结果引起该侧肢体弯曲。

屈肌反射的强弱与刺激强度有关，其反射的范围可因刺激强度增大而扩大。当刺激达到一定强度时，会引起对侧肢体的伸肌反射，即在同侧肢体发生屈肌反射的基础上，出现对侧肢体伸直的反射活动，称为对侧伸肌反射（crossed extensor reflex）。该反射是一种姿势反射，其目的在于当一侧肢体屈曲造成身体平衡失调时，对侧肢体伸直以支持体重，从而维持身体的姿势平衡。上述两种反射均属于比较原始的防御性反射（defense reflex）。

二、脑干对肌紧张和姿势的调节

脑干包括延髓、脑桥和中脑。在脑干内部存在许多神经核团以及与这些神经核相联系的前行、后行纤维束和脑干网状结构。脑干网状结构是中枢神经系统中最重要的皮层下整合中枢，对肌紧张起重要调节作用。脑干通过对肌紧张的调节可完成复杂的姿势反射，如状态反射、翻正反射等。失去高级中枢的脑干动物仍具有站立、行走和姿势控制等整合活动的能力。

（一）脑干对肌紧张的调节

1. 脑干网状结构抑制区和易化区

脑干网状结构是由散在分布的神经元群和纵横交错的神经网络构成的神经结构。网状结构中的神经元与其他神经元有广泛的突触联系。其神经纤维向后方与脊髓的神经元相连接，向前方与大脑皮层的神经元相连接。电刺激脑干网状结构不同区域，可观察到网状结构中存在抑制和加强肌紧张及肌运动的区域，分别称为抑制区和易化区（图8-12）。

（1）抑制区及作用　抑制区范围较窄，位于延髓网状结构的腹内侧部分，电刺激该区域会使原来正在进行的腿部伸直运动立即停止，四肢肌紧张下降。一般来说，网状结构抑制区本身无自发活动，它接受大脑皮层运动区、纹状体与小脑前叶蚓部等脑干外神经结构后行抑制系统

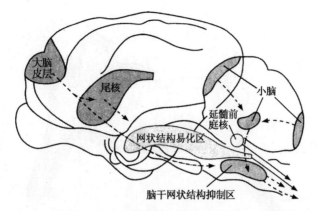

图 8-12　猫脑内与肌紧张调节有关的脑区及其下行路径示意图

深灰色区域为抑制区,浅灰色区域为易化区

虚线箭头表示下行抑制作用路径,实线箭头表示下行易化作用路径

的始动作用,这些脑干外神经结构可通过网状结构抑制区的活动抑制肌紧张,还能抑制网状结构易化区的活动。其作用主要是通过网状脊髓束的后行抑制性纤维与 γ-运动神经元建立抑制性突触联系,抑制 γ-运动神经元的活动,削弱 γ 环路的作用来实现的。

(2)易化区及作用　易化区范围较广,包括延髓网状结构的背外侧部分、脑桥被盖、中脑的中央灰质与被盖等脑干中央区域,还包括下丘脑和丘脑中线核群等部位。电刺激易化区会使正在进行的四肢牵张反射加强,肌肉的紧张性升高。易化区的作用主要通过网状脊髓束到达脊髓腹角,兴奋 γ-运动神经元,通过 γ 环路增强肌紧张与肌运动。同时对 α-运动神经元也有一定的易化作用。

易化肌紧张的中枢部位除网状易化区外,还有脑干外神经结构,如前庭核、小脑前叶两侧部等部位,共同组成易化系统。此外,网状结构易化区本身具有持续的放电活动,可能是前行感觉传入冲动的激动引起的。

生理情况下,脑干网状结构易化和抑制肌紧张的中枢部位保持相对平衡,但从活动的强度上看,易化区活动比较强,抑制区的活动比较弱。因此,在肌紧张的平衡调节中易化区略占优势,可以维持正常肌紧张。当病变造成这两个系统失调时,就会出现肌紧张亢进或减弱。

2. 去大脑僵直

(1)去大脑僵直　动物麻醉后,在中脑前、后丘之间横断脑干的去大脑动物,会立即出现全身肌紧张,特别是伸肌肌紧张加强的现象,表现为四肢伸直、头尾昂起、脊柱挺硬的角弓反张现象,这一现象称为去大脑僵直(decerebrate rigidity)(图 8-13)。

(2)去大脑僵直的发生机制　去大脑僵直的发生是由于在动物的中脑水平横断脑干后,切断了大脑皮层运动区、纹状体等结构与脑干网状结构的功能联系,造成抑制区和易化区的活动失常,使抑制区失去高位中枢的始动作用,原先被抑制的牵张反射得到加强;易化区虽然也失去了部分脑干外神经结构的控制作用,但易化区本身存在自发活动,而且前庭核的易化作用依然存在,使易化系统的活动占有显著优势。易化作用主要影响抗重力肌,导致伸肌肌紧张加强,从而出现去大脑僵直现象。

图 8-13　去大脑僵直示意图(兔)

(3)去大脑僵直的类型　去大脑僵直有 γ-僵直和 α-僵直 2 种类型。目前认为,网状结构的后行易化作用,首先兴奋 γ-运动神经元(图 8-14),通过 γ 环路增强 α-运动神经元的活动,导致肌紧张加强而出现的僵直,属于 γ-僵直。前庭核的后行易化作用,直接或间接通过脊髓中间神经元提高 α-运动神经元的活动(图 8-14),导致肌紧张加强而出现的僵直,属于 α-僵直。经典的去大脑僵直属于 γ-僵直。

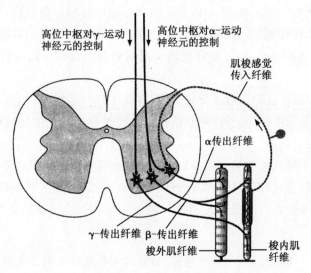

图 8-14　高位中枢对骨骼肌运动控制的模式图

(二)脑干对姿势的调节

中枢神经系统通过对骨骼肌的肌紧张或相应运动的调节,以维持或改正动物在空间的姿势,这种反射活动称为姿势反射(postural reflex)。不同的姿势反射其整合中枢水平不同。由脊髓整合的牵张反射和对侧伸肌反射是最简单的姿势反射。由脑干整合而完成的复杂姿势反射有状态反射、翻正反射等。

1．状态反射

动物头部与躯干的相对位置或头部在空间的位置改变，引起的躯体肌肉紧张性改变的反射活动，称为状态反射（attitudinal reflex）。状态反射包括颈紧张反射（tonic neck reflex）和迷路紧张反射（tonic labyrinthine reflex）（图8-15）。

（1）颈紧张反射 颈紧张反射是由于头部在空间位置改变，刺激了颈部肌肉、关节或韧带的本体感受器，传入冲动对四肢肌肉紧张性的反射性调节。其反射中枢位于颈部脊髓。如果将去大脑动物（如猫）的头部向腹侧屈曲，其前肢伸肌紧张被抑制，呈屈曲状态，而后肢的伸肌肌紧张加强，这种姿势恰似猫站在高处俯视下面的状态；相反，如果

图8-15 状态反射示意图
A．头俯下时 B．头上仰时
C．头弯向右侧时
D．头弯向左侧时

将猫头部向背侧后仰时，其前肢伸肌肌紧张增强，而后肢的伸肌被抑制，恰似猫在低处，头上仰准备上跳时的动作。可见，改变去大脑动物的头部位置时，四肢的肌紧张将发生不同程度的改变，形成各种姿势。所以该反射对维持动物形成各种姿势起重要作用。

（2）迷路紧张反射 迷路紧张反射的冲动来源于内耳迷路的椭圆囊和球囊对躯体伸肌紧张性的反射性调节。其反射中枢主要是前庭神经核。对于去大脑动物，该反射是由于重力对耳石膜的作用不同所致。如当动物仰卧时，耳石膜受到的刺激最大，伸肌紧张性最高，而俯卧时，耳石膜受到刺激最弱，伸肌紧张性则降低。

2．翻正反射

当动物被推倒或从空中仰面下落时，它能迅速翻身、起立或改变为四肢朝下的姿势着地，这种复杂的姿势反射称为翻正反射（righting reflex）。如将猫四脚朝天，从空中坠下时，首先是头颈扭转，紧接着前肢和躯干也扭转，最后后肢扭转过来，当坠到地面时四肢着地。这个翻正反射过程包括一系列反射活动，其感受冲动先后来自内耳迷路、颈部肌肉和躯干肌肉等本体感受器以及视觉感受器，所有这些感受器的冲动传到脑干，在中脑进行分析综合，从而调节躯干和四肢的肌肉活动，使姿势恢复正常。

三、小脑对躯体运动的调节

小脑是伴随着动物躯体运动的进化而发展起来的脑部，它不仅与大脑皮层形成神经回路，还与脑干及脊髓有大量的纤维联系，参与运动的策划和执行。按小脑的传入、传出纤维联系，可将其分为前庭小脑、脊髓小脑与皮层小脑3个功能部分（图8-16）。

（一）前庭小脑

前庭小脑（vestibulocerebellum）主要由绒球小结叶构成。其传入与传出纤维均与前庭核相联系。前庭的输入信号提供关于头部姿势和运动的信息。其传出纤维在前庭核换元，通过前庭脊髓束抵达脊髓腹角的运动神经元，控制躯干和四肢近端肌肉的活动。

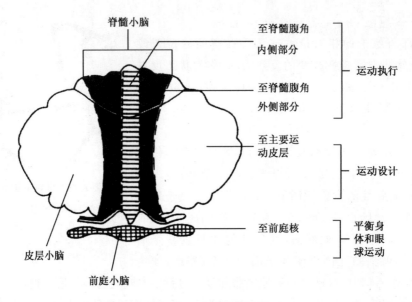

图 8-16　小脑功能分区

前庭小脑参与身体姿势平衡功能的调节。实验观察到,切除前庭小脑的犬不再出现运动病(如晕船、晕车等)。切除前庭小脑的猴,不能保持身体平衡,但其随意运动仍很协调,能很好地完成进食动作。此外,前庭小脑可通过脑桥核接受外侧膝状体、上丘和视皮层等处的视觉传入信息,调节眼外肌的活动,从而协调头部运动时眼的凝视运动。切除猫的绒球小结叶后,可出现位置性眼震颤。

(二)脊髓小脑

脊髓小脑(spinocerebellum)由小脑前叶和后叶的中间带组成。

小脑前叶的功能是调节肌紧张。其主要接受来自肌肉、关节等本体感受器的传入冲动,也接受少量的视、听觉与前庭的传入信息;其传出冲动分别通过网状脊髓束、前庭脊髓束以及腹侧皮层脊髓束的后行系统,调节脊髓 γ-运动神经元的活动,从而调节肌紧张。

小脑后叶中间带的功能主要是协调随意运动。其接受脑桥纤维的投射,并与大脑皮层运动区有环路联系,能协调大脑皮层发动的随意运动。当小脑后叶中间带受到损伤时,可出现随意运动协调的障碍,称为小脑性共济失调(cerebellar ataxia),表现为随意运动的力量、方向及限度等发生紊乱,动作摇摆不定,指物不准,不能进行快速的交替运动。

(三)皮层小脑

皮层小脑(corticocerebellum)是指小脑半球外侧部。小脑半球的外侧部并不接受来自外周感觉的传入信息,而是接受大脑皮层感觉区、运动区、联络区等广泛区域的信息,这些区域的下传纤维经多次换元再返回到大脑皮层运动区。

皮层小脑与大脑皮层运动区、感觉区、联络区之间的联合活动与运动计划的形成和运动程序的编制有关。小脑半球的外侧部损伤,远端肢体的肌张力会下降,出现共济失调,运动起始变得迟缓。

四、基底神经节对躯体运动的调节

(一)基底神经节的组成

基底神经节是指大脑皮层下一些主要在运动调节中起重要作用的神经核群,主要包括尾核、壳核和苍白球,三者合称纹状体。尾核与壳核进化较新,称新纹状体,而苍白球是较古老的部分,称旧纹状体。此外,从机能上看,丘脑底核、中脑的黑质与红核等与基底神经节密切相关,因此也被归入基底神经节的范畴。

(二)基底神经节的功能

基底神经节作用是调节运动,能调节随意运动的产生和稳定、控制肌紧张,处理本体感觉传入的冲动。人类基底神经节损伤可引起一系列运动功能障碍,其临床表现主要分两大类,一类是运动过少而肌紧张亢进的综合征,如震颤麻痹(帕金森病)等。瑞典科学家 Arvid Carlsson 发现帕金森病患者脑组织存在多巴胺异常,从而发明了多巴胺的检测方法,并得出多巴胺是脑组织信息传递的重要递质的结论,Arvid Carlsson 因此获得 2000 年的诺贝尔生理学或医学奖。另一类是运动过多而肌紧张低下的综合征,如舞蹈病和手足徐动症等。

五、大脑皮层对躯体运动的调节

大脑皮层是中枢神经系统控制和调节骨骼肌活动的最高中枢,它接受感觉信息的传入,并根据机体对环境变化的反应和意愿,策划和发动随意运动。

(一)大脑皮层运动区

高等动物的躯体运动受大脑皮层的控制。大脑皮层中与躯体运动有密切关系的区域,称为大脑皮层运动区。

1. 主要运动区

主要运动区又称为运动区或运动皮层,位于中央前回和运动前区。

主要运动区对躯体运动的调节具有以下的特点:①交叉支配,即一侧皮层主要支配对侧躯体的运动。但头面部肌肉的运动,除舌肌和眼裂以下的面肌主要受对侧皮层支配外,其余部分接受双侧皮层支配。②具有精细的功能定位,即对一定部位皮层的刺激,引起一定肌肉的收缩。而这种功能定位的安排,呈倒置的支配关系。即后肢代表区在顶部,前肢代表区在中间部,头面部肌肉代表区在底部,但头面部内部的安排仍为正立位。③功能代表区的大小与运动的精细、复杂程度有关,即运动越精细、复杂,皮层相应运动区的面积越大,而运动较简单而粗糙的肌群(如躯干和四肢)只有较小的定位区。如猪和马的唇和鼻在皮层中的代表区面积较大,而蹄所占的面积很小。但对于灵长类动物,面部和四肢(尤其是人类的手)的代表区远大于体表面积的比例(图 8-17)。

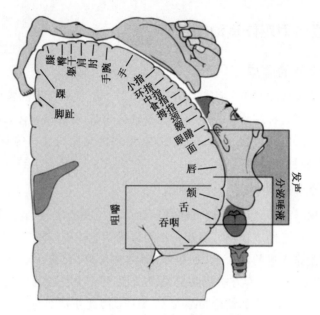

图 8-17　人类大脑皮层运动区

2.辅助运动区

辅助运动区位于大脑皮层的内侧面(两半球纵裂内侧壁)、运动区之前。一般为双侧性支配,刺激该区域可引起肢体运动与发声。

3.第二运动区

第二运动区位于大脑皮层与脑岛之间,用较强的刺激能引起双侧的运动反应,其运动代表区的分布与第二感觉区一致。

(二)运动传导通路

大脑皮层发出许多下行纤维,它们或直接与脊髓运动神经元发生联系,或通过中间神经元与脊髓运动神经元联系,形成运动传导通路,因此大脑皮层能够发动和控制随意运动。

1.皮层脊髓束

由皮层发出,经内囊、脑干下行,到达脊髓腹角运动神经元的传导束,称为皮层脊髓束(corticospinal tract)。皮层脊髓束包括皮层脊髓侧束和皮层脊髓前束。

(1)皮层脊髓侧束　皮层脊髓束中约80%的纤维在延髓锥体跨过中线到达对侧,在脊髓白质的外侧索下行,纤维终止于同侧腹角外侧部的运动神经元,纵贯脊髓全长,形成皮层脊髓侧束。其功能是控制四肢远端肌肉的活动,与精细的、技巧性的运动有关。

(2)皮层脊髓前束　皮层脊髓束中约20%的纤维在延髓不跨越中线,在脊髓同侧前索下行,形成皮层脊髓前束。前束一般只下降到脊髓胸段,大部分逐节段经白质前联合交叉,终止于对侧的前角运动神经元。其功能是控制躯干和四肢近端肌肉,尤其是屈肌的活动,与姿势的维持和粗略的运动有关。

2. 皮层脑干束

由皮层发出,经内囊到达脑干各脑神经运动神经元的传导束,称为皮层脑干束(corticobulbar tract)。其功能是调节头面部有关肌肉的运动。绝大多数脑神经运动核,接受双侧皮层脑干束支配,只有面神经核下部和舌下神经接受对侧皮层脑干束的支配。

3. 其他后行通路

上述通路发出的侧支与一些直接起源于运动皮层的纤维,经脑干某些核团接替后形成顶盖脊髓束、网状脊髓束和前庭脊髓束,其功能与皮层脊髓前束相似,参与近端肌肉有关粗略运动和姿势的调控;而红核脊髓束的功能可能与皮层脊髓侧束相似,参与四肢远端肌肉有关精细运动的调控。

皮层脊髓束和皮层脑干束是发起随意运动的初级通路,这并不意味着没有它就不能进行运动。非哺乳脊椎动物基本上没有皮层脊髓束和皮层脑干束传导系统,但它们的运动非常灵巧;猫和犬即使完全被破坏该系统,仍能站立、行走、奔跑和进食;只有灵长类动物在该系统被破坏或人类由于某些系统疾病使该系统受损后才会出现明显的运动缺陷(二维码8-6)。

二维码8-6　思政案例:肌萎缩侧索硬化症

第五节　神经系统对内脏活动的调节

神经系统对内脏活动的调节是通过植物性神经系统实现的,也是通过反射途径进行的。植物性神经系统也包括传入神经、传出神经和中枢三部分。感觉神经的冲动主要来源于内脏器官的感受器,其次来源于躯体感受器;中枢部位分布于脊髓、脑干,其较高级中枢则在间脑的下丘脑和大脑的边缘叶;传出神经作用于相应的效应器。习惯上,植物性神经主要是指支配内脏器官的传出神经,包括交感神经和副交感神经。高级中枢对内脏活动的调节,在很大程度上不受意识的调控,因此,与明显受意识控制的躯体运动神经相对而言,又叫作自主神经系统。

一、自主神经

(一)自主神经的结构特征

从中枢发出的自主神经在抵达效应器官前必须先进入外周神经节更换一次神经元。由中枢发出到神经节的纤维,称为节前纤维(preganglionic fibers),由节内神经元发出到效应器的纤维,称为节后纤维(postganglionic fibers)。

1. 起源

交感神经起自脊髓胸腰段侧角(胸部第1至腰部第2或第3节段)。副交感神经起源于Ⅲ、Ⅶ、Ⅸ、Ⅹ对脑神经的副交感神经核内和脊髓荐部(图8-18)。

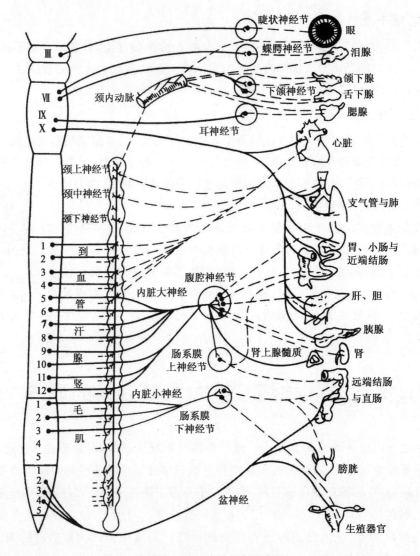

图 8-18　自主神经分布示意图

2.神经节及神经纤维

自主神经从中枢先发出节前纤维到达神经节更换神经元,然后再发出节后纤维到达效应器细胞。交感神经在椎旁或椎下神经节换元,节前纤维短,节后纤维长;副交感神经在效应器附近或效应器内换元,节前纤维长,节后纤维短。

3.反应范围

交感神经的节前纤维在交感神经节内和几十个神经元发生突触联系,因此交感神经兴奋,引起的反应比较广泛;副交感神经节前纤维在神经节内与极少数节后神经元发生突触联系,所以副交感神经影响的范围比较局限。

4.分布范围

交感神经分布范围极广,几乎支配所有的内脏器官及全身的血管和皮肤,肾上腺髓质直接受交感神经节前纤维支配;副交感神经分布比较局限,某些内脏器官缺乏它的支配,例如,皮肤和肌肉的血管、汗腺、竖毛肌、肾上腺髓质和肾等,只有交感神经支配。

5.作用持续时间

刺激交感神经节前纤维,效应器发生反应的潜伏期长,刺激停止后,它的作用可持续几秒或几分钟;刺激副交感神经节前纤维引起效应器活动的潜伏期短,刺激停止后,作用持续时间短。

(二)自主神经的功能特征

自主神经系统的功能是调控平滑肌、心肌和腺体等各种内脏的活动,其活动有以下特征。

1.同一效应器的双重神经支配

从表8-4可以看出,除少数器官外,大多数组织器官都接受交感和副交感神经的双重支配,而且其作用常常是相互拮抗的。例如,迷走神经对心脏活动有抑制作用,交感神经有兴奋作用。这样使神经系统能从正、反两方面调节内脏的活动,以适应机体的需要。在有些效应器上,交感和副交感神经也表现为协同的作用。例如,支配唾液腺的交感和副交感神经对唾液分泌均有促进作用,但是质和量上有差别,前者引起的唾液分泌量少而黏稠度高,后者引起的唾液分泌多而较稀薄。

表 8-4 自主神经的生理作用

器 官	交感神经	副交感神经
循环系统	心率加快、收缩加强	心率减慢、收缩减弱
	腹腔内脏血管、皮肤血管、唾液腺血管等收缩,肌肉血管可收缩(肾上腺素能)或舒张(胆碱能)	部分血管(软脑膜动脉及外生殖器血管等)舒张
呼吸系统	支气管平滑肌舒张	支气管平滑肌收缩、黏液腺分泌
消化系统	抑制胃运动、促进括约肌收缩	增强胃运动,促进消化腺分泌,使括约肌舒张
	分泌少量黏稠唾液,含酶多,促进肝糖原分解	促进肝糖原合成
泌尿系统	膀胱平滑肌舒张、括约肌收缩	膀胱平滑肌收缩、括约肌舒张
眼	瞳孔散大(扩瞳肌收缩)	瞳孔缩小(缩瞳肌收缩)
皮肤	竖毛肌收缩、汗腺分泌	
肾上腺髓质	促进分泌	

2.紧张性作用

在静息状态下,自主神经经常发放低频的神经冲动支配效应器的活动,称为紧张性作用。例如,支配心脏的迷走神经经常发放紧张性冲动,抑制心脏活动,如果切断支配心脏的迷走神经时,心率加快;切断心交感神经时,则心率减慢,表明心交感神经的活动也具有紧张性。支配血管的缩血管神经经常发放冲动,使皮肤血管及大部分内脏血管保持微弱的收缩状态。

自主神经的紧张性来源于中枢,而中枢经常发出紧张性传出冲动的原因是多方面的,其中包括反射性因素和体液性因素。例如,来自主动脉弓和颈动脉窦压力感受器的传入冲动,对维持自主神经的紧张性活动具有重要作用;而中枢神经组织内二氧化碳浓度,对维持交感缩血管中枢的紧张性活动也有重要作用。

3.效应器功能状态的影响

自主神经的外周性作用与效应器本身的机能状态有关。例如,刺激交感神经可引起非妊娠子宫的运动受到抑制,却可加强已孕子宫的运动(作用的受体不同)。又如,迷走神经对胃肠运动是兴奋性作用,但是当胃肠平滑肌高度紧张时,刺激迷走神经会引起抑制效应;而原来处于舒张状态时,刺激迷走神经却引起收缩效应。

4.系统效应

交感神经系统的活动比较广泛,当它兴奋时,往往不是涉及个别神经纤维及其所支配的效应器,而是以整个系统来参与反应。当动物遇到各种紧急情况,如剧烈运动、失血、紧张、窒息、恐惧、寒冷时,交感神经系统的活动明显增强,同时肾上腺髓质激素分泌增加,表现为一系列"交感-肾上腺髓质"系统活动亢进的现象,如心率增快、心收缩力增强、皮肤与腹腔内脏血管收缩、血液贮存库排出血液以增加循环血量、动脉血压升高等;此外,还可出现瞳孔扩大、支气管扩张、肺通气量增加、胃肠道活动抑制、肝糖原分解加速、血糖浓度升高、肾上腺素分泌增加等反应,这一反应称为应急反应(emergency reaction)。其主要作用是动员体内各器官的潜在能力,以提高机体对环境急变的适应能力,帮助机体度过紧急情况。

副交感神经系统活动的范围比较局限,往往在安静时活动较强。它的活动常伴有胰岛素的分泌,故称之为"迷走-胰岛素"系统。这个系统的作用主要是保护机体、休整恢复、促进消化、保存能量,以及加强排泄和生殖等方面的功能。例如,机体在安静时副交感神经活动加强,此时心脏活动抑制、瞳孔缩小、消化机能增强以促进营养物质吸收和能量补充等。

二、内脏活动的中枢性调节

调节内脏活动的中枢在脊髓、脑干、下丘脑和大脑边缘叶的不同部位,调节作用各有不同。

(一)脊髓对内脏活动的调节

交感神经和部分副交感神经发源于脊髓灰质侧角或相当于侧角的部位,说明脊髓是内脏反射活动的初级中枢,通过它可以完成简单的内脏反射活动,如排便、排尿、血管舒缩、发汗与竖毛肌反射等。在正常时脊髓接受高级中枢经常性的调节才能更好地适应生理机能的需要。在脊髓水平还可出现内脏-躯体反射和躯体-内脏反射等调节方式,例如,在发生胃炎和胆囊炎时,可引起上腹部肌紧张和同节段的皮肤发红;皮肤加温时抑制小肠运动;搔抓骶部皮肤能反射性引起膀胱收缩而发生排尿。

(二)低位脑干对内脏活动的调节

由延髓发出的副交感神经传出纤维,支配头面部所有的腺体、心脏、支气管、喉、食管、胃、胰腺、肝和小肠等;同时脑干网状结构中也存在许多与心血管、呼吸和消化等内脏活动有关的神经元,其后行纤维支配脊髓,调节脊髓的自主神经功能。因此,循环、呼吸、消化等许多基本生命现象的反射调节中枢在延髓。另外,咳嗽、喷嚏、吞咽、吸吮、呕吐等都需要有延髓的参与。一旦延髓受损,可导致各种生理活动失调,严重者可导致死亡,故延髓有"生命中枢"之称。医学临床和动物实验观察证明,由于穿刺或受压等原因使延髓受伤后,动物会迅速死亡。除延髓外,脑桥有角膜反射中枢、呼吸调整中枢,中脑有调节瞳孔反射中枢。

(三)下丘脑对内脏活动的调节

下丘脑由第三脑室底部及其周围的一群核团构成(二维码8-7),是皮层下最高级的内脏活动调节中枢。它把内脏活动与其他生理活动联系起来,调节体温、营养摄取、水平衡、内分泌、情绪反应、生物节律等生理过程。

二维码 8-7　下丘脑的核团分布示意图

1. 体温调节

体温调节中枢主要位于下丘脑的视前区-下丘脑前部,该部位有对体温变化极为敏感的神经元群。当体内外温度发生变化时,可通过体温调节中枢对产热或散热机能进行调节,使体温恢复相对稳定状态(详见第六章)。

2. 水平衡调节

下丘脑通过调节肾脏排尿和控制饮水来调节水平衡。下丘脑前部存在脑渗透压感受器,血浆渗透压异常升高时,可引起下丘脑的视上核和室旁核合成、分泌抗利尿激素,由神经垂体释放进入血液,随血液循环到达肾脏,促进远曲小管和集合管对水分的重吸收,同时产生渴感,驱使动物大量饮水,共同调节水平衡。反之亦然。

3. 摄食行为调节

下丘脑存在摄食中枢(feeding center)和饱中枢(satiety center)。饱中枢位于腹内侧核,摄食中枢位于外侧区。电刺激下丘脑腹内侧核,动物拒食,此核损伤则引起多食和肥胖;刺激下丘脑外侧区,动物多食,损毁此区则引起厌食和不饮。电生理研究发现,饥饿时下丘脑外侧区神经元放电频率增高,腹内侧核神经元放电频率降低。血糖水平的高低可能调节摄食中枢和饱中枢的活动,这主要取决于神经元对葡萄糖的利用程度。用电渗法将葡萄糖注射到腹内侧核神经元旁,能使神经元放电频率增加,对外侧区神经元起抑制作用,这说明饱中枢神经元对葡萄糖的敏感性高,摄取葡萄糖能力较强。

4. 内分泌活动的调节

下丘脑有许多神经元具有内分泌功能,可分泌多种激素,可通过下丘脑-垂体门脉系统和下丘脑-垂体束调节垂体的活动,对代谢、生长、发育及生殖、泌乳等生理活动起重要的调节作用(详见第十章)。

二维码 8-8　知识拓展:情绪生理反应

5. 对情绪反应的调节

情绪是动物的一种心理现象,伴随着情绪活动会发生一系列生理变化。在下丘脑腹内侧区存在着"防御反应区(defense zone)",刺激该区会出现一系列的行为变化,包括躯体和内脏两方面的活动(二维码8-8)。

6. 生物节律控制

机体内的各种活动常按一定的时间顺序发生变化,这种变化的节律称为生物节律(biorhythm)(二维码8-9)。下丘脑的视交叉上核可能是生物节律的控制中心。例如,破坏小鼠的视上核,可使原有的节律性活动(如饮水、排尿)的日周期丧失。外环境的昼夜光照变化可影响视上核的活动,从而使体内日周期节律与外环境的昼夜节律同步起来。切断视上核束,昼夜

二维码 8-9　科学研究进展:生物节律

节律不再与外界环境明暗的变化同步。

(四)大脑皮层对内脏活动的调节

1.新皮层

新皮层是指在系统发生上出现较晚、分化程度最高的大脑半球外侧面结构。电刺激动物的新皮层，除引起躯体运动外，还可引起内脏活动的改变。例如，刺激皮层 4 区内侧面一定部位，能引起直肠与膀胱运动的变化；刺激 4 区外侧面一定部位，可产生呼吸与血管运动的变化；刺激 4 区底部一定部位，会出现消化道运动和唾液分泌的变化；刺激 6 区一定部位，会出现竖毛、出汗，以及上、下肢血管的舒缩反应。如果切除动物新皮层，除感觉和躯体运动功能丧失外，很多自主性功能如血压、排尿、体温等的调节均发生异常。

2.边缘系统

边缘系统是大脑皮层内侧面，环绕脑干背面的一个弓形皮层以及皮层下结构，在功能上密切联系的神经结构的总称。包括海马、穹窿、扣带回、海马回，被称为边缘叶，由于它在结构和功能上与大脑皮层的岛叶、颞极、眶回等，以及皮层下的杏仁核、隔区、下丘脑、丘脑前核等密切相关，故将边缘叶连同这些结构称为边缘系统(图 8-19)。

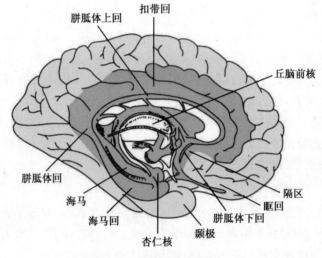

图 8-19　边缘系统示意图

边缘系统是调节内脏活动的高级中枢，它对内脏活动有广泛的影响，故有"内脏脑"之称。刺激边缘系统的不同部位，可引起复杂的内脏活动反应。例如，电刺激扣带回前部，可引起呼吸抑制或减慢、心跳变慢、血压上升或下降、瞳孔扩大或缩小等；刺激杏仁核可出现心率加快或减慢、血压上升或下降、胃蠕动加强等；刺激隔区引起呼吸暂停或加强、血压升高或降低等。

边缘系统参与各种行为与情绪反应的调节。研究发现，由杏仁核→下丘脑→隔区→额前叶腹内侧部形成一个脑回路，这个回路上任何一个结构的损伤都会导致情绪异常。例如，刺激海马回、扣带回可引起动物"假怒"；切除双侧杏仁核，动物变得驯服；破坏隔区导致情绪反应亢进。此外，边缘系统与学习和记忆功能也有密切关系。

第六节 脑的高级功能

大脑皮层是中枢神经系统的最高级部位,是保证机体完整统一以及机体与外界环境协调一致的最高调节部位。大脑皮层的功能是由其中的神经元及其复杂的神经网络完成的。应用电生理方法记录皮层的生物电变化,是研究皮层功能和活动状态的重要手段之一,如觉醒与睡眠、学习与记忆以及各种复杂的动物行为等。

一、大脑皮层的生物电活动

大脑皮层的电活动有两种不同形式,一是无明显刺激时,大脑皮层经常地、自发地产生一种节律性电位变化,称为自发脑电活动(spontaneous electric activity of the brain);二是在感觉传入冲动的刺激下或脑的某一部位受到刺激时,大脑皮层某一区域产生较为局限的电位变化,称皮层诱发电位(evoked cortical potential)。

(一)脑电图

脑细胞群的自发性、节律性电活动可引起头皮电位变化,把 2 个电极放在头皮表面,通过脑电图机记录下来的图形称为脑电图(electro-encephalogram,EEG)。

将Ⅰ、Ⅱ引导电极分别放置枕叶和颞叶,R 无关电极放置耳郭,记录脑电图,有 4 种基本波形(二维码 8-10)。

二维码 8-10　脑电图
记录方法与正常
脑电图波形

1.α 波

频率 8～13 Hz,幅度 20～100 μV。正常安静、清醒、闭目时出现,呈由小变大,又由大变小的梭形变化,称 α 波梭形,每个梭形持续 1～2 s。睁开眼睛或接受其他刺激时,立即消失而呈现快波,称为 α 波阻断。

2.β 波

频率 14～30 Hz,幅度 5～20 μV。睁眼视物,或突然听到音响,或思考问题时可出现此波。一般认为 β 波是大脑皮层兴奋的表现。

3.θ 波

频率 4～7 Hz,幅度 100～150 μV。在困倦、缺 O_2 或深度麻醉时出现。

4.δ 波

频率 0.5～3 Hz,幅度 20～200 μV。睡眠时可出现,清醒时无此波;在深度麻醉和缺氧时亦可出现。

α、β 波为快波;θ、δ 波为慢波。脑电波是大脑皮层许多神经元活动的总和,神经元活动一致时,波形表现为同步化的慢波,频率低而波幅高;反之为去同步化的快波,频率高而波幅低。

(二)皮层诱发电位

由于大脑皮层时刻都在活动,并产生自发脑电波,所以诱发电位时常出现在自发脑电波背景上。自发脑电越低,诱发电位就越清楚,因而可使用深度麻醉方法来压低自发脑电以突出诱发电位。

动物皮层相应的感觉区表面引起的诱发电位可分为 2 部分,一为主反应,另一为后发放。主反应出现的潜伏期是稳定不变的,为先正后负的电位变化。后发放尾随主反应之后,为一系列正相的周期电位变化。皮层诱发电位是用以寻找感觉投射部位的重要方法,在研究皮层功能定位方面起着重要的作用。

二、觉醒和睡眠

觉醒和睡眠是生命体生存至关重要的一种生物节律。只有在觉醒状态下,动物才能对刺激做出反应,才能进行体力和脑力活动;而通过睡眠,可以使动物的精神和体力得到恢复。睡眠时,动物暂时失去对环境变化的精确适应能力,同时各种生理活动减弱。

(一)觉醒状态的维持

觉醒状态的维持是脑干网状结构上行激动系统的作用。破坏中脑网状结构的头端,动物即进入持久的昏睡状态,脑电波不能由同步化慢波转化成去同步化快波。在中脑水平破坏特异传导途径,保持中脑网状结构完好,动物仍处于觉醒状态。

(二)睡眠-觉醒周期

睡眠-觉醒周期是动物体内源性节律之一。不同种类的动物有不同的睡眠-觉醒周期。每昼夜只进行一次觉醒与睡眠交替的形式叫单相睡眠。成年灵长类动物和许多家畜,包括牛、羊等反刍动物都倾向于单相睡眠。许多野生动物和大多数哺乳动物的幼畜在一昼夜呈现多次觉醒和睡眠交替的多相睡眠。马每昼夜交替 3~16 次(平均 9 次),猪白天 50%~60% 的时间睡眠,每昼夜有 10 次以上的交替。

(三)睡眠的时相变化

正常睡眠具有两种不同的时相状态。一种是慢波相,称为慢波睡眠(slow wave sleep,SWS);另一种是快波相,称为快波睡眠(fast wave sleep,FWS)。

1. 慢波睡眠

动物入睡后所发生的睡眠大多数属于此种。此时脑电图呈现同步化慢波,θ 波或 δ 波。生理反应表现为呼吸均匀沉稳,脉搏、血压平稳,心跳较慢,同时全身的紧张减弱,肌肉处于一种相对放松的状态。慢波睡眠有利于动物的生长发育和体力的恢复。

2. 快波睡眠

快波睡眠期间,脑电图呈现去同步化快波 β 波。各种感觉功能进一步减退,唤醒阈提高;骨骼肌反射活动和肌紧张进一步减弱,肌肉几乎完全松弛。这些是快波睡眠期间的基本表现。此外,还有间断性、阵发性表现,如眼球出现快速运动、部分躯体抽动等。

慢波睡眠与快波睡眠可相互转化。睡眠一开始首先进入慢波睡眠,持续一段时间后,转入快波睡眠;快波睡眠一般持续 10 min 左右,又转入慢波睡眠;以后又转入快波睡眠。整个睡眠期间,多次反复转化,接近睡眠后期,快波睡眠持续时间逐步延长。另外,慢波睡眠和快波睡眠均可直接转为觉醒状态。

动物种类不同,快波睡眠时间占睡眠时间的比例也不同。低等脊椎动物,如鱼和爬行类没有快波睡眠;鸟最先出现快波睡眠,但时间很短,只占全睡眠时间的 0.5%;哺乳类相对较长,狩猎动物(如猫、犬)占全睡眠时间的 20%,被狩猎动物(如兔、反刍动物)只占 5%～10%。在同种动物中,幼畜的快波睡眠时间所占的比例较大,并随着动物的生长而逐渐减少。动物缺乏快波睡眠时,变得易于激怒。

三、学习与记忆

学习和记忆是脑的基本功能,是两个有联系的高级神经活动过程。学习是指动物通过神经系统接受外界信息而影响自身行为的过程。记忆是获得的信息或经验在脑内储存和提取(再现)的神经活动过程。

(一)学习的形式

学习有非联合型学习和联合型学习两种形式。

1. 非联合型学习

非联合型学习又称为简单学习,它不需要在刺激和反应之间形成某种明确的联系。包括习惯化和敏感化两种类型的学习。

习惯化是指当一个不产生伤害性效应的刺激重复出现时,机体对该刺激的反应逐渐减弱或消失的现象。例如,动物对重复出现的饲养员不再产生应激反应。

敏感化是指由于伤害性刺激或强刺激作用,机体对微小的刺激也产生较强的反应。与习惯化相比,敏感化使动物对大量刺激产生注意,甚至对以前的无害刺激反应也加强。这种学习有助于避开伤害性刺激。

2. 联合型学习

联合型学习指两个或两个以上事件在时间上很靠近地重复发生,最后在脑内逐渐形成联系的过程。经典条件反射和操作式条件反射就是属于这种类型的学习。

动物实验中,饲料进入动物口腔,就会引起唾液分泌,这是非条件反射,是动物生来就有的先天性反射。有固定的反射途径,多数由大脑皮层以下的神经中枢(如脑干、脊髓)参与即可完成。非条件反射的数量有限,只能保证动物的各种基本生命活动的正常进行,很难适应复杂的环境变化。动物出生以后在生活过程中逐渐形成的后天性反射称条件反射,是在非条件反射的基础上,经过一定的过程,在大脑皮层参与下完成的,是一种高级的神经活动。例如,多次吃过梅子的人,当他看到梅子的时候,也会流口水。它没有固定的反射途径,容易受环境影响而发生改变或消失,但是提高了动物适应环境的能力。条件反射是建立在非条件反射基础之上的。

经典条件反射,又称巴甫洛夫条件反射。指一个条件刺激和一个非条件刺激所分别引起的两种行为反应之间可建立起联系。食物引起犬唾液分泌,食物是非条件刺激,犬吃食给予铃声,铃声和食物没有联系,为无关刺激。如果铃声和食物总是同时出现,反复多次结合之后,只给铃声刺激也可以引起唾液分泌,铃声变成条件刺激,形成了条件反射。

操作式条件反射,是指强化动物的自发活动而形成的条件反射。例如,实验箱的老鼠偶尔压中了杠杆,一粒食物落入盘内,老鼠吃到食物。如此重复多次,食物强化了老鼠按压杠杆的行为,老鼠学会了通过按压杠杆获取食物。

经典条件反射,强化即是刺激,有特定的刺激,反应是诱发的,通常是自主神经系统活动;

而操作性条件反射,强化是反应,无特定的刺激,反应是自发的、主动的,通常是躯体神经系统的活动。

(二)条件反射活动的基本规律

1.建立经典条件反射的基本条件

条件反射的建立需无关刺激与非条件刺激在时间上紧密、反复多次结合;一般无关刺激早于非条件刺激;动物清醒、健康,无外界环境干扰。

2.条件反射的泛化、分化和消退

在条件反射开始建立时,除条件刺激本身外,给予该刺激相似的刺激也具有条件刺激的效应,这种现象称为条件反射泛化。在条件反射建立过程中,只对条件刺激进行强化,而对相似的刺激不给予强化,相似刺激不再引起条件反射,这种现象称为条件反射的分化。条件反射建立以后,如果多次只给条件刺激而不伴用非条件刺激加以强化,结果是条件反射的反应强度将逐渐减弱,最后将完全不再出现,这称为条件反射的消退。

3.条件反射的生理学意义

条件反射的建立,扩大了机体的反射活动范围,增加了动物活动的预见性和灵活性,从而对环境变化更能进行较广泛、精确而完善的适应。在动物的一生中,纯粹的非条件反射,只有在新生下来的一段时间内可以看到,以后由于条件反射不断地建立,条件反射和非条件反射越来越不可分割地结合起来。随着环境变化,动物不断地形成新的条件反射,消退不适合生存的旧条件反射。从进化的意义上说,越是高等动物,形成条件反射的能力越强,更能适应环境而生存。

(三)记忆的过程

记忆有识记、保存和再现3个基本过程。

识记是识别和记住事物的过程,也就是大脑接受信息的过程。取决于意识水平和注意力是否集中。精神疲乏、缺乏兴趣、注意力不集中和意识模糊可以影响识记过程。

保存是信息在大脑中的储存。最初阶段是通过感觉形成记忆痕迹,为感觉记忆,保留的时间不到1 s,很容易消失;第二阶段为短时记忆,对感觉记忆进行编码,经过编码的信息才会得到保存,但保留的时间很短,一般在几秒到十几秒钟。短时记忆如果不反复练习,很快就会遗忘。如果在尚未消失前,继续加以练习,就可以转化为长时记忆,也就是记忆的第三个阶段。长时记忆又称为永久记忆,保留时间从数分钟以至终生的记忆。如果保存发生障碍时,不能建立新的记忆,遗忘范围则与日俱增。

再现即唤起和恢复以往经验的过程。再现可以是直接的或间接的。直接再现是由引起重视的刺激直接唤起旧经验的过程。间接再现则是通过中介性的联想而达到所要回忆的旧经验的过程。

(四)家畜的动力定型

各种不同的信号以固定不变的顺序、间隔和时间,有的与非条件刺激结合,有的不与之结合,经过长期耐心细致的调教,形成一整套的条件反射。这种整套的条件刺激称作动力定型。由于大脑皮层有系统性活动的机能,能够把这些刺激有规律地协调成为一个条件反射链索系统。当它形成后,一旦有关刺激物作用于有机体,条件反射的链索系统就自动地出现。

　　动力定型是调教动物的生理学基础。一般所说的"习惯成自然"和"熟能生巧"是动力定型的结果。家畜可利用有规律的饲养管理方法,建立人们需要的动力定型。例如,使乳牛养成良好的挤乳习惯可增加产乳量;宠物养成定时定位的睡眠、排粪、排尿的习惯等便于管理;对家畜定质、定量和定时的喂饲,建立巩固的动力定型,可使消化系统的活动更好地进行。如果骤然改变饲喂制度,使原来的动力定型破坏,就可能引起消化机能的障碍。

（于建华　东彦新）

复习思考题

1.兴奋的传递有哪些类型? 突触传递中 EPSP 和 IPSP 是如何产生的?

2.简述外周神经递质及受体系统的生理功能。

3.中枢抑制有哪些类型? 它们是如何发生的? 有何生理意义?

4.特异性投射系统和非特异性投射系统在结构和功能上有何差异?

5.简述交感神经和副交感神经功能上的特点。

6.条件反射是如何建立的? 举例说明条件反射原理在养殖业的应用。

第九章　肌　肉　生　理

机体肌肉组织分为骨骼肌、心肌和平滑肌 3 类。肌细胞的收缩是机体实现各种运动功能的基础。躯体的运动机能依靠骨骼肌细胞的收缩活动完成,心脏的射血机能依靠心肌细胞节律性的收缩活动完成,消化道的机械性消化机能依靠平滑肌细胞的收缩活动完成。骨骼肌的收缩受躯体运动神经的直接控制,通过神经-肌肉接头间的兴奋传递、兴奋-收缩耦联、Ca^{2+} 引发肌丝滑动 3 个过程引起肌肉收缩。

通过本章学习,应主要了解和掌握以下几方面知识。

- 了解肌肉的类型和平滑肌收缩的机制。
- 熟悉骨骼肌的结构和收缩的形式。
- 掌握骨骼肌收缩的过程和机制。

第一节　肌肉的结构和类型

根据肌肉的结构和功能特点,可将机体肌肉组织分为 3 类(图 9-1):骨骼肌(skeletal muscle)、心肌(cardiac muscle)和平滑肌(smooth muscle)。其中骨骼肌和心肌细胞上均有明暗相间的横纹,故又称为横纹肌;平滑肌则因没有横纹而得名。机体大部分骨骼肌均通过肌腱附着在骨骼上,其收缩受躯体神经支配,又称为随意肌;心肌存在于心脏,平滑肌存在于内脏器官和血管壁,收缩均受自主神经支配,故统称为非随意肌。本节重点介绍骨骼肌和平滑肌的结构和类型(关于心肌的类型和结构参见第三章)。

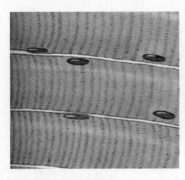
骨骼肌

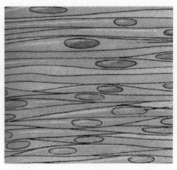
平滑肌

心肌

图 9-1　三种肌组织结构

一、骨骼肌的结构和类型

(一)骨骼肌的结构

1.解剖结构

家畜体内大约有 300 块以上的骨骼肌。每一块完整的骨骼肌均被一层称为肌外膜(epimysium)的结缔组织包围,肌外膜通常厚实而坚韧,同时也是肌间脂肪(intermuscular fat) 堆积的部位(图 9-2)。肌外膜每隔一段不规则的距离插入肌肉内部,将肌纤维分为小束,称为肌束(muscle fasciculus),肌束的外面包围着的一层较薄的结缔组织膜,称为肌束膜(perimysium),肌束膜上分布有血管和神经。肌束的大小决

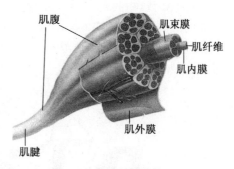

图 9-2　骨骼肌的结构

定肌肉的品质,通常力量型肌肉的肌束较大,纹理比较粗糙,负责大的肢体运动;而小型肌肉的肌束较小,纹理也较为细致,负责精细运动。在肌束之间,有脂肪贮积,称为肌内脂肪(intramuscular fat)。从肌束膜再延伸出很薄的结缔组织膜,包围每一个肌细胞(肌纤维),称作肌内膜(endomysium)。肌内膜与肌细胞膜(sarcolemma)紧贴在一起,有时很难区分。一般每个肌束含有 20～300 个肌纤维,但肉眼很难分辨。尽管力量型肌肉的肌束一般较粗大,但由于它们的肌纤维通常较粗,所以每个肌束所含的肌纤维数目往往没有负责精细运动的小型肌肉多。肌纤维之间的结缔组织层一般很少含有大量脂肪细胞。

2.微细结构

骨骼肌由大量成束的肌纤维组成。肌纤维(muscle fiber)是一种特殊分化的细胞,呈细长圆柱形,长度为 1～340 mm,大多数为 1～40 mm,平均为 20～30 mm。由于骨骼肌肌纤维一般在两端逐渐变细,故不同部位横切面的直径不同,在中央一般为 10～100 μm。肌纤维的直径与动物种类、肌肉类型、训练状况、营养状况、成熟程度和纤维类型密切相关。不同动物的肌纤维直径从大到小排列为:鱼>两栖类>爬行类>哺乳动物类>鸟类。在同一种动物,短而粗的肌肉的肌纤维直径一般比长而细的肌肉要大。动物的体重和体型与肌纤维直径之间没有直接的关系。研究证明,大象的肌纤维直径仅为小鼠肌纤维直径的 2 倍多。

与其他细胞一样,肌纤维外有细胞膜(又称为肌膜)包围,内有细胞质、细胞器以及丰富的肌红蛋白和肌原纤维。肌纤维为多核细胞,平均每个细胞含 100～200 个细胞核。肌纤维的细胞质又称为肌浆(sarcoplasm),其功能和蛋白质组成与其他细胞类似,但其中储存和分配氧气的蛋白质——肌红蛋白(myoglobin)则为肌纤维所特有;此外肌纤维内糖酵解酶的含量与其他细胞也有所不同。由于肌红蛋白与氧的亲和力高于血红蛋白,故肌纤维中的肌红蛋白可与血液中血红蛋白所携带的氧结合,用于线粒体的有氧代谢。由于氧合肌红蛋白呈红色,故肌肉的颜色可反映肌肉中所含的肌红蛋白的量。潜水哺乳动物,如鲸、海豹和海豚的肌肉由于含有大量的肌红蛋白而呈棕红色,肌红蛋白储存的氧可以使这些动物长时间潜水下。骨骼肌细胞在结构上最突出的特点是含有大量高度有序排列的肌原纤维和高度发达的肌管系统,这种特点是骨骼肌进行机械活动、耗能做功的结构基础。

(1)肌原纤维与肌小节　每个肌纤维都含有上千条直径为 1～2 μm,沿细胞长轴走向的肌

原纤维(myofibril)。肌原纤维在肌细胞内平行排列,在光学显微镜下呈现有规则的明、暗相间的横纹(图 9-3)。暗带(A 带)较宽,宽度比较固定。明带(I 带)宽度可因肌原纤维所处状态而发生变化,舒张时较宽,收缩时变窄。A 带中间有一条亮纹,称为 H 带。H 带正中有一条深色线,称为 M 线(中膜)。在 I 带正中间有一条暗纹,称为 Z 线(间膜)。肌原纤维上每 2 条相邻 Z 线之间的部分称为肌节(sarcomere)或肌小节,由肌原纤维上一个位于中间的暗带和两侧各 1/2 的明带所组成。肌小节是骨骼肌收缩和舒张的基本结构和功能单位,长度随肌肉舒缩可在 1.5~3.5 μm 变动。

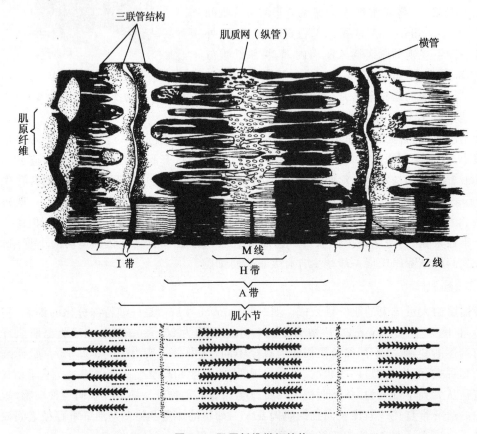

图 9-3 肌原纤维微细结构

(2)肌管系统 在肌纤维中的膜性囊管状结构称为肌管(myotube),每条肌原纤维都被肌管所包围。肌管系统由两套来源和功能各不相同的管道系统组成,包括横管(transverse tubule)系统(简称 T 管)和纵管(longitudinal tubule)系统(简称 L 管)(图 9-4)。横管是由肌细胞膜向内呈漏斗状凹陷形成,凹陷的部位一般在 Z 线处(两栖类)或在 A 带与 I 带交界处(哺乳类)。横管走向与肌原纤维相垂直,直径 200~300 nm,穿行在肌原纤维之间,形成环形肌原纤维管道。各条 T 管互相沟通,各管腔通过肌膜凹陷处的小孔与细胞外液相通。细胞外液能通过 T 管系统的开口,深入肌细胞内部,与每条肌原纤维内的肌浆部分进行物质交换,但并不直接与肌浆相通。纵管是由薄膜构成的连续和闭锁的管状系统,扩布在整个肌浆内,管腔直径为 500~1 000 nm。包绕在 A 带上的纵管大都沿着肌原纤维的长轴纵行排列,在 A 带中央部,纵管由分支互相吻合,使整个纵管系统交织成网,又称肌质网(sarcoplasmic reticulum,

SR)。在 A 带两端与 I 带连接处(即在横管附近),纵管管腔横向膨大,形成终末池,与横管靠近,但并不相通。每条横管与来自两侧肌节的终末池,共同构成三联管(triplet),在肌原纤维上有规律的重复交替排列。横管是兴奋传递的通路。兴奋时出现在肌细胞膜上的动作电位,能沿着横管系统迅速传进细胞内部。纵管系统是肌细胞内的 Ca^{2+} 库,膜上有钙泵,能通过对 Ca^{2+} 的贮存、释放和回收,触发和终止肌原纤维收缩。三联管是横管和纵管衔接的部位,也是骨骼肌兴奋-收缩耦联的结构基础,能使横管系统传递的膜电位变化与纵管终末池释放、回收 Ca^{2+} 的活动耦联起来。

(3)肌丝　在电子显微镜下可见每条肌原纤维都由更细的、纵向平行排列的许多肌丝(filament)组成,根据其直径大小,肌丝又可分为粗肌丝和细肌丝两种。

粗肌丝主要由肌球蛋白(myosin,又称为肌凝蛋白)组成。肌球蛋白是长约 150 nm 的高度不对称蛋白质,分子构型像豆芽状,由 2 条重链和 4 条轻链组成。两条重链的大部分呈双股 α 螺旋,构成分子的杆状部,重链的其余部分与 4 条轻链共同构成二分叉的球状头部(图 9-5A)。在生理状态下,200～300 个肌球蛋白分子聚合形成一条粗肌丝。组成粗肌丝时各个肌球蛋白分子的杆状部平行排列成束,方向与肌原纤维长轴平行,形成粗肌丝的主干;球状头部则有规律的露出在粗肌丝主干的表面,形成横桥(cross bridge)(图 9-5B)。横桥有两个主要功能:一是能在一定条件下,与细肌丝中的肌动蛋白发生可逆性结合,并随之发生构型改变;二是当它与肌动蛋白结合后,可被激活而具有 ATP 酶活性,能分解 ATP 供能。

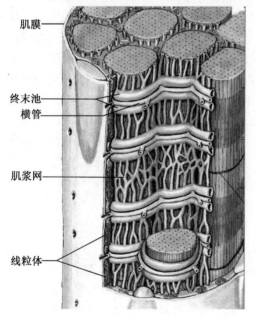

图 9-4　肌管系统

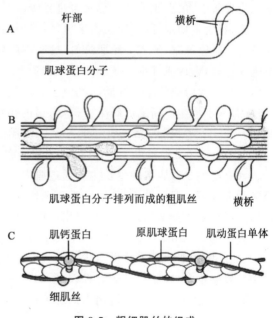

图 9-5　粗细肌丝的组成

细肌丝至少由 3 种蛋白质组成,即肌动蛋白、原肌球蛋白和肌钙蛋白(图 9-5C),它们在细肌丝中的比例为 7：1：1。其中肌动蛋白直接参与收缩,与粗肌丝中的肌球蛋白合称为收缩蛋白;原肌球蛋白和肌钙蛋白不直接参与收缩,但对收缩蛋白具有调控作用,合称为调节蛋白。肌动蛋白(actin,又称为肌纤蛋白)是球形大分子蛋白质。在肌浆中,300～400 个肌动蛋白连接起来,形成两条串珠状的链,互相扭绕成双螺旋状的纤维型肌动蛋白高聚物而构成细肌丝的骨架和主体。原肌球蛋白(tropomyosin,也称为原肌凝蛋白)是由 2 条肽链互相扭绕组成的双螺旋结构。在细肌丝中,原肌球蛋白分子位于肌动蛋白双螺旋的沟中,各个分子头尾相接,排列成串,每个分子长约 49 nm,相当于 7 个肌动蛋白单位的长度。当肌原纤维处于静息状态时,原肌球蛋白位于肌动蛋白双螺旋的浅沟附近,即恰好在肌动蛋白与横桥之间,因此每个原肌球蛋白分子掩盖 7 个肌动蛋白单体,阻碍它与肌球蛋白横桥的结合。当肌原纤维处于兴奋状态时,原肌球蛋白的位置移向肌动蛋白双螺旋的深部,暴露出肌动蛋白与横桥结合的位点。肌钙蛋白(troponin,又称肌宁蛋白)是球形蛋白质,由 3 个亚单位组成,即亚单位 C、亚单位 T和亚单位 I。在细肌丝上,大约每隔 40 nm 的距离肌钙蛋白就与一个原肌球蛋白分子结合。肌钙蛋白在亚单位 C 的结构中有一些带有负电荷的结合位点,对肌浆中出现的 Ca^{2+}(或其他二价正离子和 H^+)有高度亲和力。当肌浆中的 Ca^{2+} 浓度升高到一定程度时,它就与 Ca^{2+} 结合,使整个肌钙蛋白分子发生一系列构型和位置的变化而解除抑制作用。亚单位 T 的作用是使整个肌钙蛋白分子与原肌球蛋白结合在一起。亚单位 I 的作用是当亚单位 C 与 Ca^{2+} 结合时,把信息传递给原肌球蛋白,使后者的分子构型改变和位置变化,从而解除对肌动蛋白与横桥结合的抑制作用。

(二)骨骼肌的生长发育

除颅面部和食管肌肉的骨骼肌细胞外,躯体骨骼肌细胞均来自轴旁中胚层。轴旁中胚层分化形成的体节成对排列于胚胎中央神经管的两侧。随着体节的进一步发育,其背侧部分可形成生皮肌节,生皮肌节的中部又可进一步形成生肌节,生肌节细胞很快分化为肌祖细胞和成肌细胞,并大量增殖,同时向肌肉形成部位迁移,融合形成多核细胞,进而形成肌管。与此同时大量合成肌原纤维,形成胚胎肌纤维,这时细胞失去进一步分裂的能力,细胞核从细胞中心向细胞膜迁移,形成肌纤维。胚胎肌纤维在形态上分为初级肌纤维和次级肌纤维,由于动物的初级肌纤维和次级肌纤维在胚胎时期就已经形成,机体一般在胚胎发育过程中肌纤维的数目就已经固定,不再生成新的肌纤维。例如,猪的初级肌纤维和次级肌纤维分别在 35～55 d 胎龄和 50～90 d 胎龄形成,猪总肌纤维数在 90 d 胎龄时已经确定。牛的初级肌纤维和次级肌纤维分别在 60～110 d 胎龄和 110～180 d 胎龄形成,牛总肌纤维数在 180 d 胎龄时已经确定。

动物出生之后肌肉的生长主要通过肌肉增大或肌纤维肥大(myofiber hypertrophy)实现。肌肉肥大表现为肌纤维增长(肌纤维两端增加肌小节)和横截面积加大(肌细胞内肌原纤维数目增多,粗、细肌丝增加)。例如,猪出生时的肌纤维平均直径大约为 10 μm,而屠宰时的平均直径大约为 50 μm;出生时的平均横截面积大约为 80 μm^2,到屠宰时大约为 2 000 μm^2。相反,当肌纤维中肌原纤维数量减少和长度缩短时,肌肉则表现为萎缩(atrophy)。成年动物的肌肉可发生重塑,即肌纤维的直径、长度、收缩强度、血管分布甚至类型均可能发生改变。对于猫科和啮齿类动物来讲,通过耐力训练可使肥大的肌纤维纵向分裂(一分为二)而导致其肌纤维数量增多,此过程称为肌纤维增生(myofiber hyperplasia)。机体成肌细胞的增殖和分化主要受到一些转录因子——生肌调节因子(myogenic regulatory factors,MRFs)的调控。

多种激素参与肌肉发育和生长的调节,如胰岛素样生长因子、生长激素、胰岛素、性激素、甲状腺激素和糖皮质激素等。许多因素影响肌肉的发育和生长,如动物种属、品种、营养状态和训练(使役)等均会导致肌肉发育和生长的差异。我国体育健儿正是运用训练可促进肌肉发育和生长这一生理学原理,数年如一日地坚持训练;在国际赛场取得了骄人成绩,向全世界展示了顽强拼搏的中华体育精神。

（三）骨骼肌的类型

根据肌纤维所含的酶系及其活性特点,可将骨骼肌肌纤维分为 4 种:慢速氧化型肌纤维（Ⅰ）、快速氧化型肌纤维（Ⅱ_a）、快速酵解型肌纤维（Ⅱ_b）和中间型肌纤维（Ⅱ_x）,其中Ⅱ_a、Ⅱ_b和Ⅱ_x肌纤维也统称为Ⅱ型肌纤维。各类肌纤维的氧化代谢能力不同,依次为Ⅰ＞Ⅱ_a＞Ⅱ_x＞Ⅱ_b。氧化型肌纤维因含有较多的细胞色素和肌红蛋白（一般与氧气结合为氧合肌红蛋白）,外观呈红色,所以统称为红肌纤维。酵解型肌纤维的细胞色素和肌红蛋白含量均较少,外观呈白色,故称为白肌纤维。各类肌纤维供能方式和收缩特点也存在区别。Ⅰ型肌纤维通过有氧代谢供能,细胞内线粒体数量较多,有氧代谢的酶系如细胞色素氧化酶、琥珀酸脱氢酶活性很高,

但决定肌纤维收缩强度的肌球蛋白横桥 ATP 酶的活性较低,因此Ⅰ型肌纤维的收缩慢而持久,故又称为慢肌纤维。与之相反,Ⅱ_b型肌纤维线粒体含量较少,糖原含量高,ATP 酶和糖酵解酶系的活性很高,其收缩几乎全部由糖酵解供能,其收缩快但不能持久,易疲劳,故又称为快肌纤维。Ⅱ_a型肌纤维糖原含量也较高,并有一定数量的肌红蛋白,其收缩既可以通过糖酵解供能,也可以通过有氧代谢供能。Ⅱ_x型肌纤维的收缩特性和代谢特征介于Ⅱ_a型和Ⅱ_b型肌纤维之间。大多数哺乳动物的骨骼肌是不同类型肌纤维的混合（图 9-6）,这样有利于机体对骨骼肌收缩强度和速度的精确整合和调控。三种主要类型肌纤维的特性详见表 9-1。

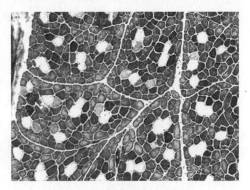

图 9-6　ATP 酶染色法显示腰大肌各型肌纤维（10×10）

Ⅰ型:白色　Ⅱ_a型:浅色　Ⅱ_b型:深色

表 9-1　肌纤维的特性

纤维类型	Ⅰ型	Ⅱ_a型	Ⅱ_b型
颜色	红	红	白
收缩特性	慢、持久、不易疲劳	快、短暂、易疲劳	快、短暂、易疲劳
代谢特性	有氧氧化	有氧氧化、糖酵解	糖酵解
纤维直径	小	中等	大
传导速度	慢	中等	快
线粒体数目和大小	多、大	中等	少、小
毛细血管密度	高	中等	低
肌红蛋白含量	高	高	低
脂质含量	高	中等	低
糖原含量	低	高	高
横桥 ATP 酶活性	低	高	高
神经支配	脊髓腹角小 α 神经元	—	脊髓腹角大 α 神经元

二、平滑肌的结构和类型

(一)平滑肌的结构

平滑肌由平滑肌细胞构成,是呼吸道、消化道、泌尿生殖道、血管、淋巴管、皮肤竖毛肌、眼瞳孔括约肌和睫状肌等组织器官的主要构成成分,通过其收缩活动为这些组织器官的运动提供动力,或维持/改变这些组织器官的形状。平滑肌细胞呈细长的纺锤形,长 $40\sim600~\mu m$,中间部最大直径为 $2\sim10~\mu m$,细胞内只有一个位于中央的椭圆形或长杆状的细胞核。平滑肌细胞内充满肌丝,但与横纹肌不同,其细肌丝数量明显大于粗肌丝,二者之比为 15:1(横纹肌为 2:1),且不含肌原纤维和肌节结构。平滑肌细胞没有横纹,但肌丝在细胞内呈现有序排列;也没有 Z 线,与收缩功能有关的结构是胞浆中的致密体(dense body)和细胞膜上的致密区(dense area),它们是细肌丝的附着点和传递张力的结构。平滑肌细胞内还有一种直径介于粗、细肌丝之间的中间丝(intermediate filament),它把致密体和致密区连接起来形成细胞网架。粗、细肌丝的走行大致与细胞长轴相一致,3~5 根粗肌丝被周围许多细肌丝包绕,形成相互交错的排列,两侧细肌丝的末端连接于致密体或致密区,形成相当于横纹肌肌节的结构(图9-7)。平滑肌粗肌丝没有 M 线,也主要由肌球蛋白构成,但横桥头部的 ATP 酶活性很低,可通过对头部一对轻链的磷酸化而激活。平滑肌细肌丝主要由肌动蛋白和原肌球蛋白构成,不含肌钙蛋白,但含有钙调蛋白(calmodulin,CaM),与钙离子结合后可触发横桥与肌动蛋白的结合。平滑肌细胞没有横管,细胞膜仅向内凹入形成一些纵向走行的袋状结构,肌质网也不发达,但靠近肌膜内凹处的纵管仍膨大为终末池,其内贮存着 Ca^{2+}。

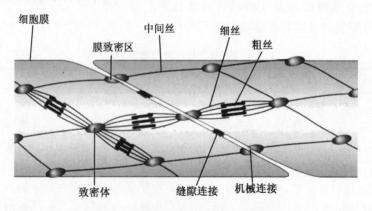

图 9-7 平滑肌细胞微细结构模式图

(二)平滑肌的类型

尽管各组织器官所含平滑肌在功能特性上区别很大,但一般根据兴奋传导的特性可将平滑肌分为单个单位平滑肌(single-unit smooth muscle)和多单位平滑肌(multi-unit smooth muscle)两类。单个单位平滑肌也称为内脏平滑肌(visceral smooth muscle),如消化道、子宫和输尿管的平滑肌等,其功能活动形式类似于心肌,各细胞间通过缝隙连接构成一个"功能合胞体"而进行同步性活动,这类平滑肌在没有外来神经支配时也可进行近于正常的收缩活动(由于起搏细胞的自律性和内在神经丛的作用)。多单位平滑肌主要包括竖毛肌、虹膜肌、瞬膜肌(猫)以及气道和大血管的平滑肌,肌细胞间很少有缝隙连接,各平滑肌细胞在活动时各自独立,类似骨骼肌细胞,其各细胞的活动受外来神经支配或受扩散到各细胞的激素的影响。此外,机体还有一些平滑肌的特性介于二者之间,如小动脉和小静脉平滑肌一般认为属于多单位平滑肌,但也发生自律性收缩活动;膀胱平滑肌虽产生自律性收缩活动,但在遇到牵拉时可作为一个整体发生反应,故也列入单个单位平滑肌。此外,根据平滑肌的主要收缩形式也可将平滑肌分为时相性平滑肌(phasic smooth muscle)和紧张性平滑肌(tonic smooth muscle)。

第二节　肌肉的收缩

　　肌细胞具有兴奋性、传导性和收缩性等生理特性,即具有接收刺激产生动作电位,并在肌细胞内传导,最终引起肌肉在外形上表现为明显缩短的特性。肌肉收缩时,肌纤维的长度或张力发生改变,以此完成肌肉运动功能或对抗某些外力作用。尽管不同肌肉组织在结构和功能上各有特点,但从肌肉收缩的分子机制来看,主要与细胞内肌球蛋白和肌动蛋白等分子的相互作用有关;在肌肉收缩和舒张过程的控制上,也存在相似之处。

一、骨骼肌的收缩

　　机体所有骨骼肌的活动都是在中枢神经系统控制下完成的。从运动神经元的兴奋到肌肉的收缩经历 3 个过程:①中枢神经系统发出的指令以神经冲动(动作电位)的形式沿躯体运动神经传导,最终传递给肌细胞,该过程称为神经-肌肉间的兴奋传递;②肌细胞膜表面的动作电位通过肌细胞的三联管结构传到肌细胞内部,触发信使物质 Ca^{2+} 从肌浆网释放到肌浆中,此过程称为兴奋-收缩耦联;③肌浆中高浓度 Ca^{2+} 引起调节蛋白的变构,触发收缩蛋白之间的结合,使肌肉收缩。

(一)神经-肌肉间的兴奋传递

1.神经-肌肉接头

　　运动神经元通过神经-肌肉接头将神经冲动传递给骨骼肌。运动神经纤维末梢抵达骨骼肌时失去髓鞘,以裸露的轴突末梢嵌入到肌细胞膜表面的小凹中形成卵圆形的板状结构,称为神经-肌肉接头(neuromuscular junction)或运动终板(motor endplate)(图 9-8)。每一条运动神经纤维末梢可分出几十至几百条以上的分支,每一分支均可支配一条肌纤维。因此,当某一运动神经元兴奋时,其冲动可引起它所支配的所有肌纤维收缩。每个运动神经元和它所支配的全部肌纤维,称为一个运动单位(motor unit)。神经-肌肉接头前膜(轴突末梢的膜)和神经-肌肉接头后膜(终板膜)并不直接接触,之间有 20 nm 的间隙,称为接头间隙。在轴突末梢内存在大量突触小泡和线粒体,突触小泡内含有乙酰胆碱。终板膜上有 N_2 型乙酰胆碱受体阳离子通道,能与乙酰胆碱进行特异性结合而开启终板膜上的阳离子通道。此外,终板膜上还附着大量胆碱酯酶,能够将乙酰胆碱分解成胆碱和乙酸而使其失去活性。有时,终板膜有规则地再向肌细胞内凹入,形成许多皱襞,其意义可能在于增加接触面积,使其可容纳更多的蛋白质分子。据测定,一个运动神经元的轴突末梢约含 30 万个囊泡,每个囊泡中储存 5 000～10 000 个乙酰胆碱分子。一般认为,囊泡通过出胞转运方式释放乙酰胆碱,即以囊泡为单位倾囊而出的方式释放乙酰胆碱,这种释放形式称为量子式释放(quantal release)。

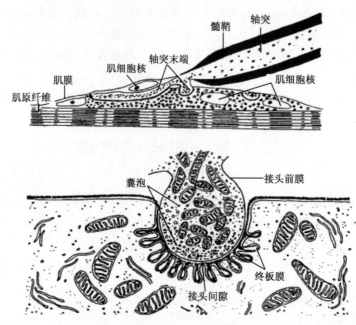

图 9-8　神经-肌肉接头的超微结构

2. 神经-肌肉接头间的兴奋传递

在安静状态时,神经末梢只有少数囊泡随机进行自发释放,通常不足以引起肌细胞的兴奋。当神经冲动传到运动神经末梢时,立即引起接头前膜去极化,导致该处特有的电压门控式 Ca^{2+} 通道开放,使细胞外液中的 Ca^{2+} 进入轴突末梢内,Ca^{2+} 与钙调蛋白结合成聚合物,后者将激活轻链激酶,从而使轻链磷酸化;继而激活 ATP 酶,分解 ATP,通过突触小泡周围类肌纤球蛋白的收缩,促使大量突触小泡移向前膜,并与之融合,最终以量子式释放方式将乙酰胆碱释放到接头间隙。当乙酰胆碱通过接头间隙扩散至终板膜时,与膜上特异性的 N_2 型乙酰胆碱受体阳离子通道结合,并使之激活开放,允许 Na^+、K^+、甚至少量 Ca^{2+} 同时通过,出现 Na^+ 内流与 K^+ 外流的现象,但由于 Na^+ 内流远远超过 K^+ 外流,所以总的结果是使终板膜发生去极化。这种终板膜的去极化电位,称为终板电位(endplate potential)。终板电位以电紧张扩布的形式影响其邻近的肌细胞膜,使之去极化。当终板电位使临近肌纤维膜的去极化达到阈电位时,便爆发动作电位并传遍整个肌细胞,引起肌细胞兴奋,从而完成一次神经细胞和肌细胞之间的兴奋传递。在轴突末梢释放的乙酰胆碱,一般在其发挥作用后 $1\sim2$ ms 就被受体附近的胆碱酯酶所降解失活。每个神经冲动传到末梢,只释放一次递质,递质也只能与受体发生一次结合,并产生一次终板电位,终板电位通过总和作用只产生 1 个动作电位,所以神经冲动与动作电位以 $1:1$ 的传递方式进行,这是神经-肌肉间兴奋传递的一个重要规律,它不同于中枢神经系统内的突触传递,对于肌肉准确完成适应性收缩反应极为重要。

运动神经除传导神经冲动支配骨骼肌的收缩活动外,其末梢可释放某些营养性因子,持续调控被支配肌肉的内在代谢活动,这种作用称为运动神经的营养性作用(二维码 9-1)。

二维码 9-1　运动神经的营养作用

3.影响神经-肌肉间兴奋传递的因素

许多因素可作用于神经-肌肉接头间的兴奋传递过程,从而影响正常的神经-肌肉间兴奋传递功能。细胞外液 Ca^{2+} 浓度升高时,乙酰胆碱释放量增加,有利于兴奋传递;相反,细胞外液 Ca^{2+} 浓度降低时,则影响兴奋传递。乙酰胆碱与受体结合是触发终板电位的关键,而受体阻断剂(如美洲箭毒和 α-银环蛇毒)可特异性阻断终板膜乙酰胆碱受体通道,从而造成传递阻滞,使肌肉松弛。胆碱酯酶能及时清除乙酰胆碱,是兴奋由神经向肌肉传递的保障。有些化学物质,如有机磷制剂(敌敌畏、乐果、敌百虫)、新斯的明等均有抑制胆碱酯酶的作用,使乙酰胆碱在体内蓄积,导致终板膜持续性去极化,使传递受阻。此外,肉毒梭菌毒素抑制乙酰胆碱释放,黑寡妇蜘蛛毒促进乙酰胆碱释放,均引起传递异常。

(二)兴奋-收缩耦联

在整体或离体情况下,肌肉在收缩之前,先在肌膜上产生一个可传播的动作电位,然后才产生肌肉收缩。这表明二者之间存在着某种中介过程而把两者联系起来。生理学上把肌细胞的电兴奋和机械收缩联系起来的中介过程称为肌细胞的兴奋-收缩耦联(excitation contraction coupling)。目前认为,它至少包括 3 个主要环节(图 9-9):动作电位通过横管系统传向肌细胞深部;三联管部位的信息传递;纵管系统对 Ca^{2+} 的贮存、释放和回收。

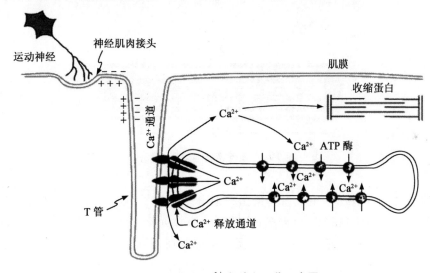

图 9-9　肌浆网 Ca^{2+} 释放和回收示意图

当神经冲动经神经-肌肉接头引起肌细胞膜兴奋后,产生的动作电位能沿着横管一直传播到细胞深部,到达三联管和肌节附近。横管膜的电位变化,引起邻近的终末池膜结构中的某些带电基团移位和某些蛋白质的构型发生变化,终末池膜上的 Ca^{2+} 释放通道开放,对 Ca^{2+} 的通透性突然升高,于是贮存在终末池中的 Ca^{2+} 顺浓度梯度外流,肌浆中的 Ca^{2+} 浓度迅速升高到 5×10^{-4} mol/L 的水平,Ca^{2+} 与肌钙蛋白结合从而触发肌肉收缩。

当肌细胞膜上动作电位消失后,随着肌细胞膜和横管膜的电位恢复到静息状态,终末池膜上 Ca^{2+} 释放通道关闭,Ca^{2+} 停止外流;同时肌浆网膜上的钙泵(Ca^{2+}-Mg^{2+}-ATP 酶)在 Ca^{2+} 和 Mg^{2+} 存在的情况下,分解 ATP 供能,把肌浆中的 Ca^{2+} 逆浓度梯度泵回到肌浆网内,使肌浆内的 Ca^{2+} 浓度重新下降到 5×10^{-6} mol/L 以下,Ca^{2+} 与肌钙蛋白解离,使得肌肉转入舒张状态。

（三）骨骼肌收缩

根据骨骼肌的形态学特点和肌肉收缩时肌小节长度的改变，Huxley 等在 20 世纪 50 年代初提出了肌肉收缩的肌丝滑行学说（sliding filament theory）（图 9-10）。其主要内容为：肌肉收缩时虽然在外观上可以看到整条肌肉或肌纤维的缩短，但在肌细胞内并无肌丝或其所含的蛋白质分子结构的缩短或卷曲，而是在每一个肌小节内发生了细肌丝向粗肌丝中央的滑行，即由 Z 线发出的细肌丝在某种力量的作用下主动向 A 带中央移动，导致相邻的 Z 线互相靠近，肌小节长度变短，最终造成整条肌原纤维、肌细胞乃至整条肌肉长度的缩短。肌丝滑行学说最直接的证据是：肌肉收缩时可观察到暗带宽度不变，而明带变窄，与此同时 A 带中央的 H 带也相应地变窄。这说明细肌丝在肌肉收缩时并未缩短，只是向暗带中央滑动，和粗肌丝发生了一定程度的重叠。

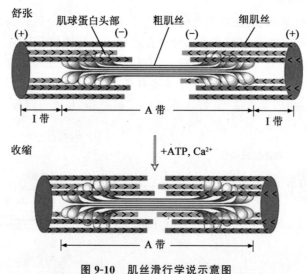

图 9-10　肌丝滑行学说示意图

目前，肌丝滑行学说已从组成肌丝的蛋白质分子结构水平得到证实。其基本过程为（图9-11）：在静息时，肌球蛋白的头部（即横桥）经常保持着负荷一分子 ATP 的状态，但由于肌钙蛋白-原肌球蛋白复合物的抑制作用，肌球蛋白不能与肌动蛋白结合。当肌浆中 Ca^{2+} 浓度升高到一定程度时，Ca^{2+} 迅速与肌钙蛋白亚单位 C 结合，引起肌钙蛋白构型发生改变，其信息通过亚单位 I 传递给亚单位 T，继而引起原肌球蛋白构型发生改变（扭转），即原肌球蛋白的位置从肌动蛋白双螺旋的浅沟处移向深部，暴露出肌动蛋白与横桥结合的位点。横桥与肌动蛋白结合，横桥上 ATP 酶被激活，分解 ATP 为 ADP 和无机磷，并释放出能量。横桥利用能量向 M 线方向扭动，拖动细肌丝向粗肌丝间隙滑行，整个肌小节缩短。在横桥与肌动蛋白结合扭动时，ADP 和无机磷与之解离，在 ADP 解离的位点，横桥马上又与一分子 ATP 结合，使横桥与肌动蛋白的亲和力降低，于是横桥与肌动蛋白解离。如果此时肌浆中 Ca^{2+} 浓度较高，横桥便可与下一个新的肌动蛋白结合，重复上述过程，牵引细肌丝进一步向粗肌丝内滑行，使肌小节和整个肌细胞明显缩短。如果肌浆内 Ca^{2+} 浓度降低到静息电位水平，则肌钙蛋白亚单位 C 与 Ca^{2+} 解离，肌钙蛋白和原肌球蛋白恢复为原来的构型，横桥不能与肌动蛋白结合，细肌丝恢复原位，肌肉发生舒张。上述横桥与肌动蛋白结合、扭动、复位、再结合的过程称为横桥周期

（cross-bridge cycling）。由于肌肉舒张时肌浆内 Ca^{2+} 的回收需要钙泵的运转，因此肌肉舒张也是一个耗能的主动过程。

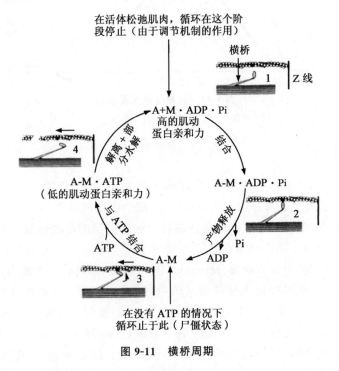

图 9-11　横桥周期

（四）骨骼肌收缩的形式

骨骼肌的收缩表现为肌肉长度或张力的变化，这种变化主要取决于刺激的性质、肌肉负荷大小和肌肉所处机能状态等。在整体情况下，运动单位是机体肌肉收缩的功能单位，而运动单位的收缩活动特征大多与肌纤维相似，因此以单根肌纤维收缩的形式进行叙述。

1. 单收缩

在实验条件下，肌肉受到一次刺激所引起的一次收缩，称为单收缩（single twitch）。单收缩包括潜伏期、缩短期和舒张期 3 个时期（图 9-12）。从给予刺激到肌肉开始收缩的时期称为潜伏期（latent period）。在此期间，肌肉发生了兴奋的产生、传导以及兴奋-收缩耦联等一系列复杂的变化过程。从肌肉开始收缩到收缩达到最大幅度的时期称为缩短期（shortening period）。在此期间，肌肉内发生肌丝滑行、产生张力和缩短的主动过程。从肌肉最大幅度收缩到恢复至原来的长度和张力的时期称为舒张期（relaxing period）。在正常机体内一般不发生单收缩，因为支配肌肉活动的神经不发放单个冲动而是发放一连串的冲动。

根据肌肉收缩时张力和长度是否发生变化，可将单收缩分为等张收缩和等长收缩两种。肌肉收缩时长度发生变化而张力不变的，称为等张收缩（isotonic contraction）；只有张力发生变化而长度不变的，称为等长收缩（isometric contraction）。在正常情况下，机体内没有单纯的等张收缩和等长收缩，而是两种收缩形式不同程度的混合收缩。肌肉长度变化可保障机体完成各种运动，而张力变化可使机体负荷一定的重量。

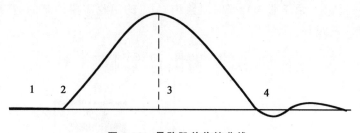

图 9-12 骨骼肌单收缩曲线

1.给予刺激 1-2.潜伏期 2-3.缩短期 3-4.舒张期

2.强直收缩

骨骼肌单收缩时,其动作电位的时程(相当于绝对不应期)仅 $1 \sim 2$ ms,而收缩时程可达 100 ms 以上,因此如果给予骨骼肌一连串的刺激,则会因刺激频率的不同,肌肉收缩出现不同的变化。当频率较低时,每一个刺激都落在前一个刺激引起的收缩过程结束之后,只会引起一连串各自分开的单收缩。随着刺激频率的增大,肌肉不断地进行收缩总和,直至肌肉处于持续的缩短状态,这种收缩称为强直收缩(tetanus)(图 9-13)。如果后一个刺激落在前一个刺激引起收缩过程的舒张期,则可描记出呈锯齿状的收缩曲线,这种强直收缩称为不完全强直收缩(incomplete tetanus)。如果后一个刺激都落在前一次刺激引起收缩过程的收缩期,则可描记出平滑的收缩曲线,这种强直收缩称为完全强直收缩(complete tetanus)。能引起完全强直收缩所需的最低刺激频率称为临界融合频率(critical fusion frequency)。在生理条件下,由于支配骨骼肌的运动神经总是发出连续冲动,因此骨骼肌的收缩都是不同程度的强直收缩。需要注意的是,收缩与兴奋是两个不同的生理过程。在强直收缩中,收缩可以融合,但兴奋并不融合,它们仍然是一连串各自分离的动作电位。

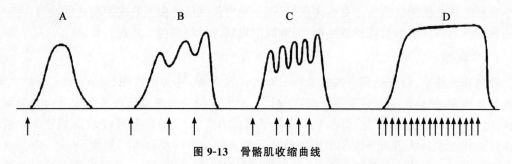

图 9-13 骨骼肌收缩曲线

A.单收缩 B,C.不完全强直收缩 D.完全强直收缩

二维码 9-2 知识拓展:
骨骼肌收缩的能量
来源和效率

此外,骨骼肌收缩所需的能量全部来源于 ATP 分解释放。释放的能量大部分用于使横桥摆动、拖动细肌丝滑行。小部分用于维持各种离子泵的运转(二维码 9-2)。

二、平滑肌的收缩

(一)平滑肌收缩的机制

实验证明,平滑肌收缩与骨骼肌收缩具有相似的长度-张力关系,因而推测平滑肌内的粗肌丝和细肌丝也构成类似骨骼肌肌节的结构,并通过"肌丝滑动"来实现肌肉收缩,但是引起肌丝滑动的机制与骨骼肌存在很大的不同。尽管实验已证明平滑肌的兴奋-收缩耦联也同样需要胞浆内 Ca^{2+} 浓度的升高,但平滑肌收缩时肌浆内 Ca^{2+} 浓度升高源于两条途径:一是由细胞外液经肌膜上的 Ca^{2+} 通道内流,二是由肌质网释放。体外研究也证明,由于平滑肌的细肌丝中没有肌钙蛋白,因此 Ca^{2+} 并不能引起纯化的平滑肌肌球蛋白与细肌丝中肌动蛋白相互作用。目前认为,平滑肌收缩时,胞浆中肌球蛋白轻链激酶(myosin light chain kinase,MLCK)使横桥头部的 1 对轻链磷酸化,引起横桥与细肌丝中肌动蛋白的结合。其主要过程为:胞浆内 Ca^{2+} 浓度升高时,Ca^{2+} 与细肌丝中的钙调蛋白结合,生成钙-钙调蛋白复合物;钙-钙调蛋白复合物与 MLCK 结合,使之激活;活化的 MLCK 使肌球蛋白轻链(myosin light chain,MLC)磷酸化;磷酸化的 MLC 引起肌球蛋白头部的构型改变,从而导致横桥与细肌丝肌动蛋白的结合;进入与骨骼肌相同的横桥周期,并产生张力和肌细胞缩短。当胞浆内 Ca^{2+} 浓度下降时,MLCK 失活,MLCK 在磷酸酶(phos-phatase,PP)作用下脱磷酸,横桥与细肌丝的肌动蛋白解离,平滑肌舒张。事实上,平滑肌的收缩机制比上述过程更为复杂,而且有众多环节需要进一步研究。

(二)平滑肌收缩的形式

平滑肌可以产生两种形式的收缩,即时相性收缩(phasic contraction)和紧张性收缩(tonic contraction)。时相性收缩是一种间断的或节律性的收缩,如胃肠道的蠕动就是管壁环行平滑肌的时相性收缩引起的。紧张性收缩是一种持续性的收缩形式,如血管张力就是血管壁平滑肌的紧张性收缩引起的。

(杨建成)

复习思考题

1.肌纤维的显微结构有何特点?

2.神经-肌肉接头是如何进行兴奋传递的?

3.骨骼肌是如何将兴奋与收缩耦联起来的?

4.肌纤维肌浆内 Ca^{2+} 是如何引起骨骼肌发生收缩和舒张的?

5.运动神经冲动是如何引起骨骼肌收缩的?

第十章　内分泌生理

内分泌系统是机体所有内分泌腺以及分散于全身各处的内分泌细胞共同构成的信息传递系统,是机体内重要的调节系统。主要的内分泌腺有下丘脑、垂体、甲状腺、甲状旁腺、胰岛、肾上腺、性腺、松果体等,散在的内分泌细胞广泛分布于胃肠、心、肝、肾、胎盘等组织器官中。内分泌系统分泌激素直接释放进入体液,并运送到靶细胞、靶组织和靶器官,调节机体内各种生理机能和新陈代谢,促进机体生长发育和生殖活动。内分泌系统与神经系统、免疫系统相互联系,以维持内环境的稳态。

通过本章的学习,应主要了解、熟悉和掌握以下几方面的知识。
- 了解内分泌系统的组成、分布及其在机体功能调节中的作用。
- 熟悉激素的化学特性与其作用机制之间的联系。
- 掌握激素分泌的调控机制。
- 熟悉下丘脑与垂体间的联系、下丘脑调节肽的作用。
- 掌握内分泌系统对机体生长发育、生殖的调节。
- 掌握内分泌系统对机体物质和能量代谢的调节。
- 了解神经-内分泌-免疫网络在机体调节中的作用。

第一节　概　　述

内分泌系统和神经系统是机体的两个主要的功能调节系统,它们紧密联系,相互协调,共同完成机体的各种功能调节,维持内环境的相对稳定。

一、内分泌与内分泌系统

(一)内分泌与激素

二维码 10-1　科学史话:内分泌的发现

长期以来,机体的调节机制一直由神经论主导。直到 1902 年,贝利斯和斯他林发现了史上第一个激素 Secretin,提出机体功能受体液调节的新观念,开辟了内分泌研究的新领域(二维码 10-1)。

1. 内分泌与激素的概念

内分泌(endocrine)是指腺细胞将所分泌的物质,即激素直接释放到体液中,并通过组织液或血液运送到靶细胞进行调节的一种分泌形式。能分泌激素的细胞称为内分泌细胞(endocrine cell)。内分泌腺或内分泌细胞分泌的高效生物活性物质称为激素（hormone）。经典理论认为，激素经血液和组织液传递而发挥生理作用，它作为化学信使经体液传递到达靶细胞，活化或抑制其固有的反应，以调节其生理功能。动物机体主要激素的来源、化学性质和生理作用见表 10-1。

表 10-1　激素的来源、化学性质和主要生理作用

激素（分泌部位，中文、英文、缩写名称）	化学性质	主要生理作用
下丘脑		
促垂体激素		
促甲状腺激素释放激素（thyrotropin releasing hormone，TRH）	3 肽	↑TSH、PRL
促肾上腺皮质激素释放激素（corticotropin releasing hormone，CRH）	41 肽	↑ACTH
促性腺激素释放激素（gonadotropin releasing hormone，GnRH）	10 肽	↑LH/FSH
生长激素释放激素（growth hormone releasing hormone，GHRH）	44 肽	↑GH
生长激素释放抑制激素（growth hormone release inhibiting hormone，GHIH）/生长抑素（somatostatin，SS）	14 肽	↓GH
催乳素释放因子（prolactin releasing factor，PRF）	31 肽	↑PRL
催乳素释放抑制因子（prolactin release inhibiting factor，PIF）	多巴胺	↓PRL
下丘脑-神经垂体激素		
抗利尿激素（antidiuretic hormone，ADH）/血管升压素（vasopressin，VP）	9 肽	↑肾脏重吸收水
催产素（oxytocin，OXT）	9 肽	↑子宫运动、排乳
腺垂体		
促甲状腺激素（thyroid stimulating hormone，TSH）	糖蛋白	↑甲状腺↑T_3、T_4
促肾上腺皮质激素（adrenocorticotropic hormone，ACTH）	39 肽	↑肾上腺皮质激素
卵泡刺激素（follicle stimulating hormone，FSH）	糖蛋白	↑卵巢/睾丸
黄体生成素（luteinizing hormone，LH）	糖蛋白	↑卵巢/睾丸
生长激素（growth hormone，GH）	蛋白质	↑生长因子
催乳素（prolactin，PRL）	蛋白质	↑乳腺
松果体		
褪黑素（melatonin，MT）	色氨酸衍生物	↑或↓性腺功能
甲状腺		
甲状腺素（thyroxine，T_4）	氨基酸	↑氧摄取
三碘甲腺原氨酸（triiodothyronine，T_3）	氨基酸	↑氧摄取
降钙素（calcitonin，CT）	32 肽	↓血钙
甲状旁腺		
甲状旁腺激素（parathyroid hormone，PTH）	84 肽	↑血钙
胰岛		
胰岛素（insulin）	51 肽	↓血糖
胰高血糖素（glucagon）	29 肽	↑糖异生
肾上腺皮质		
糖皮质激素（glucocorticoid，GC）	类固醇	↑血糖；抗应激
盐皮质激素（mineralocorticoid，MC）	类固醇	钠/钾调节

续表 10-1

激素(分泌部位,中文、英文、缩写名称)	化学性质	主要生理作用
肾上腺髓质		
肾上腺素(adrenaline,Ad/epinephrine,E)	酪氨酸衍生物	↑心率↑血糖
去甲肾上腺素(noradrenaline,NA/norepinephrine,NE)	酪氨酸衍生物	↑血管↑血糖
卵巢		
雌二醇(estradiol,E_2)	类固醇	↑排卵、子宫、妊娠
孕酮(progesterone,P)	类固醇	↑妊娠
松弛素(relaxin)	多肽	↓子宫颈、盆腔
睾丸		
睾酮(testosterone,T)	类固醇	↑雄性功能
抑制素(inhibin)	糖蛋白	↑雄性功能
胎盘		
孕马血清促性腺激素(pregnant mare serum gonadotropin,PMSG)	糖蛋白	↑黄体
人绒毛膜促性腺激素(chorionic gonadotropin,hCG)	糖蛋白	↑黄体
雌激素、孕激素、雄激素、抑制素、松弛素等		↑妊娠、分娩、泌乳
各种组织		
前列腺素(prostaglandins,PG)	二十烷酸	局部多种作用
心脏		
心房钠尿肽(atrial natriuretic peptide,ANP)	28 肽	↑尿生成
血管内皮		
内皮素(endothelin,ET)	21 肽	↑血管
肝脏		
胰岛素样生长因子(insulin-like growth factors,IGFs)	70(67)肽	↑生长
胃、肠		
促胰液素(secretin)	26 肽	↑胰液
胃泌素(gastrin)	34 肽	↑胃液
胆囊收缩素(cholecystokinin,CCK)	39 肽	↑胆囊、胰腺
肾脏		
1,25-二羟维生素 D_3(1,25-dihydroxy vitamin D_3)	固醇	↑血钙
促红细胞生成素(erythropoietin,EPO)	糖蛋白	↑红细胞生成
血浆		
血管紧张素 Ⅱ(angiotensin Ⅱ)	8 肽	↑血管
脂肪		
瘦素(leptin)	多肽	↑能量消耗↓脂肪合成
脂联素(adiponectin)	多肽	↑脂肪氧化↓糖异生

注:↑促进;↓抑制(根据 Reece W O,DUKES 家畜生理学修改)。

2.激素概念的发展

随着内分泌学研究的迅速进展,关于激素是由内分泌细胞所分泌的化学信息物质这一经典概念受到了挑战。发现越来越多的非内分泌细胞能产生化学信息物质,如组织细胞产生的前列腺素,各类生长因子细胞、免疫活性细胞所分泌的细胞因子等,这些物质所起到的生物学作用,就是在细胞之间传递信息,所以从广义说,它们都应包括在激素的范围之内。从进化的角度来看,激素不过是细胞之间传递信息的一种古老方式,随着动物进化到高级阶段,在细胞之间传递信息物质的方式变得多种多样,错综复杂。目前的激素概念认为,激素是由某些特殊细胞所分泌,在细胞与细胞间、或细胞内传递信息的化学物质。新概念扩大了激素的范围,更强调激素传递信息的功能。

(二)内分泌系统

1.内分泌系统的概念

内分泌系统(endocrine system)是指由机体所有的内分泌腺以及分散于全身各处的内分泌细胞共同构成的信息传递系统。有些内分泌细胞相对集中位于机体的某一部位,形成内分泌腺,主要包括下丘脑、垂体、松果体、甲状腺、甲状旁腺、胰岛、肾上腺、卵巢(雌性动物)或睾丸(雄性动物)等(图10-1)。有些内分泌细胞则广泛分布于非内分泌腺器官,包括脑、胃肠、心、肝、肾、胎盘等器官。此外,皮肤、脂肪、肌肉、骨等许多组织也存在大量的内分泌细胞。

事实上,动物机体内所有的细胞都具有产生激素的共同基因,它们都具有产生激素的能力,只是在不同细胞内表达的方式和数量不同。

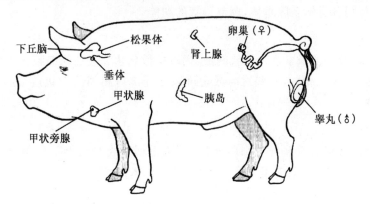

图10-1　主要内分泌腺在机体内的分布

(引自 Frandson R D 等. Anatomy and Physiology of Farm Animals)

2.内分泌系统的功能

(1)维持内环境稳态　激素可调节机体的水盐代谢,以维持渗透压平衡和酸碱平衡;在高等动物,激素参与机体的体温调节,维持体温恒定;激素参与心血管活动和肾脏活动的调节,维持机体血压的稳定;激素是应激反应的主要调节者,使机体适应外部环境的变化,以维持内环境的相对稳定。

(2)调节新陈代谢　激素在调节机体物质代谢的同时,还调节机体的能量代谢,以维持机体营养和能量的平衡,为机体的各种生命活动提供保障。

（3）维持生长和发育　激素可促进机体组织细胞的生长、增殖、分化和成熟，参与细胞凋亡过程的调节，维持各器官的正常生长发育和功能活动。

（4）调控生殖过程　激素可促进机体生殖器官的发育和成熟，以及生殖细胞的生成，调节生殖活动的各个过程，维持个体生命的延续和种族的繁衍。

此外，内分泌系统还与神经系统、免疫系统相互联系、相互协调，构成神经-内分泌-免疫网络（neuro-endocrine-immune network），共同完成机体功能的整合，以维持内环境的相对稳定。

二、激素传递信息的方式

经典的内分泌学说认为，激素通过血液循环将其携带的信息传递到机体远处的靶细胞，进行细胞通讯。近年来的研究发现，激素还可通过其他多种形式在机体内进行信息传递。

1. 内分泌

内分泌细胞分泌的激素进入血液，经血液循环到达靶细胞发挥生理作用，即传统的内分泌，或血分泌（hemocrine，图 10-2A），例如，腺垂体分泌的激素需要通过血液循环运输到外周靶腺或靶器官起调节作用。

2. 神经内分泌

形态和功能都具有神经元特征的一些神经细胞，其轴突末梢能向血液直接释放激素，称神经激素（neuro-hormone）。神经激素经血液循环到达靶细胞起调节作用，称为神经分泌（neurocrine）或神经内分泌（neuroendocrine，图 10-2B）。例如，由神经内分泌小细胞分泌的下丘脑调节肽，经垂体门脉运输至腺垂体，调节后者的功能。

3. 旁分泌

内分泌细胞分泌的激素进入细胞间液，通过扩散到达邻近的靶细胞发挥作用，称为旁分泌（paracrine，图 10-2C），例如，一些胃肠激素可以在局部对相邻的消化道细胞或消化腺细胞起调节作用。

4. 自分泌

内分泌细胞分泌的激素进入细胞间液后，又返回对自身起调节作用，称为自分泌（autocrine，图 10-2D）。自分泌通常起负反馈作用，如生长激素释放激素对其自身的反馈调节作用。

5. 腔分泌

内分泌细胞的分泌物质可进入腺腔、腺导管或消化道，直接作用于管道内皮细胞等细胞，称为腔分泌（solinocrine，图 10-2E）。例如，一些胃肠激素可以直接释放到消化腔内，对消化道内皮细胞起调节作用，因此有人称这类激素为管腔激素（lumone）。

6. 胞内分泌

胞内分泌最初是指单细胞生物产生的活性物质对其自身的调节，现已发现多细胞生物也存在胞内分泌现象。内分泌细胞的信息物质不分泌出来，原位作用于该细胞质内的效应器上的现象，称为胞内分泌或内在分泌（intracrine，图 10-2F）。

上述各种分泌调节形式中，内分泌是将调节信息传送到机体远处的靶细胞，进行长距离的调节，又称为远距分泌（telecrine），而其他形式的调节通常是短距离的细胞通讯。此外，某些动物可分泌激素到体外，用于告知自己的行为和内分泌状态，调节同种类其他个体的行为反应

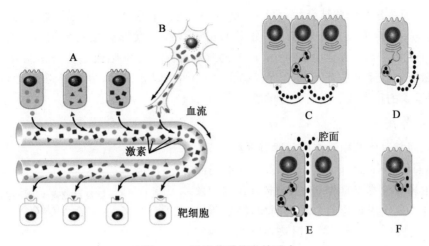

图 10-2　激素传递信息的形式

A.内分泌　B.神经内分泌　C.旁分泌　D.自分泌　E.腔分泌　F.胞内分泌

和生理功能,这种物质称为信息素(pheromone)或外激素。哺乳动物的信息素主要来源于一些特化的皮肤腺,一般为嗅觉信号,常见的有性信息素和标记信息素等,用于发情期寻找性伴侣,表示个体标识和领地归属等。

三、激素作用的特征

1.信使作用

激素是携带信息物质的分子,仅起到传递信息的作用。激素由内分泌细胞传送到靶细胞,其作用是调节靶细胞固有的生理生化反应,促进或抑制细胞的代谢过程,激素本身并不是反应的底物或产物,也不提供营养和能量。例如,生长激素对生长的促进作用,甲状腺素对代谢的增强作用等,激素仅仅起"信使"的作用,促进靶细胞内原有的生理生化反应进程。

2.相对特异性

激素有选择性地作用于某些器官、组织、细胞或腺体的特性。激素只作用于靶(target),受激素调节的细胞、组织、器官或腺体分别称为该激素的靶细胞、靶组织、靶器官和靶腺。激素作用的特异性与靶上存在的,能与该激素发生特异性结合的受体(receptor)有关。有些激素其受体仅仅存在于某一个靶器官上,该激素的特异性就很强,仅对该器官起调节作用;激素的特异性不是绝对的。有些激素的受体分布在很多器官上,则该激素没有明显的特异性。例如,促甲状腺激素只作用于甲状腺,促肾上腺皮质激素只作用于肾上腺皮质,而生长激素几乎对全身所有的组织、器官都有调节作用。此外,有些激素与受体的结合有交叉现象,即一种激素可能与几种不同的受体结合,或几种不同的激素可能和一种受体结合,但激素与受体结合的亲和力有所差异。例如,抗利尿激素和催产素的主要作用分别是促进肾对水的重吸收和促进子宫收缩,但抗利尿激素有较弱的促进子宫收缩作用,而催产素有较弱的促进肾脏重吸收水的作用。

3.高效性

激素是高效能的生物活性物质。在生理状态下,血液中激素的浓度很低,一般为 $10^{-12}\sim$

10^{-6} mol/L,但激素与受体结合后,可引发细胞内一系列酶促反应,并通过级联放大(cascade amplification),能产生很大的效应。1 分子的促甲状腺激素释放激素大约可使腺垂体释放 10 万个分子的促甲状腺激素。10^{-10} mol/L 的肾上腺素与肝细胞膜上的受体结合后,对糖原分解的刺激能将血液中的葡萄糖浓度提高大约 50%。因此,机体中保持激素水平的相对稳定,对发挥激素的正常调节作用十分重要。

4. 相互作用

激素之间常表现的相互作用一般有 3 种情况。

(1)协同作用(synergistic action)　指不同激素对同一生理效应都发挥作用,它们联合作用的效应大于各自单独作用效应的总和。例如,糖皮质激素、肾上腺素、胰高血糖素等都有升高血糖浓度的作用,且表现为协同效应(synergistic effect,图 10-3)。

(2)拮抗作用(antagonistic action)　指不同激素对某一生理效应发挥相反的作用。例如,胰岛素的作用与上述胰高血糖素等升高血糖的激素相反,是机体内唯一的降低血糖激素,起拮抗升高血糖效应的作用。

(3)允许作用(permissive action)　指有的激素本身对某些组织细胞并不直接产生生理效应,但它的存在能增强另一种激素的作用,表现为是另一种激素发挥作用的前提。例如,甲状腺激素本身不能促进脂肪组织释放脂肪酸,但可以协助脂肪细胞合成肾上腺素能受体,有助于肾上腺素促进脂肪组织释放脂肪酸的作用。

激素之间不同形式相互作用具有重要的生理

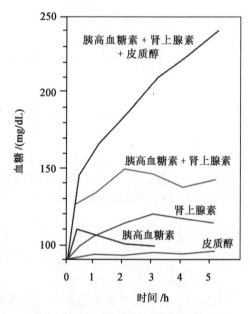

图 10-3　胰高血糖素、肾上腺素、糖皮质激素对血糖调节的协同效应

意义。如协同作用可使激素的调节在短时间内达到较大的效应,而拮抗作用可防止某一类激素调节的效应过大。在机体生命活动的调节过程中,激素之间的关系往往更加复杂。例如,在对子宫的调节中,雌激素和孕激素都可促进子宫内膜的增厚,表现为协同作用。而雌激素和孕激素分别能增加和降低子宫平滑肌对催产素的敏感性,又表现为拮抗作用。此外,由于孕激素受体含量受雌激素的调节,孕激素的绝大部分作用需要在雌激素作用的基础上才能发挥,雌激素对孕激素有允许作用。

四、激素的化学结构与分类

激素种类繁多,结构多样,其化学性质直接决定激素对靶细胞的作用机制。按照化学性质的不同,激素可分为两大类。

(一)含氮类激素

含氮激素是一类形式多样、分子量差异大、分布范围广泛的激素。它们先形成较大分子的蛋白质前体,称前激素原(pre-pro-hormone),再进一步裂解为激素原(pro-hormone)、最后形成有生物活性的激素贮存于囊泡内,在机体需要时经胞吐途径释放。由于这类激素的分子量大,且水溶性强,一般需要先与靶细胞的膜受体结合、才能进一步发挥调节作用。含氮激素包括以下两类。

1.肽类与蛋白质类激素

肽类激素(peptide hormone)和蛋白质激素(protein hormone)大小迥异,小到 3 肽分子,大到约 200 个氨基酸残基组成的蛋白质分子(图 10-4A 和图 10-4B),包括下丘脑激素、垂体激素、降钙素、甲状旁腺激素、胰岛素,以及胃肠激素等。

2.胺类激素

由氨基酸的衍生物组成的激素称为胺类激素(amine hormone),主要是酪氨酸衍生物,包括多巴胺、甲状腺激素、肾上腺素、去甲肾上腺素(图 10-4C)和褪黑素等。

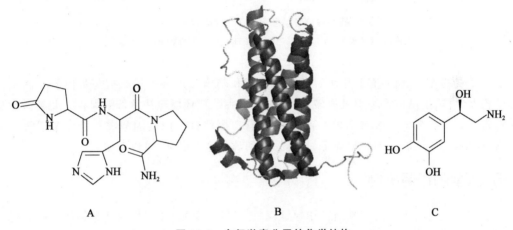

图 10-4　含氮激素分子的化学结构
A.促甲状腺激素释放激素(3 肽)　B.催乳素(蛋白质)　C.去甲肾上腺素(胺类)

(二)脂类激素

脂类激素为小分子非极性物质,脂溶性强,可透过细胞膜与胞内受体结合。它们先形成胆固醇等前体物质,但不在分泌囊泡中贮存。脂类激素中包括三类:

1.类固醇激素

共同前体是胆固醇的激素统称为类固醇激素(steroid hormone),主要有肾上腺皮质激素和性腺激素,包括醛固酮、皮质醇(酮)(图 10-5A),雄激素、雌激素和孕激素等,因其分子结构均具有 17 碳环戊烷多氢菲母核(四环结构),被形象地称为甾体激素。

2.固醇类激素

固醇类激素(sterol hormone)主要是由皮肤、肝、肾等器官转化并活化的 1,25-二羟维生素 D_3(图 10-5B)。其四环结构中的 B 环被打开,与类固醇激素的结构有一定的区别。

3.二十烷酸类激素

大多数的二十烷酸类激素(eicosanoic acid hormone)是花生四烯酸的衍生物,主要有前列腺素(prostaglandin,PG,图 10-5C)、血栓素类(thromboxane,TX)和白细胞三烯类(leucotriene,LT)等。细胞膜上的磷脂是合成这类激素的原料,所以几乎所有的细胞都能生成此类激素,一般作为组织激素在局部发挥生理作用。

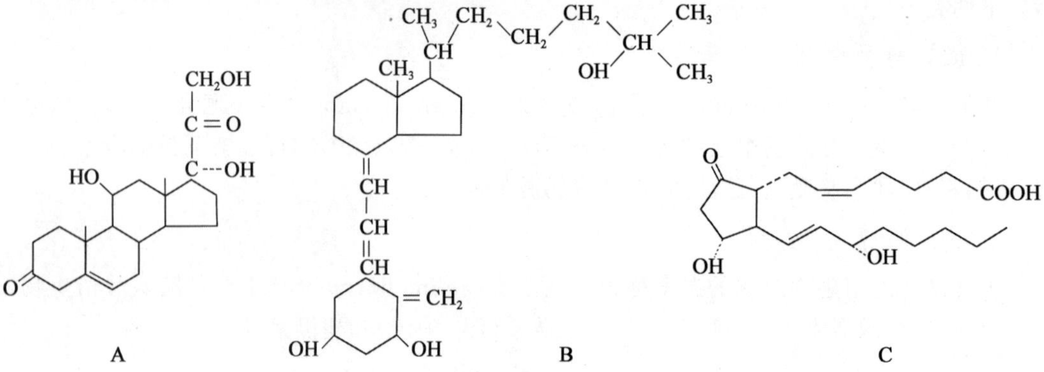

图 10-5 脂类激素分子的化学结构
A.皮质醇(类固醇) B.1,25-二羟维生素 D_3 C.前列腺素 E_2(二十烷酸)

掌握激素的化学结构,有助于了解其生理功能和临床应用。一般肽类与蛋白质类激素由于分子较大,可被过高的环境温度所破坏,故在运输和贮藏环境应注意低温保存。此类激素也可被胃肠道的酶和微生物所消化和灭活,故不具有口服活性。而类固醇类和胺类激素等小分子激素在较高的环境温度中非常稳定,且不易受到消化道的破坏,可以口服。

五、激素的作用机制

激素作用机制的实质是细胞信号转导过程(详见第一章)。激素作为信息物质对靶细胞发挥作用,至少需要经过 4 个基本环节:①靶细胞受体对激素的识别和结合;②激素-受体复合物转导调节信号;③所转导的信号引起靶细胞内的生物效应;④激素作用的终止。

激素对靶细胞的作用是通过受体介导的,不同结构和特性的激素可以分别与不同的受体结合,并通过不同的信号转导途径最终引起靶细胞的生物效应。

(一)激素的受体

受体(receptor)是位于靶细胞表面或细胞内,能与特定激素分子结合,进而激活细胞内一系列生物化学反应,并引发细胞效应的特殊蛋白质。根据分布的位置,受体可分为膜受体(membrane receptor)、胞内受体(intracellular receptor)和核内受体(intranuclear receptor)3种形式。与受体结合的激素称为配体(ligand)。

1.激素受体的特征

(1)特异性 受体与配体(激素)有高度特异性,激素只有作用于相应受体才能起到信息传递作用,这保证了信号传递的准确性。各种激素的特异性程度不同,且在一个受体家族内,特异性常有交叉。

(2)亲和力 亲和力是激素与受体结合的强度。一般血液中激素的浓度很低,但受体对激素的亲和力很强,通过与激素的高亲和力结合,再通过级联放大作用产生显著的生物学效应。此外,亲和力可以随生理条件的变化而发生改变。例如,动物在发情周期的不同阶段,卵巢颗粒细胞上的卵泡刺激素受体的亲和力是不同的。

（3）饱和性 受体结合位点的数量有限，可以被激素饱和。特别是胞内受体，数量较少。如雌激素受体在一个细胞中含量只有 1 000～50 000 个。当受体饱和后，再增加激素的浓度，其生物学效应不再增加。此外，受体的数目通常是恒定的，但由于细胞生理状态不同（如生长速度、分化程度、细胞周期等）和外界环境变化的影响，也会发生一定的改变。

（4）可逆性 受体与激素以氢键、离子键等非共价键结合，是可逆的。当生物效应发生后，配体即与受体解离。受体可恢复到原来的状态，并再次被利用，而配体则常被立即灭活。这有利于避免受体被配体永久激活。

（5）量效关系和时效关系 激素引起的生物学效应往往具有剂量依赖性和时间依赖性。

2.受体功能的调节

激素不仅将信号传递给受体，还可调节受体的数量和亲和力，一般有两种表现形式。

（1）上调 某些激素不足时，可引起其特异性受体的数目和亲和力增加，称为受体上调（up-regulation of receptors）。如催乳素、卵泡刺激素等有上调现象。上调机制有助于弥补短期内循环激素不足而引起的生理效应减弱。

（2）下调 某些激素处于高水平时，可引起其特异性受体的数目和亲和力下降，称为受体下调（down-regulation of receptors）。如胰岛素、促甲状腺激素、黄体生成素、卵泡刺激素等均有下调现象。下调是防止长期过度刺激部分靶组织的安全机制。此外，在持续高水平激素刺激下，靶组织对激素有可能产生抵抗或反应缺失，称为脱敏（desensitization）。例如，持续经静脉滴注大剂量催产素，子宫收缩在短时间内达到最大效应，但在一段时间后收缩逐渐减弱，直至回到基础状态。

（二）膜受体介导的作用机制

1965 年，E. W. Sutherland 提出第二信使学说（second messenger hypothesis），认为含氮类激素为第一信使，通过与靶细胞膜上特异性受体结合，激活细胞内腺苷酸环化酶（AC）系统，在 Mg^{2+} 存在的情况下，催化 ATP 转变为环一磷酸腺苷（cyclic adenosine monophosphate, cAMP）。cAMP 作为第二信使，再使下游调节蛋白逐级磷酸化，最终引起靶细胞特定的生理效应。Sutherland 因此获得 1971 年诺贝尔生理学或医学奖。

体内大多数含氮激素（除甲状腺素）为水溶性的大分子物质，不能通过细胞膜，其效应均由膜受体介导，并最终实现对相应靶细胞功能的调节。目前认为，膜受体与激素结合后被激活，后继的反应主要有以下 3 类途径。

1.G 蛋白耦联受体途径

G 蛋白耦联受体（G protein-linked receptor）是目前所发现的作用最广泛的细胞膜受体，涉及机体的各个组织细胞。激素与靶细胞膜上特异性的 G 蛋白耦联受体结合后，激活所耦联的 G 蛋白。G 蛋白有刺激性（Gs）和抑制性（Gi）两种类型，较为常见的是 Gs，可刺激产生第二信使。具体途径有以下 2 类。

（1）cAMP-PKA 途径 激素与受体结合后，Gs 激活腺苷酸环化酶，促进 cAMP 生成，再激活蛋白激酶 A（protein kinase A，PKA）进行信号传递。经此途径的激素有某些下丘脑调节肽，如促肾上腺皮质激素释放激素、生长激素释放激素、生长抑素；腺垂体分泌的促甲状腺激素、促肾上腺皮质激素、黄体生成素、卵泡刺激素；甲状旁腺素、降钙素、肾上腺素、胰高血糖素等。

（2）IP$_3$/DAG-PKC 途径　　Gs 激活磷脂酶 C，水解细胞膜脂质中的磷脂酰肌醇为 1，4，5-三磷酸肌醇（inositol-1，4，5-triphosphate，IP$_3$）和二酰甘油（diacylglycerol，DAG）两种第二信使，IP$_3$ 和 DAG 激活蛋白激酶 C（protein kinase C，PKC）进行信号传递。经此途径的激素有下丘脑分泌的促甲状腺激素释放激素、促性腺激素释放激素、催产素、血管升压素，胃泌素等。

2. 激酶耦联受体途径

一些生长因子和一部分肽类激素，在与受体结合时直接或间接激活激酶，介导激素的作用，而无须 G 蛋白的参与。具体途径有以下 3 类。

（1）酪氨酸激酶受体途径　　酪氨酸激酶受体（tyrosine kinase receptor，TKR）的胞外部分有激素的结合位点，胞内的部分有酪氨酸激酶活性，即受体与酶是同一个蛋白质分子。通过此类受体进行信号转导的激素有胰岛素、胰岛素样生长因子-1 和表皮生长因子等。

（2）鸟苷酸环化酶受体途径　　鸟苷酸环化酶受体的胞外部分有激素结合位点，胞内的部分有鸟苷酸环化酶（GC）活性，可产生第二信使 cGMP，进一步激活蛋白激酶 G（protein kinase G，PKG）进行信号传递。通过此类受体进行信号转导的激素主要有心房钠尿肽。

（3）酪氨酸激酶结合型受体途径　　酪氨酸激酶结合型受体（tyrosine kinase associated receptor，TKAR）的分子结构中没有蛋白激酶的结构域，但是与激素结合而被激活后，就可和细胞内的酪氨酸激酶形成复合物，并对酪氨酸激酶磷酸化，后者使底物蛋白磷酸化，引起生物效应。通过此类受体进行信号转导的激素包括各类生长因子和肽类激素，如垂体分泌的生长激素、催乳素、促红细胞生成素、瘦素、干扰素等。

3. 离子通道受体途径

离子通道受体是一种膜蛋白，既是激素受体，又是离子通道。例如，Ca^{2+} 是细胞质中的第二信使。Ca^{2+} 在血液、线粒体和内质网中的浓度高于细胞质，当它经离子通道受体进入细胞质，便可结合调节蛋白，使后者构象发生变化，并激活其他调节蛋白，从而影响细胞功能。

N_2-ACh 和一些氨基酸类激素，如 5-羟色胺、谷氨酸、甘氨酸和 γ-氨基丁酸等有对应的离子通道受体（ion channel receptor），这类受体被激活时可直接引起离子跨膜移动。离子通道受体介导的信号传递一般速度较快，但反应较为局限。

此外，环二磷酸腺苷核糖、花生四烯酸、磷脂神经酰胺等物质，NO、CO、H_2S 等气体也可以作为第二信使。由于膜受体与激素结合后激活的效应酶各有不同，细胞内信号转导成分的构成有很大差别。

（三）胞内受体介导的作用机制

1968 年，Jesen 和 Gorski 提出基因表达学说（gene expression hypothesis），认为脂类激素和甲状腺激素为非极性分子，呈脂溶性，分子量小，可透过脂质细胞膜与细胞内受体结合，最后通过调控基因表达发挥生理效应。具体分两步完成：激素进入靶细胞后，第一步在细胞质内与胞浆受体结合成复合体，此时受体的大小、构象及表面特性即发生变化，获得了透过核膜的能力，激素-受体复合物随即移位到细胞核内；第二步与核内受体相结合，转变为激素-核受体复合物。在核受体与激素还未结合时，与分子伴侣家族的热应激蛋白（heat stress protein，或热休克蛋白 heat shock protein，HSP）结合在一起，使受体免受化学性或酶的降解，同时也遮盖了受体 DNA 结合域中的一段称为"锌指"（zinc finger）的含锌特异氨基酸序列，使受体与

DNA 的亲和力较低。一旦受体与激素结合,HSP 从受体蛋白上离解下来,激素-受体复合物作用于 DNA 分子上的激素反应元件(hormone response element,HRE),启动(或抑制)DNA 的转录过程,从而促进(或抑制)mRNA 的形成,并诱导(或减少)新的调节蛋白的生成。然而,近年来人们发现,很多类固醇类激素只存在细胞核受体,而不存在胞浆受体,从而对两步作用机制表示质疑。

(四)激素其他形式的作用机制

1.G 蛋白耦联受体途径的核内效应

近年来的研究表明,激素经 G 蛋白耦联受体除了可以通过第二信使途径产生核外效应外,还可以引起核内效应。核内效应主要是调节基因转录,如通过转录因子 cAMP 反应元件结合蛋白(cAMP response element-binding protein,CREB)的磷酸化,介导和调控基因转录,生成新的调节蛋白等。

2.类固醇激素通过膜受体介导的作用机制

有研究发现,类固醇激素可以快速调节神经细胞的兴奋性,这难以用生物效应较慢的基因表达机制来解释。20 世纪 70 年代起,人们陆续从两栖动物到哺乳动物的许多组织的细胞膜上发现雌激素、孕激素和糖皮质激素的特异结合位点,这些激素还可以通过膜受体途径进行快速的信号转导。

(五)激素作用的终止

激素的调节作用完成后其信息必须及时减弱或终止。激素作用的终止可通过多个环节单独或联合进行,包括以下几种形式:①通过激素分泌调节体系使内分泌细胞停止分泌激素;②激素与受体分离,信息转导终止;③通过靶细胞内某些酶活性的增强,将激素降解或清除;④通过靶细胞内吞作用,将激素或其受体分解、灭活或清除。⑤激素在信号转导过程中常形成一些中间产物,能及时限制自身信号的转导。

六、激素分泌节律及其调节

激素具有高效生物放大作用,因此,激素水平的相对稳定对机体内环境和生理功能的稳态起重要作用。激素分泌有一定的节律变化,并受多种因素调节,包括神经调节,神经-体液调节,激素的反馈调节和代谢产物的反馈调节。其中反馈调节(feedback regulation)是最普遍的调节形式。

(一)分泌节律

激素的分泌有频率和幅度波动,一般表现为脉冲式分泌(pulsatile secretion),这种分泌脉冲常导致血液中激素浓度的大幅度变化。除脉冲分泌外,激素的分泌还表现为各种节律性波动,大致有以下几种类型。

(1)昼夜节律或近日节律(circadian rhythm)指大约 24 h 内激素出现分泌峰,时间与地球自转周期基本一致(图 10-6)。例如,生长激素的分泌具有昼夜节律,在觉醒状态时的分泌量较少,而在睡眠,特别是慢波睡眠状态下分泌量明显增加。昼夜节律具有种属特异性。例如,皮质醇的分泌,在猪有早晨和傍晚两个分泌峰,在马和人有早晨分泌峰,在犬则没有明显的分泌峰。

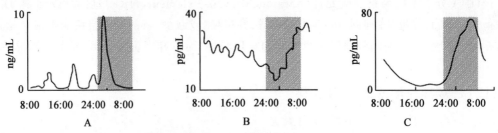

图 10-6 血液中几种激素的昼夜节律性变化
A.生长激素 B.促肾上腺皮质激素 C.褪黑素
阴影部分表示夜间时段

(2)短昼夜节律(ultradian rhythm)指分泌脉冲出现的频率大于昼夜节律,24 h 内多次出现短时的分泌脉冲,每隔一段时间重复出现一次分泌峰。例如,大鼠生长激素脉冲释放周期大约为 3 h;促性腺激素释放激素脉冲释放周期为 20~30 min。

(3)超昼夜节律(infradian rhythm)指分泌脉冲出现的频率小于昼夜节律,重复出现的时间超过 24 h,但一般少于 1 年。例如,雌性哺乳动物生殖相关激素的分泌表现为发情周期节律(灵长类动物表现为月经周期节律);甲状腺激素的分泌具有季节性波动等。

此外,有些激素有几种不同的分泌节律,例如,褪黑素既有昼夜节律,又有超昼夜节律(与发情周期的节律相同)。激素的分泌节律还受物种、年龄、性别、品种等因素的影响,这些因素不仅影响激素的分泌量,还影响激素分泌的模式和节律。例如,皮质醇的分泌在有的动物没有昼夜节律,如犬;而在有的动物有昼夜节律,如马和猪,但它们分泌脉冲的频率也不尽相同。人青年时的血液睾酮水平在早晨高于傍晚,而在老年时则无昼夜节律。雌性动物生殖激素分泌的发情周期节律,在雄性动物则不会出现。

激素的节律性分泌活动与其他刺激无关,是一种内在的由生物钟决定的分泌活动,有利于机体更好地适应环境的变化。激素分泌节律性的正常与否也可作为临床诊断的一项指标。

(二)下丘脑-腺垂体-靶腺轴的调节

1.下丘脑-腺垂体-靶腺轴

1926 年,P. E. Smith 在大鼠上采用咽后壁摘除术去除垂体,发现去垂体鼠生长停滞,甲状腺、肾上腺、性腺发生萎缩。而注射垂体提取液后,大鼠不仅生长恢复,而且甲状腺、肾上腺、性腺退化现象得到纠正,从而第一次揭开脑垂体-靶腺轴的秘密。

激素轴调节系统是体内激素分泌调节的典型途径,从下丘脑到腺垂体,再到外周靶腺构成三级水平的激素轴(图 10-7A)。如甲状腺激素、肾上腺皮质激素和性腺激素等的调节均以此为基础,分别形成下丘脑-腺垂体-甲状腺轴、下丘脑-腺垂体-肾上腺皮质轴、下丘脑-腺垂体-性腺轴。此外,从下丘脑分泌的生长激素释放激素、生长抑素调节腺垂体分泌生长激素,再到生长激素通过胰岛素样生长因子调节机体生长,被称为下丘脑-腺垂体-生长轴(表 10-2)。

表 10-2　下丘脑-垂体-靶腺三级水平激素轴

项目	甲状腺轴	肾上腺皮质轴	性腺轴	生长轴
下丘脑(第一级)	TRH	CRH	GnRH	GHRH,SS
腺垂体(第二级)	TSH	ACTH	LH、FSH	GH
外周靶腺(第三级)	T_4、T_3	皮质醇(酮)	T、E_2、P	IGFs

在激素轴调节系统中,激素的作用表现为等级性的相互影响关系,并受到神经中枢的调节。通常高位内分泌细胞分泌的激素对低位内分泌细胞的活动有调节作用,中枢内分泌细胞分泌的激素对外周内分泌细胞的活动有调节作用。

激素分泌还受到激素轴以外因素的影响。有些激素的分泌受到具有相关功能的激素的影响。如雌激素和生长激素可分别促进和抑制促甲状腺素的分泌。

2.激素轴中的反馈调节

在激素轴中,低位内分泌细胞分泌的激素对高位内分泌细胞的活动有反馈调节作用,这样形成了闭合环路,可以维持各效应激素水平的相对稳定。调节环路中的任何一个环节发生障碍,都将破坏激素水平的稳态。在激素分泌的反馈调节中,多数为负反馈(negative feedback)调节,主要有以下 3 条反馈环路(图 10-7A)。

(1)长环反馈　靶腺生成的激素对相应下丘脑和腺垂体分泌的反馈作用称为长环反馈(long-loop feedback),如甲状腺激素、肾上腺皮质激素和性腺激素等对下丘脑相应释放激素和腺垂体相应促激素分泌的调节。

(2)短环反馈　腺垂体激素对相应下丘脑分泌的反馈作用称为短环反馈(short-loop feedback),如垂体促甲状腺激素对下丘脑促甲状腺激素释放激素分泌的调节。

(3)超短环反馈　下丘脑促垂体激素对其自身的分泌可能产生的反馈作用称为超短环反馈(ultra-short-loop feedback)。此外,有人把腺垂体激素通过旁/自分泌调节自身分泌的作用也称为超短反馈。

在少数情况下,激素轴中的反馈调节也可能是正反馈(positive feedback)形式,导致"爆炸"式结果。例如,雌激素一般对下丘脑促性腺激素释放激素的分泌起抑制作用,但在排卵前雌激素水平达到高峰时,对促性腺激素释放激素的分泌则起促进作用,最终引起排卵。

(三)非下丘脑-腺垂体-靶腺轴的调节

机体内另外一些内分泌腺(或内分泌细胞)的分泌不依赖于下丘脑-腺垂体系统的调节,如胰岛、甲状旁腺、肾上腺髓质、胃肠道内分泌细胞等。它们的分泌直接受由其作用所引起的终末效应物的反馈调节(图 10-7B)。非激素轴的反馈调节也以负反馈为主,例如,胰岛素可以降低血糖浓度,血糖反过来可调节胰岛素水平,表现为血糖浓度升高可刺激胰岛素分泌,血糖浓度降低可使胰岛素的分泌减少。这种激素作用效应物对激素分泌的负反馈影响,可以较为迅速、直接地维持血液中某些物质浓度的稳态。

非激素轴的反馈调节也存在少量的正反馈调节。正反馈调节一般是短暂性的,通常只存在于雌性动物,调节妊娠、分娩和泌乳的启动等。例如,在哺乳动物分娩时,催产素使子宫肌收缩,促使胎儿娩出。而子宫收缩和胎儿对产道的刺激,又使催产素神经元的活动进一步增强,催产素的分泌持续增多。

(四)神经对激素分泌的调节

激素分泌除受激素轴的等级调节、反馈调节,以及激素轴以外相关激素等体液因素调节外,许多内分泌腺的活动都直接或间接地受中枢神经系统活动的调节。例如,神经中枢通过对下丘脑神经内分泌细胞的支配,将神经系统和内分泌系统联系起来,在机体功能活动的整合中起重要的调节作用(图 10-7A)。此外,许多外周的内分泌腺体有直接的神经支配,如胰岛、肾上腺髓质等(图 10-7B)。当这些神经活动发生变化时,内分泌腺的活动也发生相应改变。如交感神经系统活动增强时,肾上腺髓质分泌的儿茶酚胺类激素增加,以配合交感神经系统动员全身的功能活动;而迷走神经活动增强则可促进胰岛素的分泌。

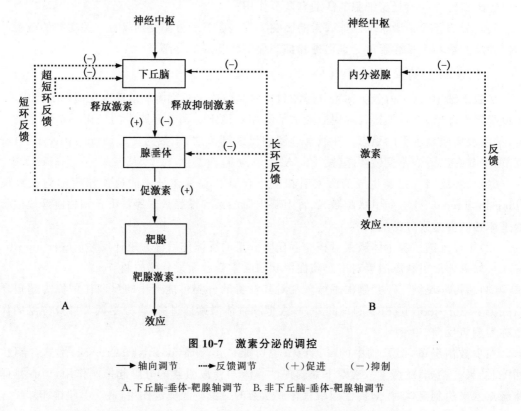

图 10-7　激素分泌的调控

──▶ 轴向调节　　┅┅▶ 反馈调节　　　(＋)促进　　　(－)抑制

A.下丘脑-垂体-靶腺轴调节　B.非下丘脑-垂体-靶腺轴调节

第二节　下丘脑-垂体和松果体的内分泌

下丘脑和垂体在结构和功能上有着密切的联系。下丘脑中的许多神经元具有内分泌功能,可接受大脑等部位传来的电信号(动作电位),并将其转变为化学信号(激素),通过与垂体的联系,进而调节机体的功能活动,将神经调节与体液调节紧密联系起来。此外,松果体分泌的激素也参与机体的高级整合调节。

一、下丘脑的神经内分泌细胞

下丘脑内有一部分细胞兼有神经细胞和内分泌细胞的特性,对神经冲动起反应,同时又具有分泌功能,称为神经内分泌细胞(neuroendocrine cell),这部分细胞能分泌肽类激素或神经肽,统称为肽能神经元(peptidergic neuron)。神经内分泌细胞可分为二类。

(1)神经内分泌大细胞(magnocellular neuroendocrine cell,MgC) 位于视上核和室旁核,细胞胞体较大,轴突较长,一直延伸到神经垂体。细胞所产生的肽类激素运输到神经垂体贮存,需要时直接释放到神经垂体处的毛细血管网中,从而进入体循环系统。

(2)神经内分泌小细胞(parvocellular neuroendocrine cell,PvC) 主要集中在下丘脑内侧基底部,细胞胞体较小。细胞的轴突终止于正中隆起处垂体门脉系统的毛细血管网,分泌的肽类激素可由此经垂体门脉进入腺垂体,调节腺垂体相应腺细胞的活动。

二、下丘脑-腺垂体系统

(一)下丘脑-垂体门脉系统

1930 年,Popa 和 Fielding 对垂体柄进行了系统研究,发现下丘脑与腺垂体之间并非通过神经联系,而是通过血管联系的。他们用连续切片追踪,发现垂体柄血管向上终止于正中隆起的毛细血管丛,向下终止于垂体的毛细血管窦。这种两次毛细血管网类似肝门静脉血管的情况,遂命名为下丘脑-垂体门脉系统(hypothamo-pituitary portal system)。但 Popa 和 Fielding 当时认为门脉系统的血流是从垂体向下丘脑方向。

1955 年,Harris 通过活体观察,证实垂体门脉血流的方向是从下丘脑流入腺垂体,提出下丘脑调节腺垂体分泌的神经-体液学说。哺乳类动物的下丘脑-垂体门脉系统是从颈内动脉发出垂体上动脉,在下丘脑正中隆起和漏斗柄处分支吻合成初级毛细血管网,然后汇集成数条微静脉(垂体门脉),沿垂体柄下行至腺垂体,在腺细胞之间形成次级毛细血管网。垂体门脉及其两端的毛细血管网共同构成的垂体门脉系统,是下丘脑与腺垂体功能联系的结构基础(图 10-8)。神经内分泌小细胞分泌的肽类激素可通过垂体门脉运至腺垂体,下丘脑与垂体之间的双向沟通也可通过垂体门脉系统的局部血流直接实现,无须通过体循环。

此外,垂体下动脉则进入神经垂体,也分成毛细血管网,下丘脑的神经内分泌大细胞分泌的肽类激素通过神经纤维而流动至神经垂体,再进入血液循环。

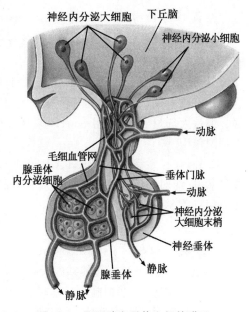

图 10-8 下丘脑和垂体之间的联系

(二)下丘脑调节肽的结构和生理作用

由下丘脑神经内分泌小细胞分泌的肽类激素经由垂体门脉系统到达腺垂体,分别促进或抑制腺垂体细胞相应激素的分泌(表 10-1),称为下丘脑调节肽(hypothalamic regulatory peptide,HRP)。由于 HRP 含量极微,分离提纯及化学鉴定均极其困难,从 1957 年开始,Guillemin 和 Schally 团队分别提取了数十万只羊或猪的下丘脑,经过不断探索和艰苦的竞赛,终于在 1969 年先后合成促甲状腺激素释放激素，从而证实了 Harris 提出的神经-体液学说。他们与激素放射免疫测定法的建立者 Yalow 共同荣获 1977 年诺贝尔生理学或医学奖（二维码 10-2）。HRP 主要包括以下几类：

1. 促甲状腺激素释放激素（thyrotropin releasing hormone, TRH）

TRH 是由谷氨酸、组氨酸和脯氨酸组成的 3 肽分子，在已知的肽类激素中分子量最小，且无种属特异性。TRH 受体属于 G 蛋白耦联受体家族。TRH 能作用于垂体促甲状腺激素细胞的膜受体，通过 IP_3/DAG-PKC 途径促进促甲状腺激素（TSH）的合成和分泌。1 分子 TRH 能促进上千分子 TSH 合成，且存在剂量效应。除能促进 TSH 合成外，TRH 还可促进 TSH 的糖基化，保证 TSH 完整的生物活性。此外，TRH 也能促进催乳素的分泌，但与吸吮引起的催乳素分泌似乎无关。

2. 促肾上腺皮质激素释放激素（corticotropin releasing hormone, CRH）

CRH 是 41 肽分子，不同种属的 CRH 有很高的同源性，如人与大鼠的 CRH 氨基酸序列相同，人与羊的 CRH 仅有 7 个氨基酸不同。CRH 作用于垂体促肾上腺皮质激素细胞的膜受体，通过 cAMP-PKA 和 IP_3/DAG-PKC 途径促进促肾上腺皮质激素（ACTH）的合成和分泌。

3. 促性腺激素释放激素（gonadotropin releasing hormone, GnRH）

目前已知的畜禽 GnRH 均为 10 肽分子，其中哺乳动物 GnRH 的化学结构与禽类 GnRH 的第 8 位氨基酸残基或鱼类 GnRH 仅有 1 个或 2 个氨基酸残基不同。GnRH 作用于垂体促性腺激素细胞的膜受体，通过 IP_3/DAG-PKC 途径促进促性腺激素的合成和分泌，其作用以促进黄体生成素（LH）为主，也可促进卵泡刺激素（FSH），且可以选择调节其中一种激素的分泌。但是大剂量、长期使用 GnRH 或高活性类似物，反而对促性腺激素的分泌和生殖活动产生抑制作用。

此外，在正常情况下，TRH、CRH 和 GnRH 均以间歇脉冲方式释放，如果持续给予这些调节肽，反而对相应垂体激素的合成和分泌起抑制作用。了解这些特性，对下丘脑调节肽的临床应用有重要的指导意义。

4. 生长激素释放抑制激素（growth hormone release inhibiting hormone, GHIH）或生长抑素（somatostatin, SS）

SS 是由 116 个氨基酸残基的大分子肽裂解而来的 14 肽，不仅抑制 GH 的基础分泌，也影响 GH 的分泌脉冲，并抑制由运动、摄食、应激等多种刺激所引起的 GH 分泌。SS 的作用是与腺垂体生长激素细胞的膜受体结合后，通过减少细胞内 cAMP 和 Ca^{2+} 而实现的。此外，SS 还可抑制 LH、FSH、TSH、PRL 及 ACTH 的分泌。

5. 生长激素释放激素（growth hormone releasing hormone, GHRH）

GHRH 是 44 肽分子，猪、牛、羊等大部分动物的 GHRH 与人有很高的同源性。GHRH 可促进 GH 的分泌，并存在剂量效应。同时，GHRH 还促进 GH 基因的转录、腺垂体细胞的增生和分化。GHRH 的作用是与垂体生长激素细胞膜上的受体结合后，通过 cAMP-PKA 途径而实现的。动物受 GHRH 抗血清处理则可抑制 GH 的脉冲式分泌，而 SS 抑制 GH 的基础分泌，两者共同维持 GH 的脉冲分泌。

6. 催乳激素释放因子(prolactin releasing factor,PRF)

因催乳激素释放肽(prolactin releasing peptide,PrRP)可特异性地促进催乳素的分泌,有人认为PrRP可能就是PRF。PrRP是31肽分子,在牛、大鼠、小鼠有较高的同源性,但目前发现仅存在于哺乳动物中。PrRP还有一种20肽分子的形式(是31肽分子C端的一部分),在哺乳动物、禽类和蛙类等动物中均存在。在动物妊娠或分娩时,PrRP能促进催乳素的分泌,但这种效应与动物发情周期有关,且存在种属特异性。

7. 催乳激素释放抑制因子(prolactin release inhibiting factor,PIF)

PIF可能就是多巴胺(dopamine,DA),DA通过与垂体催乳素细胞上的DA受体结合,直接抑制垂体催乳素分泌,且有剂量效应。下丘脑对催乳素的分泌有抑制和促进两种作用,但平时以抑制作用为主。

(三)下丘脑调节肽分泌的调节

大多数下丘脑调节肽的分泌受神经和体液因素的调节。

1. 神经调节

中枢神经系统内很多部位的神经元与下丘脑神经内分泌细胞有突触联系,外周感觉神经也可以将各种刺激信息传入下丘脑。神经的调节作用最终通过神经递质实现,这些递质的种类繁多,大体分为两类。

(1)单胺类物质 主要有去甲肾上腺素(NA)、多巴胺(DA)和5-羟色胺(5-HT)。单胺类物质可以直接或间接调节下丘脑神经内分泌细胞的活动,影响下丘脑调节肽的分泌,进而也影响腺垂体相关激素的分泌(表10-3)。

表10-3 3种神经递质对下丘脑调节肽和相关垂体激素分泌的影响

项目	TRH (TSH)	GnRH (LH、FSH)	GHRH (GH)	CRH (ACTH)	PRF (PRL)
去甲肾上腺素	↑	↑	↑	↑	↓
多巴胺	↓	↓(—)	↑	↓	↓
5-羟色胺	↓	↓	↑	↑	↑

注:↑促进分泌;↓抑制分泌;(—)不影响分泌。

(2)肽类物质 主要有脑啡肽、β-内啡肽、P-物质、胆囊收缩素等。

2. 体液调节

下丘脑调节肽调节腺垂体细胞的分泌功能,腺垂体细胞又调节外周靶腺细胞的分泌,构成由下丘脑、腺垂体和靶腺三级水平的激素轴。靶腺激素对相应下丘脑调节肽的分泌有长环反馈作用,腺垂体激素对相应下丘脑调节肽的分泌有短环反馈作用,下丘脑调节肽的分泌还可能对其自身分泌有超短环反馈作用(图10-7A)。

三、下丘脑-神经垂体系统

下丘脑神经内分泌大细胞的轴突,经过下丘脑-垂体束,一直延伸到神经垂体,构成下丘脑-神经垂体系统。神经内分泌大细胞先在其神经元胞体合成前激素原,再裂解为激素和神经垂体运载蛋白(neurophysin),包裹于囊泡中,经轴浆运输至神经垂体暂时贮存。视上核和室旁核的神经元分别主要合成血管升压素（vasopressin，VP）和催产素（oxytocin，OXT），其中VP又称抗利尿激素（antidiuretic hormone，ADH）。它们的轴突延伸至神经垂体，将激素释放入血液，发挥调节作用。神经垂体本身不含腺细胞，因此不能合成激素。

（一）血管升压素（抗利尿激素）

VP是含9个氨基酸残基的短肽。牛、羊、骆驼等大多数动物（包括人）的VP是8-精氨酸升压素（arginine vasopressin，AVP，图 10-9A），猪和河马则是8-赖氨酸升压素（lysine vaso-pressin，LVP，图 10-9B）。

1. 生理作用

VP主要有两方面的作用。

（1）抗利尿作用　肾脏远曲小管和集合管上皮细胞有VP的Ⅱ型受体，VP与受体结合后，经cAMP-PKA途径增加远曲小管和集合管对水的通透性，促进肾脏对水的重吸收，使尿量减少。VP还可增加髓袢升支粗段对NaCl的主动重吸收和内髓部集合管对尿素的通透性，使髓质组织间液溶质增加，渗透浓度提高，有利于尿的浓缩，是尿液浓缩和稀释的关键性调节激素。VP缺乏可排出大量低渗尿，导致尿崩症。

（2）升压作用　在生理状态下，血液中VP浓度很低，对正常血压调节无重要作用。当机体脱水或失血时，VP释放量显著增加。血管平滑肌和肝细胞有VP的Ⅰ型受体，VP与受体结合后，经IP$_3$/DAG-PKC途径使血管广泛收缩，对血压的升高和维持起一定的调节作用。

此外，VP还具有增强记忆、调制疼痛等作用。

2. 分泌的调节

血浆晶体渗透压、循环血量和血压等因素的改变均可影响VP分泌。血浆晶体渗透压的作用最强，有1%的升高即能通过中枢渗透压感受器刺激VP分泌。循环血量增多可刺激心、肺容量感受器抑制VP分泌。血压升高则可通过主动脉弓和颈动脉窦的压力感受器抑制VP分泌。此外，心房钠尿肽可抑制抗利尿激素分泌，而血管紧张素Ⅱ则可刺激其分泌。

（二）催产素

OXT也是9肽，化学结构与VP相似，生理作用有一定交叉。人和大多数哺乳动物的OXT化学结构相同（图 10-9C），而禽类则是精氨酸催产素（图 10-9D）。

1. 生理作用

OXT与受体结合后，通过IP$_3$/DAG-PKC途径发挥作用，主要体现在两方面：

（1）促进子宫收缩　低剂量OXT可引起子宫肌节律性收缩，大剂量则引起子宫强直收缩，交配时有助于精子通过雌性生殖道，分娩时有助于胎儿产出。

（2）促进排乳　OXT可使乳腺腺泡周围的肌样上皮细胞收缩，引起腺泡和乳导管中乳汁排出。

（3）OXT还与神经内分泌、学习与记忆、镇痛、体温调节等有关。

2. 分泌的调节

OXT受神经内分泌调节。吸吮乳头、交配和分娩时子宫和阴道受到刺激均可反射性地引起OXT的分泌。

此外，由于VP和OXT是在下丘脑合成的，它们不仅存在于下丘脑-神经垂体系统中，还存在于正中隆起和第三脑室附近的神经元突起以及垂体门脉，对腺垂体的分泌活动有一定调节作用。

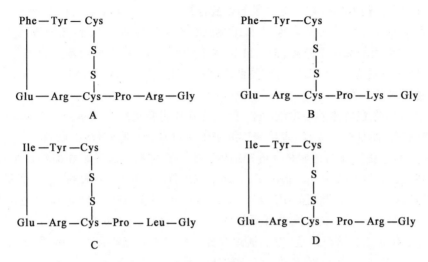

图 10-9　下丘脑-神经垂体激素分子的化学结构

A.8-精氨酸升压素　B.8-赖氨酸升压素　C.催产素　D.精氨酸催产素

四、腺垂体激素

腺垂体主要由腺细胞构成,是体内十分重要的内分泌腺。腺垂体激素根据化学结构和功能可分为二大类,促甲状腺激素、促肾上腺皮质激素、卵泡刺激素和黄体生成素分别作用于各自的外周靶腺,统称为促激素(tropic hormone)。生长激素和催乳素则直接作用于靶器官。

(一)生长激素

生长激素(growth hormone,GH)是大约由 190 个氨基酸残基组成的单链蛋白质激素,GH 的化学结构有较大种属差异性,但生理作用类似。

1.生理作用

(1)促进生长　机体生长受多种激素(如甲状腺激素、胰岛素、雄激素等)的调节,而 GH 是起关键作用的因素。GH 对出生后动物的生长有显著的促进作用,对骨骼、骨骼肌和内脏组织的促生长作用最为明显,但 GH 对脂肪细胞分化和脂肪组织生长的直接作用为抑制效应。在人或动物的幼年时期,若 GH 分泌不足,会患侏儒症(dwarfism),若 GH 分泌过多则会患巨人症(gigantism)。在成年时期,由于骨骺已经闭合,长骨不再生长,若此时 GH 分泌过多,会患肢端肥大症(acromegaly),表现为手足粗大、内脏器官增大等现象。

(2)促进代谢　GH 对代谢有广泛的促进作用,尤其对肝、肌肉、脂肪等组织代谢的调节作用十分迅速,包括加快 DNA 复制和 RNA 转录,进而促进蛋白质的合成;抑制糖的分解利用,使血糖升高;加速脂肪的水解,使血浆脂肪酸增多,同时使机体能量来源由糖代谢向脂肪代谢转移。

(3)参与生殖、免疫的调节。

2.作用机制

GH 的作用要与受体结合才能实现。生长激素受体(growth hormone receptor,GH-R)是跨细胞膜的单链糖蛋白,为酪氨酸激酶结合性受体。例如,动物处在胎儿期或新生时期,各类细胞上的 GH-R 数量最多,机体在此阶段的生长也最为迅速。而如果动物处于饥饿或营养不良的状态,可使 GH-R 数量减少,机体生长缓慢。在不同品种动物中,四肢短小的犬类体内的 GH 水平与一般犬类的无显著差异,但 GH-R 水平较低。又如,生长较慢的蛋鸡与肉鸡相比,其体内的 GH 水平更高,但 GH-R 水平要低得多。因此,激素的作用效应不仅取决于配体水平,也与其受体水平有关。

GH-R 广泛分布在机体的很多细胞上,但以肝脏和脂肪组织中较多。GH 与受体结合后,通过酪氨酸激酶结合性受体途径,直接调节肝脏中蛋白质、糖、脂肪代谢,以及脂肪组织的分解(图 10-10A)。GH 更重要的功能是促进靶细胞产生一种结构与胰岛素相似的促生长因子,称为胰岛素样生长因子(insulin-like growth factor,IGFs)。IGFs 是由大约 70 个氨基酸残基组成的肽类激素,目前已分离得到的 IGFs 有 IGF-Ⅰ 和 IGF-Ⅱ 两种,GH 的作用主要由 IGF-Ⅰ介导。与 GH 相比,IGF-Ⅰ在血液中有更长的半衰期,且在血液中的水平也比较恒定。血液中大约 70% 的 IGF-Ⅰ由肝脏产生,它们通过内分泌形式调节靶器官的活动(图 10-10B);还有一部分 IGF-Ⅰ由靶器官产生,它们通过旁/自分泌形式调节各组织器官的活动(图 10-10C)。IGF-Ⅰ的作用主要通过胰岛素样生长因子受体(insulin-like growth factor receptor,IGF-R)IGF-1R 介导,IGF-R 是一种糖蛋白,为酪氨酸激酶受体,广泛分布于骨骼、肌肉、脂肪、乳腺等组织细胞。目前已知的 IGF-R 有两种类型,即 IGF-1R 和 IGF-2R。通过酪氨酸激酶受体途径促进软骨细胞分裂、骨骼肌蛋白质合成、脂肪分解和乳腺分泌。IGF-Ⅰ是动物生长所必需的,IGF-Ⅰ基因缺陷的动物在出生后不久便死亡。然而,仅肝脏 IGF-Ⅰ基因缺陷的动物的生长并不受太大的影响。因此,肝脏产生的 IGF-Ⅰ并不是机体所必需的。

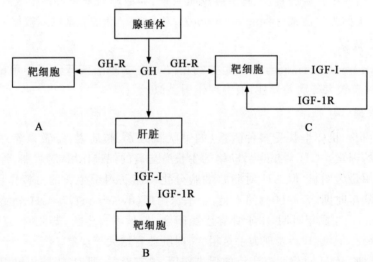

图 10-10 GH 的作用途径

A. GH 通过内分泌途径作用　B. GH 通过肝脏产生 IGF-Ⅰ,再通过 IGF-Ⅰ起内分泌调节作用
C. GH 通过靶器官产生 IGF-Ⅰ,再通过 IGF-Ⅰ起旁/自分泌调节作用

IGF-Ⅰ的分泌除了受到 GH 的调节外,还受到环境因素的影响。例如,营养不良,特别是日粮中缺乏蛋白质时,会导致 IGF-Ⅰ分泌量减少,使动物生长迟缓。

此外,IGF-Ⅱ则主要在胚胎时期形成,通过旁/自分泌途径对胎儿的生长发育起调节作用。

3.分泌的调节

(1)下丘脑对GH分泌的调节　GH的分泌受到GHRH和SS的双重调节,前者促进GH分泌,后者抑制GH的分泌,一般以GHRH的促进作用为主。

(2)反馈调节　GH对下丘脑和腺垂体有反馈调节作用。血液中GH浓度升高时,可促进下丘脑释放SS,抑制垂体分泌GH。此外,IGF-Ⅰ也在下丘脑和垂体水平对GH的分泌有负反馈调节作用。

(3)其他因素　睡眠对GH分泌有很大影响,并有明显的年龄变化。动物睡眠时GH分泌明显增加,在幼年期尤为明显,至初情期后接近成年水平,老年后消失。此外,能量供应缺乏或耗能增加等代谢因素均可引起GH分泌增多,甲状腺素、雌二醇、睾酮等激素和应激刺激等均能促进GH分泌增多。

(二)催乳素

催乳素(prolactin,PRL)是有种属特异性的蛋白质激素,羊的PRL由198个氨基酸残基组成,而人的PRL由199个氨基酸残基组成。PRL与膜受体结合后,通过酪氨酸激酶结合性受体途径发挥作用。

1.生理作用

动物PRL的生理作用具有显著的种属特异性。

在哺乳动物,PRL主要有以下生理功能。

(1)对乳腺的作用　PRL在多种激素参与下,促进乳腺组织最初的分化和在妊娠期的进一步发育,发动并维持泌乳。

(2)对性腺的作用　在雌性动物,PRL对卵巢活动有双向调节作用,低剂量时可刺激LH受体的表达,促进黄体形成,并维持孕激素的分泌,而大剂量则有抑制作用;在雄性动物,低剂量PRL促进前列腺及阴囊的生长,提高LH对间质细胞的敏感性,使睾酮的合成增加,促进性成熟。

(3)其他作用　在应激状态下,PRL与GH、ACTH浓度同时增加,共同参与应激反应。PRL还可协同细胞因子促进抗体的产生,调节机体免疫功能。

在禽类,PRL能促进羽毛生长,嗉囊发育和分泌,诱发具有就巢习性的禽类发生抱窝行为,并抑制卵泡发育。在鱼类,PRL能调节机体水盐代谢和渗透压平衡,这对于在海水和淡水交替生活的鱼类十分重要。

此外,PRL的分子序列有90%以上与GH相同,两者具有相似的化学组成,因此它具有较弱的促生长作用,而GH也具有类似PRL的活性。

2.分泌的调节

(1)下丘脑对PRL分泌的调节　PRL的分泌受到下丘脑PRF和PIF的双重调节,前者在动物妊娠或分娩时促进PRL分泌,后者则抑制PRL的分泌,通常情况下以PIF抑制为主。

(2)反馈调节　PRL对下丘脑和垂体有反馈调节作用,血液中PRL浓度升高可促进PIF的释放,抑制垂体分泌PRL。

(3)其他因素　哺乳动物哺乳时,由于乳头受到刺激,能反射性地促进PRL的分泌。此外,低浓度的雌二醇和孕酮能促进PRL的分泌,而高浓度时则起抑制作用。

(三)促激素

促激素都是肽类与蛋白质,它们与膜受体结合后,通过 cAMP-PKA 途径发挥作用。

1. 促甲状腺激素(thyroid stimulating hormone,TSH)

TSH 是由 207 个氨基酸残基组成的糖蛋白。

(1)生理作用 TSH 的主要作用是促进甲状腺滤泡细胞的增生,使腺体增大;还可改变血管分布,增大供血量,从而促进甲状腺激素的合成与分泌。

(2)分泌的调节 TSH 的分泌受下丘脑-腺垂体-甲状腺轴的调节,TRH 促进 TSH 的合成和分泌,甲状腺激素则对下丘脑和垂体进行负反馈调节。

2. 促肾上腺皮质激素(adrenocorticotropin,ACTH)

ACTH 是阿黑皮素原(proopiomelanocortin,POMC)裂解生成的,猪、牛、羊和人的 ACTH 都是 39 肽分子。

(1)生理作用 ACTH 主要刺激肾上腺皮质增生,促进糖皮质激素的合成和分泌。在机体应激时,ACTH 也促进醛固酮分泌。

(2)分泌的调节 ACTH 的分泌受下丘脑-腺垂体-肾上腺皮质轴的调节,也受昼夜节律和应激刺激的调节。

3. 促性腺激素(gonadotropic hormone,GTH)

GTH 包括卵泡刺激素(follicle stimulating hormone,FSH)和黄体生成素(luteinizing hormone,LH)。FSH 是由 199 个氨基酸残基组成的糖蛋白;LH 是由 215 个氨基酸残基组成的糖蛋白。

(1)生理作用 在雌性动物,FSH 促进卵泡分泌卵泡液,使卵泡生长发育得以最后完成。畜牧生产中常用 FSH 诱导母畜发情排卵和超数排卵。LH 与 FSH 协同对卵泡有明显的促生长作用,还具有促使内膜细胞合成和分泌雌激素、卵泡破裂排卵并转变成黄体的作用。在绵羊、牛、兔和豚鼠等多种哺乳动物,LH 有刺激黄体分泌孕酮的作用。在雄性动物,FSH 作用于曲精细管的生殖上皮,促进精子的生成和成熟;LH 刺激睾丸间质细胞,促使其合成和分泌雄激素。

(2)分泌的调节 FSH 和 LH 的分泌受下丘脑-腺垂体-性腺轴的调节,GnRH 呈脉冲式释放,有促进 FSH 和 LH 合成和分泌的作用,性激素则对下丘脑和垂体分泌进行负反馈调节。

五、松果体的内分泌

二维码 10-3 知识拓展:松果腺的内分泌

松果体分泌的激素主要是褪黑素(melatonin,MT)。MT 对动物的生殖活动有重要的调节作用,并对神经系统产生广泛的影响。此外,MT 还对机体的免疫功能、生物节律等有调节作用。MT 的分泌具有明显的昼夜节律,呈现明显的"昼低夜高"波动。调节 MT 分泌的主要环境因素是光照,在畜牧生产上,常通过控制畜禽舍的光照调节 MT 的分泌,以达到调控畜禽生殖活动的目的(二维码 10-3)。

第三节 甲状腺的内分泌

甲状腺是机体最大的内分泌腺。哺乳类的甲状腺位于喉的后方,甲状软骨附近,分左、右两叶,中间经峡部连接。禽类甲状腺位于气管两侧在胸腔入口锁骨水平上,紧靠颈总动脉与锁骨下动脉分叉处。甲状腺内部有许多圆形或椭圆形的滤泡和滤泡间的细胞团,细胞合成的激素以胶质形式充满滤泡腔。甲状腺分泌的甲状腺激素(thyroid hormone,TH)是调节机体新陈代谢和生长发育的重要激素,甲状腺还分泌降钙素,主要调节机体的钙磷代谢(详见本章第四节)。

一、甲状腺激素的合成、贮存、释放、运输和代谢

TH 主要有甲状腺素(thyroxine,即四碘甲腺原氨酸,tetraiodothyronine,T_4)、三碘甲腺原氨酸(triiodothyronine,T_3)(图 10-11),以及少量的反三碘甲腺原氨酸(rT_3)。三种激素分别占分泌总量的 90%、9% 和 1%。其中,T_4 的含量虽然占绝大多数,但 T_3 的生物活性约为 T_4 的 5 倍,且产生生物效应所需的潜伏期较短,而 rT_3 则没有生物活性。

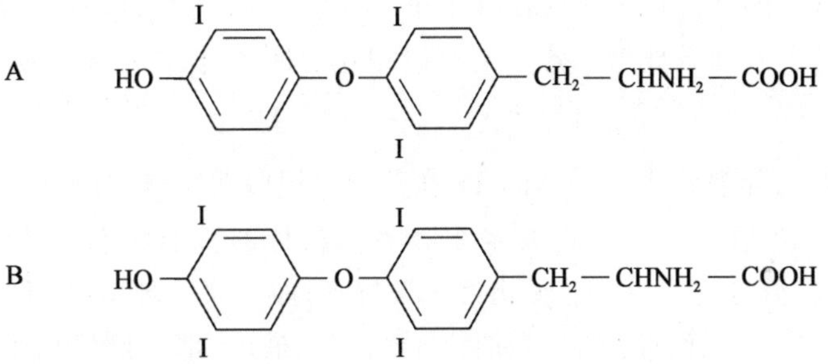

图 10-11 甲状腺激素(T_3、T_4)分子的化学结构

A. 3,5,3′-三碘甲腺原氨酸(T_3) B. 3,5,3′,5′-四碘甲腺原氨酸(T_4)

(一)甲状腺激素的合成

1. 碘的聚集与活化

甲状腺腺泡上皮细胞有很强的聚集碘的能力,通过 Na^+/I^- 共转运载体,以主动转运的方式将血液中的碘聚集在甲状腺内,使甲状腺中碘的浓度高达血液中的 20~30 倍。进入腺泡上皮细胞的碘,在 H_2O_2 存在的条件下,经由甲状腺过氧化物酶(thyroid peroxidase,TPO)的活化,成为活化碘。

2. 酪氨酸的碘化与耦联

大量酪氨酸分子可由腺泡上皮细胞合成一种由 5 496 个氨基酸残基组成的糖蛋白,称为甲状腺球蛋白(thyroglobulin,TG)。酪氨酸的碘化与耦联都在 TG 分子上进行。在 TPO 的催化下,腺泡腔内的活化碘取代酪氨酸残基苯环 3 位或 3 和 5 位上的氢,生成一碘酪氨酸

(monoiodotyrosine,MIT)或二碘酪氨酸(diiodotyrosine,DIT),称为酪氨酸的碘化(iodina-tion)。碘化的酪氨酸在 TPO 的催化下发生分子内耦联,同一 TG 分子内的 2 个 DIT 耦联生成 T_4,1 个 MIT 和 1 个 DIT 耦联生成 T_3。

(二)甲状腺激素的贮存、释放、运输和降解

1. 贮存

合成的 T_3、T_4 仍结合在甲状腺球蛋白上,以胶质的形式贮存于腺泡腔内。这是机体唯一一种将大量激素贮存在细胞外的贮存形式,可供机体长期(50~120 d)使用。

2. 释放

甲状腺腺泡细胞以入胞的方式将 TH 吞入细胞,并与溶酶体结合,在蛋白水解酶的作用下,将 T_3、T_4 从甲状腺球蛋白上解离下来,释放入血液。在靶细胞中,大部分的 T_4 经脱碘转变为 T_3,这是 T_3 的主要来源。

3. 运输

进入血液的 TH 绝大部分与血浆蛋白结合,后者主要是甲状腺素结合球蛋白(thyroxine-binding globulin,TBG)、甲状腺素转运蛋白(transthyretin,TTR)和白蛋白。TH 与血浆蛋白结合一方面可避免 TH 被肾脏滤过而过快丢失;另一方面可缓冲甲状腺分泌活动的急剧变化。血液中呈游离状态的 T_4、T_3 分别只占总量的 0.03% 和 0.3%,但只有游离型激素才具有生物学活性。结合型激素和游离型激素之间可以相互转换,并保持动态平衡。

4. 降解

脱碘是 TH 主要的降解方式。80% 的 T_4 在外周组织脱碘,一部分形成 T_3,另一部分形成 rT_3,T_3 和 rT_3 再进一步脱碘降解。T_4 脱碘的产物与机体的机能状态以及所处的环境有关。例如,在妊娠、饥饿、应激等情况下,T_4 转化为 rT_3 较多;而在寒冷环境中,T_4 转化为 T_3 较多。一般 T_4 的半衰期为 6~7 d,而 T_3 的半衰期仅 1~2 d。最后,部分经肝内葡萄糖醛酸或硫酸结合后灭活由胆汁排泄,绝大部分又被肠道内的细菌再分解,随粪便排出;部分在肝和肾内脱去氨基和羧基,形成的化合物随尿排出。

二、甲状腺激素的生理作用

TH 几乎作用于机体的所有组织,从多方面调节新陈代谢与生长发育,其作用主要由细胞核内的甲状腺激素受体(thyroid hormone receptor,TH-R)介导。TH-R 由 401~514 个氨基酸残基组成,在不同的组织具有不同的形式。TH-R 可与 DNA 分子局部的甲状腺激素反应元件(thyroid responsive element,TRE)结合,通过调节基因表达的方式产生一系列生理效应。此外,TH 还可以与质膜、线粒体、核糖体等处的核外受体结合,介导 TH 跨膜转运葡萄糖和氨基酸等效应。

(一)调节新陈代谢

1. 对物质代谢的影响

TH 对物质代谢的影响具有双向性,既可能促进合成,又可能促进分解。

(1)蛋白质代谢 生理剂量的 TH 可促进结构蛋白合成,有利于机体的生长发育;同时促

进功能蛋白的合成,特别是各种酶的生成,调节机体的各种功能活动。但 TH 分泌过多时促进蛋白分解,特别是以骨骼肌蛋白为主的外周组织蛋白的分解。而 TH 分泌不足时,蛋白质合成受阻,组织间黏蛋白增加。

(2)糖代谢 TH 能促进小肠黏膜吸收葡萄糖,增加肝糖原分解,促进糖异生,使血糖升高;TH 还能增强肾上腺素、胰高血糖素、糖皮质激素和生长激素的升高血糖效应。同时,促进肝糖原合成,增加外周组织对糖的利用和葡萄糖的氧化,使血糖下降。

(3)脂肪代谢 TH 能诱导白色脂肪组织中脂肪细胞的分化、增值,促进脂肪积蓄;又能诱导多种脂肪代谢酶的合成,增加 β 受体数量,促进脂肪的氧化分解,释放脂肪酸和甘油。此外,它还能促进胆固醇的分解。

甲状腺功能亢进时,TH 产生过多,蛋白质、糖和脂肪的分解代谢增强,动物表现为食欲旺盛,但机体反而明显消瘦。

2. 对能量代谢的影响

TH 具有很强的产热效应(calorigenic effect),它可以与体内除脑、脾脏、睾丸和子宫等少数组织外的绝大部分细胞中线粒体上的受体结合,促使线粒体体积增大且数量增加,氧化磷酸化增强,提高基础代谢率,增加组织的耗氧量和产热量。有证据表明,1 mg T$_4$ 可使机体增加大约 40 000 kJ 的产热量,基础代谢率提高近 30%。TH 还能促进糖的分解代谢和脂肪酸氧化,产生大量热量。所以,TH 的产热效应是多种机制共同作用的结果。

3. 对水盐代谢的影响

TH 参与毛细血管渗透性和细胞内液更新的调节。甲状腺功能低下时,水盐潴留,毛细血管通透性增加,淋巴循环迟缓,组织间黏蛋白增加。黏蛋白为多价负离子,可结合大量正离子和水分子、K$^+$ 和 Na$^+$ 等滞留在组织液发生黏液性水肿。

(二)促进生长发育

1912 年,Gudernatsch 给幼龄蝌蚪饲喂甲状腺组织碎片,使其提前变态,表现为尾部被吸收,出现四肢,并向性成熟方向发育。揭示了 TH 是机体维持正常生长发育不可或缺的激素。在胚胎时期和出生后,TH 能促进组织器官发育,尤其能促进骨骼的线性生长、发育和成熟,并对生长激素有允许作用。TH 对中枢神经系统的发育起关键作用。在胚胎期 T$_3$、T$_4$ 可诱导神经因子的合成,促进神经元的增殖。TH 分泌不足,垂体生成和分泌 GH 也减少。所以先天性或幼年时缺乏甲状腺激素,可导致克汀病(cretinism),又称为呆小症。克汀病患者由于长骨生长阻滞而身材矮小,且上、下半身的长度比例失常。同时,神经发育受阻,神经细胞变小,轴突、树突和髓鞘减少,导致智力低下。由 TH 缺乏导致的克汀病,有别于单纯 GH 缺乏导致的侏儒症,后者智力发育正常。此外,缺乏 TH 还能影响生殖器官的发育和成熟,导致性腺发育停止,不能执行正常的生殖功能。

(三)影响器官系统功能

TH 能增加神经细胞和心肌细胞膜上 β 肾上腺素能受体的数量和亲和力,提高神经细胞和心肌细胞对儿茶酚胺的敏感性。甲状腺功能亢进时,中枢神经系统的兴奋性增高,表现为不安、过敏、易激动、失眠多梦及肌肉颤动等;循环系统的心率加快、心肌收缩力增强、心输出量增加,表现为心动过速、心律失常甚至心力衰竭。而甲状腺功能低下时,中枢神经系统兴奋性降低,出现感觉迟钝、行动迟缓、记忆力减退、嗜睡等症状。TH可促进消化系统的活动。甲状腺功能亢进时,食欲增加,胃肠运动加速,但吸收能力下降甚至出现腹泻。而甲状腺功能减退时,食欲减小,胃肠运动减弱可出现腹胀和便秘。此外,TH还可增加呼吸频率和深度,促进肺泡表面活性物质的生成;增加肾小球滤过率,促进水的排出;增强骨骼肌收缩强度;维持性欲和性功能。综上所述,因TH能调节机体几乎所有组织的新陈代谢,所以,对各器官系统的功能都有不同程度的影响。

三、甲状腺激素分泌的调节

甲状腺的功能受到下丘脑-腺垂体-甲状腺轴的调控,此外,还受到神经系统、免疫系统的调节以及甲状腺自身调节等。

1. 下丘脑-腺垂体-甲状腺轴的调节

下丘脑-腺垂体-甲状腺轴在甲状腺激素水平的稳定中起主要调节作用。

(1)下丘脑-腺垂体的调节　下丘脑释放的TRH可促进腺垂体TSH的合成、分泌,并促进TSH的糖基化过程,保证TSH的生物活性。腺垂体的TSH能维持甲状腺细胞的生长发育,并促进TH的合成和分泌。

(2)反馈调节　血液中游离状态的T_3和T_4可负反馈调节下丘脑合成和分泌TRH,以及腺垂体TSH细胞对TRH的敏感性。T_3和T_4可刺激TSH细胞产生一种抑制性蛋白,抑制TSH的合成和分泌。血液游离T_4降低50%,TSH可升高50～100倍。

此外,甲状腺轴以外的一些激素也能影响TRH和TSH的分泌。例如,下丘脑可通过SS减少或阻止TRH的合成和分泌;雌激素可增强腺垂体TSH细胞对TRH的敏感性,促进TSH的合成和分泌;而生长激素和糖皮质激素等则抑制TSH的分泌。

2. 甲状腺的自身调节

甲状腺能根据血液中碘浓度的变化而改变摄取和合成TH的能力。血液碘浓度升高时可诱导碘的活化和TH的合成,但血液碘浓度过高时反而抑制碘的活化,使TH的合成减少。此外,血液碘浓度的变化还可影响T_3和T_4的比例。这是一种在一定限度内的缓慢的自身调节机制。

3. 自主神经系统和免疫系统的调节

甲状腺受自主神经系统的调节。交感神经兴奋促进TH的合成与分泌,这种调节与下丘脑-腺垂体-甲状腺轴相互协调,主要是在内外环境发生急剧变化时,确保在应急状态下所需的TH水平。副交感神经则在TH分泌过多时起抑制作用。此外,自主神经还能通过调节甲状腺血流量而影响其TH的合成与分泌。

甲状腺还受免疫系统的调节。甲状腺滤泡细胞膜上存在免疫活性物质的受体,许多细胞因子可引起甲状腺功能的异常。甲状腺上存在一些自身抗体,如TSH受体抗体,表现出类似TSH阻断或激活的效应,如甲状腺功能减退、甲状腺功能亢进等。

第四节 内分泌对钙、磷代谢的调节

钙、磷代谢在机体生命活动中有重要意义。血液中钙离子水平与许多重要的生理功能有关。钙过多或缺乏可导致许多疾病,例如,低血钙症是产后常见的情况,血钙水平可下降50%,牛在分娩后 72 h 内会出现产后瘫痪(parturient paresis),即产乳热;羊在产羔前会产生生产瘫痪;犬在分娩后 1~3 周会出现产后抽搐症(puerperal tetany)。因此,维持钙水平的稳定十分重要。机体调节钙、磷代谢的激素主要有甲状旁腺激素、甲状腺降钙素和 1,25-二羟维生素 D_3。它们作用于骨骼、肠道和肾脏等靶器官,共同维持机体钙、磷(水平)的稳态。

一、甲状旁腺激素

甲状旁腺是豆状的小腺体,一般有 2 对。反刍动物有一对甲状旁腺在甲状腺内,另一对位于甲状腺前方。猪的甲状旁腺只有 1 对,位于甲状腺前方。禽类的 2 对甲状旁腺都位于甲状腺后方。甲状旁腺激素(parathyroid hormone,PTH)是由甲状旁腺主细胞分泌的含有 84 个氨基酸残基的多肽。PTH 与膜受体结合后,通过 cAMP-PKA 和 IP_3/DAG-PKC 途径介导其作用。

1. 生理作用

PTH 的主要作用是升高血钙和降低血磷,是调节血钙和血磷水平的最重要的激素(图10-12)。PTH 分泌过多可增强溶骨过程,导致骨质疏松。

(1)促进骨更新 PTH 的作用包括快速效应和延迟效应两个时期,前者表现为动员骨钙,后者有溶骨作用。PTH 的快速效应在数分钟内即可产生,其机制是激活骨细胞膜的 Ca^{2+}通道和钙泵,使骨中的 Ca^{2+} 进入细胞,然后由钙泵将 Ca^{2+} 转运至细胞外液中,引起血钙升高。PTH 的延迟效应在激素作用 12~14 h 后出现,一般在几天后达到峰值。PTH 的受体分布在成骨细胞上,而破骨细胞没有受体,即 PTH 对破骨细胞的作用是间接的。PTH 与受体结合后刺激成骨细胞释放多种细胞因子,诱导破骨细胞的活动,加速骨基质的溶解,动员骨钙、磷释

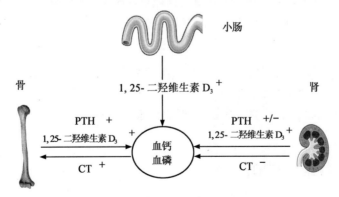

图 10-12 内分泌对钙、磷代谢的调节

PTH:甲状旁腺激素 CT:降钙素

"+":促进 "—":抑制 "+/-":促进钙,抑制磷

放入血。此外,PTH 也能促进成骨细胞的分化和成熟,既促进骨的形成,又促进骨的溶解。但总体效应是升高血钙和血磷。

(2)促进钙、抑制磷的重吸收　PTH 促进肾远曲小管和集合管对钙的重吸收,同时抑制近曲和远曲小管对磷的重吸收,减少尿钙排出,促进尿磷排出,从而使血钙升高、血磷降低。

此外,PTH 能激活肾脏近曲小管的 1α-羟化酶,后者可催化 25-羟维生素 D_3 转变为 1,25-二羟维生素 D_3。故 PTH 能间接促进肠道对钙、磷的吸收。

2.分泌的调节

PTH 的分泌主要受血钙水平的负反馈调节。甲状旁腺主细胞有钙受体分布,对血钙的变化极为敏感。血钙水平轻微下降,1 min 内即可增加 PTH 的分泌,从而促进骨钙释放和肾小管对钙的重吸收。长时间低血钙可导致甲状旁腺增生。相反,长时间高血钙则可导致甲状旁腺萎缩。此外,血磷升高可直接促进 PTH 的合成,也可使血钙降低,间接刺激 PTH 的分泌。儿茶酚胺类、组织胺等也可以促进 PTH 分泌,而 α 受体激动剂和前列腺素等可抑制 PTH 的分泌。

二、降钙素

降钙素(calcitonin,CT)是由甲状腺 C 细胞分泌的含有 32 个氨基酸残基的多肽,CT 与膜受体结合后,通过 cAMP-PKA(快速效应)和 IP_3/DAG-PKC(延迟效应)途径介导其作用。

1.生理作用

CT 的主要作用是降低血钙和血磷(图 10-12)。

(1)促进骨钙、磷沉积　CT 的快速效应是抑制破骨细胞活性,使骨溶解过程变缓,通常 15 min 便出现显著的效应。CT 的延迟效应是增强成骨细胞活性,促进钙、磷在骨中的沉积,使血钙和血磷降低,通常在 1 h 之后才出现效应。

(2)抑制钙、磷的重吸收　CT 抑制近曲小管对钙、磷、钠、氯等离子的重吸收,促进这些离子从尿中排泄,从而使血钙、血磷降低。

CT 与 PTH 有拮抗作用,两者共同调节血钙浓度,维持血钙的稳态。但由于 CT 的分泌启动较快,1 h 内可达到峰值,而 PTH 分泌达到峰值需要数小时,因此,CT 一般对血钙水平产生短期调节作用,而 PTH 则对血钙水平调节时间较长。

2.分泌的调节

CT 的分泌主要受血钙水平的正向调节。血钙浓度升高 10%,血中 CT 的水平可增加 1 倍。所以,由高钙饲料引起的血钙浓度增加,很快就能得以恢复。

此外,进食可刺激 CT 的分泌,胃泌素、促胰液素和胆囊收缩素等胃肠激素和胰高血糖素等也可促进 CT 的分泌。

三、1,25-二羟维生素 D_3

1,25-二羟维生素 D_3[1,25-$(OH)_2$ vitamin D_3]又称钙三醇(calcitriol),它不是由内分泌腺分泌的激素,而是唯一一种维生素来源的激素。维生素 D_3 主要由皮肤中的 7-脱氢胆固醇经紫外线照射转化而来,也可从肝、乳、鱼肝油等动物源性饲料中摄取。维生素 D_3 在肝脏 25-羟化酶催化下形成有一定活性的 25-羟维生素 D_3,然后在肾脏 1α-羟化酶催化下形成活性更强的 $1,25$-二羟维生素 D_3。

1. 生理作用

$1,25$-二羟维生素 D_3 的受体在体内分布广泛,但以小肠、骨和肾细胞中较多。$1,25$-二羟维生素 D_3 主要与核受体结合,通过调节基因表达的方式发挥作用,也可与核外受体结合产生作用,促进血钙和血磷升高。

(1)促进钙、磷吸收 $1,25$-二羟维生素 D_3 进入小肠黏膜上皮细胞后,通过核受体介导生成钙结合蛋白(calcium-binding protein,CaBP),增加黏膜细胞对钙的转运,促进钙的吸收,升高血钙。同时,$1,25$-二羟维生素 D_3 也能促进小肠对磷的吸收,升高血磷。

(2)促进骨更新 $1,25$-二羟维生素 D_3 增加破骨细胞数量,促进骨的溶解,将骨中钙、磷释放入血。同时,$1,25$-二羟维生素 D_3 又能刺激成骨细胞活动,使后者合成一种可与钙结合的肽类物质骨钙素(osteocalcin),促进骨钙沉积和形成骨。但在总体效应上,$1,25$-二羟维生素 D_3 与 PTH 有协同作用,共同升高血钙、血磷。

(3)促进钙、磷的重吸收 $1,25$-二羟维生素 D_3 促进远曲小管对钙、磷的重吸收,减少尿钙、尿磷的排泄,从而使血钙、血磷升高。

2. 分泌的调节

$1,25$-二羟维生素 D_3 的转化主要受血钙和血磷水平的负反馈调节,也受维生素 D 水平的负反馈调节,当维生素 D、血钙和血磷水平下降时,$1,25$-二羟维生素 D_3 的转化增加。PTH 有正向调节作用,可通过激活肾脏 1α-羟化酶促进 $1,25$-二羟维生素 D_3 的转化。

此外,GH 和 PRL 等可促进 $1,25$-二羟维生素 D_3 的合成,而糖皮质激素对其则有抑制作用。

第五节 胰岛的内分泌

胰岛是散在分布于胰腺中的内分泌结构。胰岛至少有 5 种细胞:A 细胞(或 α 细胞)占 20%,分泌胰高血糖素(glucagon);B 细胞(或 β 细胞)占 60%~70%,分泌胰岛素(insulin);D 细胞(或 δ 细胞)占 5%,分泌生长抑素(SS);D1 细胞,可能分泌血管活性肠肽;F 细胞(或 PP 细胞)较少,分泌胰多肽(pancreatic polypeptide,PP)。

一、胰岛素

胰岛素的研究是与糖尿病密切相关的。早在公元前就有对糖尿病症状的详细记载,但直到 20 世纪初才发现胰岛素与糖尿病的关系。1920 年代,加拿大医生班廷(S. G. Banting)首次提取到胰岛素,并将其应用于临床治疗。1960 年代,中国科学家首次人工合成具有生物功能的胰岛素,使胰岛素的应用更加方便、快捷和安全(二维码10-4)。

二维码 10-4 中国科学家
人工合成牛结晶胰岛素
——团队协作精神

胰岛素由胰岛 β 细胞首先合成大分子的前胰岛素原(pre-proinsulin),切除信号肽后转变为胰岛素原(proinsulin),二硫键形成后再剪切形成胰岛素和连接肽(connecting peptide),即 C 肽。由于胰岛 β 细胞分泌等摩尔的胰岛素和 C 肽,因此,测定血中 C 肽含量可作为胰岛素分泌量的标记。胰岛素是由 51 个氨基酸残基组成的蛋白质,其中 21 肽的 A 链和 30 肽的 B 链通过 2 个二硫键相连(图 10-13)。哺乳动物胰岛素的种间差异一般为 14 个氨基酸残基。

胰岛素在血液中以与血浆蛋白结合和游离两种状态存在,两者保持动态平衡。只有游离态的胰岛素才具有生物活性。胰岛素在血浆中的半衰期只有 5～6 min,主要在肝、肾、肌肉等组织被灭活。

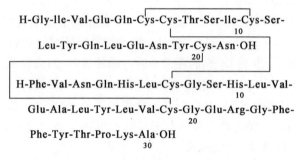

图 10-13　猪胰岛素分子的化学结构

(一)胰岛素的生理作用

胰岛素是促进合成代谢、维持血糖水平相对稳定的主要激素。

1.对糖代谢的作用

胰岛素是唯一能降低血糖的激素,它能增加血糖的去路和减少血糖的来源,并与其他激素共同维持血糖的稳态。

(1)促进肝糖原储备或转化为脂肪　主要有以下几方面:①增强葡萄糖激酶活性,促进葡萄糖的磷酸化,从而促进肝细胞摄取葡萄糖;②增强糖原合成酶活性,促进肝糖原合成;③当肝糖原饱和时,多余的葡萄糖转化为脂肪酸,以甘油三酯的形式通过血液运输至脂肪组织储存;④抑制磷酸化酶活性,阻止糖原分解;⑤抑制糖异生有关酶的活性,抑制肝糖异生。

(2)促进肌糖原储备　胰岛素通过增加细胞膜中葡萄糖转运体(glucose transporter, GLUT)的数量,促进葡萄糖进入组织。GLUT 有 7 种类型,其中,$GLUT_4$ 存在于对胰岛素敏感的肌肉和脂肪细胞中,促进葡萄糖进入肌肉组织,以肌糖原形式储存。

2.对脂肪代谢的作用

胰岛素促进脂肪组织储备脂肪,降低血中游离脂肪酸。主要有以下几个环节:①通过 GLUT4 促进葡萄糖进入脂肪细胞,分别合成脂肪酸和 α 磷酸甘油,继而合成甘油三酯储存于脂肪组织;②抑制脂肪酶活性,减少脂肪细胞中甘油三酯的分解;③促进机体大多数组织对葡萄糖的利用,而减少对脂肪的利用。

3.对蛋白质代谢的作用

胰岛素促进蛋白质合成,抑制蛋白质分解。主要通过以下几方面实现:①促进氨基酸进入细胞,与生长激素协同增加细胞对氨基酸的摄取;②加速 DNA 复制、转录和 mRNA 的翻译过程,促进蛋白质合成;③抑制蛋白质分解,减少氨基酸释放入血液;④促进糖异生关键酶的降解和蛋白质合成关键酶的生成,使血液中氨基酸不用于糖异生,而转用于蛋白质合成。

4. 对能量代谢的作用

胰岛素是调节机体能量平衡的重要激素,可通过作用于下丘脑促进摄食活动,抑制交感神经系统降低器官代谢水平等途径,减少能量的消耗,维持机体能量平衡。

(二)胰岛素的作用机制

胰岛素的作用要通过其受体介导。胰岛素受体(insulin receptor,IR)属于酪氨酸激酶受体,几乎分布于机体所有的细胞。IR 是一种由二硫键连接的 2 个对称的单位的糖蛋白。每个单位都由一个 α 亚基和一个 β 亚基组成。其中,α 亚单位起着抑制 β 亚基酪氨酸激酶活性的作用。当胰岛素与 α 亚基结合后,α 亚基对 β 亚基的抑制作用解除,β 亚基的酪氨酸激酶被激活,从而实现胰岛素的生理效应。

胰岛素作为唯一能直接引起血糖下降的激素,与糖尿病的发生密切相关。糖尿病是一种糖、蛋白质和脂肪代谢紊乱导致的疾病。如果葡萄糖不能进入细胞,细胞就会使用脂肪和自身蛋白质来产生所需要的能量,从而导致一系列的临床症状。糖尿病通常分为两类:① I 型糖尿病:因胰岛素缺乏引起的胰岛素依赖性糖尿病。I 型糖尿病一般是自身免疫性疾病,即自身的 β 细胞数量或功能下降,不能生产出足够的胰岛素,必须用胰岛素治疗。② II 型糖尿病:因胰岛素相对缺乏或出现胰岛素抵抗引起的非胰岛素依赖性糖尿病。胰岛素抵抗(insulin resistance)是胰岛素靶细胞对胰岛素敏感性下降,即需要更多的胰岛素才能产生正常的生物效应。胰岛素抵抗还是导致高血压、高血脂等疾病发生的根本原因之一。

(三)胰岛素分泌的调节

1. 血中代谢物质的调节作用

(1)血糖的作用　血糖浓度是调节胰岛素分泌的主要因素。根据血糖相对浓度的高低,动物可出现高血糖(hyperglycemic)、低血糖(hypoglycemic)和正常血糖(euglycemic),其血糖浓度分别高于、低于和处于正常范围。猪、马、犬和猫等血糖浓度的基准值变化范围是 62～120 mg/dL;奶牛、绵羊和山羊等反刍动物的变化范围是 42～80 mg/dL。血糖浓度升高时,β 细胞膜上高通量的葡萄糖转运体(GLUT$_2$)将葡萄糖迅速转运入细胞,使细胞内液葡萄糖浓度与血糖浓度平衡。β 细胞通过糖酵解分解葡萄糖来识别高浓度葡萄糖的刺激,从而分泌胰岛素。长期高血糖不仅可使胰岛素的合成增加,甚至可促进 β 细胞增殖。当血糖浓度降至正常水平时,胰岛素分泌恢复到基础水平;动物处于低血糖状态时,无胰岛素分泌。

(2)氨基酸和脂肪酸的作用　血中氨基酸、游离脂肪酸和酮体浓度升高也能促进胰岛素分泌,且与葡萄糖对胰岛素分泌的刺激有协同作用。这些物质必须进入 β 细胞,然后被代谢为有效的分泌刺激物。

2. 激素调节

(1)胰岛其他激素　胰高血糖素和生长抑素分别通过旁分泌形式刺激和抑制相邻的 β 细胞分泌胰岛素,胰高血糖素还可通过升高血糖间接促进胰岛素分泌。

(2)胃肠激素　多种胃肠激素参与胰岛素分泌的调节,胃泌素、胰泌素、胆囊收缩素和抑胃肽等均可刺激胰岛素的分泌。

(3)其他激素　生长激素、皮质醇和甲状腺激素通过升高血糖间接刺激胰岛素分泌。

3. 神经调节

神经调节主要在于维持胰岛 β 细胞对葡萄糖的敏感性。对正常情况下胰岛素的分泌作用不大,在消化活动增强时,迷走神经兴奋可直接刺激胰岛素分泌,也可以通过刺激胃肠激素间接促进胰岛素的分泌。交感神经兴奋则抑制胰岛素的分泌,可防止运动增强时出现低血糖症状。

二、胰高血糖素

胰高血糖素是由 29 个氨基酸残基组成的多肽,在血浆中的半衰期为 5～10 min,主要在肝、肾等组织被降解。

(一)胰高血糖素的生理作用

胰高血糖素几乎在所有方面都与胰岛素的作用相反,是促进物质分解代谢的激素,其主要的靶器官是肝脏。胰高血糖素与肝细胞膜受体结合后,经 cAMP-PKA 途径和 IP_3/DAG-PKC 途径发挥作用。

1. 对糖代谢的作用

激活肝细胞内的糖原磷酸化酶和糖异生关键酶,促进肝糖原分解,增强糖异生作用,促使肝脏释放大量葡萄糖进入血液,使血糖升高。

2. 对脂肪代谢的作用

激活肝细胞内的脂肪分解酶,促进肝脏脂肪分解和脂肪酸的氧化;抑制肝内脂肪酸合成甘油三酯,增加酮体生成。

3. 对蛋白质代谢的作用

抑制肝内蛋白质合成,促进其分解,同时促进氨基酸转运入肝细胞,为糖异生提供原料。

(二)胰高血糖素分泌的调节

1. 血液中代谢物质的调节

血糖浓度是最主要的调节因素,血糖降低可促进胰高血糖素分泌,升高血糖;反之,则分泌减少。此外,血液中氨基酸浓度升高不仅刺激胰岛素的分泌,也可促进胰高血糖素分泌,以维持血糖稳态。

2. 激素调节

胰岛素和生长抑素可以旁分泌形式抑制相邻的 α 细胞分泌胰高血糖素,但胰岛素又可通过降低血糖浓度而间接促进胰高血糖素分泌。胃泌素、胆囊收缩素等胃肠激素可促进胰高血糖素分泌,而促胰液素则起抑制作用。

3. 神经调节

迷走神经兴奋抑制胰高血糖素分泌;交感神经兴奋促进其分泌。

三、生长抑素和胰多肽

胰岛 δ 细胞分泌的生长抑素有 SS14 和 SS28 两种形式,分别为 14 肽和 28 肽。生长抑素可通过旁分泌作用抑制胰岛 α、β 和 PP 细胞的分泌活动,降低胰岛素、胰高血糖素和胰多肽的水平,其中对 α 细胞的抑制作用最显著。此外,生长抑素可通过抑制胆囊收缩素和促胰液素,从而抑制胰液的分泌,还可抑制胃的运动和胃液的分泌。

胰岛 PP 细胞分泌的胰多肽是 36 个氨基酸残基组成的多肽,低血糖、日粮中的蛋白质和脂肪均可刺激其分泌。胰多肽可抑制胆囊收缩素对胰腺外分泌和胆囊收缩的刺激作用,从而抑制消化活动。

第六节　肾上腺的内分泌

肾上腺位于肾脏的前缘,由两层在起源发生、形态结构、激素种类及功能上均不相同的腺体组织构成。外层的皮质起源于中胚层,由三层形态不同的细胞组成,所含的酶不同,合成和分泌的激素也不同。内层的髓质与交感神经节细胞同源,起源于神经嵴细胞,属于外胚层;髓质与皮质之间存在血管联系,血液供应均来自皮质,因此,两者在功能上有一定的联系。

一、肾上腺皮质的内分泌

肾上腺皮质激素均由胆固醇合成。胆固醇主要来源于血液中的低密度脂蛋白(LDL),皮质细胞内的乙酸也能合成少量胆固醇。肾上腺皮质由外向内依次为球状带、束状带和网状带。其中,球状带分泌盐皮质激素(mineralocorticoid,MC),主要是醛固酮(aldosterone),还有 11-脱氧皮质酮和 11-脱氧皮质醇;束状带分泌糖皮质激素(glucocorticoids,GC),主要是皮质醇(cortisol)和皮质酮(corticosterone)(图 10-14);不同种属动物的皮质醇和皮质酮的比例不一,

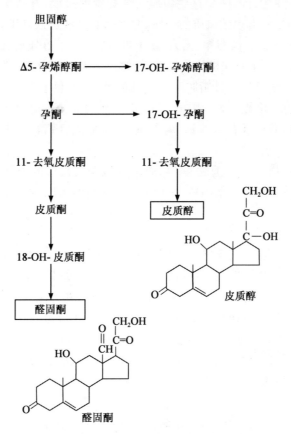

图 10-14　肾上腺皮质激素的主要合成途径

羊、猫、猴、人等以皮质醇为主,禽类和啮齿类动物以皮质酮为主。网状带分泌少量糖皮质激素。此外,网状带和束状带还能分泌少量雄激素,主要是脱氢异雄酮和雄烯二酮。

血液中的大部分 GC 与血浆蛋白中的皮质类固醇结合球蛋白(corticosteroid binding globulin,CBG)结合,少量与白蛋白结合,只有不到 10% 的 GC 呈游离状态,但只有游离型激素才具有生物学活性。结合型激素和游离型激素之间可以相互转换,并保持动态平衡。血液中 MC 与 CBG 的结合能力较弱,约仅 20%,另有 40% 与白蛋白结合,其余 40% 处于游离状态。血液中游离 GC 和 MC 的半衰期分别为 60~90 min 和 15~20 min,之后主要在肝组织被降解而灭活,代谢产物随尿排出。

肾上腺皮质激素的作用主要通过核受体介导,调节靶基因的转录和翻译,产生相应的生物效应。肾上腺皮质激素也可通过膜受体介导其作用,产生快速效应。

(一)糖皮质激素

1. 生理作用

机体绝大部分组织都存在 GC 受体,因此 GC 的作用十分广泛。此外,GC 还对其他多种激素起着"允许作用",诱导其他激素作用,或对其他激素的作用起增强或抑制效应。

(1)对物质代谢的影响

①糖代谢。GC 促进肝脏糖原合成,增加糖原贮存,同时促进糖的异生。GC 还可引起脂肪细胞、肌细胞对胰岛素的抵抗,减少这些组织对葡萄糖的摄取,升高血糖。②蛋白质代谢。GC 促进肝外组织,特别是肌肉中蛋白质的分解,并加速氨基酸进入肝脏,为糖异生提供原料。但如果 GC 分泌过多,可导致肌肉萎缩、无力,骨中蛋白质丢失。③脂肪代谢。GC 既促进脂肪合成,又促进脂肪分解,引起脂肪在机体的再分配,常表现为四肢脂肪丢失,脂肪过多地沉积在颈部、腹部等处。此外,GC 可以促进脂肪酸在肝脏的氧化,有利于糖异生。④水盐代谢。GC 有较弱的保钠、排钾作用,可促进水的排出,肾上腺皮质功能亢进时可导致动物多尿和烦渴;GC 能抑制小肠对钙的吸收以及肾脏对钙、磷的重吸收,促进骨钙释放入血液,增加骨质疏松的风险。

(2)对免疫系统的作用　大剂量的 GC 可抑制多数免疫反应及炎症反应。GC 可引起 T 淋巴细胞、单核细胞以及嗜酸性粒细胞减少,抑制吞噬细胞的渗出、趋化性和吞噬作用,从而抑制免疫反应;阻断干扰素 γ、肿瘤坏死因子 α、多种白细胞介素等各种细胞因子的分泌及其作用,减轻炎症反应。

二维码 10-5　知识拓展:应激反应

(3)在应激反应中的作用　在动物受到一系列非特异性刺激(如创伤、手术、感染、疼痛、饥饿、缺氧、寒冷以及惊恐等)时,可引起下丘脑-腺垂体-肾上腺轴以活动增强为主的内分泌变化,并产生一系列适应性和耐受性的反应,称为应激反应(stress reaction)。在应激发生过程中,ACTH 和 GC 的释放迅速增多,从多方面调整机体的适应性和抵抗应激刺激的能力(二维码 10-5)。除内分泌系统外,机体的神经系统、免疫系统等共同参与对应激反应的调节。

(4)对组织器官的作用　生理剂量的 GC 是诸多组织器官正常活动所必需的。

①血液组织。促进骨髓造血功能,使红细胞、血小板、单核细胞和嗜中性粒细胞增加;抑制淋巴细胞有丝分裂、促进淋巴细胞凋亡,使胸腺组织和淋巴结等萎缩,并增加淋巴细胞与嗜酸

性粒细胞在脾脏和肺的破坏,使淋巴细胞和嗜酸性粒细胞减少。

②循环系统。通过对儿茶酚胺的允许作用,提高心肌、血管平滑肌对儿茶酚胺的敏感性,增强心肌收缩力和血管张力,维持血压;降低毛细血管通透性,减少血浆滤出,维持循环血量。

③消化系统。增加胃腺细胞对迷走神经和促胃液素的敏感性,促进胃酸分泌和胃蛋白酶原的生成。

④骨骼。抑制骨的形成,有较弱的溶骨作用。高浓度的 GC 使骨量减少,生长受到抑制。

2. 分泌的调节

GC 的分泌表现为基础分泌和应激分泌两种形式,且均主要受下丘脑-腺垂体-肾上腺皮质轴的调节。

(1)下丘脑-腺垂体的调节　下丘脑释放的 CRH 促进腺垂体 ACTH 的合成和分泌,ACTH 促进肾上腺皮质束状带和网状带细胞的增生,并促进 GC 的合成和释放。由于 CRH 的分泌具有昼夜节律,ACTH 和 GC 的分泌也具有相应的周期性波动。

(2)反馈调节　血液 GC 浓度升高可使下丘脑 CRH 和腺垂体 ACTH 的合成和分泌减少,腺垂体 ACTH 细胞对 CRH 的敏感性下降,血液 GC 浓度降低。临床大量使用 GC 可通过长反馈抑制 CRH 和 ACTH 的合成和分泌,导致肾上腺皮质束状带和网状带的萎缩,分泌功能减退或停止。

(3)应激性调节　在应激情况下,中枢神经系统通过增强下丘脑-腺垂体-肾上腺皮质轴的活动,促进 ACTH 和 GC 的分泌。此时,ACTH 的分泌几乎完全受控于 CRH,且完全不受 GC 负反馈抑制的影响,导致 ACTH 和 GC 的分泌量迅速到达很高的水平。

(二)盐皮质激素

1. 生理作用

盐皮质激素中以醛固酮的生物活性最强,其主要作用是促进肾远曲小管和集合管对 Na^+ 和水的重吸收,并排出 K^+,即促进肾脏的"保钠排钾"作用,同时保持了一部分水。醛固酮也可作用于汗腺、唾液腺导管和胃肠道上皮细胞,同样起到"保钠排钾"作用。

2. 分泌的调节

醛固酮的分泌主要受肾素-血管紧张素系统的调节,血管紧张素能促进球状带细胞的生长,增强醛固酮合成酶活性,从而促进醛固酮的合成和分泌。血 K^+ 浓度升高和血 Na^+ 浓度减少可反馈性促进醛固酮的分泌。此外,在应激情况下,ACTH 也促进醛固酮的分泌。

(三)雄激素

肾上腺雄激素生物活性较弱,但它们可在外周组织转化为活性较强的形式而发挥作用。肾上腺雄激素通常在动物性成熟之前有一定的效应,能促进生殖器官的发育和副性征的出现,对成年动物的影响较小。

二、肾上腺髓质的内分泌

肾上腺髓质激素由嗜铬细胞(chromaffin cell)合成和分泌,主要有肾上腺素(adrenaline,Ad 或 epinephrine,E)、去甲肾上腺素(noradrenaline,NA 或 norepinephrine,NE)和多巴胺(dopamine,DA),都属于儿茶酚胺类化合物。其中,犬、鼠、兔和人主要分泌 Ad。而猫、鲸鱼等主要分泌 NA。血液中肾上腺髓质激素大约有 50% 与白蛋白结合，其余 50% 处于游离状态。游离态肾上腺髓质激素在血液中的半衰期只有大约 2 min。

Ad 和 NA 受体为 G 蛋白耦联受体，分布广、类型多，因此，髓质激素对各器官、组织的作用广泛而复杂。

1. 生理作用

肾上腺髓质受交感神经支配，并与交感神经组成交感-肾上腺髓质系统（sympathetic-adrenal medulla system），在机体应急反应中起重要作用。

（1）对组织器官的作用如下　①对中枢神经系统的影响。提高神经兴奋性，使机体处于警觉状态，反应灵敏。②对心血管活动的影响。兴奋心脏和缩血管，使心输出量增加，血压升高；内脏血管收缩，骨骼肌血管舒张，全身血液重新分配。其中，肾上腺素以兴奋心脏的作用为主，而去甲肾上腺素的作用主要是缩血管，因此肾上腺素有强心效应，而去甲肾上腺素有升压效应。

（2）对代谢的作用　肾上腺髓质激素对代谢的主要作用是分解糖原，动员脂肪，提高代谢率和产热量。不同类型的肾上腺素能受体介导不同的效应。例如，α_1 受体能促进糖异生，α_2 受体能抑制胰岛素分泌，β_2 受体能促进糖原分解，减少葡萄糖利用。以上肾上腺素能受体都介导血糖水平的升高。而 β_1 受体能促进脂肪分解，增加酮体生成；β_2 受体能通过动员脂肪，增加组织耗氧量和机体产热量，提高基础代谢水平。

（3）在应急反应中的作用　在当机体遭遇特殊紧急情况时，因交感-肾上腺髓质系统紧急动员引起的适应性反应，称为应急反应（emergency reaction）。机体受到恐惧、焦虑、剧痛、失血、脱水、缺氧、寒冷、创伤和剧烈运动等刺激时，交感神经兴奋，促进嗜铬细胞的合成和分泌，使肾上腺髓质激素的水平急剧升高。此时，机体处于以下一种或多种状态：警觉、呼吸急促、心动过速、心输出量增大、血压升高、发热、发汗、排尿等。同时，糖原及脂肪分解加强，组织的耗氧量增加等，以适应机体在紧急情况下对能量的需要。

应急反应与应激反应的异同点：应激反应主要是加强机体对伤害刺激的基础耐受能力，而应急反应更偏重于提高机体的警觉性和应变能力。二者实际上都是机体在受到伤害刺激状态下，通过中枢神经系统整合，同时出现的保护性反应，以应对并适应环境突变而确保生存。受到外界刺激时，两种反应往往同时发生，共同维持机体的适应能力。

2. 分泌的调节

（1）神经调节　肾上腺髓质受交感神经的调节，交感兴奋能提高嗜铬细胞中合成酶系活性，促进肾上腺髓质激素的分泌。

（2）激素调节　GC 可以提高嗜铬细胞中合成酶系的活性，促进儿茶酚胺的合成。ACTH 可以直接或通过 GC 间接提高嗜铬细胞中羟化酶等的活性，促进肾上腺髓质激素的合成。

（3）自身反馈调节　当嗜铬细胞中肾上腺髓质激素含量增高到一定水平时，可抑制酪氨酸合成酶和羟化酶等，以胞内分泌的形式负反馈地抑制自身的进一步合成；当肾上腺髓质激素含量减少时，对酶的抑制作用解除，激素合成增加，从而保持激素合成的稳态。

此外，肾上腺髓质激素的分泌还受机体代谢状态的影响。低血糖时，肾上腺髓质激素增加，促进糖原分解，使血糖升高；反之亦然。

第七节 组织激素及功能器官的内分泌

最初人们认为内分泌细胞主要来自内胚层,如甲状腺、肾上腺皮质和胰岛等均起源于内胚层。后来发现内分泌细胞亦可来自外胚层,如下丘脑、垂体、肾上腺髓质和一些胃肠道内分泌细胞,甚至来自中胚层,如心房肌细胞可以分泌心钠素。这样,身体内来自三大胚层的细胞都可演变成内分泌细胞而产生激素。从内分泌细胞的起源可以认为,它们不是一个高度特化的系统。现在的研究表明,从单细胞生物、植物细胞到高等动物细胞,均具有产生内分泌的能力。

一、组织激素

组织激素是指由一些分布广泛而又不属于某个特定功能器官的组织所分泌的激素。

(一)前列腺素

前列腺素(prostaglandin,PG)是存在于机体中的一类不饱和脂肪酸组成的、具有多种生理作用的活性物质。1930 年,von Enler 发现精液中存在一种使平滑肌兴奋、血压降低的活性物质,当时以为这一物质是由前列腺释放的,因而定名为前列腺素。现已证明精液中的前列腺素主要来自精囊,全身许多组织细胞都能产生前列腺素。在体内,前列腺素由花生四烯酸合成,其分子的化学结构为一个五环和两条侧链构成的 20 碳不饱和脂肪酸。前列腺素按其结构分为 A、B、C、D、E、F、G、H、I 共 9 种类型。与其他激素相比,前列腺素除结构、效应不同外,还有以下明显的特点:①产生前列腺素的组织几乎遍及全身而并非特定的腺体或组织;②前列腺素一般限于局部产生而就地作用于局部;③前列腺素未发现有特异的促激素。根据上述特点,大多数学者认为绝大部分前列腺素是一种组织激素。前列腺素仅 PGA 和 PGI_2 半衰期较长,在血中浓度较高,可看作循环激素。

前列腺素的生物学作用广泛而复杂,几乎对所有组织器官的功能活动都有影响,不同类型的前列腺素具有不同的功能。不同组织细胞存在不同的受体,因此前列腺素对各组织器官的作用不同(表 10-4)。前列腺素的半衰期极短(12 min),除 PGA、PGI_2 外,其他的前列腺素经肺、肝等处被迅速降解。故前列腺素不像典型的激素那样,通过循环影响远距离靶向组织的活动,而是在局部产生和释放,对产生前列腺素的细胞本身或对邻近细胞的生理活动发挥调节作用。

表 10-4 前列腺素对机体各系统的调节作用

系统	PG 类型	主要作用
循环系统	PGE、PGF、PGA	心率加快;心收缩力增强
	PGI_2	冠状血管舒张,冠脉血流量增大
血液系统	PGI_2	抑制血小板聚集和血栓形成(TXA_2 促进血小板聚集和血栓形成)
呼吸系统	PGE	肺血管扩张,肺血流量增大;支气管舒张,减少肺通气阻力
	$PGF_{2\alpha}$	肺血管和支气管收缩
消化系统	PGE_2、PGI_2	抑制胃液分泌,保护胃黏膜;刺激胃肠运动

续表10-4

系　统	PG 类型	主要作用
泌尿系统	PGE_2	肾血流量增大；促进水、钠排出
	PGI_2	肾素分泌，血管紧张素合成增加
神经系统	PG	影响神经递质的释放和作用；参与下丘脑体温调节；参与疼痛与镇痛
内分泌系统	PG	糖皮质激素分泌；组织对激素的反应性增强；参与神经内分泌调节
生殖系统	PGE	射精和精子运行
	PGE_2、PGF_2	排卵、黄体生成、妊娠和分娩等
免疫系统	PGE	参与炎症反应；抑制细胞免疫

（二）其他组织的内分泌

二维码 10-6　知识拓展：
脂肪、骨骼肌、骨
组织的内分泌

近年来的研究表明，机体所有的组织细胞几乎都具有产生激素的能力，都具有内分泌功能。例如，脂肪组织不仅是能量的储存器，还分泌大量的生物活性物质，在机体能量调节中起着重要作用。骨骼肌不仅是运动效应器官，也能分泌多种生物信号分子，对自身生长和代谢起调节作用。骨组织中的成骨细胞和破骨细胞能分泌多种生物活性因子，对骨骼发育和代谢起调节作用（二维码 10-6）。

二、功能器官的内分泌

二维码 10-7　知识拓展：
功能器官的内分泌

除了内分泌腺外，机体还有些内分泌细胞则分散存在于其他非内分泌腺器官内，同样发挥着重要的调节作用。例如，心脏产生的心房钠尿肽，可调节机体水盐代谢和血压；血管分泌的内皮素，可调节局部血管的紧张性；肾脏产生的促红细胞生成素，能促进红细胞的生成；肝脏是机体内分泌胰岛素样生长因子的主要部位；消化道黏膜上皮有很多内分泌细胞，能产生大量的胃肠激素。几乎所有的组织器官都具有内分泌功能（二维码 10-7）。

第八节　神经、内分泌与免疫系统之间的相互作用

二维码 10-8　知识拓展：
神经-内分泌-免
疫网络

1977 年，Besedovsky 首次提出"神经-内分泌-免疫网络"（neuro-immuno-endocrine network）的概念。近年来，随着研究的深入，陆续发现神经、内分泌与免疫系统三大系统都具有整合、储存和记忆、周期性活动、反馈调节等共同的特性。三大系统存在相互作用的生物学基础，共有一些化学信号分子，共享相应的受体。三个系统之间存在密切的联系，相互作用，对机体内环境稳态和免疫防御功能具有重要意义（二维码 10-8）。

（周　杰　彭梦玲）

复习思考题

1.激素分子的化学特性与其作用机制,以及临床或生产实践中的使用有何联系?

2.下丘脑-腺垂体-靶腺轴在内分泌调节中有何意义?

3.试述机体生长的内分泌调节。

4.哪些激素参与对机体钙、磷代谢的调节?它们之间有什么联系?

5.试述机体血糖稳态的内分泌调节。

第十一章　生殖生理

> 　　生殖是生命活动最基本的特征之一,是生命体生长发育到一定阶段后,通过自我复制延续种系的过程。哺乳动物生殖过程包括两性生殖细胞(精子和卵子)的产生、结合、妊娠和分娩等全部生理过程。涉及雄性生殖系统中主性器官(睾丸)的生精功能、内分泌功能及其活动的调节,附性器官(附睾、副性腺、阴茎和阴囊等)的功能,以及精子和精液的特点和作用;雌性生殖系统中主性器官(卵巢)的生卵功能、内分泌功能及其活动的调节,附性器官(输卵管、子宫、阴道及外生殖器等)的功能;有性生殖的过程。
>
> 　　通过本章的学习,主要应了解和掌握以下几方面的知识。
> - 熟悉生殖器官、副性征、性成熟和体成熟等基本概念。
> - 掌握雄性生殖生理过程。
> - 掌握雌性生殖生理过程。
> - 熟悉有性生殖的过程。

第一节　概　　述

　　生物体生长发育成熟后,能够产生与本身相似的子代,这种功能称为生殖(reproduction)。生殖是生命活动最基本的特征之一。哺乳动物生殖过程包括两性生殖细胞(germ cell),精子和卵子的产生、结合、妊娠和分娩等生理过程。

二维码 11-1　生殖器官和副性征

一、生殖器官和副性征

　　生殖器官包括性腺和附性器官,性腺在雄性为睾丸,雌性为卵巢。两性在达到性成熟时所表现出的性的特征,称为副性征(二维码 11-1)。

二、性成熟和体成熟

　　哺乳动物生长发育到一定时期,生殖器官和副性征基本发育完全,并且具有繁殖能力,叫作性成熟(sexual maturity)。性成熟时,雄性和雌性动物出现明显的副性征、性行为和性功能,表现出强烈的性欲,能够进行交配、受精、妊娠等,同时分泌性激素。

　　动物性成熟一般经历初情期(puberty)、性成熟期和性最后成熟期 3 个阶段。初情期是性成熟的开始,它的启动是下丘脑-垂体-性腺轴的成熟过程,表现为母畜第一次发情排卵或公畜开始产生精子。在畜牧生产中,雄性牛、猪、绵羊和马的初情期定义为可以射出每毫升含有

5×10^7 个精子的精液,其中 10% 以上的精子具有活力。从初情期到性成熟,猪、羊等通常约经历几个月,马、牛、骆驼需 $0.5 \sim 2$ 年。性成熟期则是性的基本成熟阶段,具备繁殖能力。

体成熟(body maturity)是指动物生长基本结束,并具有成年动物所固有的形态和结构特点。家畜性成熟时,虽然已具备繁殖能力,但由于身体仍在继续生长发育,如果立即用于配种繁殖,必将对自身的继续发育和后代的体质产生不良影响。需待身体发育成熟,即到体成熟以后再用于繁殖。几种雌性动物性成熟和初次配种年龄见表 11-1。

表 11-1 几种雌性动物性成熟和初配年龄

动物品种	性成熟	体成熟(初配年龄)
骆驼	24～36 个月	5～6 岁
马	18～24 个月	3～4 岁
黄牛	12～24 个月	2～2.5 岁
水牛	18～24 个月	2.5～3 岁
奶牛	8～12 个月	16～18 个月
绵羊	6～10 个月	18～20 个月
山羊	5～8 个月	12～15 个月
猪	5～6 个月	8～9 个月
犬	4～8 个月	随品种而异
家兔	3～4 个月	4～8 个月

此外,动物的种属、品种、性别、气候、营养和管理等都能影响性成熟和体成熟的时间。因此,各种动物初次配种年龄应根据实际情况灵活掌握。

三、性季节

性季节(sexual season)也称繁殖季节(breeding season)。一般来说,雄性动物发情和交配不受季节的限制,全年不断形成精子,随雌性动物发情而表现性活动。雌性动物情况比较复杂,其繁殖活动受光照、温度和饲养水平等环境因素的影响。雌性动物繁殖季节可分为两大类:常年繁殖和季节繁殖。

常年繁殖动物是雌性动物达到性成熟后,全年有规律的多次发情,也称为终年多次发情动物,如牛、猪和家兔,它们在一年之中,除妊娠期外都可能出现周期性发情。

季节繁殖动物是一年中只出现一个或两个繁殖季节。在繁殖季节里,雌性动物出现多次发情为“季节性多次发情动物”,如马、羊、犬和猫。有些野生动物在繁殖季节里只出现一次发情为“季节性单次发情动物”,如狐、熊。在非繁殖季节,雌性动物的卵巢有不同程度的萎缩,动物无发情表现,称为乏情期(anestrus)。越接近原始类型或较粗放饲养的动物品种,发情的季节性越明显。随着驯化程度的加深和饲养管理的改善,特别是营养条件的改善,动物发情的季节性逐渐减弱而变得不明显。

影响季节性繁殖的主要环境因素是日照,大多数季节繁殖的动物都在日照逐渐延长时开始进入繁殖季节,这类动物称为“长日照动物”,例如,马、骆驼在冬末或初春进入繁殖季节,并一直持续到夏末。少数季节繁殖的动物在日照逐渐缩短时开始进入繁殖季节,这类动物称为“短日照动物”,例如,绵羊一般在秋季进入繁殖季节。

第二节　雄性生殖生理

雄性生殖系统由睾丸、附睾、输精管、精囊腺、尿道球腺、前列腺和阴茎等组成。睾丸主要由曲细精管（seminiferous tubule）和间质细胞（leydig cell）组成，其中曲细精管具有生成精子的功能，间质细胞有内分泌功能，附性器官具有精子贮藏、成熟和运输等功能。

一、睾丸的功能

（一）睾丸的生精作用

从原始生精细胞，即精原细胞（spermatogonium）发育为精子（sperm）的过程称为睾丸的生精作用（spermatogenesis）。睾丸曲细精管是产生精子的部位，由生精细胞和支持细胞构成。

1. 生精细胞

不同发育阶段的生精细胞由基膜到管腔有序排列，依次为精原细胞、初级精母细胞（primary spermatocyte）、次级精母细胞（secondary spermatocyte）、精子细胞（spermatid）和精子，精子最终进入曲细精管管腔。从精原细胞发育成精子一般经历 3 个连续的阶段（图 11-1）。

（1）精原细胞增殖期　每个精原细胞分裂成一个非活动的精原细胞和一个活动的精原细胞，后者经过 4 次有丝分裂，得到 16 个初级精母细胞。

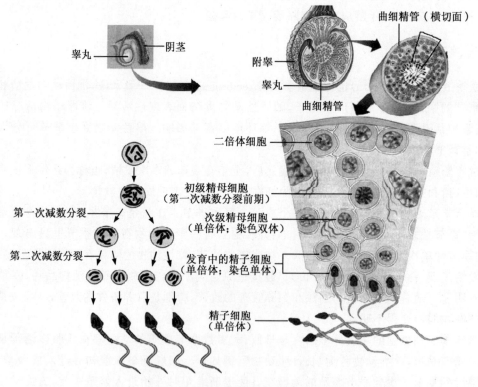

图 11-1　睾丸曲细精管生精过程

（2）精母细胞减数分裂期 每个初级精母细胞经过第一次减数分裂（meiosis）为 2 个次级精母细胞，每个次级精母细胞经过第二次减数分裂为 2 个精子细胞。各级精母细胞由管的基部逐渐移向管腔。

（3）精子分化期 精子细胞不再进行分裂，经过复杂的形态变化直接变成精子。经过生精过程，一个精原细胞可产生 64 个（如绵羊、牛）或 96 个（如大鼠、小鼠）精子。精子进入管腔后，经曲细精管、睾丸网而移向附睾储存，并在其中发育成熟，获得运动的能力，到射精时随精液排出。如不射精，精子在附睾中经一定时间后，将衰老、死亡并被吸收。各种动物生精过程的时间各不相同，例如，绵羊为 49～50 d，牛 60 d，猪 44～45 d，马 49～50 d，家兔 52 d。

2.支持细胞

支持细胞（sertoli cell）一端呈扁平状附着在曲细精管的基膜上，另一端伸向曲细精管的管腔。在精子生成过程中，除精原细胞因在外围紧贴基膜，可以直接从睾丸间质组织得到营养物质，其余的各级生精细胞都与支持细胞紧密相连，由支持细胞提供营养。因此，支持细胞也被称为营养细胞。

（二）睾丸的内分泌功能

睾丸的间质细胞分泌睾酮、双氢睾酮（dihydrotestosterone，DHT）、脱氢异雄酮（dehydroisoandrosterone，DHIA）和雄烯二酮（androstenedione）等雄激素，属于 C-19 类固醇激素，其中主要为睾酮，而 DHT 活性最强，其余几种活性较弱。此外，睾丸支持细胞分泌的抑制素（inhibin）为多肽激素。

1.雄激素的主要功能

（1）雄激素的合成 胆固醇是合成雄激素的原料。在睾丸间质细胞中，胆固醇经过羟化、侧链裂解转化成孕烯醇酮，进一步经孕酮或 17α-羟孕烯醇酮，转变为睾酮（图 11-2），睾酮在附睾和前列腺等靶器官内，由 5α-还原酶作用形成双氢睾酮。

在血液中，睾酮有 2% 是游离型，98% 为结合型，其中 65% 与支持细胞产生的性激素结合球蛋白（sex hormone-binding globulin，SHBG）结合，33% 与白蛋白结合。睾酮主要在肝脏被破坏，多数形成 17-酮类固醇，以葡萄糖醛酸盐或硫酸盐的形式随尿排出，少量经粪便排出。

（2）雄激素的生理作用 主要是刺激雄性动物附器官的发育和副性征的出现，具体作用为：①促进精子的生成。睾酮和双氢睾酮一方面可以与生精细胞的雄激素受体结合，利于精子生成，另一方面还可与雄激素结合蛋白结合，维持曲细精管内精子生成所需的雄激素；②促进雄性生殖器官的生长发育和副性征的出现。睾酮主要影响曲细精管、输精管、附睾、精囊和射精管等内生殖器的生长发育，而双氢睾酮促进前列腺、阴茎、阴囊和尿道等外生殖器的生长发育。雄激素还能刺激雄性动物副性征的出现，并维持其正常状态；③维持正常的性行为和性欲；④促进体内蛋白质的合成和钙磷沉积，从而加快肌肉发育和骨骼生长；⑤通过直接刺激骨骼或增加肾脏促红细胞生成素的生成，从而促进红细胞生成。

2.抑制素的功能

抑制素由 α、β 两个亚单位组成，可强烈抑制腺垂体分泌卵泡刺激素（FSH），而生理剂量的抑制素对黄体生成激素（LH）的分泌则无明显影响。

（三）睾丸的功能调节

睾丸的活动受下丘脑-腺垂体-性腺（睾丸）轴，及其靶激素的反馈性调节。

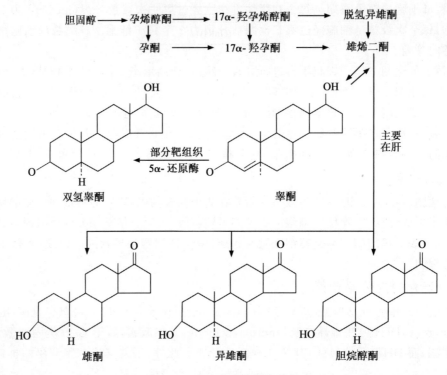

图 11-2　睾丸合成雄激素途径

1. 下丘脑-腺垂体的调节

在内、外环境因素的作用下,下丘脑可分泌促性腺激素释放激素(GnRH),GnRH 通过垂体门脉作用于腺垂体,促进腺垂体分泌 FSH 和 LH。FSH 通过血液循环到达睾丸,与生精细胞和支持细胞上的相应受体结合,促进生精细胞完成第一次减数分裂,并促进支持细胞分泌精子生成所需的营养物质和抑制素;LH 经血液循环到达睾丸,与间质细胞上 LH 受体结合,促进间质细胞分泌雄激素(主要为睾酮),并扩散至曲细精管促进精子生成。

2. 反馈调节

抑制素和雄激素在血浆中超过一定水平时,抑制素可反馈作用于腺垂体,强烈抑制其分泌和释放 FSH;雄激素又以负反馈方式分别抑制下丘脑和腺垂体分泌 GnRH 和 LH,从而维持血液中睾酮水平的稳定。

3. 睾丸内的局部调节

睾丸支持细胞、生精细胞和间质细胞三者之间存在复杂的局部调节机制。支持细胞中的芳香化酶可将间质细胞产生的睾酮转化为雌二醇,雌二醇可降低垂体对 GnRH 的敏感性,抑制 FSH 和 LH 的分泌,使睾酮分泌量减少。此外,睾丸还可以产生 GnRH、胰岛素样生长因子、转化生长因子和白细胞介素等肽类和蛋白质,以旁分泌或自分泌方式,局部调节睾丸功能。睾丸调节功能总结如图 11-3 所示。

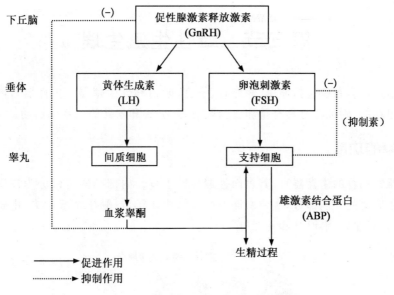

图 11-3　下丘脑-腺垂体对睾丸功能的调节

二、雄性动物附性器官的功能

雄性动物附性器官包括附睾、输精管、精囊腺、尿道球腺、前列腺和阴茎等,具有精子贮藏、成熟和运输等功能(二维码 11-2)。

二维码 11-2　雄性动物附性器官功能

三、精液

精液包括精清和精子两部分,精子悬浮在液体精清中。精液的理化特性主要决定于精清,各种成分的比例有明显的个体差异,即使同一个体,每次射出精液的组成成分及其比例也有差别。

(一)精清

精清是附睾、前列腺、精囊腺和尿道球腺的混合分泌物,pH 约为 7.0,化学成分复杂。精清的主要生理作用为:①稀释精子,便于精子的运动和输入雌性动物生殖道;②提供精子运动和存活的适宜环境;③含有果糖、山梨醇和甘油磷酸胆碱等能源物质,向精子提供能源,维持精子活力;④保护精子、防止精子凝集和精液倒流。

(二)精子

精子是高度特化的细胞。在睾丸曲细精管生成,储存于附睾并由附睾排出。从父本来的遗传信息由精子带给子代新个体,并决定胚胎的性别。精子由头和尾两部分组成。头部主要包括核和顶体,还有一些其他结构,能进入卵细胞,并与之结合。尾部是精子运动的部分,它摆动的轨迹是"∞"形,使整个精子旋转向前运动。

第三节　雌性生殖生理

雌性的生殖器官系统包括卵巢、输卵管、子宫、阴道和外生殖器。主性器官卵巢具有生卵作用和内分泌功能,附性器官具有排卵、受精、妊娠、分娩和泌乳等一系列活动。

一、卵巢的功能

卵巢是雌性动物的主性器官,其表面被覆生殖上皮。内部结构可以分为皮质和髓质两部分。皮质位于卵巢的周围部分,主要由卵泡和结缔组织构成;髓质位于中央,由疏松结缔组织构成,其中有许多血管、淋巴管和神经(图11-4)。

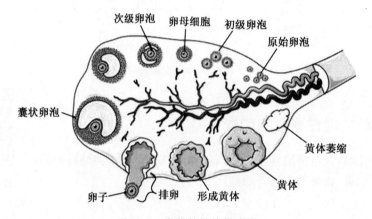

图11-4　卵巢的结构模式图

(一)卵巢的生卵作用

卵巢的生卵实际上包括卵泡和卵母细胞的发育、排卵及黄体的形成和退化。

1.卵泡的发育

卵泡(follicle)由一定发育阶段的卵母细胞和它周围的卵泡细胞构成。根据卵泡的形态、体积、功能等,将卵泡分为原始卵泡、生长卵泡和成熟卵泡,各种卵泡关系如图11-5所示。

(1)原始卵泡　卵巢的生卵(oogenesis)起源于卵原细胞(oogonium)。雌性动物在胚胎时期,原始生殖上皮细胞由卵黄囊移行到卵囊内,分化为卵原细胞。之后,很多卵原细胞进行多次有丝分裂,成为初级卵母细胞(primary oocytes)。初级卵母细胞的周围被一层扁平的卵泡细胞包围而形成原始卵泡(primordial follicle)。原始卵泡在胚胎时期大量形成,但只有少数继续发育,大部分退化或成为闭锁卵泡。

(2)生长卵泡　①初级卵泡。原始卵泡中初级卵母细胞生长增大,周围卵泡细胞分裂增殖,胞浆中出现多层颗粒细胞,进而发育成初级卵泡(primary follicle);②次级卵泡。卵泡细胞不断增殖,在初级卵母细胞与颗粒细胞之间形成透明带。透明带由颗粒细胞分泌的糖蛋白构成,它周围的颗粒细胞成放射状排列,故称为放射冠,这一阶段卵泡称为次级卵泡(secondary follicle)。次级卵泡在生长发育过程中,形成内、外两层卵泡膜,内膜具有分泌雌激素的功

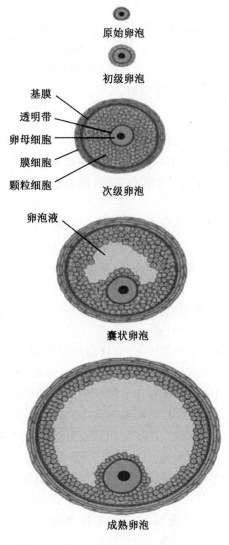

原始卵泡

初级卵泡

基膜
透明带
卵母细胞
膜细胞
颗粒细胞

次级卵泡

卵泡液

囊状卵泡

成熟卵泡

图 11-5　各种类型卵泡的相互关系

能;③三级卵泡。次级卵泡中卵泡细胞逐渐分离,形成腔隙,并分泌含有雌性激素的卵泡液,充满于卵泡细胞之间的腔隙内。此时的卵泡称为有腔卵泡,而此前的卵泡称为腔前卵泡。随着卵泡腔扩大和卵泡液增多,卵母细胞逐渐被挤向一侧,并被包裹卵泡细胞团中形成卵丘。颗粒细胞贴在卵泡腔周围形成颗粒层,此时卵泡发育成三级卵泡(tertiary follicle)。由于卵泡细胞和卵细胞都被推向卵泡腔的一侧,形成囊状,所以此生长中的卵泡又叫作囊状卵泡。

(3)成熟卵泡　三级卵泡进一步发育不断扩大,卵泡不断扩大,卵泡液增多,颗粒细胞层变薄,此时卵泡已完全发育成熟,从卵巢表面突出或移向排卵窝,卵泡壁变薄,即为成熟卵泡(mature follicle)。

2.卵母细胞的发育

卵泡和卵母细胞的发育同时进行,但又不完全同步。成熟卵泡中的卵母细胞仍处于次级卵母细胞阶段。胚胎时期,原始生殖上皮细胞分化为卵原细胞,之后进行多次有丝分裂,成为初级卵母细胞。在原始卵泡向成熟卵泡发育过程中,初级卵母细胞长大成熟,逐渐完成第一次减数分裂,排出第一极体,形成次级卵母细胞(secondary oocytes)。次级卵母细胞紧接着进行第二次减数分裂并停留在分裂中期,直至从成熟的卵泡中排出,且受精后才能完成第二次减数分裂,排出第二极体,发育为成熟的卵母细胞。

3. 排卵

卵母细胞从成熟卵泡中排出的过程称为排卵(ovulation)。排卵受多重因素影响,最重要的调节因素是生殖激素和酶。在一个性周期中,各种动物排卵数目不同,单胎动物在一个性周期中一般只有一个卵泡成熟而排出一个卵母细胞;而多胎动物则有多个卵泡成熟而排出多个卵母细胞。

(1)排卵类型 哺乳动物排卵可分为自发性排卵和诱发性排卵两种类型。①自发性排卵。卵泡发育成熟后,可自行破裂而排卵,称为自发性排卵。根据排卵后黄体的功能状态可分为两种情况:一种是自发性排卵后形成功能性黄体,如牛、马、猪、羊等;另一种是自发性排卵后经过交配才能形成功能性黄体,如鼠类。②诱发性排卵。指卵泡发育成熟后,经过交配或人为地进行物理性(刺激子宫颈)或化学性(如注射 FSH 或 hCG)的刺激才能引起排卵,如猫、兔、骆驼和水貂等。

(2)排卵过程 在促性腺激素的作用下,排卵前卵母细胞的细胞核和细胞质逐渐成熟,卵巢颗粒细胞聚集力减弱,颗粒细胞各自分离,卵泡外膜细胞聚合变松,卵泡弹性增加,卵泡外膜变薄,发育到可以成熟排卵的状态。随着卵泡的发育成熟,卵泡体积变大并突出于卵巢表面,但由于卵泡的弹性增加,卵泡内压并没有明显升高。之后,卵泡液逐渐增加,卵泡外膜的胶原纤维分解,卵泡外膜变软且富有弹性。突出于卵巢表面的卵泡外膜中心形成无血管区。排卵前卵泡外膜分离,内膜突出形成排卵点。随着排卵点膨胀,顶端发生局部贫血而致卵巢上皮细胞死亡,产生的蛋白水解酶使下面细胞层破裂,卵母细胞随卵泡液流出,经输卵管伞进入输卵管。

(3)排卵调节 排卵是神经、内分泌、生化等多种因素综合作用的结果,排卵的启动与 LH 的分泌密切相关。

排卵前卵泡雌二醇合成增加,正反馈引起排卵前 LH 峰,LH 峰的出现可以激活卵泡膜中腺苷酸环化酶,使 cAMP 增加,并可引起颗粒细胞黄体化,分泌大量孕酮和少量雌激素,进而激活卵泡中的蛋白分解酶、淀粉酶和胶原酶等,这些酶作用于卵泡壁的胶原结构,使其张力下降,引起排卵。

排卵前 LH 峰还可引起卵泡壁合成前列腺素,使成熟卵泡周围血管平滑肌收缩、卵泡缺血;促进卵泡外膜间质内平滑肌样细胞收缩,有助于卵泡破裂;促使颗粒细胞内生成纤维蛋白溶解酶原激活物,激活纤维蛋白溶解酶,进而与其他酶协同作用于卵泡壁,使其破裂,引起排卵。此外,许多动物在排卵时也形成 FSH 峰。一定比例的 FSH 和 LH 协同作用可促进排卵。

4. 黄体的形成和退化

(1)黄体形成 成熟卵泡破裂排卵后,卵泡的外壁因压力减少而塌陷,卵泡腔内充满着由卵泡膜血管破裂时流出的血液和淋巴液,并形成凝血块,成为血体(corpus hemorrhagicum)。之后,血体被白细胞吞噬,体积变小,排卵后残留的颗粒细胞和内膜细胞在 LH 的作用下,迅速生长,并在细胞的原生质内积蓄类脂黄色颗粒,变成黄体细胞,使破裂的卵泡形成黄体(corpus luteum)。黄体是重要的内分泌器官,主要功能是分泌孕酮和少量雌激素。多数家畜的黄体在排卵后 24 h 内就开始产生孕酮,进而维持动物妊娠。

(2)黄体类型　黄体存在的时间由是否受精而定。在发情周期中,雌性动物如果没有妊娠,所形成的黄体在黄体期末退化,这种黄体称为周期黄体(cycling corpus luteum)或假黄体(corpus luteum spurium)。周期黄体通常在排卵后维持一定时间才退化。若卵子已受精并妊娠,黄体就继续生长,称为妊娠黄体(corpus luteum of pregnancy)或真黄体(corpus luteum verum)。大多数动物的妊娠黄体一直维持到妊娠结束时才逐渐萎缩,如牛、羊、猪等动物;马在妊娠 40 d 以后子宫内膜产生的孕马血清促性腺激素能使卵巢卵泡发育、排卵并形成副黄体。黄体和副黄体一般约在 5 个月时退化,到 7 个月完全消失,之后胎盘分泌孕酮维持妊娠。

(3)黄体退化　黄体退化时,黄体细胞胞质空泡化,核萎缩,微血管退化,供血减少,黄体体积变小,黄体细胞数量减少,并逐渐被纤维细胞和结缔组织所代替,最后形成一个白色物,叫白体(corpus albicans)。

(二)卵巢的内分泌功能

卵巢除产生卵细胞以外,还分泌雌激素、孕激素(也称孕酮,或黄体酮、黄体素),以及少量的雄激素和抑制素,妊娠期还可分泌松弛素。

1. 雌激素

(1)雌激素的来源和分类　雌激素主要由卵巢中卵泡的颗粒细胞、内膜细胞合成分泌,胚盘、肾上腺皮质、睾丸的间质细胞也能生成少量的雌激素。排卵前卵泡分泌雌激素,排卵后黄体分泌孕激素和雌激素。雌激素有雌二醇(17β-estradiol,E_2)、雌酮(estrone,E_1)和雌三醇(estriol,E_3)等,均为含 18 个碳原子且结构相似的类固醇激素。其中 E_2 的生物活性最强,E_1 的生物活性仅为 E_2 的 10%,E_3 的活性最低,是 E_2 和 E_1 的代谢产物。

(2)雌激素的合成代谢途径　LH 与卵泡的内膜细胞上的 LH 受体结合,以胆固醇为原料合成雄激素(主要为雄烯二酮),扩散到颗粒细胞内;在 FSH 与各生长因子的作用下,颗粒细胞明显发育、分化,并产生芳香化酶,可将内膜产生并弥散转运至颗粒细胞的雄激素转变为雌激素,这就是雌激素合成的"双重细胞学说"。雌二醇在肝脏灭活成为雌酮和雌三醇,通过肝脏的结合作用,增加水溶性后,由尿液排出。

(3)雌激素的作用　①对雌性性器官发育与生长的作用。协同 FSH 促进卵泡发育,诱导排卵前 LH 峰的出现以促进排卵;促进输卵管纤毛上皮细胞增生、纤毛运动增强和输卵管平滑肌的蠕动,利于精子、卵子和胚泡的运送;刺激子宫内膜增厚及其中的腺体、血管增生;分娩前可提高子宫肌对催产素的敏感性,使子宫收缩,利于分娩;刺激阴道上皮增生、角化和糖原合成,进而促进糖原分解为乳酸,酸化阴道,抑制致病菌的生长。②对副性征表现的作用。刺激乳腺导管和乳腺结缔组织增生,并使体型发育具有雌性特征,对个体大小、脂肪分布、皮脂腺分泌和骨盆发育等都有明显影响。此外,雌激素与孕激素相互配合调节发情周期和维持正常妊娠。③对代谢的作用。雌激素可增强代谢率,促进蛋白质合成;刺激成骨细胞活动,加速骨的生长;提高血中载脂蛋白的含量,降低血中胆固醇浓度;增加体内水分、钠、氯、钙、磷的潴留。

2. 孕激素

(1)孕激素的来源和分类　孕激素主要由卵巢黄体细胞和胎盘合成分泌。此外,肾上腺皮质束状带也能产生少量孕激素。它们均是含 21 个碳原子的类固醇激素,主要为孕酮(progesterone,P)、20α-羟孕酮(20α-hydroxy-progesterone)和 17α-羟孕酮(17α-hydroxy-progesterone),以孕酮的生物活性最强。马和绵羊因胎盘产生孕激素,黄体消失后不会发生流产。猪、山羊、兔等动物在妊娠的任何阶段切除卵巢,都会引起流产,可见这些动物没有黄体以外来源的孕激素。

(2)孕激素的合成和代谢途径 以血液中的胆固醇为原料。通过裂解酶催化胆固醇 20 和 22 位置的碳羟化并侧链裂解,转化为孕烯醇酮,然后由微粒体酶 3β-脱氢酶催化孕烯醇酮转化成孕酮。孕激素在体内除转化为雄激素,还有其他几种代谢途径,主要通过羟化作用形成羟代谢物。其代谢过程 50% 在肝脏进行,50% 在肝外进行。在肝脏内,孕酮转化为孕二醇,再与葡萄糖醛酸盐结合,由尿排出。

(3)孕激素的作用 孕激素在雌激素作用基础上产生效应。①对子宫的作用。使子宫内膜增生,黏膜腺体分泌,利于受精卵在子宫壁的着床;妊娠后,使子宫内膜继续增厚,供给胚胎生长所需的营养物质;能降低子宫平滑肌对催产素的敏感性,减少子宫收缩,利于妊娠。也促使宫颈黏液分泌减少、变稠,黏蛋白分子交织成网,阻止其他精子通过。②对乳腺的作用。促进乳腺小叶和腺泡的发育,与雌激素协同作用使乳腺发育成熟。③对卵巢和阴道的作用。大量的孕激素能抑制 LH 的分泌,防止妊娠期排卵,避免再次受孕;能促进阴道分泌黏液,对母性行为也有作用。④产热作用。使基础体温在排卵后升高 1℃ 左右,在黄体期维持于此水平。

3. 松弛素

松弛素(relaxin)是一类由 α 和 β 两个亚基通过二硫键连接而成的多肽激素,由卵巢的间质腺和妊娠黄体分泌。某些动物子宫和胎盘也可分泌松弛素,例如,牛、猪等动物的松弛素主要来自黄体,兔的主要来自胎盘。大多数动物松弛素的浓度随妊娠的发展而升高,分娩之后血液中松弛素含量迅速下降。

松弛素的生理功能是在雌激素作用的基础上为分娩做准备,使耻骨联合和其他的骨关节松弛和分离,促使子宫颈、阴道扩张和变软,利于分娩进行。

4. 抑制素

由卵巢颗粒细胞分泌的多肽激素,有两种类型:抑制素 A 和抑制素 B。主要生理作用是反馈抑制 FSH 的合成和释放,减少血液中 FSH 浓度,抑制卵母细胞成熟,使其停留在第一次减数分裂前期直至排卵前。

(三)卵巢功能的调节

卵巢的生卵作用和内分泌功能受下丘脑-腺垂体-卵巢轴的调节。即下丘脑分泌 GnRH,促进腺垂体分泌 FSH 和 LH,进而能引起性腺合成分泌性激素,调节卵泡发育、成熟和排卵。另一方面,性腺分泌的性激素对腺垂体和下丘脑的分泌具有反馈作用(图 11-6)。

一般下丘脑分泌 GnRH 有波动性,因此,腺垂体分泌 FSH 和 LH 也具有波动性。按照性腺中卵泡发育情况,调节过程如下。

1. 原始卵泡和初级卵泡的早期发育阶段

此阶段不受垂体的调控,主要受卵泡内部因子调节,例如,生长激素(GH)、胰岛素或胰岛素样生长因子(IGF-Ⅰ),刺激颗粒细胞增生,颗粒细胞分泌物促进卵泡膜的形成。在初级卵泡发育期,卵泡液中存在促 FSH 释放蛋白,促进 FSH 分泌。

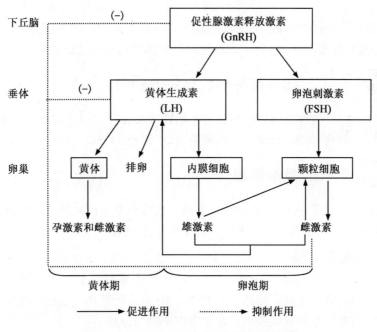

图 11-6 下丘脑-腺垂体对卵巢活动的调节

2. 初级卵泡发育后期

颗粒细胞出现 FSH 和雌二醇受体；在 FSH 和雌二醇协同作用下，诱发颗粒细胞和内膜细胞出现 LH 受体，使少量获得了 FSH 和 LH 受体的卵母细胞发育。

3. 性成熟前

卵巢激素分泌量小。下丘脑 GnRH 神经元尚未发育成熟，GnRH 分泌量少，腺垂体分泌的 FSH 和 LH 少，卵巢的功能较弱。

4. 性成熟

性成熟即次级卵泡后期阶段，下丘脑 GnRH 神经元发育成熟，且对卵巢激素负反馈敏感性下降。随着 GnRH 分泌增加，促进腺垂体分泌 FSH 和 LH，调控卵巢的周期性变化。卵泡期初期，血液中雌激素和孕激素的浓度水平较低，对垂体 FSH 和 LH 分泌的反馈作用较弱，血液中的 FSH 含量逐渐升高，LH 也随之增加。排卵期前，卵巢分泌的雌激素明显增加，血液中雌激素水平迅速升高，雌激素和抑制素对垂体 FSH 的分泌具有反馈性抑制作用，使血液中 FSH 水平下降。但雌激素通过加快卵泡内膜细胞的生长和增加其上 LH 受体，增加雌激素合成量，浓度继续上升；排卵前血液中雌激素浓度达到高峰，通过对下丘脑 GnRH 分泌的正反馈作用而促进 FSH 和 LH 分泌，使 LH 达到高峰。排卵期，优势卵泡突出卵巢表面，LH 的瞬间高峰，可解除卵母细胞成熟抑制因子（oocyte maturation inhibitor，OMI）的抑制作用，促使卵母细胞恢复和完成第一次分裂，诱发排卵。

5. 黄体期

LH 调节黄体的生成和维持。血中雌激素水平逐渐升高，使黄体细胞上 LH 受体数量增加，并促进 LH 作用于黄体细胞，增加孕激素的分泌。但随着雌激素和孕激素的进一步升高，反馈性抑制了下丘脑 GnRH 和垂体 FSH 和 LH 分泌。若未妊娠,黄体退化,血液中雌激素和孕激素水平下降,对下丘脑和腺垂体的负反馈作用逐渐消失,下一个卵泡发育周期开始。若妊娠,胎盘组织分泌促性腺激素(如 hCG),继续维持黄体的内分泌功能(图 11-6)。

二维码 11-3 雌性
动物附性器官功能

二、雌性动物附性器官的功能

雌性动物的附性器官包括输卵管、子宫、阴道和外生殖器等,进行排卵、受精、妊娠、分娩等一系列活动(二维码 11-3)。

三、发情周期

从一次发情开始至下一次发情开始,或由这一次排卵至下一次排卵的间隔时间,叫作发情周期(estrous cycle)。发情周期是家畜的一种正常生理现象。

(一)发情周期的分期

根据母畜的内部和外部变化特点,家畜的正常发情周期包括 4 个不同的时期,即发情前期、发情期、发情后期和间情期。这几个时期周而复始,不断循环。也有单纯根据卵巢的变化,分为卵泡期和黄体期。在畜牧实践中普遍采用四期的划分法。

1.发情前期

发情前期(proestrus)是发情周期中出现发情以前的一个时期,是性周期准备阶段和性活动开始时期。雌性动物处于安静状态,不表现交配欲。但生殖器官发生一系列变化,生殖道上皮开始增生,新的卵泡开始发育,在发情期前 2~3 d 卵泡迅速增长,其中充满卵泡液。雌激素分泌增加,腺体活动开始加强,分泌增多。输卵管内壁细胞生长,纤毛增多;子宫角蠕动加强,且子宫内膜血管大量增生;阴道轻微充血、肿胀,但还看不到从阴道流出黏液。

2.发情期

发情期(estrus)是发情症状表现集中的阶段,是性周期的高潮期。母畜兴奋不安,食欲减退,时常鸣叫,有交配欲,母畜接受配种只限于这个时期。生殖器官发生一系列变化:卵巢中的卵泡发育很快,达到成熟、破裂、排卵;输卵管出现蠕动;子宫黏膜血管大量增生,腺体分泌活动加强,子宫颈口张开,子宫出现蠕动和水肿;有些动物阴道中流出黏液,阴唇黏膜肿胀。所有的这些变化,都有利于精子和卵子的运行和受精。此时卵泡所分泌的雌激素是导致动物出现各种行为和生殖器官形态机能变化的主要原因。在一般情况下,动物发情的同时会引起排卵,但是发情和排卵两种生理过程是可以分离而单独存在的。例如,切除卵巢的动物,注射外源性雌激素,仍能引起发情,但不能排卵。

3.发情后期

发情后期(metestrus)是发情期结束后的一个时期。雌性动物恢复安静状态并拒绝交配。卵巢中形成黄体,分泌孕激素和雌激素。在孕激素的作用下,子宫为接受胚泡和为胚泡提供营养做准备,子宫内膜的子宫腺增殖。如果已妊娠,发情周期停止,直到分娩以后再重新出现。如果未受精,则过渡到间情期。

4.间情期

间情期(diestrus)也称休情期,此期动物行为正常,无交配欲。卵巢中黄体发育成熟,孕激素对生殖器官的作用更加明显,黄体逐渐退化,卵泡还未开始发育。子宫和生殖道的其他部分向着近似发情前期以前的状态退化。黄体完全退化,新的卵泡开始发育,开始新的发情周期。如黄体持续存在,间情期则延长。

(二)发情周期的调节

雌性动物发情周期的出现、周期内生殖器官和性活动呈周而复始的变化,不仅受到神经、激素和遗传等内在因素的调节,也受到饲养管理、光照、温度等外界环境因素影响。所有因素都是通过下丘脑-腺垂体-卵巢轴的调节影响发情周期,对发情周期的调节实际上就是对卵巢活动的调节,它们通过神经和内分泌的调节发生作用。

1.激素调节

各种动物初情期的到来和性成熟的出现均与生殖激素有关。其中和发情直接有关的是下丘脑产生的 GnRH、垂体的促性腺激素 FSH 和 LH、性腺的雌激素、孕酮以及子宫产生的局部激素前列腺素 $F_{2\alpha}$($PGF_{2\alpha}$)等多种激素(图 11-7)。因而,在发情周期内生殖器官的周期性变化,是机体神经内分泌系统调控的结果。

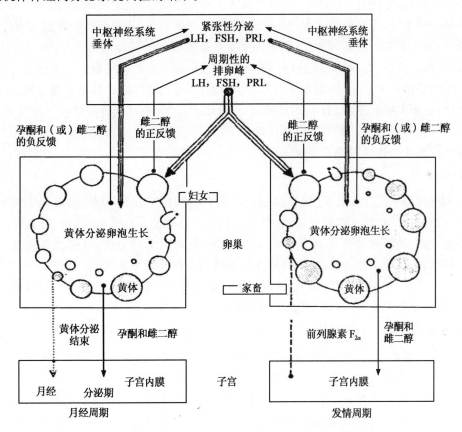

图 11-7 卵巢与下丘脑-垂体和卵巢与子宫的相互关系

(引自 B. S. E. Hafez. Reproduction in Farm Animals,5th ed. ,1987)

LH:黄体生成素 FSH:促卵泡激素 PRL:催乳素

动物进入初情期时,在外界环境因素的影响下,下丘脑分泌 GnRH 调节促性腺激素分泌。其中 FSH 促进卵泡的生长和发育,而 LH 也与 FSH 协同作用,使卵泡进一步生长并分泌雌激素。雌激素与 FSH 协同作用,使卵泡颗粒细胞上的 FSH 和 LH 受体增加,对 FSH 和 LH 的结合性更大,并且更加速了卵泡生长和雌激素分泌。雌激素在少量孕酮的协同下作用于中枢神经系统,引起雌性动物发情。动物初情期第一次排卵,或绵羊等季节性发情动物的第一个发情周期不伴随发情表现,就是因为缺少孕酮。

雌激素分泌量增大时,负反馈抑制 FSH 的分泌和正反馈促进 LH 脉冲式分泌。LH 含量在排卵前达到最高峰,称排卵前 LH 峰。LH 使卵泡成熟及排卵,并使排卵后的卵泡形成黄体。黄体分泌的孕酮,能负反馈抑制 LH 的脉冲频率;而当黄体退化时,由于孕酮减少和雌激素增加的共同影响,LH 脉冲频率又有所增加。雌激素大量分泌时,还会使下丘脑催乳素释放抑制因子的分泌减少,于是催乳素分泌增加,能协同 LH 促进和维持黄体分泌孕酮。一定量的孕酮负反馈抑制 FSH 分泌,使新的卵泡不再发育,动物不再发情。而且,孕酮还可以作用于生殖道,使之朝有利于胚胎附植的方向变化。排出的卵子如果已受精,由于囊胚刺激子宫内膜形成母体胎盘,$PGF_{2\alpha}$ 的产生受到抑制,黄体就成为妊娠黄体维持下去,发情周期暂时停止。

如果卵子未受精,子宫内膜产生的 PGF 将黄体组织破坏,使其逐渐退化萎缩,孕酮分泌量急剧下降,一方面引起 LH 的释放,出现孕酮分泌量最低值时的排卵前 LH 峰;另一方面解除了对 FSH 分泌的抑制,卵泡又在 FSH 作用下开始发育,雌激素的分泌量也开始增加。但因退化黄体产生的孕酮对 FSH 的抑制作用还未完全消除,所以动物此时还没有发情表现。随着黄体完全退化,孕酮大量减少,FSH 分泌量增加,卵泡迅速增大,雌激素分泌量又一次增多,动物又开始了下一个发情周期。季节性多次发情动物在发情季节内,非季节性发情动物在全年内,它们的发情周期就是这样周而复始地进行。

2.神经调节

神经和内分泌系统互相联系、互相促进,也互相制约,在下丘脑-垂体-卵巢轴中对发情周期起重要调控作用。动物可以通过视觉、听觉、嗅觉、触觉接受异性外貌、声音、气味以及爬跨动作等各种刺激,经感觉神经传到下丘脑-垂体系统,调节卵巢的功能,引起性欲和发情。例如,在乏情期到发情季节的过渡阶段中,放入公羊的母羊群会提早发情;若母猪的听觉或嗅觉受到破坏后,会因为听不到公猪的声音或嗅不到公猪的气味而影响发情;兔、猫、貂等诱发排卵动物,在交配时子宫颈受到机械刺激后才能排卵。

3.环境因素

发情周期如同机体其他生理现象一样,是与其生活环境相适应的。影响发情周期的主要外界因素有光照、温度及营养等,而且通常是许多因素的综合作用。

(1)季节 季节的更替直接影响家畜的繁殖过程,对于繁殖的主要现象发情更是如此。季节因素主要是光照时间、气温和湿度等气候条件的改变,以及由此而出现的植被和其他饲养条件的改变。在生物进化过程中某些家畜的繁殖具有季节性。马的发情周期是在每年白昼开始变长的时期出现;而绵羊是在每年白昼变短的秋季才开始;牛在野生状态时,季节对其发情周期的影响也很重要,由于驯化的结果,原来的繁殖季节性似乎完全消失,而变为全年多周期发情,但是对自然放牧的牛,仍具有明显的季节性;季节变化对奶牛和猪的发情没有明显的影响。

(2)饲养管理 光照对下丘脑、垂体和卵巢的影响可能受营养状况的限制。营养缺乏可造成不发情,长期饲喂热能不足的饲料,或缺少某种特殊营养因素,将逐渐造成完全不发情。营养造成的缺陷可能是促性腺激素的释放发生障碍,或卵巢对促性腺激素缺乏反应。在饲养管理完善的条件下,马和羊的发情季节开始早,结束晚,甚至可以全年都能发情。

(3)温度　一般认为温度的影响不如营养和光照,但也有很多试验表明,在异常寒冷的冬天,牛的发情周期趋于减少。春天当温度适宜时,可以使母马的卵泡迅速发育,突然降温,可影响卵泡的生长发育。

(4)使役不当、过度劳累、家畜的品种和年龄也是影响发情周期和发情期持续时间及发情表现程度的因素。

第四节　有性生殖过程

一、交配

交配(copulation)是性成熟的雄性和雌性动物共同完成的一种复杂的性行为。通过交配,精液从雄性生殖道排出并被射入雌性生殖道内。在交配过程中,雄性动物交配行为阶段明显,有一系列按照一定顺序出现的反射,主要包括性激动、求偶、勃起、爬跨(拥抱)、交配和射精等几个环节。这些反射的出现有一定的顺序,且每一种反射又是独立的,可单独发生。雌性动物的表现则不甚显著,主要包括吸引雄性动物的行为、允许阴茎插入行为和黏液分泌等过程,主要表现为相应的配合行为。

1. 求偶反射

动物在交配前表现强烈的求偶行为。通过视觉、嗅觉、听觉和触觉,雌、雄动物互相接近,表现兴奋。

2. 勃起反射

主要生理变化为阴茎充血、勃起,突出在包皮囊外。某些行为刺激通过公畜的嗅觉、视觉、听觉和触觉等,引起脊髓腰荐部的勃起中枢兴奋,进而引起阴茎海绵体充血,使阴茎勃起。此时,雌性动物子宫颈和子宫体充血肿胀,阴蒂和阴道前庭海绵体充血勃起,阴门张开。

3. 爬跨反射

公畜爬跨在母畜的后躯上面,同时有拥抱动作,又可称为"拥抱反射"。雌性动物此时表现安静姿势,接受雄性动物的爬跨。

4. 抽动反射

这一反射常常在前两个反射之后出现。由臀部肌肉的强烈收缩形成,是将阴茎插入母畜阴道所必需的动作,而以阴茎接触到阴道时,表现最为明显。雌性动物在交配时部分躯干肌肉收缩,臀部紧贴雄性动物的腹壁,阴道壁收缩,子宫和输卵管运动加强。

5. 射精反射

附睾尾、输精管、副性腺、尿道和阴囊等由于射精中枢的兴奋而引起强烈的分泌或收缩,使精液排出。不同动物在雌性生殖道的射精部位不同。一般分为两种类型:阴道射精型和子宫射精型。前者是雄性动物将精液射至阴道深处和子宫颈附近(如牛、绵羊、山羊等),后者指将精液射至雌性动物子宫内(如马、驴、猪、骆驼等)。

与雄性动物配合,雌性动物的阴道前庭腺排出分泌物。在达到性高潮时,子宫颈发生强烈的痉挛式收缩,将积存在子宫颈内的黏液排入阴道。

二、受精

受精(fertilization)是指精子和卵子结合形成一个合子的过程。精子和卵子在结合前,需经过一系列的受精准备工作,涉及精子运行、精子获能、卵子运行、顶体反应、精卵融合、透明带反应、卵黄膜反应及合子的形成等重要的生理过程。

(一)精子在雌性生殖道内的运行

精子的运行是指交配后精子在母畜生殖道内由射精部位到受精部位的运动过程。以阴道射精型家畜为例,射精后精子在母畜生殖道内的运行先后通过子宫颈、子宫和输卵管3个主要部分,最后到达受精部位。受精部位一般在输卵管的近卵巢端,即输卵管壶腹部。

1.精子运行的动力

精子的运行除依靠自身的运动外,更需借助母畜阴道、子宫颈、子宫体收缩及输卵管的逆蠕动等相互配合,才能使精子最终到达受精部位。当精子到达受精部位,遇到卵子时,精子靠本身的运动,主动接近卵子。

2.精子运行的过程

(1)精子在子宫颈中的运行   对于阴道射精型动物,由于阴道黏膜的酸性分泌物对精子的存活极为不利,绝大多数精子在阴道内死亡。精子快速转移到子宫颈,与子宫颈内充满着的黏液相混合,宫颈肌的舒缩和精子的主动运动使活力强的精子穿过宫颈黏液并进入子宫。大量精子顺着宫颈黏液微胶粒的方向进入子宫颈隐窝的黏膜皱褶内暂时贮存,形成精子在雌性生殖道内的第一贮库(图11-8)。库内的活精子会相继随子宫颈的收缩被送入子宫或进入下一个隐窝,而有缺陷或死精子可能因纤毛上皮的逆蠕动被推向阴道排出,或被白细胞吞噬而清除。因此,子宫颈是精子运行到受精部位的第一道屏障,通过这一次筛选,确保运动和受精能力强的精子进入子宫。

(2)精子在子宫内的运行   通过子宫颈的精子在阴道和子宫肌收缩活动的作用下进入子宫。大部分精子进入子宫内膜腺体隐窝中,形成精子在雌性生殖道内的第二贮库。精子从这个贮库中不断向外释放,并在子宫肌和输卵管系膜的收缩、子宫液的流动以及精子自身运动综合作用下通过子宫,进入输卵管。由于精子的进入,促使子宫内膜白细胞反应加强,吞噬一些死精子和活动能力差的精子,使精子又一次得到筛选。因此,子宫内膜腺和宫管结合部是精子运行到受精部位的第二道屏障。精子自子宫角尖端进入输卵管后,壶峡连接部成为精子向受精部位运行的第三道屏障,如图11-8所示。

(3)精子在输卵管内的运行   进入输卵管中的精子,借助输卵管黏膜皱褶及输卵管系膜的复合收缩作用以及管壁上皮纤毛摆动引起的液体流动,使精子继续前行。当精子上游至输卵管峡部时,遇到高黏度黏液的阻塞和括约肌有力收缩的暂时阻挡,许多精子进入输卵管壶腹部受限。精子频繁与输卵管上皮细胞接触,能很好地结合于输卵管上皮细胞表面糖蛋白或糖脂的糖基上,结果使精子在这里贮存,形成精子的第三贮库。精子与输卵管上皮细胞发生紧密接

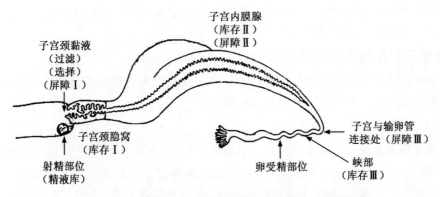

图 11-8 精子在子宫内的运行时各种解剖和生理屏障

(引自 E S E Hafea. Reproduction in Farm Animal, 5th ed. ,1987)

触,只有精子获能后才能从上皮细胞脱离而释放,达到壶腹部。

3.精子获能

精子的获能(capacitation of spermatozoa)是指哺乳动物的精子进入雌性生殖道以后,必需停留一段时间并发生一系列变化之后,才具有受精能力。大多数动物如兔、鼠、猫、牛、羊、马、猪、猴及人的精子都需经过获能过程,才能完成受精。

华裔科学家张明觉在世界上首次发现精子获能现象,从此解开了精卵受精之谜,为哺乳类卵子体外受精成功、"试管婴儿"的诞生奠定了理论基础。这是张明觉经过坚持不懈和不断创新进取的结果,是科学精神的充分体现(二维码11-4)。

(1)精子获能的部位和时间 精子体内获能的部位是在阴道甚至腹腔,没有严格的器官特异性或种属特异性,一种动物的精子可以在其他种类动物的雌性生殖道中获能。子宫射精型动物,精子获能开始于子宫,在输卵管峡部较低部位全部或者部分完成获能(如啮齿类、犬、猪等)。阴道射精的动物,精子的获能始于阴道。当精子通过子宫颈时,利用黏膜网络擦去其表面吸附的精浆等物质,加速精子获能(如兔和人)。目前,尚不清楚在子宫中或之前完全获能的精子是否有能力进入输卵管参与受精。精子获能所需时间因种类差异而不同,如:小鼠约 1 h,人 6~7 h,猪 2~6 h,绵羊约 1.5 h,牛 5~6 h。

(2)精子获能过程 精子的获能是精子在受精前必须经历的一个重要阶段。精子在曲细精管中形成后,在附睾中移行时已具有受精能力,但因与附睾及精液中的去能因子(decapacitation factor)结合而使精子暂时失去受精能力,这种现象称为精子的去能(decapacitation)。目前认为去能因子是一种糖蛋白,覆盖于精子表面,可与精子的顶体帽可逆结合,抑制精子的受精能力。子宫是精子获能的重要场所。当精子进入子宫后,与子宫内膜接触,子宫内膜产生获能因子(capacitation factor),去除精子表面的去能因子和某些蛋白水解酶抑制剂,暴露出精子膜表面与卵子相识别的位点,增加精子活力,改变膜的通透性,而使精子重新获得受精能力。

(3)精子获能后的生理变化 获能后的精子其活力与运动方式有明显的改变,呈现急剧的直线前向运动或非前进型的超激活运动,促进获能精子从输卵管峡部上皮皱褶和隐窝中释放出来,到达受精部位,并穿透卵丘(cumulus)和透明带(zona pellucida,ZP),完成受精过程。获能后的精子代谢加强,细胞膜稳定性降低,流动性明显增加,利于精卵膜的融合。此外,精子获能前后精子内外的离子浓度也有明显的变化。

(二)卵子在雌性生殖道内的运行

卵子排出后要运行到输卵管壶腹部受精。卵子在输卵管内的运行过程也与精子类似,需经历一系列的变化,达到成熟程度,才具有受精能力。

1.卵子的采拾

由卵巢排出的卵母细胞被黏稠的放射冠细胞包围,附着于排卵点上,构成卵母细胞和卵丘细胞复合体(cumulus oocyte complex,COC),通过输卵管伞黏膜纤毛的不停摆动,将其纳入输卵管伞的喇叭口。猪、马和犬等动物的伞部发达,卵子易被采拾。但牛、羊等因伞部不能完全包围卵巢,有时排出的卵子会落入腹腔,再凭借伞部纤毛摆动形成的液流将卵吸进输卵管。

2.卵子在输卵管内的运行

被输卵管伞接纳的卵子,借助输卵管管壁纤毛摆动和肌肉活动,以及输卵管较宽大的特点,很快进入壶腹部的下端,与已运行到此处的精子相遇完成受精。卵子从卵巢表面进入输卵管内只需要几分钟的时间,在数小时内到达壶腹部,如猪的卵子在 45 min 内即可到达受精部位,完成受精后,受精卵一般在此停留 36～72 h。受精卵在壶峡连接部停留时间较长,这可能是由于该部的括约肌收缩、局部水肿使管腔闭合、输卵管的逆蠕动等综合因素而影响卵子的下行,是防止受精卵过早进入子宫的一种生理保护作用。之后,随着输卵管逆蠕动减弱和正向蠕动加强,受精卵运行至宫-管连接部并在此处短暂停留,当该部的括约肌舒张时,受精卵和输卵管分泌液迅速流入子宫。受精卵通过峡部到达子宫的时间较短。不同动物卵子通过输卵管所需的时间以及受精卵进入子宫所处的卵裂时期不同。

3.卵子保持受精能力的时间

排出的卵子保持受精能力的时间不长,根据动物品种不同而有些差异,多数动物在 12～24 h 内(表 11-2)。卵子在壶腹部具有受精能力,但到达峡部后卵子逐渐老化,受精能力迅速丧失。输卵管内未受精的卵子和受精卵一样沿输卵管下行,或破裂成细胞碎片,或被子宫内的白细胞吞噬。

表 11-2　卵子在输卵管内保持受精能力的时间　　　　　　　　　　　　　　　h

动物种类	牛	马	猪	绵羊	犬	兔	豚鼠	大鼠	小鼠	猴
保持时间	18～20	4～20	8～12	12～16	4.5(d)	6～8	20	12	6～15	23

注:引自刘健.家畜繁殖学,1986:131。

(三)精子顶体反应

获能精子与成熟的卵子在受精部位相遇时,由于卵子外围还有卵丘、放射冠和透明带 3 道防线组成的保护层,精子不能立即与卵子结合。只有待卵子的这些保护层溶解后才能实现受精。卵子的保护层溶解取决于精子顶体的功能。

获能精子的顶体是一种由膜包裹的相对不稳定的溶酶体样结构,来源于高尔基体,含有许多水解酶类,其中以透明质酸酶和顶体酶最为重要。当精卵相遇时,顶体膜破裂,形成许多囊泡,顶体基质内各种酶类溢放出来,以溶解卵丘、放射冠及透明带,使精子能够穿过这些保护层与卵子受精。顶体结构的囊泡形成和顶体内酶的激活与释放,称为顶体反应(acrosome reaction,AR)。

1. 精子与卵丘的相互作用

精子到达透明带前,首先要穿过卵丘。但有些动物(如有蹄类、单孔目和有袋类)的卵丘细胞在排卵前或排卵后不久即脱落,因此在这些动物中,透明带就成了受精前精子必须通过的唯一屏障。

2. 精子穿透放射冠

放射冠细胞以胶样基质彼此相连,基质则主要由透明质酸多聚体组成。精子顶体帽的基质内的透明质酸酶可水解放射冠细胞之间的透明质酸,使透明质酸多聚体解体,精子穿过残存的放射冠细胞间隙而抵达透明带。

3. 精子穿过透明带

透明带由黏多糖组成,对温度和酸度较敏感。顶体反应释放的蛋白酶和顶体酶等能够破坏糖蛋白多肽链的连接,导致透明带溶解,因而可使精子突破透明带的一个局部区域而到达卵黄膜,以发生精卵质膜融合。

(四)精卵融合

精子穿过透明带后,与卵的质膜接触并发生融合。卵黄膜是精子进入卵子的最后一关。关于精卵融合的机制,目前尚不十分清楚。可能通过某些酶的作用,使精子突破卵黄膜,同时卵子分泌激活精子的活精肽(SAP)。精子顶体后段及精子头后部的胞膜首先与卵黄膜融合,继而两层膜逐渐完全融合。在质膜融合时,激发卵细胞依次发生皮质反应、透明带反应和卵黄膜反应,从而阻止多精子受精。

1. 皮质反应

皮质反应(cortical reaction)是卵子激活的最初反应。当精子与卵膜接触时,接触处卵膜发生局部电位变化,并向周围传递使整个卵膜发生去极化,卵内结合的 Ca^{2+} 游离到卵膜的下方,使皮质颗粒膜与卵膜融合,导致卵膜的结构、成分发生变化,表面负电荷增多,并向四周扩展,从而制止其他精子的膜与卵膜融合,这一反应称为皮质反应。

2. 透明带反应

皮质反应后,皮质颗粒成分(包括各种水解酶)进入卵黄膜和透明带之间的卵周隙,引起透明带成分改变,使其精子受体失活,并使透明带硬化和卵黄膜表面发生改变,透明带的这种变化,称透明带反应(zona reaction)。穿过透明带的精子触及卵黄膜时,引起卵黄膜收缩,阻止随后到达的精子进入卵黄膜。

不同种类哺乳动物的透明带反应是有差别的。兔不发生透明带反应或反应很微弱,因而会有许多精子进入透明带,但不能进入卵膜内,这些额外的精子称为补充精子。绵羊和犬的透明带反应较迅速,很少见到补充精子;而小鼠和大鼠的则反应较慢,易见补充精子;猪的透明带反应仅限于内层,所以精子能进入透明带,但并不穿透。

3. 卵黄膜反应

由于皮质反应,卵黄膜加入了皮质颗粒而发生膜的改组,卵黄紧缩使卵黄膜增厚,并排出部分液体进入卵黄周隙,称为卵黄膜反应(vitelline membrane reaction)。它与透明带反应一样,有阻止多精入卵的作用,即卵黄膜封闭作用(vitelline block)。

4.精卵融合成合子

精子进入卵黄后,卵细胞质的激活可以促使第二次减数分裂迅速完成,第二极体带着少量胞质被排至卵黄周隙,减数分裂后染色体分散开,并向卵细胞中央移动。在移行过程中,染色体松散成染色质,其周围出现囊泡,囊泡融合为雌性原核膜,原核形状逐渐从不规则变为球形,核仁出现,成为雌性原核。进入卵细胞的精子也发生一系列变化,精子尾部迅速退化,核膜开始破裂,核膜外聚集一些小颗粒,核染色质去浓缩,周围出现许多来自内质网的小囊泡,这些小囊泡最后融合为雄性原核膜,同时核仁出现,形成一个比原来精核膨胀的雄原核。雌、雄原核形成后,两个原核因核膜所带电荷相反促使雄、雌原核向卵细胞中央移动,彼此紧密接触,雄、雌核膜破裂消失,核仁不见,染色体相互混合,形成二倍体的合子核。这时的细胞称为受精卵(oosperm)或合子(zygote)。随后,染色体对等地排列在卵细胞质的赤道部,纺锤体出现,形成了第一次卵裂的中期。受精至此结束(图11-9)。

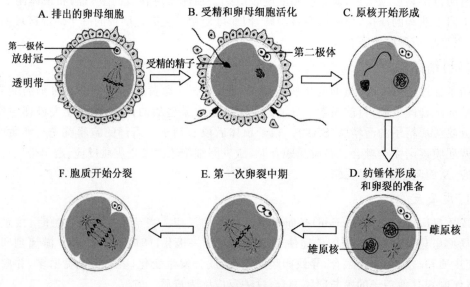

图 11-9 受精过程模式图

A.排卵释放一个次级卵母细胞和第一极体;被放射冠包围,卵母细胞暂停在减数分裂Ⅱ的中期　B.多个精子的顶体酶释放进放射冠的间隙,一个精子与卵母细胞膜接触,发生膜融合,触发卵母细胞活化和减数分裂的完成　C.精子融进卵母细胞质,雌原核发育　D.雄原核发育和纺锤丝出现准备第一次卵裂　E.两性原核融合的发生和卵裂开始　F.在受精后约30 h发生第一次卵裂

二维码 11-5　知识拓展:
"异常受精"现象的
研究现状和应用

正常情况下,哺乳动物大多数为单精子受精。但雌性动物偶有发生未受精卵子自发性发育成子代的单性生殖等异常情况。科学家已经利用实验方法经人工诱发而发育成子代,这对拯救濒危物种等工作有十分积极的作用(二维码 11-5)。

三、妊娠

雌性哺乳动物体内受精卵发育、胎儿在子宫体内生长发育以及准备分娩的过程叫作妊娠(pregnancy)。胚胎运行至子宫到附植,主要是母体与孕体相互作用的结果。母体是指受孕母畜,它能识别孕体产生的信号而发生复杂的生理变化,接受孕体的存在,并为孕体发育提供良好的免疫和营养环境。孕体(conceptus)是指胎儿、胎膜和胎水构成的复合体,孕体在妊娠识别和附植过程中起主导作用。妊娠期内,母体和孕体都发生一系列生理变化。

(一) 妊娠识别

精卵在输卵管内融合成形成受精卵,在输卵管肌层蠕动和纤毛细胞运动下,沿输卵管逐渐向子宫方向运行。受精卵在运行的过程中同时进行有丝分裂,从桑葚期发育成胚泡,并产生某些化学因子(如早孕因子),与母体子宫建立初步联系。孕体发出信号传递给母体,母体随即产生反应,阻止黄体退化,以维持孕酮的持续分泌和促进孕体的继续发育。母体和孕体间建立密切的信息联系,这一生理过程称妊娠识别(maternal pregnancy recognition,MPR)。妊娠识别是着床不可缺少的环节。

母体妊娠识别后产生的生理反应有:①母体子宫接纳胚胎附植,形成胎盘利于胎儿发育;②黄体转化为妊娠黄体,能够继续分泌和合成孕激素,使孕体在妊娠建立早期通过子宫内膜 $PGF_{2\alpha}$ 合成或转运的改变而抑制黄体溶解,从而保证胎盘生长、发育和附植的需要,以维持妊娠;③孕激素也通过反馈调节下丘脑和腺垂体,抑制新卵泡的发育和排出;④子宫内膜上皮增厚,分泌增加,为胚泡着床做准备。

(二) 附植(着床)

胚泡在子宫内发育初期处于游离状态。随着胚泡腔液增多,胚泡体积增大而使其活动受到限制,位置渐渐固定于血管稠密的地方,滋养层与子宫内膜逐渐发生组织和生理学上的联系,称为附植或着床(implantation)。

1. 附植部位和时间

胚泡需要在对其发育极为有利的部位附植,通常附植于子宫血管稠密的地方以获得丰富的营养。多胎动物胚胎均匀分布在两侧子宫,附植部位之间有一定距离,利于胚胎充分发育。牛、羊第一个卵受精时,胚泡多附着在排卵侧子宫角基部或中部;而两个卵受精时,均匀分布到两个子宫角内附植。马则附植在子宫窝角和子宫体交界处。

胚泡的附植是一个渐进的过程,准确的附植时间较难确定,随动物种类不同而变化(表11-3)。

表 11-3　胚泡的附植

动物种类	妊娠开始 (母体妊娠识别时间)/d	附着开始 (排卵后时间)/d	附着完成 (排卵后天数)/d	伸长量 /cm	第一个胚胎与母体联合处
牛	16～17	28～32	40～45	—	子宫阜
绵羊	12～13	14～16	28～35	10～20	子宫阜
猪	10～12	12～13	25～26	100	子宫壁褶
马	14～16	35～40	95～105	6～7	绒毛膜带

2. 附植的过程

胚泡附植是胚泡和子宫内膜相互作用的复杂的生理过程。首先,胚泡的分化和到达子宫的时间与子宫内膜环境条件相协同,过早或过迟到达子宫都使附植率明显降低,甚至不能附植。其次,子宫对胚泡的识别是附植的另一个关键因素。附植时子宫内膜发生一系列变化:排卵后的子宫肌肉活动的紧张度减弱,利于胚泡的附植;子宫内膜充血、变厚、上皮增生、皱裂增多,子宫腺旋曲度增加,分泌活动增强等。在某些动物,子宫产生一种胚激肽(blastokinin),将雌激素和孕激素带给胚泡,激发其活力;同时,胚泡又可以产生多种激素(如绒毛膜促性腺激素)和化学物质,刺激卵巢黄体继续分泌孕酮以维持子宫内膜增生,并促使子宫释放蛋白水解酶,导致透明带溶解,滋养层细胞增生、细胞核中 DNA 增加,滋养层侵入子宫上皮和基层,使胚泡发生附植。此外,子宫内膜有许多肽和蛋白质等生物活性物质,也参与附植的调节。

(三) 胎盘的形成

着床后胚泡滋养层迅速往外生长,形成含有胚泡血管组织的绒毛。与此同时,子宫内膜与胚泡接触的黏膜增生,形成覆盖胚胎的蜕膜,绒毛伸入蜕膜形成胎盘(placenta)。因此,胎盘由胎膜的尿膜绒毛膜(猪还有羊膜绒毛膜)和妊娠子宫黏膜共同构成,前者为胎儿胎盘,后者为母体胎盘。胎儿胎盘与母体胎盘通过胎盘内分布的血管相互进行物质交换。

1. 胎盘的分类

各种动物的胚胎绒毛膜和子宫内膜的构造不同。在形态学上主要根据绒毛在绒毛膜表面分布的状态,可以将胎盘分为 4 类(图 11-10)。

(1)弥散型胎盘 此类胎盘是指绒毛大体上均匀地分散在绒毛膜的表面,疏密稍有不同。猪、马、骆驼等动物的胎盘属此类型。马在妊娠 75～110 d 时,还有微子叶形成。

(2)子叶型胎盘 胎膜子叶上有许多绒毛,嵌入母体子叶的许多凹下的腺窝中。子叶之间一般无绒毛,表面光滑。羊、牛的胎盘属此类型。

(3)带状胎盘 猫、犬等肉食动物的胎盘呈长型囊状,绒毛集中于绒毛膜的中央,形成环带状,称带状胎盘。

(4)圆盘状胎盘 绒毛膜上的绒毛在发育过程中集中于一个圆形区域,呈圆盘状。人及灵长类动物的胎盘属此类型。

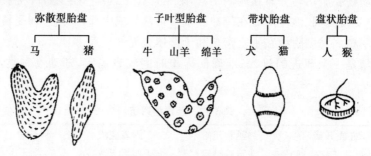

图 11-10 胎盘的分类(根据绒毛在绒毛膜上的分布)

(引自 E S E Hafez. Reproduction in Farm Animals. 5th ed. ,1987)

2. 胎盘的功能

胎盘是胎儿发育过程中最主要的临时性器官。不仅是胎儿的营养器官、呼吸器官和排泄器官,还是胎儿的防御屏障,而且也是重要的内分泌器官。胎盘的主要生理机能如下:

(1)物质交换机能 胎盘是维持胎儿生长发育的重要器官。胎儿营养物质的摄入和代谢产物的排出,都是通过胎盘实现的。胎儿和母体血液循环在胎盘中并不直接相通,存在胎盘屏障。因此,胎盘对各种物质的通过不仅具有扩散和渗透作用,而且还有严格的选择性。有些物质不经改变就可以经胎盘在母体血液和胎儿血液之间相互交换;有些必须在胎盘内高活性的酶系统作用下,分解成比较简单的物质才能进入胎儿血液;而有些物质,特别是有害物质,则不能通过胎盘,这对胎儿发育起到了保护作用。此外,胎盘对抗体的运输也有屏障作用。许多动物(如犬、山羊、绵羊、牛和马等)的胎盘不能运输抗体,新生动物只能从初乳中获得免疫力。

(2)免疫功能 胎盘由胎儿胎盘和母体胎盘组成,因而它并不完全是母体的组织。对母体来说,胎盘是一种同种异体移植组织,但胎盘并不受到母体的排斥,其机制尚不明确,一般认为:胎盘滋养层组织的抗原性很弱,不易发生排斥反应;在滋养层细胞膜外因盖着带有阴性电荷的唾液黏蛋白,能排斥母体的淋巴细胞,使滋养层细胞得到保护;妊娠时的孕酮能使母体不对胎盘组织内来自父体的组织相容异体抗原产生免疫排斥反应;妊娠对母体内分泌系统的变化,能有效地抑制母体对胎儿的免疫功能。

(3)内分泌功能 胎盘是一种暂时性的内分泌器官。能分泌大量的蛋白质激素、肽类激素和类固醇类激素,以适应妊娠的需要和促进胎儿的生长发育。胎盘分泌的雌激素、孕酮、松弛素和胎盘催乳素,其化学结构和生理功能都与卵巢和垂体分泌的同种激素相同。此外,马属动物胎盘还能分泌孕马血清促性腺激素(PMSG,或 eCG)、人及灵长类动物胎盘能分泌人绒毛膜促性腺激素(hCG)和人绒毛膜生长素(hCS)。胎盘分泌的这些激素对于维持妊娠起着很重要的作用,孕酮是其中最重要的激素,而雌激素与孕酮有协同作用。

(四) 妊娠期间母体的生理变化

在妊娠期,随着胎儿的生长发育,母体的生理机能发生一系列适应性变化。

1. 生殖器官的变化

(1)卵巢的变化 受精后有胚胎存在时,母体卵巢黄体成为妊娠黄体,质地较硬,比周期黄体略大,并持续存在,能够分泌大量孕酮,发情周期暂时中断。

(2)子宫的变化 胚泡附植前,在孕酮的作用下子宫内膜增生,血管分布增加,子宫腺体生长;胚泡附植以后,子宫开始生长,肌层肥大,结缔组织基质广泛增长,纤维成分和胶原含量增加;在妊娠期,随着胎儿生长发育子宫逐渐增大;子宫肌层保持相对静止状态以防止胎儿过早排出。

(3)子宫颈的变化 妊娠期内,子宫颈外口紧闭,宫颈内膜腺管数目增加,产生高黏度的黏液,能够封闭子宫颈管,即子宫栓。分娩前,黏液液化并排出体外。

(4)阴门和阴道 妊娠后期,阴门水肿,血管分布增加,阴唇收缩,阴门裂紧闭。

2. 乳腺的发育

妊娠黄体和胎盘分泌的孕酮,在雌激素引起乳腺导管系统发育的基础上,进一步促进乳腺腺泡发育,使乳腺具有泌乳能力。

3. 代谢的变化

母体为适应胎儿发育的特殊要求,甲状腺、肾上腺、甲状旁腺和垂体等所分泌的激素增加,使母体代谢旺盛。在妊娠前期食欲增加,饲料利用率提高,营养状况改善,体重增加。在妊娠后期,胎儿生长发育迅速消耗大量储存的营养物质。

4. 血液变化

血液量增加,凝固能力增强,红细胞沉降速率加快。妊娠末期,血液碱储下降,出现较多酮体而形成生理性酮血症。

5.其他变化

由于胎儿的发育,子宫体积增大挤压腹部内脏,使膈肌运动受阻,出现浅而快的胸式呼吸;膀胱受到挤压,引起尿频,出现蛋白尿;子宫压迫腹主动脉和腹腔、盆腔中的静脉,躯干后部及后肢会发生瘀血,心脏由于负担加重出现代偿性"左心室妊娠性肥大";消化及排泄器官由于受到挤压,排粪、排尿次数增加,但每次的量减少。

(五)妊娠的维持

妊娠的维持有赖于黄体、卵巢和胎盘激素的相互配合。卵巢分泌的雌激素和孕激素及胎盘所分泌的激素是维持妊娠的基础。在妊娠初期,胎盘形成之前,妊娠黄体分泌的雌激素和孕激素是胚泡附植所不可缺少的,一些动物(如豚鼠、猫、犬、绵羊和牛等)妊娠的前半期,孕酮主要来自母体黄体,而妊娠后半期,虽然黄体仍持续存在,但孕酮主要由胎盘分泌。

在腺垂体分泌的促性腺激素减少的情况下,胎盘分泌的促性腺激素既可代替腺垂体促性腺激素的作用,又可降低淋巴细胞活力,防止母体对胎儿的排斥反应;胎盘分泌的雌激素,既可促进子宫肌的增厚和乳腺发育,又可通过产生前列腺素增加子宫胎盘之间的血流量而促进胎儿生长。胎盘分泌的孕激素,可抑制子宫收缩,促进乳腺腺泡发育和抑制 T 淋巴细胞对胎儿的排斥作用,为妊娠维持提供保证。而绒毛膜生长素又可促进胎儿生长发育。

在妊娠末期,孕酮含量低,参与分娩的发动;使子宫颈分泌黏稠而有弹性物的黏液,成为子宫栓,防止异物和病菌的侵入,抑制垂体促卵泡激素的释放,有利卵巢中卵泡的发育和动物发情。雌激素与孕酮有协同作用,能改变子宫的基质,使子宫弹性增强,子宫肌和胶原纤维增长,适应胎儿的生长发育和胎水增多的扩张,能刺激和维持子宫内膜小动脉的发育,利于子宫的增长和供给胎儿营养。总之,妊娠的维持和胎儿的生长发育是在卵巢和胎盘激素的调控下实现的。

四、分娩

发育成熟的胎儿通过雌性生殖道产出的生理过程叫作分娩(parturition,或 delivery)。分娩时,依靠子宫肌、腹壁肌和膈肌的一系列强烈收缩而将胎儿排出。经短时间的间歇之后,靠子宫肌收缩而排出胎衣。

(一)分娩过程

分娩的过程可以划分为 3 个时期:开口期、产出期和胎衣排出期。

1.开口期

开口期也称为第一产程。是指从子宫开始间歇性收缩起,到子宫颈口完全开张,与阴道之间的界限完全消失为止。通过子宫肌的阵发性和节律性的收缩,将胎儿和羊水挤入已经松软和扩张的子宫颈,迫使子宫颈开放。这一阶段结束时,胎儿和胎膜被部分挤入子宫颈,突入阴道,随着子宫肌的强烈收缩而使胎膜破裂流出部分羊水,胎儿前部顺着液流进入骨盆腔。

子宫颈的开口的原因:一方面是由于松弛素和雌激素的作用促使子宫颈变软;另一方面是由于子宫颈是子宫肌的附着点,子宫肌的收缩迫使子宫颈开张。此外,子宫内压力升高,也促使子宫颈开张。

2.产出期

产出期也称为第二产程,是指从子宫颈完全开张至胎儿排出为止。当胎儿和胎膜被部分挤入骨盆腔时,子宫肌阵缩和努责共同发生作用,子宫肌发生更加频繁、强烈而持久的收缩。努责是排出胎儿的主要动力,它比阵缩出现晚、停止早。同时,腹肌和膈肌也发生协调性的收缩,胎儿和胎膜通过子宫颈和阴道而产出。动物在产出期表现烦躁不安、时常起卧、前肢刨地、回顾腹部,呼吸和脉搏加快。最后侧卧,四肢伸直,强烈努责。

3.胎衣排出期

胎衣排出期也称为第三产程,是指从胎儿排出后到胎衣完全排出为止。胎儿排出后,经短时间歇,子宫肌重新收缩,但此时子宫的收缩力比产出期弱,且间歇时间长。随着阵缩,胎衣(包括胎膜和胎盘)排出。犬、猫等肉食动物的胎衣常随胎儿同时排出;马和猪的胎盘都较易脱落,胎衣排出较快;马在胎儿排出 1 h 内排出胎衣;猪在全部胎儿产出后很快排出胎衣。牛在胎儿排出后约 12 h 内排出胎衣。羊约 3 h。骆驼约 2 h。胎衣的排出原因主要是由于子宫强烈收缩后,胎盘中排出大量血液,使子宫黏膜腺窝的张力减小,绒毛膜上绒毛的体积缩小,间隙扩大,绒毛易从腺窝中脱落。

(二)产后期

从胎衣排出,到生殖器官恢复到正常不孕状况的阶段即为产后期。雌性动物在产后期最重要的变化是子宫内膜的再生、子宫复原和暂时中止的发情周期又重新开始。

1.子宫内膜的再生

分娩后,部分子宫黏膜表层变性、萎缩并被吸收。原母体胎盘的黏膜表层变性、脱落,被新生的黏膜所取代。再生过程中,变性脱落的母体胎盘、白细胞、部分血液、残留胎水及子宫腺分泌物等被排出体外,这种混合液体称为恶露(lochia)。在产后开始几天,恶露量大,因含有血液呈红褐色,以后变为黄褐色,主要是子宫颈及阴道的分泌物,最后变为无色透明以至排出停止。各种家畜停止排恶露的时间差异很大。马和猪较快,一般在第 3 天即停止排出,牛需 10~13 d。

2.子宫的复原

胎儿和胎盘娩出以后,子宫逐渐恢复到其未孕时的大小即为子宫复原。产后开始几天内,由于子宫的收缩,子宫壁变厚,子宫体积缩小。以后子宫肌细胞内的细胞质逐渐萎缩,结缔组织退化变性,血管萎缩变细并被部分吸收,子宫壁变薄,逐渐复原。

3.发情周期的恢复

雌性动物在分娩后卵巢发生变化,但各种动物变化情况不同。分娩以后发情周期的恢复,有赖于卵巢黄体的退化。奶牛产后第一次发情在 30~72 d,肉牛在 46~104 d,母猪在产后 3~5 d,但大多数母猪在哺乳期内的排卵和发情均受到抑制。母马一般产后 5~15 d 即可排卵。

(三)分娩机理

分娩的发动因素是多方面的,由激素、神经和机械等多种因素相互协调、共同完成。母体和胎儿都参与了分娩的发动和分娩过程(二维码11-6)。

二维码 11-6
分娩机理

(王菊花)

复习思考题

1.睾丸在生精和内分泌方面有何功能？这两方面有何联系？

2.卵巢在生卵和内分泌方面有何功能？这两方面有何联系？

3.排卵是如何进行的？机体如何调节排卵？

4.发情周期不同阶段的界定是什么？发情期有何特征？

5.精子和卵子在受精前需要做哪些准备？如何进行受精？

6.胎盘有何重要的功能？

第十二章 泌乳生理

乳汁是乳腺的分泌物,是哺乳动物乳腺上皮细胞的产物。乳腺是动物在性成熟和生殖过程中高度分化发育形成的特殊外分泌腺。乳腺的基本分泌单位是腺泡,它从血液中摄取乳合成的前体物质,合成乳中的各种成分,然后分泌到腺泡腔中。乳腺器官在代谢上与整体相联系,但在功能上具有一定的独立性。乳脂是乳中最易受动物种类、食物和泌乳期等因素影响而变化的一种成分。初乳中的免疫球蛋白能够给新生动物提供后天的被动免疫。乳的生成、分泌和排出都受到机体神经和内分泌系统的调控。

通过本章的学习,应主要了解和掌握以下几方面的知识。
- 熟悉初乳和常乳的区别及乳的常规成分。
- 掌握乳的合成和分泌过程。
- 了解乳腺的功能性结构及在泌乳周期中的变化规律。

乳(milk)是哺乳动物乳腺的分泌产物,是一种成分复杂的白色液体。乳的高营养价值,各种成分之间的合适比例及具有的免疫和调节功能,使之成为新生哺乳动物唯一的食物来源。此外,乳用动物特别是乳牛、乳羊等经过人工驯化后,泌乳量大,能够给人类提供大量营养丰富的食物资源。

第一节 乳腺的结构

哺乳动物的一个重要特征是具有乳腺(mammary gland)。乳腺是由皮脂腺体衍生而来的一种分泌器官。

一、乳腺的基本结构

哺乳动物的雌、雄两性都有乳腺器官,但只有雌性动物的乳腺才能充分地发育并具有泌乳能力。乳腺的位置和数量在不同种属间差异较大。牛、绵羊、山羊、马的乳腺位于腹股沟区;灵长类和大象的乳腺位于胸部;啮齿类、猪和肉食动物的乳腺一般是沿着胸腹的中央区分布。家畜的功能性乳头(teat)和腺体组成乳房(udder)。正常情况下,牛有4个乳头和乳腺;山羊和绵羊有2个,每个乳头有一个乳头管(streak canal)和相互隔离的腺体;马和猪的每个乳头有2个乳头管,每一个乳头管连接一个独立的分泌区;啮齿类、灵长类和肉食动物每个乳头的乳头管数量为10～20个不等。

（一）乳房的结构

乳房是哺乳动物特有的皮肤腺，由皮肤、筋膜和实质组成。乳房的最外面是一层比较柔软的皮肤。皮肤下方为一层浅筋膜，是腹浅筋膜的延续部分。浅筋膜深部还有深筋膜，内含弹性纤维，对乳房起到悬挂作用。乳房实质由乳腺组织和相关的结缔组织构成。乳腺组织包括乳腺腺泡和导管系统。乳腺内结缔组织的数量与产乳性能有密切关系，它随着动物的体质（乳用品种、肉用品种等）、年龄、泌乳周期及饲料营养的情况而变化。

（二）乳腺的腺泡和导管系统

1.乳腺腺泡

乳腺腺泡是分泌乳汁的部分，由单层分泌上皮构成。每一个腺泡类似一个小囊，为球状中空结构，并由一条细小的导管通出（图12-1A）。一群腺泡及其导管构成乳腺小叶，每个小叶被一层结缔组织所包裹，许多小叶被间隔包围形成乳叶。

腺泡的形状不规则，呈卵圆形或球形。腺上皮为单层上皮，细胞形状随分泌周期而变化。当分泌细胞的代谢活动显著增强，细胞内逐渐聚集脂滴和蛋白颗粒时，细胞呈高柱状或锥状；当分泌开始时，细胞的顶端分解，此时，腺细胞变为立方形或扁平状，腺泡腔增大，并充满分泌物。

在腺上皮和基膜之间有肌上皮细胞包围，腺泡分泌和乳排出与肌上皮细胞的收缩有关。当腺泡外的肌上皮细胞受到激素作用时，这些细胞收缩，可使储存在腺泡中的乳汁排出。

2.乳导管系统

乳导管系统（ductal system）是乳腺运输乳汁的管道系统。起始于连接腺泡的细小乳导管，相互汇合成中等乳导管，再汇合成较大的乳导管和大乳导管，最后汇合成乳池（cisterns）。乳池是位于乳房底部及乳头内的腔道，能够储藏乳汁，分别被称为乳腺乳池（gland cisterns）和乳头乳池（teat cisterns）（图12-1B）。

3.乳房的血液供应

乳房的血液供应极为丰富。进入乳房的动脉主要来自左、右阴部外动脉延伸形成的会阴动脉和乳房动脉，乳房动脉又分支形成前、后乳房动脉。它们进入乳腺组织后，不断分支并逐渐变小，最后形成包围腺泡的毛细血管网。动物机体血液中的营养物质和氧气可以通过这些血管网运输到腺泡，满足乳腺合成和分泌乳汁的需要。乳腺中的静脉系统比动脉系统发达，静脉血管的横断面比动脉血管大若干倍，造成血液流经乳腺的时候流速缓慢，为乳腺合成乳汁提供有利条件（图12-1C）。

4.乳房的神经系统

分布于乳房的神经比其他组织的要少，主要包括躯体神经和内脏神经。传入神经纤维主要是感觉神经纤维，从第一、第二腰神经的腹支、腹股沟神经和会阴神经发出，进入乳腺后在各腺泡间形成神经网。乳腺的传出神经属于交感神经，来自肠系膜后神经丛，其纤维支配乳腺内的血管、大乳导管和乳池周围的平滑肌（图12-1C）。乳房和乳头皮肤中有丰富的外感受器，乳腺的腺泡、导管系统则分布有大量的化学、机械的内感受器。这些感受器通过接受各种外界和内在的信号，在泌乳的反射性调节中发挥着重要的作用。

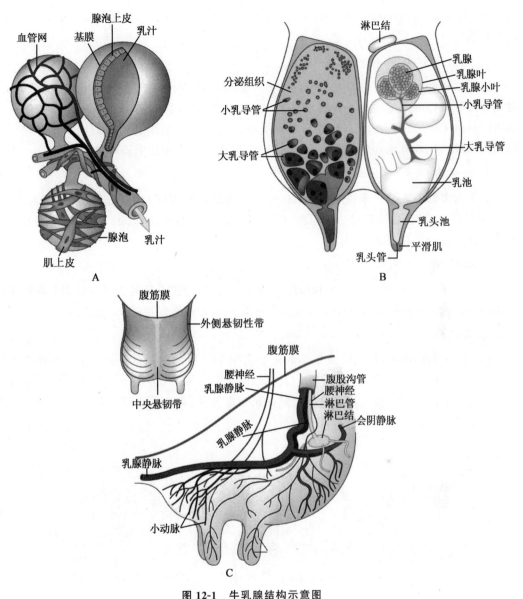

图 12-1　牛乳腺结构示意图

A.腺泡结构　B.乳腺导管结构　C.乳腺血管、淋巴管、神经分布

二、乳腺的发育及调节

乳腺的生长发育具有较为明显的年龄和生殖周期特点,与动物的繁殖性能紧密配合。

(一)乳腺的发育

1.乳腺在胚胎期的发育

当牛的胚胎在母体内达到 35 d 的时候,乳腺从腹中线的乳腺原基生发层(stratum germi-nativum)发育。在 60 d 的时候,乳头开始形成,随后增殖的外胚层深入到间充质中形成初级萌芽(primary sprout)。到发育 100 d 的时候,从初级萌芽的近端开始形成管沟,并延伸至远端,随后形成次生芽(secondary sprout)。最终,初级萌芽发育成了腺体和乳头池,次生芽发育成乳导管。

2.从出生到妊娠前的发育

新生幼仔的乳房刚出生时就有明显的乳头和腺池,但乳房中的大导管还未发育完全,这一时期雌性和雄性间差异很小。青春期以前,乳腺的生长速度与机体相等,称作等速生长(isometric growth)。在等速生长期,乳腺增大主要是因为结缔组织和脂肪的增多。在每个发情周期内,雌激素、催乳素和生长激素刺激乳腺生长,促进乳腺导管生长和分支增加。

3.妊娠期

对于大多数哺乳动物来说,48%~94%的乳腺发育都在妊娠时期进行。研究发现,妊娠3~4个月后,牛的乳腺导管进一步延伸,乳腺实质逐渐代替基质;妊娠6个月后,腺泡小叶系统已经得到充分发育(图12-2)。

4.泌乳期

在每个泌乳期内,乳腺的大小和细胞数量都会增加,特别是从泌乳早期到泌乳高峰期。初产动物的乳腺细胞增殖率要快于经产动物。吮乳或挤奶具有促进此期乳腺发育的作用。

5.退化期

对于大多数动物来说,吮乳或挤奶的停止会引起乳腺的退化(involution),表现为乳腺上皮细胞数量的减少和分泌活动的降低。上皮细胞会发生凋亡,溶酶体通过释放酶类来降解凋亡的细胞。不同品种动物的腺泡退化程度存在一定差异,取决于发情周期内激素对腺泡小叶结构的维持作用。

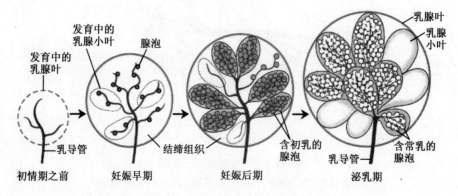

图12-2　乳腺的不同发育阶段(仿自 Sjaastas 等,2013)

(二)乳腺发育的调节

乳腺发育既受到神经系统的控制,又受到激素的反馈调节。

1.神经调节

神经系统是乳腺发育的重要调节途径。刺激乳腺内的感受器,可以发出冲动传到中枢神经系统,通过下丘脑-垂体神经系统或者直接通过支配乳腺的传出神经控制乳腺的发育。生产实践中通过按摩母牛、母猪的乳房,可以增强乳腺的发育,增加泌乳量。

2. 体液调节

在乳腺的发育和泌乳过程中有多种激素起到调节作用。胎盘激素在妊娠后期对乳腺的生长发育有重要作用。除胎盘分泌的雌激素和孕酮外,人类的胎盘催乳素在妊娠期能竞争性作用于乳腺,使乳腺加速生长发育。从出生到初情期,生长激素、甲状腺激素和类固醇类激素都参与到调节乳腺发育的过程中。初情期后,卵巢分泌的雌激素和孕酮促进乳腺导管系统的发育。对于某些动物,如大鼠、小鼠、猫和兔等,雌激素单独处理只能引起导管系统的生长;雌激素和孕酮同时处理则能引起腺泡小叶的发育。

由垂体分泌的催乳素与生长激素、卵巢激素具有协同作用,具有发动和维持泌乳的作用。在所有已研究过的哺乳类动物中,切除了垂体后,经雌激素和孕酮处理,均不能刺激乳腺的生长发育。

第二节　乳的分泌

乳分泌(milk secretion)是乳腺上皮细胞从血液中摄取营养物质合成乳汁并转运到腺泡腔的过程。

一、乳的生成

乳生成(galactopoiesis)过程是在乳腺腺泡和细小乳导管的分泌上皮细胞内进行。合成乳的前体物质来源于血液,乳的生成是上皮细胞一系列复杂的物质合成和选择性吸收的过程。乳腺细胞利用原料合成乳的基本成分(乳脂、乳糖和乳蛋白等),再从合成部位运输到腺泡细胞膜顶端,然后跨膜转运进入腺泡腔。

1. 乳脂的合成

乳脂(milk fat)中甘油三酯的合成原料主要是甘油和脂肪酸。对于大多数动物来讲,甘油的主要来源是机体内糖分解代谢产生的 3-磷酸甘油。脂肪酸主要有两个来源,一是来自血脂的分解;二是由乳腺细胞自身合成。血液中的乳糜微粒和低密度脂蛋白可以给乳腺提供脂肪酸。反刍动物的乳腺从血液中吸收的乙酸(acetate)和 β-羟丁酸(β-hydroxybutyrate)是脂肪酸从头合成的重要碳源;非反刍动物,葡萄糖是脂肪酸合成原料-乙酰辅酶 A 的主要来源。

2. 乳糖的合成

乳糖(lactose)的合成直接关系到乳的分泌量。乳腺上皮细胞以葡萄糖为前体,在高尔基体内合成乳糖。乳糖合成酶是乳糖合成和乳分泌过程中的限速酶,其活性在妊娠的最后一天几乎为零,但随着泌乳开始而迅速上升。反刍动物经瘤胃吸收的丙酸也是乳糖的原料。

3. 乳蛋白的合成

乳蛋白(milk protein)主要由乳腺上皮细胞合成,然后分泌到腺泡腔中,也有部分的蛋白质在其他组织中合成,经血液循环最后进入乳腺中,如乳中的免疫球蛋白。乳蛋白的合成原料来自血液中的氨基酸,其合成过程与其他组织内的蛋白质合成过程基本相同。氨基酸经上皮细胞吸收后被活化和转运,在核糖体内聚合成较短的肽链,再到高尔基体内进一步缩合成各种不溶性的酪蛋白颗粒及 β-乳球蛋白（β-lactoglobulin）等，随后移行到细胞表面，经过出胞机制释放。

二、乳的分泌

乳的分泌（milk secretion）包括泌乳的起始和维持两个过程，它们与生殖过程相适应，受神经—体液调控。

(一)泌乳的起始

泌乳起始是指乳腺组织从非泌乳状态向泌乳状态转变的功能性变化过程。

1. 泌乳起始

生乳的过程包括两个阶段。

(1)第一阶段　这一阶段存在于分泌前，主要是腺泡上皮细胞内酶的变化，伴随有少量的乳汁合成和分泌。在细胞内乙酰辅酶 A 羧化酶（acetyl CoA carboxylase）、脂肪酸合成酶（fatty acid synthetase）和一些其他合成酶的活性显著增加；一些负责氨基酸、葡萄糖和其他前体物质的转运系统活性增大。初乳和免疫球蛋白也在此阶段合成。

(2)第二阶段　大多数动物，这一阶段是从分娩前产生乳汁中的各种成分开始，持续到分娩后的时间。

第二阶段分泌丰富的乳汁来满足新生动物发育的营养需要，这是所有胎盘动物的泌乳特征。

2. 起始的调控

(1)激素调控　泌乳在启动过程中需要多种激素发挥调控作用。在妊娠期，胎盘和卵巢分泌大量的雌激素和孕激素，抑制腺垂体释放催乳素。分娩前，孕酮分泌急剧下降，从而解除对下丘脑和垂体前叶的抑制作用，生乳激素（催乳素、糖皮质激素和胰岛素）调控乳腺发挥生乳作用。胰岛素能激活乳腺中许多基因的表达，还通过允许作用增加乳腺对于其他激素的敏感性；糖皮质激素能够诱导粗面内质网分化，对酪蛋白合成产生重要的影响；催乳素能够增加乳蛋白合成基因的表达并减少其降解。

(2)细胞相互作用　在生乳的过程中，虽然催乳素刺激乳腺细胞合成酪蛋白，但是乳腺分泌细胞必须先与细胞外环境，特别是细胞外基质（extracellular matrix，ECM）相互作用。在很多组织中，ECM 主要由不同类型的胶原和其他蛋白构成。上皮细胞直接与基底膜接触并附着在其上。乳腺中很多基因的功能表达也受到 ECM 的影响。例如，β-酪蛋白基因的启动子序列中就包含有与 ECM 相结合的位点。

(二)维持泌乳

启动泌乳后，乳腺能在相当长的一段时间内持续进行泌乳活动，这就是维持泌乳。

1. 维持泌乳

泌乳的维持依赖于上皮细胞的数量、单个细胞的合成能力和排乳反射的有效维持。在自然哺乳下，幼崽的数量能够影响到泌乳的维持。以犬为例，8 只幼崽比 4 只幼崽能够刺激母体更多的乳腺维持泌乳，明显增加整个泌乳期的乳产量（图 12-3A）。对奶牛来说，分娩以后，奶牛泌乳量持续上升，在 2～8 周达到顶峰，随后开始缓慢下降。在下降的过程中，乳腺细胞的凋亡率可能超过细胞增殖分化率。研究发现,泌乳和妊娠的同时发生对动物的泌乳量和乳腺细胞数量几乎没有影响;但与未妊娠的奶牛相比,妊娠5个月后的奶牛,其泌乳量和乳腺细胞数量都有所减少(图12-3B)。

2.维持的调控

下丘脑和垂体分泌的激素是维持乳分泌的主要调节因素。生长激素、促肾上腺皮质激素、促甲状腺激素、胰岛素和甲状旁腺激素对于乳的维持都是必需的。甲状腺激素能够影响乳分泌的强度和持续时间;能够促进泌乳量和增加血钙的水平。促肾上腺皮质激素通过影响乳腺细胞数量和代谢状态直接调控泌乳。与正常妊娠的奶牛相比,注射外源生长激素会增加妊娠奶牛的乳产量(图12-3B),但生长激素发挥作用并不是直接作用到乳腺上,而是通过动员体内其他组织器官的可用营养成分,用于乳汁合成来发挥其促进泌乳的效应。

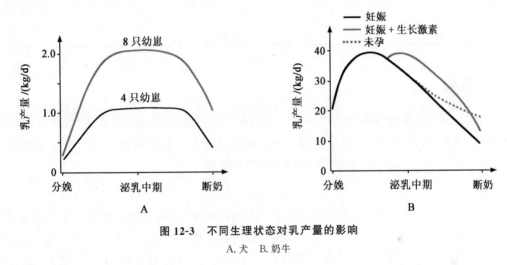

图12-3　不同生理状态对乳产量的影响
A.犬　B.奶牛

第三节　乳 的 成 分

乳是哺乳动物乳腺分泌的产物,不仅为新生动物提供必需的营养元素,也是人类高质量营养食品的来源。乳可以分为初乳(colostrum)和常乳(normal milk)。

一、初乳

初乳一般是指动物分娩后最初3~5 d内所产的乳。初乳较黏稠,颜色呈淡黄色,稍有咸味,其各种成分的含量与常乳有显著不同。初乳中含有丰富的免疫球蛋白,在刚出生48 h内,新生动物吮吸初乳后,免疫球蛋白能够通过未闭合的肠道进入体内,形成被动免疫,可以增加仔畜抵抗疾病的能力。所以,出生后及时吃到初乳对于仔畜的存活至关重要。与常乳相比,初乳中还含有较多的维生素,特别是维生素A、维生素C和维生素D都要比常乳高出几倍。牛的初乳和常乳的成分比较见表12-1。

表 12-1　奶牛初乳和常乳成分的比较

成分	初乳	常乳
总固体/%	23.9	12.9
乳糖/%	2.7	5.0
乳脂肪/%	6.7	4.0
乳蛋白/%	14.3	3.2
酪蛋白/%	5.2	2.6
白蛋白/%	1.5	0.47
免疫球蛋白/%	6.0	0.09
灰分/%	1.12	0.7
维生素 A/(ng/dL)	295.0	34.0
相对密度/(g/mL)	1.056	1.032

二、常乳

初乳期过后,乳腺所分泌的乳汁称为常乳。常乳的营养成分十分丰富,除了水分外,还包括乳蛋白、脂肪、糖类、矿物质、维生素和多种生物活性成分。乳的成分在动物间存在差异,受品种、年龄、营养水平、健康状况、泌乳阶段等因素的影响。

1. 乳脂

乳脂是乳中主要的储能物质和营养成分,其主要成分是甘油三酯,在乳脂中的含量约占98%,其余部分为甘油一酯、甘油二酯、游离脂肪酸、磷脂和胆固醇。乳脂是乳中含量变化最大的一种成分,在不同动物种类及个体间均存在一定的差异,并随泌乳期及季节、食物、胎次、挤乳间隔时间等多种因素的影响而变化。乳脂含量一般为 $30\sim120$ g/L,而海洋哺乳动物(海豹、海豚、鲸鱼)及生活在两极地区的哺乳动物,其乳脂含量最高可达 500 g/L。不同哺乳动物乳脂含量见表 12-2。

表 12-2　不同动物乳脂的含量　　　　　　　　　　　　　　%

类别	含量	类别	含量	类别	含量
人	4.5	水牛	7.4	奶牛	3.9
豚鼠	3.9	山羊	4.5	兔	15.3
绵羊	7.2	黑熊	24.5	马	1.9
海豚	33.0	猪	6.8	海豹	53.2
骆驼	4.0	红袋鼠	3.4	犬	10.7
驯鹿	18.0	驴	1.4	海牛	6.9
大鼠	10.3	灰松鼠	24.7	大象	11.6
斑马	4.7	小鼠	12.1	骡	1.8
鲸鱼	33.2	牦牛	6.5		

2. 乳蛋白

乳蛋白主要由酪蛋白(casein)和乳清蛋白(whey protein)组成,此外还有乳脂肪球膜蛋白(milk fat globule membrane protein)。乳中酪蛋白有 α-酪蛋白、β-酪蛋白和 κ-酪蛋白。乳清蛋白包括 α-乳球蛋白,β-乳清蛋白、血清蛋白、免疫球蛋白、乳铁蛋白等。乳中含有多种非蛋白含氮物,含量较多的是尿素氮,占 1/2 以上,其次是肌酐氮和氨氮。这些含氮化合物大都是蛋白质的代谢产物,从乳腺进入乳中。

3. 乳糖

乳糖是乳腺中分泌的一种双糖,是新生动物哺乳期热能的主要来源。大多数动物乳中乳糖的浓度比较恒定。乳糖在肠道黏膜中被乳糖酶分解为半乳糖和葡萄糖,再通过简单扩散和主动吸收机制进入血液循环。在哺乳期,幼畜肠道乳糖酶活性较高;断乳以后,乳糖酶活性逐渐降低到最低水平。乳中除乳糖外,还含有多种单糖(葡萄糖、半乳糖)和寡糖(oligosaccharide)。

4. 矿物质

乳中的钠、钾、氯等都是由肠道吸收而来,其浓度由高尔基体的渗透性及转运特性决定。在牛乳中,总钙量的 2/3 以胶体形式存在于酪蛋白微团中;1/3 存在于溶液中;而以无机钙的形式存在于乳中的只占总钙的 10%。乳中含有的铁、铜、锌等十几种必需微量元素;汞、铝、砷等非必需微量元素在乳中也有微量存在,其中有些具有毒性,过量饮用对动物机体有害。

5. 乳的活性物质

乳中除含有蛋白、脂肪等常规成分外,还含有种类繁多的生物活性物质,例如多肽、酶、激素和生长因子等。乳中含有 60 种以上的酶,主要来源于乳腺组织、血浆及白细胞,还有一些是由微生物分泌的酶。研究发现,通过检测乳中的酶,可以了解乳腺细胞的代谢情况,辅助疾病的诊断。乳中的激素和生长因子种类很多,包括类固醇激素(雌二醇等)、蛋白质类激素(催乳素、生长激素等)、胰岛素样生长因子、神经生长因子等活性物质。乳中的生物活性物质虽然含量极低,但参与母子之间的信息传递,调节乳腺的生长发育,表现出多种生理功能和免疫保护作用。现在人们已可以利用乳腺生物反应器技术,通过乳腺高效合成并分泌乳蛋白的能力生产药物(二维码 12-1)。

二维码 12-1　实验技术:乳腺生物反应器技术

第四节　乳　的　排　出

一、乳的积累

在新生动物吮乳之前,乳腺上皮细胞生成的乳汁持续分泌到腺泡腔内。随着腺泡腔小导管中充满乳汁后,通过压力感受性反射等各种反射使乳汁进入大导管和乳池积累,最后充满整个乳房。在母牛乳房中,乳池内的乳汁占总泌乳量的 20%～30%;导管系统内的乳汁占到总乳量的 15%～40%;腺泡中乳汁占到总乳量的 20%～60%。

二、排乳反射

排乳（milk excretion）是一种较为复杂的反射活动。哺乳或挤乳时，通过刺激母畜乳头上的感受器，反射性地引起乳房腺泡和小导管周围的肌上皮细胞收缩，乳随压力流入大的导管系统，接着大导管和乳池的平滑肌强烈收缩，乳池内压力急剧升高，乳头括约肌开放，乳汁排出体外。

1. 感受器

排乳反射的感受器主要分布在乳头和乳房皮肤上。挤压或者吮吸乳头是引起排乳反射的主要非条件刺激。此外，温热刺激、刺激生殖道、幼畜对乳房的冲撞等都可以引起排乳反射。外界环境的各种刺激也可以通过视觉、听觉、嗅觉、触觉等建立大量促进或抑制排乳的条件反射。

2. 传入神经

精索外神经是乳房和乳头感受器兴奋的主要传入神经系统。

3. 神经中枢

下丘脑视上核和室旁核是排乳反射的基本中枢。传入冲动经精索外神经传递到脊髓，沿脊髓-丘脑束传到丘脑，在丘脑分为背支和腹支，并汇合于下丘脑后部，最后达到中枢。大脑皮质中也有相应的代表区，控制下丘脑的活动。乳房的传入冲动传递到脊髓后，一部分纤维与胸腰段脊髓内的植物性神经相联系，并通过交感神经支配乳腺平滑肌的活动（图 12-4）。

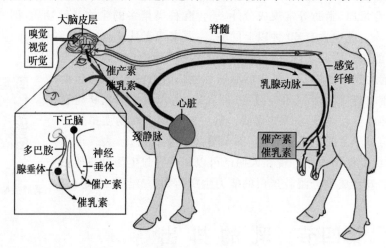

图 12-4 排乳反射（仿自 Sjaastas 等，2013）

4. 传出神经

排乳反射的传出途径有两条：一条是完全通过神经途径，另一条是通过神经-体液途径。排乳反射的传出神经主要存在于精索外神经和交感神经中，可以直接对乳腺平滑肌发挥调节作用。神经-体液途径主要是通过下丘脑调控神经垂体释放催产素，催产素通过作用到乳腺和乳导管周围的肌上皮细胞，引起平滑肌收缩，排出乳汁。

5.效应器

排乳反射的效应器是腺泡和乳导管周围的肌上皮细胞和平滑肌。

三、排乳抑制

疼痛、不安、恐惧和一些异常刺激通过抑制中枢作用到下丘脑排乳反射中枢,使催产素释放量减少,还可以通过交感神经使乳腺血流量降低,抑制排乳。排乳反射抑制包括中枢抑制和外周抑制。中枢的抑制性影响通常起源于脑的高级中枢,进而减少神经垂体释放催产素。外周性抑制主要是交感神经系统兴奋和肾上腺素分泌增加,乳房小动脉收缩,乳房血流量下降,运输到达肌上皮的催产素减少,产生排乳抑制。

(韩立强)

复习思考题

1.什么叫乳腺?乳腺的发育及其调控是如何进行的?

2.试述泌乳的起始、维持及调节。

3.什么是初乳?初乳和常乳成分有哪些区别?有何生理意义?

4.简述排乳的反射性调节。

第十三章 家禽生理

> 禽类与哺乳动物在结构和机能上存在着较大的差异。家禽生理主要以鸡、鸭、鹅为对象,除研究其基本生理学知识、家禽生理与家畜生理之间的差异,还研究其与疾病、生产和经济性状紧密联系的生理特点。对家禽饲养管理、家禽疾病防控和治疗都有重要意义。
>
> 通过本章学习,应主要了解和掌握以下几方面知识。
> - 了解家禽各器官、系统生理特征。
> - 掌握家禽所特有的一些生理特性。

第一节 血 液

一、血液的组成及理化特性

(一)血液的组成和血量

1. 血液成分

与哺乳动物相似,禽的血液也由血浆和悬浮于血浆中的血细胞组成,但其血细胞比容较哺乳动物小。血浆中主要成分为水,其次是蛋白质、葡萄糖、氨基酸、尿酸和各种电解质。

2. 血量

鸡的血量为其体重的 9%(♂)或 7%(♀);鸭为 10.2%;鸽为 9.2%。

(二)血液的理化特性

1. 血色

禽血液也呈红色,颜色与红细胞中血红蛋白的含氧量密切相关。

2. 酸碱度

禽血液的酸碱度与哺乳动物相似,呈弱碱性,pH 在 7.35~7.50 的狭窄范围内变动。在正常情况下,由于血液中有多种缓冲物质,再通过肺的呼吸和肾的排泄活动,使血液酸碱度保持相对稳定。但在高温时,由于禽类汗腺不发达,主要通过喘息进行蒸发散热,可能会导致肺泡通气量过大,CO_2 排出过多,pH 升高,出现低碳酸血症而发生呼吸性碱中毒。

3. 比重

禽类全血比重为 1.045~1.060。其中鸡为 1.054(♂)或 1.044(♀),鹅为 1.061(♂)或

1.052(♀),鸭平均为1.056。母鸡因血浆中含脂类较多,其全血比重显著低于公鸡。

4.黏滞性

禽类血液的黏滞性是水的3~5倍。42 ℃时,鸡为3.67(♂)或3.08(♀)。14~20 ℃时,鸭为4.0,鹅为4.6。雄性因血液中红细胞数量较多,其黏滞性大于雌性。

5.渗透压

血浆总渗透压约相当于0.93%的NaCl溶液(159 mmol/L)。禽类血浆中因白蛋白含量较哺乳动物少,其胶体渗透压低于哺乳动物,鸡为1.47 kPa,鸽为1.079 kPa。

二、血细胞

禽类的血细胞分为红细胞、白细胞和凝血细胞。与哺乳动物有一定区别,具有特殊性(二维码13-1)。

二维码13-1 知识拓展:
禽类血细胞的特殊性

(一)红细胞

1.形态和体积

禽类红细胞呈卵圆形、有核,其体积比哺乳动物的大,长径为10.7~15.5 μm,短径为6.1~10.2 μm,并随种别、年龄、性别不同而有一定差异,雄性大于雌性(表13-1)。

表13-1　几种成年家禽红细胞的大小　　　　　　　　　　　　　　　　μm

种别	长径	短径	厚度	种别	长径	短径	厚度
鸡	12.2	7.1	3.6	鸽	12.7	7.5	3.7
鸭	12.8	6.6	—	火鸡	15.5	7.2	—

2.数量

禽类红细胞计数为$2.5 \sim 4.0 \times 10^{12}$/L,较哺乳动物少,也受年龄、性别等影响,除鹅和火鸡外,一般雄性的数目较多(表13-2)。

3.比容

红细胞比容(压积)较低,成年鸡为30%~33%,火鸡为30.4%~45.6%,鸭为9%~21%。

4.血红蛋白

禽红细胞中血红蛋白的含量为130~150 g/L,其数值受年龄、性别、季节、环境变化、饲料、生产性能的影响。如雄性较雌性高(表13-2);成年较幼年高。

5.生成和凋亡

在胚胎时期,肾脏和腔上囊是重要的造血器官,出生后几乎完全依靠骨髓造血。禽类红细胞在循环血液中生存期较大多数哺乳动物短,如,鸡红细胞平均寿命只有28~35 d;鸭为42 d;鸽子为35~45 d;鹌鹑为33~35 d。红细胞生存时间较短,与其体温和代谢率较高有关。

表 13-2　几种成年家禽红细胞数目和血红蛋白含量

种别	性别	红细胞 /($\times 10^{12}$/L)	血红蛋白 /(g/L)	种别	性别	红细胞 /($\times 10^{12}$/L)	血红蛋白 /(g/L)
鸡	♂	3.6	117.6	火鸡	♂	2.2	125.0～140.0
	♀	2.8	91.1		♀	2.4	132.0
北京鸭	♂	2.7	142.0	鹌鹑	♂	4.1	158.0
	♀	2.5	127.0		♀	3.8	146.0
鸽	♂	4.0	159.7				
	♀	2.2	147.2				

红细胞的生成也主要受到促红细胞生成素和雄激素的调节。禽类的促红细胞生成素对哺乳动物无效,哺乳动物的促红细胞生成素对禽类也无效。

(二)白细胞

禽类的白细胞有 5 种,包括有颗粒白细胞和无颗粒白细胞两类。

1.嗜酸性粒细胞

嗜酸性细胞平均直径为 10～15 μm。细胞质中含有大的球形暗红色嗜酸性颗粒,在血液中较少。寄生虫感染时,血液中嗜酸性细胞增多。

2.单核细胞

单核细胞平均直径为 12 μm,最大可达 20 μm,是血液中体积最大的细胞。与大淋巴细胞难于区分,但有较多细胞质,胞核大,核轮廓不规则。可转变为吞噬能力最强的巨噬细胞。

3.嗜碱性粒细胞

嗜碱性细胞核圆形或卵形,有时分成小叶,细胞质中含有大而明显的深色嗜碱性颗粒,在血液中最少,约占白细胞总数的 2%。

4.异嗜性粒细胞

异嗜性粒细胞又称假嗜酸颗粒白细胞(二维码 13-2)。鸡的异嗜性细胞为圆形,胞质中分布有暗红色嗜酸性杆状或纺锤状颗粒,具有活跃的吞噬能力,数量仅次于淋巴细胞。

二维码 13-2　家禽部分结构图

5.淋巴细胞

淋巴细胞呈球形,分为大淋巴细胞和小淋巴细胞,均来自骨髓淋巴样细胞,转移到胸腺分化成 T 淋巴细胞,转移到法氏囊后分化成 B 淋巴细胞,分别参与细胞免疫和体液免疫。淋巴细胞占白细胞总数的 40%～70%。

禽类白细胞总数为(20～30)$\times 10^9$/L。各类白细胞在血液中的数目和百分比随禽种类、性别、环境不同而异(表 13-3)。异嗜性细胞和淋巴细胞比例较高;雌禽高于雄禽;室外饲养的鸡较室内笼养鸡总数多;营养和一些疾病会使白细胞总数以及百分比发生改变。如,日粮中缺少叶酸,白细胞总数及各类白细胞均会减少;缺乏核黄素,异嗜性细胞数大幅增加,而淋巴细胞数减少;鸡白痢和伤寒时,白细胞增多,尤其单核细胞增多明显;患白血病可引起淋巴细胞增加;结核杆菌在鸡体内引起异嗜性粒细胞增多而淋巴细胞减少;糖皮质激素可引起异嗜性细胞增加而淋巴细胞减少;应激情况下淋巴细胞和异嗜性细胞增多。

表 13-3　家禽白细胞数量及各类白细胞的百分比

种别	性别	白细胞总数 /($\times 10^9$/L)	各类白细胞所占百分比/%				
			嗜酸性细胞	单核细胞	异嗜性细胞	嗜碱性细胞	淋巴细胞
鸡	♂	16.6	1.4	6.4	25.8	2.4	64.0
	♀	29.4	2.5	5.7	13.3	2.4	76.1
北京鸭	♂	24.0	9.9	3.7	52.0	3.1	31.0
	♀	26.0	10.2	6.9	32.0	3.3	47.0
鹅	♂♀	18.2	4.0	8.0	50.0	2.2	36.2
鸽	♂♀	13.0	2.2	6.6	23.0	2.6	65.6
鸵鸟	♂♀	21.1	6.3	3.0	59.1	4.7	26.8
鹌鹑	♂	19.7	2.5	2.7	20.8	0.4	73.6
	♀	23.1	4.3	2.7	21.8	0.2	71.6

(三)凝血细胞

禽类的凝血细胞又称血栓细胞(thrombocyte),相当于哺乳动物的血小板,由骨髓单核细胞分化而来,在凝血过程中发挥重要作用。凝血细胞呈椭圆形,细胞核圆形,居于细胞中央。比哺乳动物的大得多,但数量少。鸡平均为 34.4×10^9 个/L,鸭为 30.7×10^9 个/L,鸵鸟为 10.5×10^9 个/L。

三、血液凝固

禽血液中存在有与哺乳动物相似的凝血因子,凝血过程与哺乳动物相同,即都是通过凝血因子的级联放大反应将凝血酶原激活为凝血酶,再由凝血酶将可溶性纤维蛋白原转变为不溶性纤维蛋白。

与哺乳动物一样,禽血液凝固需要 Ca^{2+} 和充足的维生素 K。鸡对 Ca^{2+} 和维生素 K 的获得主要依靠外源。如果 Ca^{2+} 缺乏还会导致骨营养不良;维生素 K 缺乏,可引起鸡皮下和肌肉出血,鸡在断喙时,为防止出血可适当补给维生素 K。

第二节　血液循环

禽类血液循环系统进化水平较高,是完全的双循环,通过心脏的节律性收缩和舒张活动,推动血液不断循环流动。

一、心脏生理

相对体重比例,禽类心脏大于哺乳类,心脏容量大。

(一)心率

禽类的心率比哺乳动物高。心率快慢与个体大小、日龄和其他生理状况有关(表 13-4)。个体愈大,心率愈慢,个体愈小,心率愈快;幼禽心率较高,随年龄的增加心率有下降趋势;晚上心率很低,随光照和运动而增加;处在冷环境中较在温热的环境中为快。

表 13-4　几种家禽的心率　　　　次/min

类别	年龄	性别	心率	类别	年龄	性别	心率
鸡 (白来航鸡)	7 周	♂	422	鸭 (北京鸭)	4 月	♂	194
	7 周	♀	435		4 月	♀	190
	成年	♂	302		成年	♂	189
	成年	♀	357		成年	♀	175
火鸡 (青铜色)	7 周	♂	288	鹅	成年	♂♀	200
	7 周	♀	283	鸽 (白鸽王)	成年	♂	202
	成年	♂	198		成年	♀	208
	成年	♀	232				

(二)心输出量

禽类心输出量与性别、生理状态有关。一般情况下,雄禽心输出量大于雌禽,当机体活动时,心输出量也相应增加。环境温度也影响心输出量,短期的热刺激,能使心输出量增加,但血压降低,鸡在热环境中生活 34 周后发生适应性变化,心输出量不是增加而是明显减少。急冷可引起心输出量增加,血压升高。运动对心输出量有显著影响,鸭潜水后比潜水前心输出量明显下降。

二、血管生理

禽类血液流动的规律和哺乳动物相同,但血液循环时间比哺乳类短,例如,白来航鸡血液全身循环一次所用时间为 2.8 s,鸭为 2~3 s。

(一)血压

禽类血压因性别、日龄、体温、环境温度、日粮中食盐含量等而有差异。雄禽一般显著高于雌禽,例如,成年公鸡的收缩压为 25.3 kPa,舒张压为 20.0 kPa;成年母鸡的收缩压为 18.9 kPa,舒张压为 15.6 kPa。随日龄增大而增高,如白来航公鸡从 7 周龄到 26 周龄,其收缩压从 20.1 kPa 上升至 25.3 kPa。鸡的血压受体温和环境温度影响。给鸡加温即可引起禽类体温和血压升高,但体温过高也导致血压下降,体温过低会导致低血压。随着季节转暖,血压有下降的趋势,这种变化与光照变化无关。饲料中食盐加入过高会产生盐性高血压,如肉鸡猝死综合征其发病机理之一即为肺动脉高压。

(二)器官血液流量

器官血流量与其结构、功能和代谢水平相关。雌禽的生殖器官、肾、肝、心和十二指肠有较高的血流量,例如,母鸡生殖器官的血流量占心输出量的 15% 以上。机体代谢水平较低时,血流量相对较少;代谢水平升高时,血流量增加。例如,卵在壳腺内沉积钙质时,壳腺的血流量比无卵时增加 1 倍以上。

三、心血管活动的调节

(一)神经调节

与哺乳动物相似,禽类延髓有心抑制中枢、心加速中枢和血管运动中枢。

心脏受迷走神经和交感神经双重支配,分别对心脏产生抑制和兴奋作用。生理状态下,二者对心脏的调节作用比较平衡,不像哺乳动物呈现明显的"迷走紧张",迷走神经对心脏的控制程度还与禽类的品种和个体大小有关,心脏相对较大的鸽、鸭等,其迷走神经抑制作用较强,而鸡迷走神经对心搏频率控制作用很小。

禽类心血管反射调节也包括压力感受性反射、化学感受性反射、心感受器引起的反射和躯体感受器引起的反射。

(二)体液调节

激素等化学物质对心血管的作用与哺乳动物的情况基本相同。此外,局部产生的血管活性物质和一些新陈代谢的产物等也可调节心血管的活动。

第三节　呼吸生理

一、呼吸器官及其功能

禽类呼吸系统与哺乳动物有较大区别,包括呼吸道、肺、气囊及某些骨骼中的气腔(见第一节二维码 13-2)。上呼吸道包括鼻、咽、喉头、胸外气管;下呼吸道包括胸内气管、鸣管、支气管及其分支。

(一)呼吸道

禽类鼻腔较狭窄,内有鼻腺(nasal gland)。鸭、鹅等水禽的鼻腺较发达,对机体渗透压的调节发挥重要作用。禽类的喉位于咽的底壁,喉口呈缝隙状。鸡传染性喉气管炎、黏膜型鸡痘等呼吸道疾病往往导致喉口狭窄,出现呼吸困难。

禽类的气管有别于哺乳动物,仅有 1～4 级分支。气管较长而粗,伴随食管后行,进入胸腔后分为 2 个支气管。气管和支气管没有气体交换功能,但能清洁和过滤空气。禽呼吸道疾病往往在气管内有较多分泌物,严重的呈脓性、血性,有时见到气管环出血。

(二)肺

禽类的肺小而致密,不分叶,几乎不能扩张。肺除腹侧面前部有一肺门外,还有一些开口,与易扩张的气囊相通。肺内无哺乳动物支气管树的结构。3 级支气管相当于哺乳动物的肺泡管,是肺小叶的中心,与周围许多呈辐射状排列的肺房相通,也不能进行气体交换。肺房(atrium)为不规则囊腔,相当于哺乳动物的肺泡囊。每一肺房又连着许多肺毛细管,相当于家畜的肺泡,是实现气体交换的场所。

(三)气囊

气囊(air sacs)是禽类特有的器官。分别有 2 个胸前气囊、颈气囊、胸后气囊、腹气囊和 1 个锁骨间气囊,共 9 个气囊(见第一节二维码 13-2)。

气囊有多种生理功能。首先,气囊由于血管分布较少,不进行气体交换,作为贮气装置而参与肺的呼吸作用。吸气时,空气先通过肺内,其中部分未进行气体交换直接进入气囊;呼气时,气囊中的空气被压出通过肺,又在肺中补行一次气体交换。这样,禽类每做一次呼吸运动,肺内就会发生 2 次气体交换,这种现象称为双重呼吸。双重呼吸满足了鸟类飞行时对大量氧气的需要。此外,气囊还有减轻身体比重、发散体热以调节体温、减轻器官间的摩擦等作用。如腹气囊使睾丸能维持较低温度而保证精子正常生成;水禽潜水时利用气囊内的气体在肺内交换,同时也有利于在水上漂浮。

二、呼吸运动

(一)呼吸机制

禽类的横膈膜由肺膈和胸腹膈组成,并没有像哺乳动物那样的膈肌。肺膈分隔胸腔为腹侧和背侧两部,功能是保持肺表面紧张和伸展,但对呼吸并非不可或缺。胸腹膈隔开胸腔和腹腔,但胸腔内压几乎与腹腔内压完全相同,没有经常性负压存在,故胸腹膈不具有显著呼吸功能。

呼吸主要通过强大的呼气肌和吸气肌的收缩,牵动胸骨和肋骨来完成(图 13-1)。吸气肌主要为肋间外肌,其收缩时带动胸骨、喙突、小叉和胸肋骨向前下方移动,脊椎肋骨向前内方移动(虚线),因此胸腔的上下径大幅增加,而左右径减少很小,胸腔容积加大,肺受牵拉而稍微扩张,内压降低,气体即进入肺。同时气囊容积也加大,气囊内压力下降,大部分新鲜空气进入后气囊,也有一部分新鲜空气进入背支气管。前气囊虽然也扩张,但并不直接接受新鲜空气,而是接受副支气管和肺毛细管的气体。

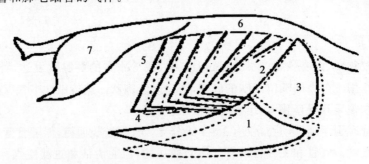

图 13-1 禽类呼吸中肋骨、胸骨、喙突和小叉动作的侧面观
1.胸骨 2.喙突 3.小叉 4.胸肋骨 5.脊椎肋骨 6.体壁 7.背后部
实线代表呼气,虚线代表吸气

呼气肌主要为肋间内肌,当其收缩时,胸骨、喙突、小叉和胸肋骨向后上方移动,使脊椎肋骨后移(实线),胸廓缩小,胸腔内压升高,气囊收缩,后气囊的气体经肺排出,产生呼气。在第二次吸气时,肺内空气才进入前气囊,前气囊的气体才直接呼出。因此必须经过 2 个呼吸周期才能把一次吸入的气体从呼吸系统排出。

在每一个呼吸周期中,气体进出肺和气囊的动力决定于气囊和肺内压与大气压的差值。吸气时气囊和肺内压为 $-866.59 \sim -533.29$ Pa,低于大气压,气体进入;呼气时气囊和肺内压为 $533.29 \sim 799.93$ Pa,高于大气压,气体排出。

(二)通气量

鸡的潮气量为 $10 \sim 30$ mL,鸭平均为 37 mL,鸽平均为 4.8 mL。呼吸器官的总容气量(主要是肺和气囊),鸡达 $300 \sim 500$ mL(母鸡气囊约占 87%;公鸡气囊占 82%),鸭约为 530 mL。每次呼吸的潮气量仅占全部气囊容量的 $8\% \sim 15\%$。潮气量与呼吸频率的乘积即是禽肺的通气量。但是,由于禽类有较长的颈部,其解剖无效腔远大于哺乳类。

(三)呼吸频率

禽类呼吸频率与种类、性别、年龄、体格大小、兴奋状态及其他因素有关(表 13-5)。

表 13-5　几种家禽的呼吸频率　　　　　　　　　　　　　　　　　次/min

种别	鸡	鸭	鹅	鸽	火鸡
雄	$12 \sim 20$	42	20	$25 \sim 30$	28
雌	$20 \sim 36$	110	40	$25 \sim 30$	49

通常禽类体格愈大,每分钟的呼吸次数愈少;相反,体格越小,呼吸频率越高。雌性呼吸频率一般高于雄性。此外,呼吸频率随环境气温的升高而增加,当气温升至 43.3 ℃时,鸡呼吸频率可升至 155 次/min。

禽类吸气相和呼气相因种类而异。鸭无真正的呼气和吸气间歇,它们的吸气和呼气动作相互紧紧连接,但呼气相比吸气相长。鸽、火鸡则相反,吸气相长于呼气相。在鹅,母鹅的吸气相为呼气相的 3 倍,但公鹅两相的持续时间相等。在鸡,公鸡呼气相较长;母鸡呼气相较长或两相的持续时间相等。

三、气体交换与运输

(一)气体交换

禽类肺毛细管网具有很大的气体交换面积,根据肺的单位体积的交换面积计算,比家畜大10 倍以上,所以禽类比哺乳类有更高的气体交换效率。

气体交换的动力也是气体分压差。由三级支气管进入肺毛细管中 p_{O_2} 高于血液,而 p_{CO_2} 低于血液,如鸡的静脉血 p_{O_2} 约为 6.7 kPa,肺中为 12.5 kPa。于是 O_2 从肺向血液扩散,血液中的 CO_2 则向毛细气管中扩散,血液离开肺时即成为含氧丰富的动脉血。经计算,在每厘米 1个大气压的分压差下,每分钟将有 11 mL 的 O_2 扩散通过 200 cm^2 的呼吸表面面积。通常CO_2 的弥散能力是 O_2 的 3 倍,使 CO_2 更易向毛细气管中扩散。

(二)气体运输

禽类气体在血液中的运输方式,与哺乳动物基本相同。鸡血氧饱和度比哺乳动物低,为$88\% \sim 90\%$,氧离曲线偏右,表明在相同氧分压条件下,血红蛋白易于释放 O_2,以供组织利用。其他家禽血氧饱和度较高,达 $96\% \sim 97\%$。禽类有较高体温有助于血红蛋白释放 O_2。此外,

CO_2 能快速转化为碳酸氢盐,导致血液中约有 90％的 CO_2 以这种形式运输。

四、呼吸运动的调节

(一)神经调节

1.呼吸中枢

禽类延髓有基本呼吸中枢,呼吸节律即产生于此。脑桥对正常呼吸节律有调节作用。前脑视前区有兴奋呼吸中枢,从脑桥的后部切除脑时,呼吸完全停止。在丘脑圆核附近还有抑制中枢,刺激该部位引起呼吸变慢。中脑前部背区有喘息中枢,刺激该部位时出现浅快的急促呼吸。

2.反射调节

禽类肺和气囊壁上有牵张感受器,可以调整呼吸深度,维持适当的呼吸频率。当牵张感受器受肺扩张的刺激时,经迷走神经传入中枢,再经运动神经元传出至呼吸肌,引起呼吸变慢。此外,禽类的呼吸中枢对血液中 pH 的变化敏感。

(二)化学因素对呼吸的调节

禽类还有化学感受器,当血液中 $p\mathrm{CO_2}$ 增高、$p\mathrm{O_2}$ 下降、H^+ 浓度增高时,感受器抑制性信号传入降低,可兴奋呼吸,使呼吸增强,吸入 O_2,排出过多的 CO_2。反之,使呼吸减弱。

第四节 消 化

禽类的消化器官包括喙、口、咽、食管、嗉囊、胃(腺胃和肌胃)、小肠(十二指肠、空场和回肠)。大肠(盲肠、直肠)、泄殖腔和肝脏、胰腺。禽消化道较短,饲料通过消化道较快,对饲料的利用率较低。

一、口腔及嗉囊消化

(一)口腔消化

禽类由于没有牙齿,口腔消化较为简单。鸡喙为锥形,便于啄食;鸭和鹅的喙扁而长,边缘呈锯齿状互相嵌合,便于水中采食和排出泥水。口腔内有丰富的唾液腺,能分泌唾液。唾液呈弱酸性,主食谷物的禽类唾液中含有淀粉酶,可分解淀粉。唾液中还含有黏蛋白,可以在吞咽时润滑食物。食物入口腔后,不经咀嚼,被唾液稍加润湿,靠舌的协调作用迅速吞咽。各种禽类吞咽动作不相同,鸡、鸭、鹅等当抬头伸颈时,借食物和水的重力以及食道内的负压将其咽下。

(二)食管和嗉囊消化

食物吞咽后进入食管,食管易扩张并有黏液腺,但无消化腺。

食管进入胸腔之前,形成膨大的嗉囊(crop),这是禽类消化器官的特点之一。鸡、鸽的嗉囊发达,鸭和鹅没有真正的嗉囊,在食管颈段形成一纺锤形,称胃状膨大部。有些食虫禽类嗉囊不发达或没有。嗉囊的前、后两口较近,有时食料可经此直接入胃。

1.嗉囊液

嗉囊液是嗉囊腺分泌的黏液和唾液的混合物,pH 为 6.0～7.0。嗉囊腺不能分泌消化酶,消化酶来自唾液淀粉酶、食物中的酶和十二指肠逆蠕动时返回的消化酶,主要对淀粉进行消化。贮存在嗉囊内的食物被嗉囊液润湿和软化,有助于化学性消化和微生物学消化。成年鸽的嗉囊腺还能分泌嗉囊乳,具有育雏作用(二维码 13-3)。

二维码 13-3 知识拓展:嗉囊乳

2.嗉囊内微生物

嗉囊内的环境适于微生物生长繁殖。成年鸡嗉囊内细菌数量大、种类多,并形成一定的微生物区系。其中优势菌是乳酸杆菌,数量可高达每克内容物 10^9 个;其次是肠球菌、产气大肠杆菌,还有少量小球菌、链球菌和酵母菌等。微生物主要对饲料中的糖类进行发酵分解,产生有机酸,其中主要是乳酸,还有少量短链挥发性脂肪酸,所以嗉囊内食物常呈酸性,平均 pH 在5.0 左右,这也有效地控制了嗉囊内微生物的种类。

3.嗉囊的运动

嗉囊有蠕动和排空两种运动形式。蠕动波起自上段食管,扩展至嗉囊,进而到达腺胃和肌胃。食物在嗉囊停留的时间一般约为 2 h,最长可达 16 h。停留时间长短决定于食物的性质、数量和饥饿程度。胃空虚时,蠕动波节律、数量增加;胃充盈时则相反。湿、软饲料通过嗉囊较为迅速,肉类较谷物停留时间长。

嗉囊运动受迷走神经和交感神经的双重支配。刺激迷走神经则嗉囊强烈收缩,食物排放加快,切断两侧迷走神经则嗉囊肌肉麻痹,运动减弱或者消失。刺激交感神经对嗉囊和食管的影响不明显。在中枢神经极度兴奋、惊恐或出现挣扎时,可使嗉囊的收缩出现抑制。

禽切除嗉囊,采食量明显减少,消化率降低,一些食物未经消化就随粪便排出,对消化机能造成不良影响。

二、胃消化

禽的胃分为腺胃(glandular stomach)和肌胃(muscular stomach)两部分(图 13-2)。

(一)腺胃消化

腺胃呈纺锤形,前面与食管相通,后面与肌胃相通。腺胃黏膜的腺细胞可分泌黏液、HCl和胃蛋白酶原,这些细胞构成复腺(compound glands),其输出管开口呈圆形乳头状突起。胃液 pH 为 0.5～2.5,呈连续性分泌,鸡的分泌量为 5.0～30.0 mL/h。胃液在饲喂时分泌量增加,饥饿时分泌量减小。饲料的性质也会影响分泌。因腺胃容积小,饲料停留时间短,所以饲料在腺胃内基本上不消化。腺胃的生理功能是分泌胃液,胃液随食物进入肌胃和十二指肠后发挥作用。

胃液的分泌受植物性神经的调节,刺激迷走神经引起胃液分泌量增加,而刺激交感神经则引起少量分泌。禽类胃液分泌也受化学因素的调节。胃泌素是主要的促分泌物质,胆囊收缩素和促胰酶素也使胃液分泌增加。注射乙酰胆碱、毛果芸香碱等引起胃液分泌量和胃蛋白酶含量增加,注射组织胺,胃液分泌量、总酸度和胃蛋白酶的活性均增高。铃蟾素、胰多肽对胃液

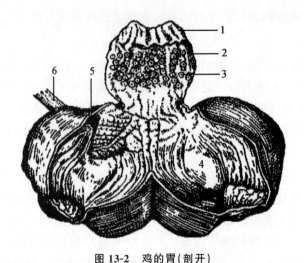

图 13-2 鸡的胃(剖开)

1.食管 2.腺胃 3.腺胃乳头 4.肌胃 5.幽门 6.十二指肠

分泌也有一定的刺激作用。

禽类有些疾病,尤其是有些病毒性疾病会导致腺胃乳头或肌胃、腺胃交界处出血,如新城疫、禽流感、传染性法氏囊炎等。而发生肿瘤性疾病,如鸡马立克氏病,腺胃胃壁变厚、变圆。

(二)肌胃内的消化

肌胃紧接腺胃之后,为近圆形或椭圆形的双凸体,质地坚实,肌层很发达。肌肉收缩时的压力及肌胃内存留的砂粒,能磨碎饲料。砂粒能使谷物的消化率提高10%。肌胃的内表面衬有一个角质层,可保护肌胃免受酸、蛋白水解酶和砂粒等的伤害。肌胃不分泌胃液,但胃液和食物一起由腺胃进入肌胃后,在此进行化学性消化。

不论在饲喂还是在饥饿状态下,肌胃的运动都具有自动节律性,平均2~3次/min,进食时,节律加速。肌胃收缩时胃腔内压力很高,据测定,鸡为13~20 kPa,鸭为23.9 kPa,鹅为35~37 kPa,高压可使坚硬的饲料,如贝类等外壳被压碎,利于消化。

肌胃运动主要受迷走神经的调节,刺激迷走神经,肌胃收缩增强。禽饲喂发霉饲料会导致霉菌毒素中毒,肌胃较为柔软,收缩无力。

三、小肠消化

禽的肠道相对较短,食物在消化道内停留的时间一般不超过一昼夜。但在整条肠管中小肠占的比例很大,且全段肠壁都有肠腺和绒毛分布,同时胰液和胆汁进入小肠,与小肠液一同参与化学性消化。因此,小肠是消化吸收营养物质的主要部位。

(一)化学性消化

1.胰液

禽的胰腺相对体积比家畜大得多,其分泌的胰液通过1~3条胰导管输入十二指肠(如鸭、鹅为2条,鸡为3条),其成分与家畜相似。鸡的胰液呈连续分泌,非消化期的分泌量为0.4~0.8 mL/h。饲喂后第1 h内的分泌量增至3 mL,持续9~10 h后,逐渐恢复至基础水平。胰液的分泌主要受体液的调节,促胰液素是主要刺激胰液分泌的体液因素。日粮中如果缺硒会导致胰腺纤维化。

2．胆汁

禽肝脏分为左、右两叶,右叶有一胆囊。右、左肝管结合形成肝管,将胆汁直接排入十二指肠;右肝管又分支连接到胆囊,在胆囊中贮存和浓缩,再由胆管将胆汁排入十二指肠。而在没有胆囊的禽类(鸽子,鸵鸟等),右肝管直接排胆汁进入十二指肠。

禽类的胆汁呈连续分泌,进食后胆汁量显著增加,可持续 $3\sim4$ h。$4\sim6$ 月龄的鸡一昼夜分泌胆汁量为每千克体重 9.5 mL。禽胆汁苦味强烈,胆汁 pH 鸡平均为 5.88,鸭为 6.14。胆汁中的胆汁酸主要是鹅脱氧胆酸、少量的胆酸和异胆酸。8 周龄以上鸡的胆汁都存在淀粉酶。胆汁颜色由金黄色至暗绿色,颜色由其中所含胆色素的种类和含量而决定,主要是胆绿素,胆红素很少。胆汁可以帮助脂肪吸收,由于淀粉酶的存在,有助于碳水化合物的消化。

禽的胆汁分泌主要受迷走神经调节,它的兴奋引起肝胆汁的分泌和胆囊收缩。体液因子,如胆囊收缩素、铃蟾素等均可刺激胆囊收缩,排出胆汁。

3．小肠液

禽类的小肠黏膜分布有肠腺,分泌碱性消化液,pH 为 $7.39\sim7.53$。其中含有黏液、肠肽酶、肠脂肪酶、肠淀粉酶、双糖酶和肠激酶等。刺激迷走神经引起浓稠肠液的分泌,但对分泌率的影响却很小。机械刺激和促胰液素可引起分泌率显著增加。

(二)机械性消化

小肠通过运动进行机械性消化,同时也促进消化后产物的吸收。在非消化期有与哺乳类相似的移行性复合运动,在消化期有蠕动和分节运动两种基本运动类型。禽类小肠逆蠕动比较明显,食糜甚至会由小肠返回到肌胃内,延长了食糜在胃肠道内的停留时间,利于充分消化和吸收。

和哺乳动物一样,禽类小肠运动也受神经、体液、机械刺激和胃运动的影响。

四、大肠消化

禽类没有明显的结肠,大肠包括盲肠(通常成对)和一条短的直肠(见第一节二维码13-2)。家禽大肠消化主要在盲肠内进行。食糜经小肠消化后先进入直肠,然后经直肠逆蠕动将部分食糜推入盲肠。禽类盲肠容积很大,能容纳大量的粗纤维。盲肠内 pH 为 $6.5\sim7.5$,严格厌氧。因此,在盲肠内主要是粗纤维的消化。微生物将纤维素分解为挥发性脂肪酸(其含量为乙酸＞丙酸＞丁酸)、CO_2、CH_4 等气体和少量的高级脂肪酸。这些有机酸可在盲肠内被吸收,进入肝脏代谢。鸡对盲肠内粗纤维的利用率可高达 43.5％,草食家禽(如鹅)利用率更高,所以盲肠微生物发酵过程对食草禽类尤为重要。饲喂精饲料比例较高时,盲肠细小,粗饲料比例较高时,盲肠粗大。

此外,盲肠内的蛋白质和氨基酸在细菌的作用下产生氨,细菌也能利用非蛋白氮合成菌体蛋白。有些细菌还可合成维生素 K 和 B 族维生素等。

盲肠内容物呈粥样,均质、黏稠、腐败状,一般呈黑褐色,以此与直肠粪便相区别。当鸡患有盲肠球虫、盲肠肝炎（组织滴虫）时，会出现血液、血凝块、干酪样坏死物或凝固栓子等内容物。

禽的直肠较短，和盲肠共同吸收食糜中的水分和盐类，最后形成粪便进入泄殖腔，与尿混合后排出体外。

此外，禽类还有卵黄囊憩室和腔上囊，具有兽医临床意义（二维码 13-4）。

二维码 13-4　知识拓展：禽类特殊结构及在兽医临床上的意义

五、吸收

禽类消化产物的吸收与哺乳动物相似。口腔和食道不具吸收功能。嗉囊和盲肠仅能吸收少量水、无机盐和有机酸。腺胃和肌胃的吸收能力也较弱。直肠和泄殖腔也只能吸收较少的水和无机盐。小肠是营养物质吸收的主要场所，因为食物在小肠内停留时间较长，且已被消化到适于吸收的小分子物质。此外，禽类的小肠黏膜形成"乙"字形横皱襞，扩大了食糜与肠壁的接触面积。再加上小肠绒毛的运动使消化后的食糜能被充分吸收。

（一）糖的吸收

饲料中的糖类必须分解为单糖后才能被吸收，吸收的主要场所是小肠前段。淀粉消化释放的葡萄糖约 65% 在十二指肠吸收，空肠和回肠分别吸收 20% 和 10% 左右，盲肠也能吸收部分葡萄糖。葡萄糖的吸收主要依靠主动转运进行。此外，小肠还能吸收半乳糖、木糖、果糖等。食物中的抑制因子、禽类的年龄以及小肠的 pH 均影响糖类的吸收。

（二）蛋白质的吸收

饲料蛋白质必须分解成氨基酸或小肽（二肽或三肽）才能被吸收，吸收的主要场所是小肠。与糖的吸收机制相似。在小肠壁上已确定 4 种转运氨基酸的转运系统，它们分别转运中性、酸性、碱性氨基酸和脯氨酸、β-丙氨酸等相关氨基酸。小肽只有一种转运系统，但吸收效率高于氨基酸。在限饲期间，小肽转运系统上调，可能是一种补偿机制。此外，盲肠也能吸收部分氨基酸。

（三）脂肪的吸收

脂肪酸吸收的主要场所是空肠后段，少量在回肠。由于禽类肠道的淋巴系统不发达，绒毛中没有中央乳糜管，因此脂肪的吸收不通过淋巴途径。禽类脂肪被分解为脂肪酸后，经过再酯化形成门静脉微粒（portomicrons），直接进入肝门静脉血。此外，禽分泌的胆酸大约 93% 在回肠后段被小肠重吸收。

（四）水和无机盐的吸收

禽类嗉囊、腺胃、肌胃和泄殖腔只吸收少许水分和盐类，大部分被小肠和大肠吸收。水吸收的动力是渗透压差。

与哺乳动物相似，禽消化道只吸收溶解状态的无机盐，吸收速度与被吸收的无机盐浓度有关外，还受其他因素的影响。例如 1,25-二羟维生素 D_3、钙结合蛋白可促进钙的吸收，并进一步增加磷的吸收。产蛋鸡对铁的吸收高于非产蛋鸡，但非产蛋鸡与成年公鸡无差异。

第五节　能量代谢和体温调节

一、能量代谢及其影响因素

(一)能量代谢

禽类的能量代谢与哺乳动物基本相同。代谢能除粪、尿和食物特殊动力作用消耗的能量外,其余70%～90%的能量用于维持基础代谢、生产活动以及维持体温。

家禽的基础代谢率可用间接测热法(气体代谢测热法)测定。测定时,使禽类处于清醒、安静、饥饿48 h(雏鸡禁食12 h,并随其成长增加禁食时间)状态,环境温度保持在20～30 ℃。基础代谢水平通常用每千克体重(或每平方米体表面积)在1 h内的产热量来表示,也称基础代谢率。几种家禽的基础代谢率见表13-6。

表 13-6　几种家禽的基础代谢率

种别	体重/kg	代谢率/[kJ/(kg·h)]	种别	体重/kg	代谢率/[kJ/(kg·h)]
公鸡	2.0	196.65	母鸡	2.0	209.20
鹅	5.0	234.3	火鸡	3.7	209.20
鸽	0.3	527.18			

(二)影响能量代谢的因素

1.年龄

鸡的基础代谢在出生后的45周时最高,刚孵出的雏鸡代谢率比成年鸡低,随着生长代谢率增高并超过成年鸡,1个月后再逐渐下降到成年鸡水平。

2.温度

环境温度对能量代谢有显著影响。环境温度低,代谢率增加。据测定,12周龄以上的鸡,温度在12.2～26.7 ℃时,随温度升高代谢率下降;温度升至26.7～29.4 ℃时,代谢率又回升;但高于29.5 ℃时,产蛋性能会下降。

3.性别

在同样条件下,以单位体表面积计算,成年公鸡的基础代谢率较母鸡高6%～13%。

4.繁殖、换羽及活动

产蛋时母鸡的代谢水平上升。鸡在换羽期间,能量代谢水平最高,较平时增加45%～50%。任何形式的运动(站立、头颈运动、啼叫)都将使代谢水平上升。鸡将头藏在翼下睡眠时,代谢下降12%,并保持在此水平上。

5.食物的特殊动力作用

禽饥饿后进食,尽管仍处于安静状态,其产热量在短时间内有"额外"增加的现象,又称热增耗。其80%的热量由内脏器官,特别是肝脏活动产生。

6.昼夜节律及季节

禽类的能量代谢水平呈现明显的昼夜变化。早晨的基础代谢要比下午或晚上高,通常在上午 8 时左右最高,晚上 8 时左右最低,夜间的产热水平降低 18%～30%。鸡的代谢自 10 月开始稳步上升,至次年 2 月达至顶峰,在 7、8 月代谢降至低点。这种季节性变化与产蛋、甲状腺机能等因素的变化有关。

7.营养状况

营养优良的禽类其基础代谢率比不良者高。

二、体温及其调节

(一)禽类的体温

禽类平均体温比哺乳动物高,在 40.6～43.9 ℃。不同禽类的体温见表 13-7。

表 13-7　几种成年家禽直肠正常温度范围

种别	摄氏温度/℃	华氏温度/℉	种别	摄氏温度/℃	华氏温度/℉
鸡	40.5～42.0	104.9～107.6	火鸡	41.0～41.2	105.8～106.2
鸭	41.0～43.0	105.8～109.4	鸽	41.3～42.2	106.3～108.0
鹅	40.0～41.0	104.0～105.8			

体温有昼夜节律,由机体内生物钟所控制。成年鸡,下午 5 时体温最高(41.4 ℃),午夜 12 时最低(40.5 ℃)。禽类体温的生理性波动还受其他因素影响。

1.禽体大小

不同种的禽类之间存在体温差异,一般体格大的禽类体温比小禽的低。同种禽类的体温可随生长发育而变化。例如,1 日龄雏鸡羽毛稀短,保温能力差,体热大量散发,体温较成年鸡约低 1.7 ℃,但至 10 日龄时体温调节中枢的机能逐步健全,绒羽退换,新羽生长,体温和成年鸡的一样。

2.环境因素和机体活动

禽类体温的昼夜波动与光照、气温、活动和内分泌有关。白天气温高,光照强,活动频繁,甲状腺分泌较旺盛,促进产热、影响散热,使体温维持在上限范围内。夜间活动的禽类,它们的最高体温处在环境温度低的午夜,结果相反。

(二)禽类的产热和散热

禽类体热的主要来源也是内脏器官和肌肉活动产生的热量。禽类散热的方式也包括辐射、传导、对流和蒸发。环境温度在适当范围内,代谢水平基本稳定,当周围的环境温度超过或低于临界点时都会使机体的产热量增加。成年鸡的等热区为 16～28 ℃,1 周龄雏鸡为 30～33 ℃,2 周龄雏鸡为 27～30 ℃,火鸡为 20～28 ℃,鹅为 18～25 ℃。羽毛和群集对等热区温度有明显影响。

(三)体温调节

家禽的体温调节中枢位于下丘脑视前区,脊髓和脑干中存在对温度敏感的神经元,它们是中枢温度感受器。喙部和胸、腹部存在温度感受器,当环境温度改变或禽体深部温度变化时,这些温度感受器就向体温调节中枢传递信息,引起体温变化。

禽类没有汗腺,不能通过排汗形式散热。当环境温度超过上限临界温度时,即开始热性喘息,通过高频率张口呼吸、双翅下垂和腿部、冠、肉髯血管舒张以加强散热。在环境温度低于下限临界温度时,表现羽毛蓬松、伏坐并藏头于翼下,防止散热过多,甚至通过颤抖在短时间内产生较多的热量。通常家禽对体温升高的耐受性较强,成年鸡的致死体温高达 47 ℃,1 日龄为 46.6 ℃。

第六节 排　　泄

禽类泌尿系统包括肾脏和输尿管,没有膀胱。因此,尿在肾脏内生成后经输尿管直接进入到泄殖腔与粪便一起排出体外。

一、尿的理化特性、组成和尿量

禽类的尿液一般是奶油色、浓稠状半流体,但在某种情况下亦可能呈稀薄水状,黏稠度随同 pH 降低而增加。尿的 pH 为 5.4～8.0,一般情况下,鸡的尿呈弱酸性,而在产卵期,钙沉积形成蛋壳,尿呈碱性。鸡尿的比重为 1.002 5,鸭为 1.001 8。禽类输尿管尿相对血液的渗透压而言为低渗液。但在失水时呈高渗液,过量饮水会降低渗透压。禽类没有膀胱,尿生成后进入泄殖腔,在泄殖腔内大量的水被重吸收形成高渗透压的终尿。禽类蛋白质代谢的主要终产物是尿酸,而非尿素。尿酸氮可占尿中总氮量的 60%～80%,这是禽类与哺乳动物尿的化学组成的主要差异。此外,肌酸含量多于肌酸酐,禽尿仅含微量肌酸酐。

禽类尿量比哺乳类少,成年鸡一昼夜排尿量为 60～180 mL。

二、尿的生成

(一)禽肾脏的结构特点

禽类的肾脏占体重的 1%～2.6%,比例较大。肾表面可见不规则形状的肾小叶。肾的血液供应与哺乳动物不同,入肾的血管有肾门静脉和肾动脉,出肾的血管是肾静脉。肾单位的数量较哺乳动物多,但体积较哺乳动物小。禽肾脏无肾盂,肾小球滤过液经肾小管、集合管后直接汇入输尿管。输尿管从肾中部分出,沿肾的腹侧向后延伸,最后开口于泄殖道顶壁两侧。输尿管壁很薄,当尿酸生成过多或排泄障碍时输尿管内会留存大量白色尿酸盐而导致输尿管变粗。

(二)尿的生成及浓缩

禽类肾小球滤过作用、肾小管和集合管重吸收与哺乳动物相似,但肾小球有效滤过压为 12 kPa,低于哺乳动物。

禽的肾小管分泌与排泄机能比哺乳动物强大,在尿生成过程中较为重要。肾小管除分泌和排泄马尿酸、鸟氨酸、对乙酰氨基苯甲酸、甲基葡萄糖苷酸和硫酸酚酯等物质外,最主要的是分泌和排泄 90% 左右的尿酸。因尿酸具有不溶性,禽尿不易在肾中被浓缩,而是在肾小管和输尿管中沉积,这就依靠小管液中的水将尿酸冲运至泄殖腔。因此,当饲料中蛋白质过高、维生素 A 缺乏、肾损伤(如鸡肾型传染性支气管炎等)时,大量尿酸将沉积于肾脏,出现花斑肾,甚至沉积于关节及其他内脏器官表面,导致痛风。

由于家禽的肾小管短而髓袢数目少,对水的重吸收能力较低,小管液呈低渗。大量饮水时,肾小管对水的重吸收仅为 6%。但在缺水时,重吸收达 99%,于是小管液呈高渗。在泄殖腔内也可重吸收大量的水,据估计,鸡在泄殖腔吸收的水分可达 10~30 mL/h,且渗透压较高,从而使终尿的量和组成与输尿管尿有显著差别。

(三)尿生成的调节

尿生成受神经和体液的调节。神经调节主要通过反射来改变肾血管口径,调节肾血流量进而引起尿量的改变。体液调节主要依靠激素的调节。例如,抗利尿激素能使尿量减少10%。醛固酮能导致尿量减少。

三、鼻腺的排盐机能

鸭、鹅和一些海鸟有鼻腺(nasal gland),在眼睑两侧开口于鼻腔,可通过其分泌物排出大量 Na^+、Cl^- 和少量的 K^+、Ca^{2+}、Mg^{2+} 和 HCO_3^-,以补充肾脏对盐排泄的不足,从而维持体内盐和渗透压的平衡。腺体分泌物从前鼻腔经鼻孔流至喙尖,排出体外。鹅鼻腺的分泌物中 NaCl 含量很高,浓度一般为 500~700 mmol/L。鼻腺的分泌取决于盐负荷程度,鸭饮用海水时,鼻腺排盐的比例显著高于饮用淡水。

鸡、鸽和其他一些家禽由于没有鼻腺,NaCl 的排出全靠肾脏泌尿来完成,因此对 NaCl 较鸭、鹅和一些海鸟敏感,较易出现食盐中毒。

第七节 神 经 系 统

禽类的外周神经分为脑神经和脊神经,属于 A 类神经纤维,直径 8~13 μm,粗大的神经相对较少,神经传导速度较慢,成年鸡为 50 m/s。

禽类的皮肤上有复杂的平滑肌系统调节羽毛的活动,其中有的使羽毛平伏,有的使羽毛竖起,二者协同可使羽毛旋转。如交感神经支配平伏肌和竖毛肌,导致羽毛平伏或竖起。

一、脊髓

禽类脊髓的长度几乎与椎管相同。切断脊髓短期内发生脊休克,不能保持正常的姿势。之后保护性脊髓反射和维持机体平衡的尾部运动反射相继出现,两腿反射运动交替发生,但不能行走,两翅膀反射运动尚能协调,与正常时基本相似。由于禽类脊髓的前行传导路径不发达,只有少数脊髓束纤维能达延髓,所以外周感觉较差。

二、延髓

禽类延髓较为发达,具有维持和调节呼吸运动、心血管运动的中枢。家禽的前庭核还与内耳迷路相联系,在维持正常姿势和调节空间方位平衡方面发挥作用。

三、小脑

禽类小脑的蚓部很发达,两侧有一对小脑绒球,但没有小脑半球。小脑有控制躯体运动和平衡的中枢,切除小脑后,会引起颈和腿部肌肉痉挛,尾部紧张性增加,导致行走和飞翔困难。摘除一侧小脑则同侧腿部僵直。雏鸡维生素 E 缺乏可见有小米粒大小凹陷的脑软化病灶。

四、中脑

禽类中脑后方与延髓直接融合,背侧顶盖形成一对发达的视叶。与其他动物相比,禽类视觉非常发达,破坏视叶会导致失明。视叶表面有运动中枢,刺激视叶引起同侧运动。

五、间脑

禽类的间脑较短,位于视交叉背后侧,无乳头体。丘脑下部具有体温中枢、食欲中枢。丘脑以下部位还与各部躯体神经相连,破坏丘脑会引起屈肌紧张性增高。

六、大脑(前脑)

禽的大脑半球不发达,但纹状体非常发达,与视觉反射活动有关,有听觉中枢。禽类切除大脑后,虽然能站立、抓握等,但没有主动行为能力,对外界环境的变化也无反应,可见禽类的皮质主宰高级行为,是重要的整合中枢。

禽类也可建立条件反射。切除大脑皮质后,仍能建立视觉、触觉和听觉的条件反射。鸡、信鸽也具有神经活动类型等特征。

第八节　内　分　泌

禽类主要的内分泌器官有下丘脑、垂体、甲状腺、甲状旁腺、鳃后腺、肾上腺、松果体、胰岛和性腺等。

一、垂体

禽类垂体分为前叶和后叶,没有中叶。前叶是腺垂体,后叶是神经垂体(见第一节二维码13-2)。

(一)腺垂体

禽类腺垂体激素及作用与哺乳动物相似。

1. 促甲状腺激素(TSH)

禽类的甲状腺对 TSH 的反应较为敏感,垂体切除以后,甲状腺减小;注射 TSH 后血液甲状腺激素水平提高。TSH 的分泌受控于甲状腺轴,受血液中甲状腺激素的反馈性抑制。母鸡垂体中 TSH 含量在 2 月时最高,而夏季最少。

2.促肾上腺皮质激素(ACTH)

禽类的肾上腺对 ACTH 的反应敏感。例如,鸡在早期垂体受到破坏,肾上腺的大小和皮质组织减退明显,注射 ACTH 可使肾上腺的体积部分恢复。用 ACTH 处理鸡可促进皮质酮和醛固酮的分泌。

3.卵泡刺激素(FSH)和黄体生成素(LH)

促性腺激素浓度在不同性别的禽类或禽类的不同生理阶段有所不同。例如,垂体中促性腺激素浓度为成熟公鸡>未产蛋母鸡>产蛋母鸡;血清中促性腺激素浓度在未成熟公鸡、未成熟母鸡和未产蛋母鸡大致相同,而成熟公鸡比产蛋母鸡的高。

母鸡雌激素抑制垂体产生促性腺激素。公鸡日料中缺少维生素 E 会使睾丸缩小,降低精子的生成和垂体促性腺激素水平。

4.生长激素(GH)

GH 的作用主要是促进生长,如鸡切除垂体生长缓慢。此外,GH 对代谢活动有广泛的促进作用。

5.催乳素(PRL)

PRL 对禽类生殖活动、肾上腺皮质活动、渗透压调节、生长和皮肤代谢等具有调节作用。PRL 可阻止 FSH 的释放,从而抑制母鸡的生殖活动。PRL 影响着禽类的就巢性,就巢母鸡的腺垂体和血中 PRL 的浓度多于非就巢母鸡。PRL 促进鸽嗉囊乳的分泌。PRL 也影响鸡的皮肤,特别是对尾脂腺(uropygial gland)的发育和分泌起主要作用。另外,PRL 还促进鸡换羽等。

(二)神经垂体

禽类的神经垂体主要储存和释放由下丘脑视上核和室旁核分泌的 8-精催产素(AVT)和少量的 8-异亮催产素。8-精催产素为禽类所特有。

AVT 是禽类中主要的抗利尿激素,还有催产和加压的作用。AVT 能降低泌尿活动引起水潴留,促进血管收缩而起到加压作用。AVT 能促进输卵管收缩,引发母鸡产蛋。AVT 还能诱发公鸡的性行为。8-异亮催产素也具有促进输卵管收缩的生理作用,但作用较弱。

二、甲状腺

禽类的甲状腺为体重的 $0.010\%\sim0.025\%$。血中缺少与甲状腺激素结合的 α_2 球蛋白,T_4 与蛋白亲和力低,所以半衰期短,循环血液中 T_4 的比例比哺乳动物低,禽类为 $13\sim19\ \text{nmol/L}$,而哺乳类为 $130\ \text{nmol/L}$,成年母鸡血液内的 T_4 与 T_3 的比例约 $10:1$。

甲状腺激素能调节禽体代谢和生长发育。甲状腺激素能保持恒温禽类高而恒定的体温。低剂量促进肝糖原储存,高剂量能促进糖原分解,升高血糖,加强细胞呼吸,增加耗氧量,提高代谢率。甲状腺机能低下或亢进都会引起生长缓慢或停滞。甲状腺切除的禽类,出现明显的延迟生长,体内脂肪出现过度沉积;无论是雄性还是雌性的性腺均减小,雌性的卵巢重量减轻,产蛋率下降,蛋壳上钙的沉积量也减少,鸡冠的生长显著延迟,性腺机能减退。甲状腺激素对脑组织发育和神经网络的功能也至关重要。

甲状腺激素能促进换羽,而换羽能诱发甲状腺分泌。切除禽类的甲状腺,羽毛的生长率降低、结构改变、变得稀疏和延长、基部绒毛减少。

甲状腺的分泌受甲状腺轴的调节,并受品种、性别、年龄、季节和饲料中碘的含量的影响。白色来航公鸡比白洛克公鸡分泌率略高,而白洛克母鸡又较白洛克公鸡稍高,甲状腺重量也大。鸭的分泌率比正在生长的鸡要高得多。禽生长最快的时期也是甲状腺激素分泌率最高的阶段。光照周期及昼夜变化影响甲状腺激素的分泌,黑暗期甲状腺的分泌和碘的摄取增加,光照期在外周组织中 T_4 和 T_3 脱碘,T_4 向 T_3 转化。外界环境温度低则促使甲状腺体积增大,尤其在寒冷情况下,血液中 T_4 与 T_3 的量迅速增加,T_4 向 T_3 转化加强,通常甲状腺在秋、冬季重量较大,夏天较小,其分泌也发生相应变化。日粮中缺少碘可使鸡的甲状腺肿大。

三、甲状旁腺

鸡、鸭、鹅有 2 对甲状旁腺。鸡的甲状旁腺紧贴于甲状腺,但鸭和鸽子是分离的。甲状旁腺分泌甲状旁腺素(PTH)。

PTH 主要机能是维持体内钙的平衡,对蛋壳形成、血液凝固、维持酶系统正常功能、组织的钙化和神经肌肉兴奋性的维持发挥重要作用。

PTH 的分泌调节与哺乳动物相似。缺乏紫外光线、维生素 D,或日料中缺乏钙,甲状旁腺发生肥大和增生,随后退化缩小。此外,镁、儿茶酚胺和前列腺素等其他因素也影响 PTH 的分泌。

四、鳃后腺

禽类有单独的鳃后腺(ultimobranchial gland),位于甲状腺和甲状旁腺后方,呈椭圆形、两面稍凸而不规则的粉红色腺体,是一对较小的腺体(鸡为 2～3 mm)。C 细胞为鳃后腺的内分泌细胞,分泌降钙素(CT),其生理作用主要是降低血钙、磷酸盐和镁的浓度,能促进钙在骨质中沉积,并抑制骨钙溶解。

CT 在血中的浓度与年龄、性别有关,例如,日本鹌鹑血中 CT 的浓度在 6 周龄时较高,然后逐渐下降;成年雄性鹌鹑血中 CT 浓度高于雌性。CT 分泌主要受血钙浓度影响,血钙浓度升高时分泌增加;血钙浓度降低时,则产生相反的效应。但是,禽的鳃后腺对高血钙的敏感性比哺乳动物的甲状腺 C 细胞低,故家禽的降钙素分泌率远较哺乳动物高。

五、肾上腺

禽类的肾上腺是成对的卵圆形或扁平不规则的器官,多为乳白色、黄色或橙色,位于肾脏头叶的前中部。肾上腺的皮质和髓质界限不如哺乳动物那样明显。

禽类肾上腺皮质激素包括糖皮质激素和盐皮质激素。髓质激素主要是肾上腺素(Ad)和去甲肾上腺素(NA),随着年龄增长,逐渐以分泌去甲肾上腺素为主。皮质激素和髓质激素作用与哺乳动物相似。鸽子感染蛔虫或患结核病时肾上腺增大。维生素 B_1 缺乏使鸽子和鸡肾上腺增大。鸡、鸭摘除肾上腺后,常在 6～20 h 内死亡。

六、胰岛

禽类胰腺位于 U 形十二指肠祥内,其内分泌部胰岛含有 A、B、D、G、PP 等细胞,以 A 细胞数量最多,而哺乳动物则以 B 细胞数量多。

鸡 B 细胞分泌的胰岛素与哺乳动物相似,但浓度低于哺乳动物,为 $10\sim30$ ng/mg(湿重),哺乳动物是 $100\sim150$ ng/mg(湿重)。禽类血糖浓度相对较高,是哺乳动物的 $2\sim3$ 倍,但其对胰岛素的敏感性远比哺乳动物低。

A 细胞分泌的胰高血糖素与胰岛素的作用相反。禽类胰腺中的胰高血糖素含量比哺乳动物高出约 10 倍,血糖对胰高血糖素的敏感性要高于胰岛素。

鸡胰岛中有大量 D 细胞,因此,鸡胰腺中生长抑素含量高出哺乳类 20 多倍。胰岛生长抑素在禽体内的作用尚不明确。

胰岛 PP 细胞分泌胰多肽(APP),主要作用肠道。鸡注射生理剂量 APP($1\sim25$ μg/kg 体重)可刺激胃液(胃酸)、胃泌素分泌。大剂量注射 APP($50\sim100$ μg/kg 体重)促使肝糖原分解和血中甘油酯减少,但对血糖浓度无影响。

胰岛分泌激素的调节与哺乳动物相似。在鸡和其他一些禽类,胰岛素在控制碳水化合物代谢和脂类代谢方面并不是十分重要的。这些禽类的胰腺对高血糖等信号敏感性低,然而,胰岛素的释放对乙酰胆碱很敏感,这表明副交感神经对胰岛素的释放起到重要作用。切除胰腺后,禽类(鹅除外)不会出现哺乳动物那样的高血糖和永久性糖尿。

七、性腺

(一)雌禽

雌禽卵巢分泌的激素主要有雌激素(雌二醇和雌酮)、雄激素和孕激素。

雌激素促进输卵管生长发育,耻骨松弛和肛门增大,利于产卵;增加血脂、血钙、血磷和血清蛋白的含量,为蛋的形成提供原料;在雄激素及孕酮的协同下使蛋白分泌腺分泌蛋白,促进卵黄磷脂蛋白生成;在甲状旁腺素的协同作用下,控制子宫动用钙和形成蛋壳;增加脂肪沉积,有助于肥育;促进雌性第二性征发育,使羽毛的形状和色泽变成雌性类型。

禽类产卵后不形成黄体,孕酮主要由卵泡内颗粒细胞产生,可引起 LH 释放,诱发排卵。但是,大量注射孕酮反而阻断排卵和产蛋,还能导致换羽。

雌激素和孕酮的分泌受生殖轴(卵巢轴)调节。下丘脑释放的 GnRH 促使腺垂体分泌 FSH 和 LH,后者再使卵泡产生雌激素和孕酮。通常雌激素和孕酮对下丘脑和腺垂体起负反馈调节,而在排卵期,还可通过正反馈进一步引起 GnRH 和 LH 分泌。

(二)雄禽

雄禽睾丸分泌的激素主要是雄激素(睾酮),由睾丸间质细胞产生。

睾酮能刺激雄性性器官发育,诱发公鸡的交配、展翼、竖尾及在群体中的啄斗行为等;促进雄性第二性征发育,如雄性肉冠和鸡冠的生长,啼鸣和性情等;促进新陈代谢和蛋白质合成,直接控制肝内脂蛋白的合成;维持血液中血红蛋白的含量以及红细胞数;增加正常雄鸡的抵抗力。雄鸡被阉割后,新陈代谢降低 $10\%\sim15\%$。

睾酮的分泌受生殖轴(睾丸轴)调节,而睾酮对下丘脑和腺垂体又起负反馈调节。此外,光照可引起下丘脑释放 GnRH,使腺垂体分泌 LH,通过 LH 促进睾酮释放。

八、松果体

禽类松果体又名脑上腺,分泌许多种物质,其中最主要的是褪黑素。多数禽类松果体中存在着感光细胞,并决定了其日周期节律。感光细胞在暗处时,将血清素转换成褪黑素,使血液中褪黑素的含量增加。而当感光细胞在光明处时,血清素则不能变成褪黑素,而在松果体内集中起来,即褪黑素的产生有日周期性变化。

褪黑素在雏鸡生长初期有促进性腺生长的作用,但在 40～60 d 时则有抗性腺的效应,可抑制 GnRH 的活性,使鸡的生殖腺延迟发育,抑制性腺和输卵管的生长。注射褪黑素使生长鸡性腺减轻。

研究证明,禽类褪黑素还可影响睡眠、行为和脑电活动,使雄鸡能够记忆明和暗的规律,进行周期性的鸣叫活动。

第九节 生 殖

禽类生殖的最大特点是卵生。卵中含有大量卵黄和蛋白质,可满足胚胎发育的全部需要。卵外形成壳膜、卵壳等保护性结构。大部分禽类为一雄多雌的繁殖类型。

一、雌禽的生殖

雌性禽类一般只有左侧卵巢和输卵管发育,右侧的卵巢和输卵管在早期胚胎发育过程中虽已形成,但逐渐退化,孵出时仅留下残迹。

禽类卵巢以短的系膜附着在左肾前部及肾上腺的腹侧。输卵管为一条长而弯曲的管道,分为漏斗部、膨大部(蛋白分泌部)、峡部、子宫(蛋壳分泌部)和阴道 5 个组成部分。阴道是输卵管的最后一段,开口于泄殖道的左侧,能存留进入其中的精子。卵巢和输卵管的充足供血,对卵的生长发育和维持蛋白、蛋壳的形成具有重要作用。

(一)卵泡的生长发育和蛋的形成

1.卵细胞的生长、成熟和排卵

卵巢上长很多有大小不等的白色卵泡,但只有极少数能发育成熟而排卵。卵泡发育成熟过程中从大到小按排卵顺序排列(见第一节二维码 13-2)。每个卵泡内包含 1 个卵原细胞,发育成熟后即成为卵细胞。在鸡未成熟的卵巢中,肉眼可见的卵细胞约有 2 000 个,在显微镜下可观察到 10 000 个以上,但只有 200～300 个可达到卵母细胞成熟期。

禽接近性成熟时卵原细胞开始生长,卵黄物质开始在卵细胞内沉积,形成卵黄。性成熟时,卵黄沉积更加迅速,在 9～11 d 内,卵黄含量达 18～20 g,随之细胞体积迅速增大,成为初级卵母细胞。在排卵前的最后 24 h 内,卵母细胞不再沉积卵黄。卵黄颜色通常是从金黄到橘黄,生产上可以使用添加剂改变其颜色(二维码 13-5)。

在排卵前 2.0～2.5 h,初级卵母细胞长大成熟并进行第一次减数

二维码 13-5 知识拓展:
蛋黄颜色的形成

分裂,放出第一极体,生成次级卵母细胞。这时,卵泡成熟,次级卵母细胞从卵巢排出,即完成排卵。次级卵母细胞进入输卵管漏斗部后,如果遇到精子并结合,则发生第二次成熟分裂,放出第二极体,卵细胞完全成熟。如果没有受精,卵细胞就停留在次级卵母细胞阶段而产出。

卵母细胞从发育到排卵,一般需 7～10 d。家禽的排卵周期比较固定,鸡、鹌鹑一般为 24 h,鸭为 25～26 h。一般产蛋后 15～75 min 内,卵巢释放第二个卵子。如果卵巢机能旺盛,而输卵管机能不活泼时,就可能同时成熟 2～3 个卵子,形成双黄蛋或三黄蛋,在相反的情况下也可能产生无黄蛋。

排卵后,卵泡壁收缩,1 周后形成瘢痕组织,1 个月后完全消失。

2. 蛋的形成

卵子进入输卵管后,经过 25～26 h,卵黄外形成卵白、壳膜和蛋壳而排出体外。

排出的卵子被输卵管伞摄取进入漏斗部。鸡的卵子经过漏斗部约需 15 min,然后进入膨大部,经过时间近 3 h。膨大部管壁厚实而弯曲,腺体发达,分泌和贮存蛋白,卵黄通过时被包上卵白,卵白容积占蛋产出时的 50% 左右。之后进入峡部,通过的时间近 3 h。其腺褶少于膨大部,腺体分泌角蛋白,包围在蛋白质外层,形成半透性内壳膜和外壳膜。还能分泌少量水分,通过壳膜渗入卵白。在蛋的钝端,内、外壳膜部分分开,形成存有空气的气室(air cell),供胚胎早期发育的需要,这时蛋的外形基本定型。紧接着进入子宫,从此通过的时间为 18～22 h。在子宫开始的 5 h,壳腺分泌的水分透过膜渗入卵白,使卵白层体积增加 1 倍。随后,壳腺分泌大量的碳酸钙、糖蛋白基质和镁盐、磷酸盐、柠檬酸盐等,形成真壳。之后,又在其表面覆盖一层蛋白质角质层,防止细菌的侵入。蛋壳上的颜色也是子宫色素细胞在产卵前 45 h 里所分泌的,至此形成了完整的蛋壳。蛋壳表面有大量小孔,保证了卵在孵化时与外界进行气体交换。

蛋壳形成需要大量的钙。壳腺分泌的钙来自血浆,血钙来自饲料和骨钙的溶解。每枚蛋要沉积 2 g 左右的钙。产蛋前,在雌激素的作用下,钙的代谢发生明显变化,钙、磷的吸收和储存均增加,空肠可吸收饲料中 40% 的钙,血钙水平由 2.5 mmol/L 升高到 6.2 mmol/L。而在蛋壳形成阶段,空肠对饲料中的钙吸收可增加到 72%。此外,骨钙不断沉积又不断溶解,导致钙的供应增加。

3. 蛋的产出

蛋在子宫内尖端指向尾部,产出过程中,它通常旋转 180°,以钝端朝向尾部的方向。在子宫、阴道平滑肌和腹肌收缩产生压力的作用下从阴道产出。

(二)雌禽的生殖周期

雌禽产蛋具有周期性,并受采食、代谢、神经及内分泌等因素的影响。

鸡从排卵到产出,大约需经 25 h,所以每天产蛋的时间总后错 0.51 h,最终,产蛋推迟到下午 2 时或 3 时,蛋产出后就不再排卵。每连续产蛋 3～5 或 6～7 个以后,总要停产一天或几天,然后再从早晨开始下一个连产周期。因此,产蛋大部分在中午之前,下午 3 时以后很少产蛋。大部分鸡的连产期及中断期是不规律和不固定的。排卵和产蛋有较高的相关性,但并非绝对一致,因为有些卵不能进入输卵管而被排入腹腔,最后在腹腔内被吸收。

(三)排卵周期及产蛋的调节

1. 排卵周期的调节

LH 是诱导排卵的主要激素,孕酮、雌二醇和睾酮也参与诱导排卵。

在卵泡周期中,注射 LH 或 FSH 能显著升高火鸡血清中雌二醇和孕酮水平,注射孕酮或睾酮也能诱导排卵。孕酮是诱导 LH 释放的必要条件,而释放的 LH 则又反过来促进母鸡颗粒细胞释放孕酮。因此,在排卵前,可以看到两种激素出现瀑布现象。而对于大部分哺乳动物,孕酮常抑制 LH 释放。睾酮对下丘脑-垂体系统有正反馈作用,促进 LH 释放。但高浓度的孕酮和睾酮抑制 LH 释放,并引起卵泡萎缩,抑制排卵。PRL 也可能对排卵周期发挥一定的调节作用,但 FSH 的作用还不清楚。排卵前 1 h 这些激素的水平都下降。

光照影响禽类卵巢活动变化,进而引起生殖活动的改变。在自然条件下,禽类有明显的生殖季节。春季生殖活动开始活跃,秋季生殖活动减退,但光线一般并不增加总产卵量。在集约化饲养条件下,禽类的繁殖季节已不明显。

2.产蛋的调节

蛋形成后,可诱发神经垂体释放催产素和加压素,促进输卵管子宫部收缩,导致产蛋开始。当蛋经过阴道时,受刺激而引起神经反射,阴道肌肉收缩,阴道向泄殖腔外翻,同时呼吸加快,使腹部伏卧,腹肌收缩,迫使蛋产出体外。

前列腺素等也影响着产蛋过程。另外,乙酰胆碱、麻黄碱和肾上腺素对子宫的收缩或舒张发挥一定的作用。

(四)就巢

就巢(broodiness,抱窝)是禽类孵卵行为,是禽类繁衍后代的重要习性。禽类就巢期表现为恋巢、卵巢萎缩、产蛋停止、采食和摄水量降低、体重减轻、羽毛蓬松。后期食欲有所增加,待雏禽孵出后摄食和摄水量迅速上升,体重逐渐恢复,以准备产蛋。

禽类的就巢受神经内分泌调控。在就巢行为未开始前几天,血液 PRL 水平明显提高,而FSH、LH、孕酮和雌激素水平下降。随着 PRL 水平的降低,就巢结束,进入恢复期。有关促进禽类 PRL 的调节机理还不十分清楚。

就巢行为在野生鸟类和土种家禽显得尤为突出。随着人工选育的结果,蛋鸡这种行为实际上已消失。

二、雄禽的生殖

(一)精子的生成及受精

1.精子的发生和成熟

雏鸡在 5 周龄时,睾丸开始形成曲细精管,生成精原细胞,6 周龄和 10 周龄时分别开始出现初级精母细胞和次级精母细胞。在 12 周龄时次级精母细胞发生减数分裂形成精子细胞(未成熟精子)。一般在 20 周龄左右时,所有曲细精管内都出现了精细胞,之后进入附睾管和输精管逐渐发育成熟。经输精管才最终发育成熟,具备正常的受精能力。精子从睾丸到达泄殖腔只需 24 h,成熟所需时间比较短。

2.精液的形成

禽类没有附性腺,精清主要来源于交配器的海绵组织中的淋巴滤过液和输精管的分泌物,精子在经过时与之混合,形成精液并贮于输精管中。公鸡的精液通常是白色不透明的,但是在精子浓度低时也可呈清净如水状,pH 为 $7.0 \sim 7.6$。公鸡 1 次排出的精液量为 $0.11 \sim 1.0$ mL,平均为 0.5 mL,含精子 40 亿个/mL。

3．交配和受精

禽类交配时，雄性和雌性的泄殖孔相互贴近，精液被射入或被吸入雌体泄殖腔内，精子移动到漏斗部与卵子相遇并受精。鸡的精子在漏斗部可存活 3 周以上，在交配或受精后 20～25 h 就可以得到受精的蛋，但在 2～3 d 内受精率最高，在 5 d 仍然可以发现有受精的蛋。如果给鸡做人工授精，为了保证良好的受精率，应每 4 d 或 5 d 实施一次，输精和交尾应限制在下午 3 时以后进行，避开产蛋高峰期。

（二）雄性生殖活动的调节及排精反射

雄禽准备繁殖时，血中 FSH 和 LH 含量明显升高。血液中睾酮含量升高到一定程度时，可反馈性抑制促性腺激素分泌，从而使睾酮的分泌量维持在一定的水平。睾丸充分发育后，FSH 分泌量逐渐下降。

射精受盆神经和交感神经支配。自然交配时，盆神经兴奋使交配器官勃起，通过交感神经促进输精管收缩而射精。人工采精时，背部、腹部向尾部方向按摩，通过射精反射采到精液。

（三）影响生殖力的因素

1．光照

光照能通过下丘脑刺激垂体分泌 LH 和 FSH，继而促进睾丸活动。雄禽需要光照 12～14 h/d。红光比白光略为有效，精液量依红、橙、黄、绿、蓝色光线的次序而降低。

2．季节和环境温度

精子活力以春季最高，夏季最低。5 月份精子生成的活性最强，8 月份最弱。公鸡精子形成的适宜温度为 20 ℃，当温度超过 30 ℃时，精子生成受到抑制。精子的生成有昼夜波动，凌晨和午夜是精子发生最旺盛的时间。

3．营养水平

饲料中蛋白质含量低、能量不足、维生素及矿物质缺乏会直接影响精液的质量，特别是维生素 A 和维生素 E 缺乏会明显影响睾丸的精子生成。

4．排精次数

雄禽精液量和精子浓度随日交配次数增多而降低，每日连续射精 3～4 次后，精子的浓度极低。因此，人工采精时，为维持适宜的排精量和精子密度，应避免频繁采精。

5．日龄

24～48 周龄种公鸡性机能旺盛期，精液质量最好，50 周龄以后性机能减退，精液质量下降，3 年的公鸡性活动更差。公鹅的繁殖性能以 2～3 岁时表现最好。

（东彦新　于建华）

复习思考题

1．与哺乳类相比，禽类的血液组成及理化特性有何特点？
2．与哺乳类相比，禽类的消化生理有哪些特点？
3．禽类泌尿过程与家畜泌尿过程有何区别？
4．鸡蛋是怎样形成的？

参考文献

1. 陈孟勤. 2000. 中国生理学史. [M]. 2 版. 北京: 北京医科大学出版社.

2. 赵茹茜. 2020. 动物生理学. [M]. 6 版. 北京: 中国农业出版社.

3. 王庭槐. 2019. 生理学. [M]. 9 版. 北京: 人民卫生出版社.

4. 陈杰, 朱祖康, 周杰. 2007. 动物生理学精要·题解·测试[M]. 化学工业出版社.

5. 余承高, 陈栋梁, 秦达念, 廖泽云. 2007. 图表生理学[M]. 北京: 中国协和医科大学出版社.

6. 高峰, 范明. 2012. 整合生理学: 传统与未来 [J]. 生理学报. 64(3): 346-348.

7. 高峰, 俞梦孙. 2020. 稳态与适稳态[J]. 生理学报. 72(5): 677-681.

8. 杨秀平, 肖向红, 李大鹏. 2016. 动物生理学[M]. 3 版. 北京: 高等出版社.

9. 柳巨雄, 杨焕民. 2011. 动物生理学[M]. 北京: 高等教育出版社.

10. 陈杰. 2005. 家畜生理学[M]. 4 版. 北京: 中国农业出版社.

11. 张玉生, 柳巨雄, 刘娜. 2000. 动物生理学[M]. 长春: 吉林人民出版社.

12. 白波, 高明灿. 2010. 生理学[M]. 6 版. 北京: 人民卫生出版社.

13. 艾洪滨. 2009. 人体解剖生理学[M]. 北京: 科学出版社.

14. 范少光. 2009. 人体生理学[M]. 2 版. 北京: 北京医科大学出版社.

15. 王玢, 左明雪. 2009. 人体及动物生理学[M]. 3 版. 北京: 高等教育出版社.

16. 林浩然. 2011. 鱼类生理学[M]. 广州: 中山大学出版社.

17. 王志均, 陈孟勤. 1993. 中国生理学史 [M]. 北京: 高等教育出版社.

18. 寿天德. 2001. 神经生物学[M]. 2 版. 北京: 高等教育出版社.

19. 翟中和. 2007. 细胞生物学[M]. 3 版. 北京: 高等教育出版社.

20. 谢启文. 1999. 现代神经内分泌学 [M]. 上海: 上海医科大学出版社.

21. 刘金华, 甘孟侯. 2016. 中国禽病学[M]. 北京: 中国农业出版社.

22. 熊本海, 恩和, 苏日娜. 2014. 家禽实体解剖学图谱[M]. 北京: 中国农业出版社.

23. 贾幼陵. 2014. 动物福利概论[M]. 北京: 中国农业出版社.

24. 尹靖东. 2011. 动物肌肉生物学与肉品科学[M]. 北京: 中国农业大学出版社.

25. 威廉·里斯(William O. Reece). 2014. DUKES 家畜生理学[M]. 12 版. 赵茹茜, 主译. 北京: 中国农业出版社.

26. Levy M N. 2008. 生理学原理[M]. 4 版. 梅岩艾, 王建军, 主译. 北京: 高等教育出版社.

27. Styrkie P D. 1982. 禽类生理学[M]. 3 版. 杨传任, 主译. 北京: 科学出版社.

28. Abrahams P. 2009. 彩图生理学百科[M]. 王瑶, 译. 上海: 上海科学技术文献出版社.

29. Chandar N, Viselli S. 2011. 图解细胞与分子生物学[M]. 刘佳, 主译. 北京: 科学出版社.

30. Costanzo L S. 2009. 生理学中英对照版[M]. 刘毅、鲁巧云, 译. 北京: 化学工业出版社.

31. 段晓辉, 屈晓旋, 常晋瑞, 等. 2010. 骨骼的内分泌功能 [J]. 生理科学进展, 21(4): 48-55.

32. 任衍刚. 2011. 钠钾泵是怎样发现的[J]. 生物学通报, 46(3): 60-62.

33. 刘秀华, 唐朝枢. 2012. 代谢产物非"废物"——新的代谢分子调节系统[J]. 生理科学进展.

43(5):328-329.

34. 田晶,管兰芳,王勇.2013.生物电的哲学启示[J].吉林医药学院学报.34(2):106-108

35. 游懿君,韩小龙,郑晓皎,等.2017.肠道菌群与大脑双向互动的研究进展[J].上海交通大学学报(医学版).37(2):253-257.

36. Hall JE. 2012. Test book of Medical Physiology(12th)[M]. Philadelphia：WB Saunders.

37. Elias Zerhouni. 2003. Medicine. The NIH Road map [J]. Science. 302(5642)：63-72.

38. Reece W O. 2015. Dukes' physiology of domestic animals [M]. 13th ed. John Wiler & Sons,Inc.

39. Scanes C G. 2015. Styrkie' Avian physiology[M]. 6th ed. Elsevier Inc.

40. Sjaastad O V,Sand O,Hove K. 2013. Physiology of domestic animals[M]. 2nd ed. Scandinavian Veterinary Press.

41. Hill R W,Wyse G A,Anderson M. 2012. Animal physiology[M]. 3rd ed. Sinauer Associates Inc. ,U.S.

42. Moyes C D,Schulte P M. 2007. Principles of animal physiology[M]. 2nd ed. Benjamin Cummings.

43. Frandson R D,Wilke W L,Fails A D. 2009. Anatomy and physiology of farm animals [M]. 7th ed. Wiley-Blackwell.

44. Koeppen B,Stanton B. 2009. Berne & Levy physiology[M]. 6th ed. Mosby.

45. Townsend C,Beauchamp D,Evers M,et al. 2012. Sabiston textbook of surgery[M]. 19th ed. Saunders.

46. Kandel E R. 2012. Principle of neural science[M]. 5th ed. McGraw-Hill Medical.

47. Zerhouni E. Medicine. 2003. The NIH Roadmap [J]. Science. 302(5642):63-72.

48. Hinuma S,Habata Y,Fujii R,et al. 1998. A prolactin-releasing peptide in the brain [J]. Nature. 393：272-276.

49. Lupu F,Terwilliger J D,Lee K,et al. 2001. Role of growth hormone and insulin-like growth factor in mouse postnatal growth [J]. Dev. Biol. . 229:141-162.

50. Song W,Wang H,Wu Q. 2015. Atrial natriuretic peptide in cardiovascular biology and disease (NPPA)[M]. Gene. 569(1):1-6.

51. Seals D R. 2013. Translational physiology：from molecules to public health [J]. J Physiol. . 591(14):3457-3469.

专业名词中英文对照及索引

D

J

P

排便　defecation　164

排卵　ovulation　314

排乳　milk excretion　342

旁分泌　paracrine　20,270

旁细胞途径　paracellular pathway　165

胚激肽　blastokinin　328

配体　ligand　274

配体门控通道　ligand-gated channel　16

喷嚏反射　sneeze reflex　123

皮质醇　cortisol　299

皮质反应　cortical reaction　325

皮层脊髓束　corticospinal tract　240

皮层脑干束　corticobulbar tract　241

皮层诱发电位　evoked cortical potential　247

皮层小脑　corticocerebellum　238

皮质类固醇结合球蛋白　corticosteroid binding globulin,CBG　3

皮质肾单位　cortical nephron　189

皮质酮　corticosterone　299

批量运输　bulk transport　18

平滑肌　smooth muscle　252

平均充盈压　mean circulatory filling pressure　80

葡萄糖转运体　glucose transporter,GLUT　15,296

葡萄糖转运蛋白2　glucose transporter type 2,$GLUT_2$　168

Q

期前收缩　premature systole　75

气道阻力　airway resistance　108

气候适应　climatic adaptation　187

气囊　air sacs　350

气体运输　transport of gas　101

气胸　pneumothorax　105

器官生理学　organ physiology　4

牵涉痛　referred pain　230

牵张反射　stretch reflex　232

前包氏复合体　pre-B ötzinger complex　121

前馈控制系统　feed forward control system　13

前负荷　preload　64

前列环素　prostacyclin,PGI_2　96

前列腺素　prostaglandin,PG　273,303

前激素原　pre-pro-hormone　272

前庭小脑　vestibulocerebellum　237

前胰岛素原　pre-proinsulin　295

潜伏期　latent period　263

腔分泌　exocrine 或 solinocrine　270

腔消化　luminal digestion　161

强度-时间曲线　intensity-time curve　36

强直收缩　tetanu　264

球蛋白　globulin　39

球管平衡　glomerulotubular balance　205

禽类生理学　avian physiology　3

缺氧诱导因子　hypoxia-induciblefactor1,HIF-1　46

趋化性　chemotaxis　11,48

曲细精管　seminiferous tubule　350308

曲张体　varicosity　216

屈肌反射　flexor reflex　234

去大脑僵直　decerebrate rigidity　235

去极化　depolarization　29

去甲肾上腺素　noradrenaline,NA 或 norepinephrine,NE　268,301

去能　decapacitation　323

去能因子　decapacitation factor　323

醛固酮　aldosterone　206,299

"全"或"无"　all or none　34

R

热敏神经元　warm-sensitive neuron　283

热休克蛋白　heat shock protein,HSP　276

热应激蛋白　heat stress protein,HSP　276

热增耗　heat increment,HI　173

人工瘤胃　artificial rumen　146

妊娠　pregnancy　326

妊娠黄体　corpus luteum of pregnancy　315

妊娠识别　maternal pregnancy recognition,MPR　327

容量血管　capacitance vessels　79

容受性舒张　receptive relaxation　142

溶血　hemolysis　44

绒毛　villi　165

乳　milk　333

乳池　cisterns　334

乳蛋白　milk protein　337

乳导管系统　ductal system　334

乳的分泌　milk secretion　338